Wunderwelt der Käfer

Bernhard Klausnitzer

Wunderwelt der Käfer

2. Auflage

mit Fotos von Manfred Förster, Barbara Knoflach-Thaler, Johann Gepp,
Franz Hebauer, Christian Kutzscher und anderen

Spektrum Akademischer Verlag Heidelberg · Berlin

Anschrift des Autors:

Prof. Dr. Bernhard Klausnitzer
Lannerstraße 5
D-01219 Dresden

Die Deutsche Bibliothek – CIP-Einheitsaufnahme

Klausnitzer, Bernhard:
Wunderwelt der Käfer / Bernhard Klausnitzer.
Mit Fotos von Manfred Förster ... – 2. Aufl.. – Heidelberg : Spektrum, Akad. Verl., 2002
ISBN 3-8274-1104-1

Lektorat: Ulrich G. Moltmann, Jutta Liebau
Produktion: Ute Amsel
Umschlaggestaltung: WSP, Heidelberg
Satz und Repro: Typomedia GmbH, Ostfildern
Gesamtherstellung: Appl, Wemding

Inhalt

Vorwort

Nutzen oder Schaden bestimmen seit über 3000 Jahren in erster Linie die Beziehungen der Menschen zu den Käfern. Manches Dokument legt sowohl von der alten Kenntnis der Nützlichkeit einiger Käferarten als auch von den oft verheerenden Wirkungen der Vorratsschädlinge Zeugnis ab. Aber auch schon immer wurden Form und Farbe der Käfer bewundert, ja, sie waren Modelle für mannigfaltige künstlerische Betätigung.

Heute ist die Beschäftigung mit den Käfern längst so vielfältig, auch lebenswichtig geworden, dass sich ein eigenständiges Teilgebiet der Entomologie, die Coleopterologie, als Wissenschaft von den Käfern entwickelt hat. In einigen Ländern gibt es coleopterologische Gesellschaften mit oft langjähriger Tradition; Wissenschaftler an entomologischen Instituten sorgen dafür, dass immer weniger Geheimnisse übrig bleiben; internationale Kongresse führen tausende Käferspezialisten zusammen. Jährlich erscheinen etwa 80.000 Artikel in über tausend ausschließlich der Entomologie gewidmeten Zeitschriften.

Aus der Vielzahl der Beziehungen des Menschen zu den Käfern können im Rahmen dieses Buches nur einige Beispiele angeführt werden. Ausgehend vom Körperbau, der Biologie und Verbreitung der heute lebenden Käfer wurde versucht, mehr das Besondere als das Allgemeine herauszuarbeiten. Das vorliegende Buch soll eine bescheidene Grundlage für eine Natur- und Kulturgeschichte der Käfer sein.

Obwohl Insekteneiweiß eine für den Menschen geeignete Nahrung ist, wurde es in Europa kaum genutzt. Vor tausenden von Jahren haben die Menschen auch Käfer, vor allem deren Larven, als Nahrungsmittel verwendet. In vielen Ländern, vor allem tropischer Gebiete, werden sie auch heute noch verzehrt. Gegessen wurden und werden Larven, Puppen und Imagines vieler großer Arten, vor allem bestimmter Bockkäfer (Cerambycidae) und Blatthornkäfer (Scarabaeidae). Zahlreiche spezielle Rezepte bereichern die einschlägige Literatur.

Vielfach war mit dem Essen zugleich die Vorstellung von einer über den Nährwert hinausgehenden Wirkung verbunden, insbesondere die Erwartung einer Steigerung der sexuellen Potenz. Der Übergang zu einer Anwendung gegen die verschiedensten Krankheiten ist durchaus fließend, und schon aus dem alten Ägypten kennen wir entsprechende Vorschriften. Natürlich liegen auf diesem Gebiet Aberglaube und Wirklichkeit nicht unbedingt beieinander. Viele der empfohlenen Heilmittel werden wohl bestenfalls psychologische Wirkung gehabt haben.

Bekannt für echte Wirksamkeit ist das besonders in den Ölkäfern (Meloidae) enthaltene Cantharidin; Pfeilgiftkäfer (Gattung *Diamphidia*, Familie Blattkäfer, Chrysomelidae) können sogar noch als getrocknete Sammlungsobjekte lebensgefährlich sein. Viele Erkenntnisse verdanken wir Versuchstieren, die zu Millionen gezüchtet und getötet wurden, unzählige Käfer werden als Testorganismen für die Prüfung der lebensfeindlichen Wirkungen von Chemikalien in aller Welt verwendet.

Zahlreiche Käferarten zerkleinern tote pflanzliche Substanz und sind dadurch ganz entscheidend an der Rückführung organischen Materials in anorganische Bestandteile beteiligt. Es ist meist ein stilles Wirken, und für uns kaum merklich verschwinden beispielsweise Baumstümpfe, Äste und Fallaub. Auch Exkremente werden in nicht unwesentlichem Umfang von Käfern beseitigt. Wir merken den Wert ihrer millionenfachen Hilfe erst dann, wenn sie plötzlich ausbleibt. Da australische Mistkäfer den dort ursprünglich fremden Rindermist nicht besiedeln, gingen im Laufe der Zeit tausende Quadratkilometer für die Nutzung als Weideland verloren. Ganz ähnlich sieht es mit dem Aas aus. Auch hier sind es Insekten, vor allem Fliegen und Käfer, die diese organische Substanz für ihr Leben nutzen. Aus der Verwertung toter organischer Stoffe folgt eine nicht unerhebliche bodenbiologische Bedeutung der Käfer. Mitwirkung bei der Humusbildung, Auflockerung, Verteilung der Nährstoffe sind nur einige der positiven Einflüsse, die Käfer auf den Boden ausüben.

Vor über 70 Millionen Jahren begann die gemeinsame Entwicklung der Bedecktsamer (Angiospermae) und vieler Insektengruppen, darunter auch einiger artenreicher pflanzenverzehrender Käferfamilien. Ein wesentliches Ergebnis dieser Parallel- und Folgeevolution sind die gegenseitigen physiologisch-chemischen Anpassungen, die zu einer unterschiedlich engen Wirtspflanzenbindung geführt haben.

Sehr groß ist auch der Nutzen, den uns einige räuberische Käfer durch die Bekämpfung anderer Insekten bringen. Sie alle sind als Glieder von Nahrungsketten ganz entscheidend an der Erhaltung der Stabilität von Ökosystemen beteiligt. Einige Pflanzen fressende Arten werden für die biologische Bekämpfung von Unkräutern genutzt.

So mannigfaltig wie der Nutzen, so vielfältig ist auch der Schaden, den Käfer dem Menschen zufügen können. Zuerst denkt man in diesem Zusammenhang wohl an pflanzenschädliche Arten.

Durch Monokultur und Hochzüchtung wurden die an den betreffenden Kulturpflanzen lebenden Käfer so begünstigt, dass oft Massenvermehrungen und Kahlfraß drohen. Riesige Ernteausfälle können auf das Konto einiger weniger Käferarten gehen. Holz und andere organische Materialien (Stoffe, Wolle, Pelze) werden ebenfalls von bestimmten Käferarten beschädigt oder vernichtet. Bedeutsam ist vor allem die große Zahl der Holzschädlinge. Schon in den frühesten Zeiten fanden vorratsschädliche Käfer Beachtung, und zahlreich sind die empfohlenen Bekämpfungsmittel. Besonders die Getreidevorräte waren und sind durch Käfer (Kornkäfer) oft ernsthaft gefährdet, aber auch fast alle anderen gelagerten Nahrungsmittel, ob Käse oder Mehl, Kekse oder Räucherfleisch, Obst oder Schokolade, werden von Käfern gern heimgesucht.

Schließlich bleibt noch eine Beziehung von äußerster Vielfalt zu erwähnen: die künstlerische Auseinandersetzung mit dem Käfer, die ihre Wurzeln z. T. in alten kultischen Vorstellungen hat. Man denke an den Scarabaeus, an Tänze und Gesänge, deren Inhalt mit Käfern zu tun hat oder an die zahlreichen Vorstellungen über Voraussagen von Glück und Unglück, Reichtum und Armut, die in den meisten Kulturen sehr weit verbreitet sind und in denen viele auffällige Käferarten Bedeutung erlangen. Dichter haben Käfer besungen, Musiker ihr Wirken vertont. Maler, fasziniert von der Schönheit, verwendeten alle Techniken zu ihrer Darstellung, und es fehlt nicht an Käferplastiken. Auch noch andere Kunstrichtungen und das Kunsthandwerk bedienten sich verschiedener Käfer als Vorbild, so unter anderem die Gemmenschnitzerei, die Münzprägung, der Briefmarkendruck, die Porzellanmalerei und -formung und natürlich die Fotografie, vom Sachbild bis zum künstlerischen Foto. Käfer waren und sind Vorbilder und Bestandteil für unterschiedlichsten Schmuck, nicht zuletzt spielen sie eine große Rolle in der Werbung.

Beginnend mit den Naturalienkabinetten der Feudalzeit, wurden zunehmend mehr Käfersammlungen angelegt. Die Motive sind und waren sehr unterschiedlich. Ästhetisches Empfinden und Freude an Farbe und Form können ebenso bestimmend sein wie wissenschaftliches Interesse. Aus welchen Gründen sie auch zusammengetragen wurden: Liebhaber aus den verschiedensten Berufen haben wertvolle Sammlungen aufgebaut, die heute zu den Kostbarkeiten der Museen gehören und für die Wissenschaft unentbehrlich sind.

Bis heute ist das Werk von Fritz Simon Bodenheimer die wichtigste Grundlage für die Geschichte der Entomologie bis zur Zeit Linnés, und wir verdanken diesem genialen Forscher ein weitsichtig angelegtes Gedankengebäude und eine tief greifende Beschäftigung mit den alten Quellen und deren Deutung. Bodenheimer wurde am 6.6.1897 in Köln geboren und starb am 4.10.1959 in London. Zunächst studierte und wirkte er in Deutschland, wo er auch das im folgenden Text mehrfach erwähnte, in den Jahren 1928 und 1929 erschienene Standardwerk verfasst haben dürfte. Im Jahre 1928 ging er an die Universität Jerusalem und arbeitete über weitere in diesem Zusammenhang wichtige Themen wie Käfer als menschliche Nahrung, Heuschreckenplagen, Manna, Schildlauskunde und über die Honigbiene. Insgesamt entstammen 50 Bücher und über 400 Einzelarbeiten seiner Feder.

Dem Verfasser ist nicht bekannt, wie viele Bücher über Käfer im Laufe der Jahrhunderte weltweit geschrieben wurden. Jeder, der ein neues vorlegen will, wird sich um Originalität bemühen. Der Grundgedanke des vorliegenden Buches war bereits bei der 1. Auflage, dem Leser Zeugnisse über Käfer aus alter und neuerer Zeit vor Augen zu führen und durch Kommentare an Beispielen aufzuzeigen, wie sich die Entwicklung des Wissens bis zu unserem heutigen Stand vollzog, wie alt manche Kenntnisse schon sind und unter welchem Blickwinkel die Menschen früherer Zeiten einige Käferarten betrachteten, während sie die meisten unbeachtet ließen. Die meisten historischen Zitate sind in »« Zeichen gesetzt, durch eine graue Fläche unterlegt und stehen in schmalerem Spaltensatz. Sie können nicht in jedem Fall bis zum letzten Detail kommentiert und aktualisiert werden und sollen sich deshalb vom übrigen Text abheben.

Es ist wiederum mehr zur Kulturgeschichte der Käfer in das Manuskript geraten, als ursprünglich gedacht war. Mehrere Tilgungsversuche haben den Grundcharakter eher deutlicher werden lassen, als sie ihn zu verwischen vermochten. Und schließlich habe ich es aufgegeben, die stille Hoffnung nährend, dass gerade hierin das Besondere dieses Buches zu finden sein könnte. Es ist unter diesem Gesichtspunkt schwierig, eine völlige Einheit von Text und Illustration zu erzielen. Viele Bilder und Legenden vermitteln zusätzliche Informationen, die den Eindruck von der unendlichen Mannigfaltigkeit der Käferwelt vertiefen sollen. Da Vollständigkeit ohnehin nicht zu erreichen war, wurde Seltenes und Interessantes ausgewählt. Die Fotos geben aber noch mehr, sie zeigen die Schönheit der Käfer, sie wollen etwas vom jahrhundertelang aufgetürmten Berg der Schmähungen abtragen.

Für die Gliederung gab es mehrere Möglichkeiten. Ich habe mich entschlossen, den ursprünglichen Aufbau weitgehend beizubehalten, da er einen gewissen Einblick in die vielfältigen Teilgebiete der Käferkunde gibt. Auch ein Lehrbuch könnte ähnlich gegliedert sein. Dennoch ist der Verfasser sicher, dass dieses Buch gar nichts mit einem Lehrbuch gemeinsam hat, mit Ausnahme eines wichtigen Zieles: Wissen zu vermitteln. Und noch ein anderes Anliegen war wichtig, dem sich entomologische Lehrbücher nur selten verschrieben haben: Liebe zur etwa 350 Millionen Jahre auf unserer Erde lebenden Tiergruppe der Käfer zu wecken!

Nehmen wir die heutige Artenzahl mit etwa 380.000 an, so wäre hinzuzufügen, dass im Laufe der Entwicklungsgeschichte der Käfer weitere hunderttausende Arten gelebt haben, die längst vergangen sind, ein natürlicher Vorgang im Zusammenhang mit den gewaltigen Veränderungen der Natur auf der Erde. Nur von einem Bruchteil haben wir durch Fossilien Zeugnisse ihrer Existenz. Es gibt auch eine sehr makabre Vorstellung: nach einer globalen nuklearen Katastrophe würden von der heutigen landbewohnenden Tierwelt nahezu nur Insekten, darunter auch Käfer am Leben bleiben.

Mit der zunehmenden Veränderung der Natur durch den Menschen werden immer mehr Käferarten vom Aussterben bedroht. Zehntausende Arten sind bereits dem Vordringen des Menschen zum Opfer gefallen, alljährlich kommen neue hinzu. Viele Arten sterben aus, ehe wir sie überhaupt kennen. Man meint, dass die Menschen mit zunehmender Entfernung von der Natur, andererseits ein immer größer werdendes Bedürfnis nach Kontakt mit der Lebewelt entwickeln. Diese „Biophilie“ genannte Erscheinung lässt hoffen. Dennoch soll uns die folgende, vor 600 Jahren von Kamal ad-Din ad Damiri mitgeteilte Geschichte Mahnung sein, sorgfältiger mit den unwiederholbaren Schätzen der Natur umzugehen.

»Der Kalif Umaiibu-el-Khattab wurde einst sehr unruhig, weil die Heuschrecken ausblieben. Er schickte die Boten aus, nach Syrien, nach Jemen, nach Iran. Der letzte der Boten brachte einige Heuschrecken mit, worauf der Kalif mit Freude ausrief: Sie leben noch! Ich habe gehört, dass Allah 1.000 Arten Tiere schuf und dass als erste davon die Heuschrecke aussterben wird. Sobald sie aber ausgestorben ist, werden alle anderen Tierarten folgen, so wie die Perlen von einer Kette rollen, deren Schnur zerriss.«

Danksagung

Das vorliegende Buch wäre ohne vielfältige Hilfe und Unterstützung gar nicht möglich gewesen. Dies galt schon für die 1. Auflage und trifft auch für die Neubearbeitung zu. Der Verfasser arbeitet seit seiner Jugend über Käfer, und er ist umgeben von einem großen Freundes-, Kollegen-, Lehrer- und Schülerkreis, der ebenfalls in der Welt der Coleopterologie lebt. Aus diesem Umfeld kamen zu allen Zeiten viele Anregungen und viel Wissen, wofür ich stets dankbar bin. Diesen Dank mit Namen zu versehen wäre schwierig, wo sollte die Liste enden? So ist es ein allgemeiner Dank an jene, die schon gehen mussten und an jene, deren Gedankenaustausch ich mich noch immer erfreue.

Aber ein Dank muss unbedingt direkt ausgesprochen werden, und dieser gilt der Zeichnerin der 1. Auflage, Frau Traudl Schneehagen, da wir diese Bilder übernommen haben und er gilt jenen, die so freundlich waren, Fotos für den vorliegenden Band zur Verfügung zu stellen. In allererster Linie möchte ich meinem ehemaligem Mitarbeiter Herrn Manfred Förster, Leipzig, danken, der die 1. Auflage größtenteils illustriert hat. Auch im vorliegenden Band sind viele seiner damaligen Fotos erneut abgedruckt worden, ergänzt um weitere, die aus der Fotosammlung des Staatlichen Museums für Tierkunde Dresden stammen. Hinzu kommen Bilder von Frau Dr. Barbara Knoflach-Thaler, Innsbruck und der Herren Univ.-Doz. Dr. Johann Gepp, Graz, PD Dr. Franz Hebauer, Grafling, Christian Kutzscher, Eberswalde sowie Dr. Alfred Borkowski, Bonn, Carsten Gröhn, Glinde, Dr. Lorenz Neuhäuser-Happe, Graz, PD Dr. Wolfgang Völkl, Bayreuth und Prof. Dr. Wilfried Wichard, Köln.

Sehr herzlich gedankt sei weiterhin dem Staatlichen Museum für Tierkunde Dresden, das nicht nur Fotos aus seinem Archiv zur Verfügung stellte, sondern auch für die 1. Auflage zahlreiche Käfer aus seinen Sammlungen als „Fotomodelle". Der Zugang zu Sammlungsstücken wurde in gleichem Sinne auch vom Zoologischen Museum der Humboldt-Universität Berlin und vom Deutschen Entomologischen Institut Eberswalde ermöglicht, auch für die 2. Auflage.

Ich möchte dieses Buch dem Andenken an meine Eltern Anneliese und Erich Klausnitzer widmen, die im Jahre 2002 ihren 100. Geburtstag hätten. Ohne ihr stetes Verständnis und Förderung wäre mein so früher Beginn des coleopterologischen Wirkens nicht möglich gewesen.

Ein besonderer Dank gilt dem Spektrum Verlag/Heidelberg für die gute Zusammenarbeit, vor allem Frau Ute Amsel, Frau Jutta Liebau und Herrn Dr. Ulrich G. Moltmann.

Ich habe mich sehr darum bemüht, auch die Nomenklatur der außereuropäischen Käferarten zu überprüfen und auf einen aktuellen Stand zu bringen. Bei diesem schwierigen und sicher noch immer nicht in allen Details gelungenem Unterfangen unterstützten mich freundlicherweise die Herren Dr. Karl Adlbauer, Graz, Ron Beenen, Nieuwegein, Lutz Behne, Eberswalde, Jörg Gebert, Schleife-Rohne, Dr. Michael Geisthardt, Wiesbaden, Werner A. Marggi, Thun, Hans Mühle, München, Prof. Dr. Peter Nagel, Basel und Dr. Wolfgang Schawaller, Stuttgart wofür ich sehr dankbar bin. Ebenso herzlich danke ich für verschiedene Auskünfte den Herren Dr. Charles Huber, Bern, Klaus Liebenow, Brandenburg, Hans-Eckehard Rössner, Schwerin und Dr. Lothar Zerche, Eberswalde.

Prof. Dr. Bernhard Klausnitzer,
Dezember 2001

Einleitung

»Nirgends erscheint die bildende Kunst der Natur glänzender als an den Insekten. An den größeren Tieren war nämlich die Formgebung bei der Bildsamkeit des Stoffes viel leichter. Indes bei jenen kleinen fast unscheinbaren Geschöpfen, welche Zweckmäßigkeit und welch unbeschreibliche Vollendung war hier geboten! Wo hat die Natur an der Mücke – und es gibt noch viel winzigere Insekten – so viele Sinne angebracht? Wo finden sich bei ihr die Organe des Sehens, Riechens und Schmeckens? Und woher rührt die verhältnismäßig so deutliche Stimme des Tieres? Mit wie zarter Hand sind seine Flügel an den Körper geknüpft, die Schenkel verlängert und der Leib gewölbt! Wie verlieh die Natur der Mücke den heißen Durst nach Menschenblut? Mit welcher Kunst spitzte sie den Stachel zum Durchbohren der Haut! Ja, nicht genug damit, sie formt ihn zum doppelten Zwecke, sodass er nicht nur spitz genug zum Stechen, sondern gleichzeitig röhrenförmig zum Saugen eingerichtet ist. Und dabei ist dieses Organ so zart, dass man es kaum sehen kann. So hat die Natur dem Holzwurm Zähne, um das Holz zu durchbohren, verliehen und ihm zugleich seine Nahrung aus dem Holze bereitet. Wir bewundern dagegen den Rücken des Elefanten, da er damit Türme zu tragen vermag, den Nacken, mit dem der Stier seinen Feind emporschleudert, die Raubsucht des Tigers und die Mähne des Löwen. Aber wahrlich, nirgends erscheint die Natur so groß wie in dem Kleinsten, das sie hervorbringt. Daher bitte ich den Leser, wenn er auch vieles von den Dingen gering achtet, ihre Beschreibung doch nicht zu verschmähen, da bei der Betrachtung der Natur nichts als unwichtig angesehen werden darf.«

Diese Zeilen schrieb kein Geringerer als der große römische Historiker, Schriftsteller und Flottenkommandant Gaius Plinius Secundus (23–79), der das Wissen seiner Zeit in einem 37 Bücher umfassenden Werk „Naturalis historia" (Naturgeschichte) niederlegte. Auch heute noch findet die unendliche Vielfalt der Insekten, speziell der Käfer, das Interesse des Menschen.

Im vorliegenden Buch wird versucht, neben der andeutungsweisen Darstellung der Beziehungen, die sich im Laufe der Geschichte zwischen Mensch und Käfer herausgebildet haben, eine Auswahl des ganz Besonderen vorzustellen, das die Welt der Käfer zu bieten hat. Denn gerade diese Besonderheiten sind es gewesen, die den Menschen stets angezogen haben. Sie waren die Ursache für die Verehrung der Pillendreher im Alten Ägypten und für die zahlreichen Dichtungen, die über Leuchtkäfer entstanden sind. Die Giftigkeit einzelner Käferarten wurde für Gutes und Schlechtes genutzt. Viele Käfer waren dem Menschen ein Schrecken, vernichteten sie doch seine Vorräte und die von ihm angebauten Pflanzen. Andere Käfer sah er als Glück bringend an und verehrte sie entsprechend. Insgesamt gesehen, scheint der Mensch jedoch wenig innere Beziehungen zu den Käfern gefunden zu haben, vergleicht man diese etwa mit Schmetterlingen, Bienen oder gar Säugetieren und Vögeln. Obwohl die bei weitem artenreichste Tiergruppe der Welt und mindestens in Billiardenexemplaren vorhanden (*), sind die Käfer dem

(*) Es gibt Schätzungen über die Zahl der Insektenindividuen (einschließlich der Käfer), bei denen man zehn Trilliarden Exemplare annimmt (10.000.000.000.000.000.000), eine unvorstellbar große Zahl. Rechnet man mit rund 5 Milliarden Menschen kommen auf jeden von uns 2 Milliarden Insekten, eine ebenso unvorstellbar große Zahl. Bedenkt man, dass die meisten davon zu unserem Nutzen wirken oder mindestens „neutral" sind, erhellt, dass menschliches Leben ohne Insekten – und damit auch ohne Käfer – auf Dauer unmöglich ist. Andererseits tötet der Mensch gewaltige Mengen absichtlich und unabsichtlich. Man hat z.B. vor 25 Jahren berechnet, dass in Österreich pro Jahr (damals!) 14.000.000.000.000.000 (= 14 Billiarden) Insekten, darunter natürlich viele Käfer, Opfer des Straßenverkehrs werden. Eine andere Berechnung besagt, dass bei geeigneter Witterung über Deutschland ca. 248 Milliarden Käfer (meist kleine Arten) schwärmen. Etwa 35 Millionen zugelassene Kraftfahrzeuge weisen eine durchschnittliche Fahrleistung von 15.200 km pro Jahr auf. Pro Stunde ergibt sich somit ein Wert von ca. 61,7 Millionen Kfz-km. Bei einer Kühlerfläche von 0,2 m^2 würde dies bedeuten, dass die Fahrzeuge mit 6,2 Milliarden Käfern unmittelbar in Kontakt kämen. Man wundert sich bei solchen Beispielen, dass es überhaupt noch so viele Insekten gibt, anderseits wird die ungeheure Vermehrungskraft vieler Arten sichtbar.

Menschen doch recht fremd geblieben. Das beginnt bei den Überlieferungen der alten Griechen und lässt sich bis in die Gegenwart hinein verfolgen. Und doch hat es immer wieder Spezialisten gegeben, die, von der Mannigfaltigkeit der Formen und Lebensweisen magisch angezogen, ihr ganzes Leben in den Dienst der Erforschung der Käfer stellten. Sie haben ein äußerst reiches Wissen zusammengetragen, das uns ermöglicht, die unendliche Vielfalt der Käfer als endlich zu erkennen. Ihre Arbeiten lehren uns vielfach, das Allgemeine und Typische der Käfer zu sehen. Durch diese Erkenntnis des Allgemeinen wird es überhaupt erst möglich, das Besondere, das Einmalige, die „Spitzenleistungen“ erfassen zu können. Wenn es gelingt, mit dieser Darstellung dem Leser die faszinierende Tiergruppe der Käfer ein wenig näher zu bringen, ist das Anliegen des Buches erfüllt.

Der Scarabaeus – heiliges Symbol des Alten Ägypten

Seit der ägyptischen Hochkultur hat der Scarabaeus viele Völker, vor allem im Mittelmeerraum, beschäftigt. Skarabäen waren vor allem in früherer Zeit sehr häufige Insekten und fielen dem Menschen durch ihre Größe, ihre hastigen Bewegungen und das Rollen der Dungkugeln auf. Sie galten schon vor mehr als 5.000 Jahren im Alten Ägypten als Sinnbild des Sonnen- und Schöpfergottes RE. Man nimmt an, dass die Mistkugel mit der Sonne verglichen wurde, die von den Skarabäen entlanggerollt wird, so wie RE täglich die Sonne lenkt. Auch das Vergraben der Mistkugel im Sande und das Wiederhervorholen wurde symbolisch mit dem Auf- und Untergehen der Sonne in Verbindung gebracht. In bestimmten Perioden wird der Scarabaeus mit der Sonnenscheibe in der Kralle dargestellt. Eine zweite Ursache für den Vergleich des Scarabaeus mit dem Sonnengott war der Glaube, dass die Pillendreher ausschließlich Männchen seien, die für sich allein zeugend Junge hervorbringen können. Nach den Vorstellungen der alten Ägypter ging auch der Sonnengott nicht aus der Verbindung zweier verschiedengeschlechtlicher Wesen hervor, sondern wurde ohne vorhergehende Befruchtung aus einem Urstoff geboren. Es gibt noch weitere Vermutungen über die Ursachen der Scarabaeus-Kultur in Ägypten, die allerdings weniger gut beweisbar sind oder vielleicht sogar überhaupt nicht stimmen. So behauptet man beispielsweise, dass die alten Ägypter bereits die Metamorphose des Pillendrehers gekannt haben. Die gestaltliche Verwandlung des Käfers wird als gedanklicher Hintergrund der religiösen Mumifizierung gesehen. Man will glauben, die Mumien wären in der Hoffnung hergestellt worden, dass sie nach tausendjährigem „Puppenschlaf" eine dritte Verwandlung und Auferstehung erleben werden. Die unterirdischen Totenstätten und die Pyramiden werden mit den Brutpillen verglichen. So umstritten diese Deutung auch ist, ein Symbol für die Wiedergeburt nach dem Tode war der Scarabaeus zweifellos.

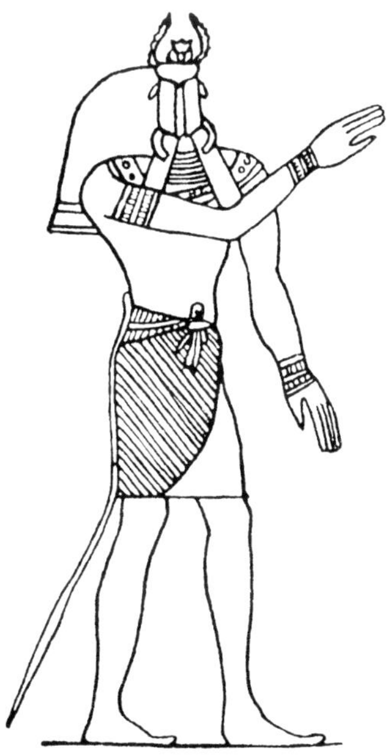

1
Der Weltschöpfer und Sonnengott CHEPRE mit Scarabaeus-Kopf.

Seit dem 3. Jahrtausend v. Chr. lassen sich Nachbildungen der Pillendreher in Ägypten nachweisen. In der Spätzeit hat man einbalsamierte Skarabäen gefunden. In den schriftlichen Dokumenten, den Hieroglyphen, ist mit dem Bild des Scarabaeus die Schöpferkraft gemeint, und er wird als Zeichen des Sonnengottes CHEPRE gewertet. Der Scarabaeus ging auch auf andere Götter als Sinnbild des „Schaffens" über. Später erhielt er die Bedeutung der Seele, die sich mit dem Schöpfergott vereinen soll. Der Scarabaeus stellt auch den abstrakten begriff „cheper" dar, der ursprünglich „werden, entstehen; Gewordenes, Entstandenes; Wesen, Gestalt" bedeutet und aus dem sich die Begriffe „Sein" und „Werden" entwickeln. Der Gott CHEPRE ist neben dem falkenköpfigen Gott RE-HARACHTE die morgendliche Erscheinungsform des Sonnengottes RE. Er wird meist mit einem Scarabaeus über seinem Kopf dargestellt, in Ausnahmefällen trägt er sogar an Stelle des Menschenkopfes einen Scarabaeus (Abb. 1, 2).

2
Der Gott CHEPRE mit Scarabaeus als Kopf, Grab der ägyptischen Königin und Gemahlin RAMSES II, NOFRETARI (13. Jahrhundert v. Chr.) im Tal der Königinnen.

Über die Ursachen des Scarabaeus-Kultes machten sich auch schon die alten Gelehrten Gedanken. So schreibt der griechische Philosoph und Schriftsteller PLUTARCH (MESTRIUS PLUTARCHUS) (um 46–um 125): »Man verehrte den Käfer, weil man in ihm dunkle Bilder von der Macht der Götter zu erblicken glaubte; beim Geschlecht der Käfer gibt es nämlich keine Weibchen, nur Männchen, die den Samen in eine aus Kot geformte Kugel legen; die wälzen sie dann, von rückwärts stoßend, einher, geradeso wie auch die Sonne dem Schein nach den Himmel in entgegengesetzter Richtung treibt, während sie selbst vom Untergang zum Aufgang fortrückt.«

Der spätrömische Schriftsteller CLEMENS VON ALEXANDRIA († um 216) ergänzt diese Vorstellungen, wenn er schreibt: »Die Sonne stellen sie durch das Bild des Käfers dar, weil er aus Rindskot ein kugelförmiges Gebilde bereitet und dieses dann rückwärts einherwälzt. Auch behaupten sie, dass er 6 Monate unter der Erde, die zweite Jahreshälfte aber über der Erde lebe und dass er seinen Samen in die Mistkugel fahren lasse und so zeuge; es gäbe nämlich kein Weibchen unter ihnen.« Noch CASPAR SCHWENCKFELD (1603) ist dieser Meinung: »Er hat nur Männchen und bringt seine Nachkommenschaft ohne Weibchen zur Welt.«

CLAUDIUS AELIANUS (ca. 170–235), ebenfalls ein Schriftsteller des späten Rom und bekannt durch sein Buch „Über die Natur der Tiere", gibt noch eine weitere Ursache für den Scarabaeus-Kult zu bedenken: »Der Käfer ist ein Tier ohne weibliches Geschlecht und lässt seinen Samen in die Mistkugel fallen, die er fortwälzt. Wenn er dies 28 Tage getan und sie erwärmt hat, so bringt er tags darauf das Junge zum Vorschein. Die Streitbaren unter den Ägyptern tragen auf ihren Ringen einen eingegrabenen Käfer, wodurch der Gesetzgeber andeutet, dass durchaus alle, die für das Land streiten, mannhaft sein müssen, da auch der Käfer nichts von weiblicher Natur hat.«

Der bedeutende griechische Philosoph PLATON (427–347 v. Chr.) war der Meinung, dass die Scarabaeus-Verehrung daher rührt, dass er wie der Schöpfer der Welt dem von ihm geschaffenen Gebilde aus Kot die vollkommenste mathematische Gestalt gab, nämlich die Kugelform.

a b c

3
Skarabäen, Kieselkeramik, 2. Jahrtausend v. Chr..
a) Ober- und Unterseite, Länge 1,8 cm. b) Unterseite, Länge 1,9 cm.
c) Oberseite, Länge 2,2 cm.

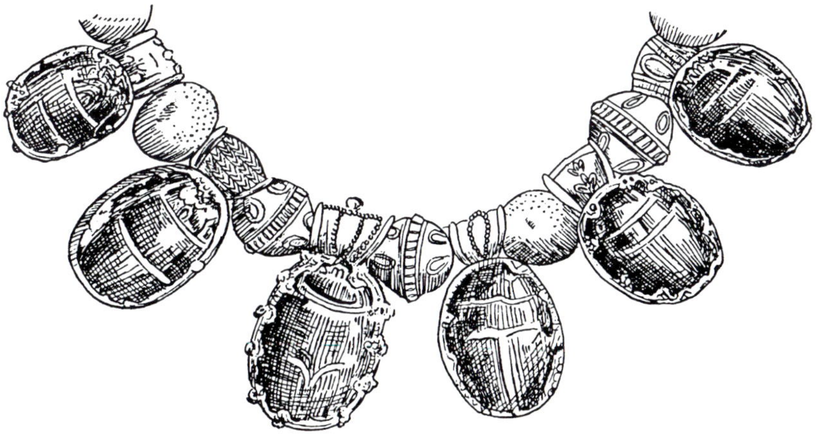

4
Altägyptisches Halsband-Amulett aus Skarabäen (Louvre).

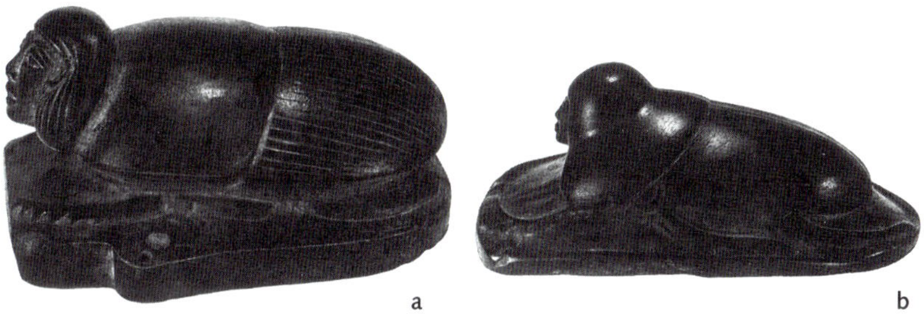

a b

5
Herzskarabäen mit menschlichem Kopf, Fundort: Aniba, 2. Jahrtausend v. Chr.. a) Grüner Stein, Länge 7 cm.
b) Schwarzer Stein, Länge 10,5 cm.

Die ältesten Scarabaeus-Nachbildungen wiesen auf ihrer Unterseite noch keine Gravierungen auf. Vielleicht hielten die Menschen der damaligen Zeit allein den Käfer bereits für heilig. Ebenfalls schon sehr früh finden sich Amulettschreine von Scarabaeus-Form. Man stellte auch Riesenkäferbilder aus schwarzem Gestein in den Tempeln auf. Später fanden Scarabaeus-Nachbildungen als Siegelsteine aus Amethyst, Karneol, Bergkristall oder anderem Material Verwendung, die in metallene Fingerringe gefasst waren, viele tragen Namen von Königen oder historische Aufschriften. Man könnte sie in ihrer Bedeutung vielleicht mit unseren heutigen Gedenkmünzen vergleichen (Abb. 3). Andere Skarabäen enthalten Mitteilungen oder die Abbildung von heiligen Tieren. Im Schatzschrein des altägyptischen Königs der 18. Dynastie Tutanchamun († 1337 v. Chr.) fand man z. B. die Darstellung eines geflügelten Scarabaeus, flankiert von der Göttin Isis und ihrer Schwester Nephthys. An den 50. Jahrestag der Entdeckung des Grabes 1972 erinnern Sonderpostwertzeichen mit historischem Skarabäen-Motiv aus Ägypten und Großbritannien (s. S. 216). Vielfach trug man die Skarabäen an einer Schnur als Glück bringendes Amulett (Abb. 4). Die Inschriften der Unterseite entsprechen diesem Verwendungszweck: „Gesundheit“, „Leben“, „Alles Gute“, „Ich bin wahren Herzens“. Aus der ursprünglichen religiösen Verehrung wurde das Scarabaeus-Tragen offenbar zu einer allgemeinen Sitte und Gewohnheit. Man könnte dies vielleicht mit dem heute üblichen Tragen von Glückskleeblättern oder -schweinchen vergleichen. Die Fabrikation von Scarabaeus-Amuletten muss ein sehr lohnendes Geschäft gewesen sein. Noch heute sind tausende von ihnen erhalten, die in den verschiedensten Ländern gefunden wurden (sehr häufig z. B. auf Sardinien).

Mit dem Vordringen des Osiris-Glaubens und der damit verbundenen Vorstellung vom Totengericht schuf man die sog. Herzskarabäen (Abb. 5) in großer Form, auf der Unterseite mit einem rein religiösen Text versehen, z. B. Kapiteln aus dem Totenbuch (oft das 30.), einer auf Papyrus geschriebenen Sammlung von Kapiteln (Sprüchen), die dem Toten im Jenseits nützlich sein sollten. Die Herzskarabäen wurden den Mumien auf die Brust oder das mumifizierte Herz gelegt. Die Herzskarabäen haben mitunter Falkenflügel an den Seiten. In der Zeit der 26. bis 30. Dynastie legte man oftmals eine Reihe von sechs oder mehr Exemplaren auf die Mumien. Die Herzskarabäen (auch andere) wurden meist aus Grünstein gefertigt, da die grüne Farbe als besonders Glück bringend galt. Mit den Herzskarabäen verband man die Vorstellung, dass das Herz beim Totengericht nicht gegen seinen eigenen Herrn zeugen möge. Das 30. Kapitel des berühmten ägyptischen Totenbuches (Abb. 6) besagt nämlich:

> »Oh, mein Herz, du innerster Teil meines Wesens!
> Wende dich nicht als Zeuge vor dem Tribunal.
> Denn du bist der Gott, der in meinem Körper ist, mein Schöpfer, der meine Glieder erhält.«

6
Der Tote vor dem Gott Chepre, seine Sündlosigkeit vor dem Jenseitsgericht beteuernd (Vignette zu Spruch 30 aus dem Totenbuch)

7
Die natürlichen Vorlagen der altägyptischen Scarabaeus-Typen. Rechts: der Käfer stilisiert. Links: die natürliche Form im Oval der Siegelzylinder.

Interessant ist die Tatsache, dass im Laufe der langen Geschichte der ägyptischen Kultur verschiedene Skarabäentypen zu unterscheiden sind, die jeweils andere Gattungen von Pillendrehern als Vorbild gehabt haben (Abb. 7). In der älteren ägyptologischen Literatur findet man die heute nicht mehr völlig überzeugende Feststellung, dass die Skarabäentypen zeitlich aufeinander folgen, sodass man sie geradezu als „Leitfossilien" für die verschiedenen kulturhistorischen Epochen verwenden kann. Viele Skarabäen sind mit Namen versehen und erlauben dadurch manchmal eine noch genauere Datierung von Funden. Wir erfahren aus den Inschriften und Bildern auf großen Skarabäen von bedeutenden Jagden (z. B. der Tötung von 102 Löwen durch Amenophis III.), auch von der Hochzeit des Bauherren von Luxor Pharao Amenophis III. (1402–1364 v. Chr.) mit Teje, entgegen der Tradition einem bürgerlichen Geschlecht entstammend und von anderen wichtigen historischen Ereignissen. So wissen wir über die immerhin hundertjährige Herrscherzeit der um 1650 v. Chr. aus Asien kommenden Eroberer, der Hyksos im Wesentlichen nur durch die Käferbilder mit Königsnamen Genaueres, da alle anderen Kulturzeugnisse fast vollständig vernichtet wurden, obwohl sie Pferd, Wagen und Krummschwert in Ägypten einführten.

Die Verehrung des Scarabaeus ging auch auf andere Religionen über. Der in der Spätantike weit verbreitete Gnostizismus verwendete Skarabäendarstellungen auf Amuletten. Abgebildet wurden drei Skarabäen in einer Reihe, die als Sinnbild der Dreieinigkeit zu verstehen sind. Vor diesen wurden drei Falken dargestellt, die die Seelen der Gerechten symbolisieren. Nach ihnen wurden drei Krokodile oder drei Schnecken abgebildet, die die Seelen der Bösen darstellen sollten. Cherub, der im alten Testament erwähnte Wächter des Paradieses, wird mitunter vom Pockennarbigen Scarabaeus (*Scarabaeus variolosus* und *Scarabaeus cicatricosus*) abgeleitet. Der Körper dieser beiden Arten ist mit vertieften Punkten bedeckt. Diese Punkte wurden offenbar für Augen gehalten. Der israelitische Prophet Ezechiel (Hesekiel; erwähnt ab 597 v. Chr.) sagte über die Cherubim: »Ihr ganzer Leib, die Hälse, die Hände, die Flügel waren voll Augen.«

Doch nicht nur religiöse Verehrung wurde dem Scarabaeus zuteil. Man schrieb ihm auch mancherlei Heil- und Wunderkraft zu, die sicherlich zum Teil ihre Wurzeln in der religiösen Verehrung haben dürften. Schon in dem etwa aus dem Jahre 1500 v. Chr. stammenden ägyptischen Papyrus Ebers können wir lesen, dass eine Beschwörungsformel damit beginnt: »Teile den (lebenden) Scarabaeus in der Mitte mit einem Bronzemesser durch, nimm seine linke Hälfte und binde sie an deinen linken Arm.«

Als Symbol des Sonnengottes galt der Scarabaeus als Heilmittel gegen viertägiges Fieber. Die zahlreichen Amulette werden mit Sicherheit als Mittel gegen Behexung gegolten haben. Über die Verwendung des Käfers in der Volksmedizin gibt ein Papyrusrezept anderen Ursprungs Auskunft: »Nimm einen großen Scarabaeus, schneide ihm Kopf und Flügel ab, siede ihn, tue ihn in Oel und lege ihn auf. Danach koche seinen Kopf und seine Flügel, tue sie in Schlangenfett, siede es und lasse es den Patienten trinken.«
Die arabische Hochkultur kennt natürlich auch den Scarabaeus. Bei dem Gelehrten Kamal ad-Din ad Damiri (1349 oder 1341–1391) können wir im „Leben der Tiere" Folgendes lesen: »Er beißt Tiere in ihre Schamteile, um sie zu vertreiben ... Er entsteht zumeist aus Kuhdung, den er, wie bereits erwähnt, sammelt und anhäuft. Sonderbarerweise stirbt er von dem Geruch von Rosen und anderen guten Gerüchen, aber wenn man ihn dann wieder in den Mist zurückbringt, so wird er wieder lebendig. Er hat zwei Flügel, die man jedoch beim Flug sehen kann, sechs Beine und einen großen Buckel. Er geht rückwärts, findet aber trotzdem sein Nest. ... Wenn er fliegen will, so schüttelt er sich, worauf die Flügel hervorkommen und er davonfliegt. Sein Genuss ist verboten. Eigenschaften: Ungekocht und ungesalzen, getrocknet und ohne einen Zusatz getrunken, ist er wohltuend gegen Skorpionstich. Sein Erscheinen im Traum bedeutet einen hastigen und schweren Feind oder Reisende mit Diebesgut.«
Der 1283 gestorbene arabische Gelehrte al-Qazwini schreibt in seinen „Denkwürdigkeiten der Schöpfung und der Geschöpfe": »Der Mistkäfer (‚chunfasy') ist das schwarze kleine Tier, das aus dem stinkenden Mist entsteht. Verschlingt ein Kamel einen Mistkäfer in seiner Nahrung, so stirbt es, und man findet den Mistkäfer in der Mitte von seinem Mist. Wirft man einen Mistkäfer auf eine Gazelle, so stirbt sie. Es gibt eine Art, die Gu'al heißt. Sie macht aus dem Mist Kugeln und bringt ihn nach Hause. Lässt man dieses Tier in der Mitte einer Rose, so bleibt es so ruhig liegen, dass man es für tot hält. Lässt man es hierauf in der Mitte von Mist, so bewegt es sich und nimmt seinen vorigen Zustand wieder an.«

Das rätselhafte Verhalten des Scarabaeus gegenüber dem Duft der Rose, das offenbar keinen rationalen Kern hat, geht schon auf Aelianus zurück, der bereits schreibt, dass der Geruch der Rose dem Scarabaeus derart zuwider ist, dass er sogar stirbt, wenn man ihn damit umhüllt.

Es verwundert uns nicht, dass dieser Käfer bei der großen Bedeutung, die die Menschen ihm zumaßen, auch mannigfaltige literarische Erwähnung und Vergleich fand, wobei oftmals auch der Spott auf den Scarabaeus-Kult nicht zu kurz kam. Plutarch ließ einem sittenstrengen Philosophen, der keine Musik beim Gastmahl leiden konnte, einen gesalbten Scarabaeus hereinbringen. Zu verstehen ist dies, wenn man bedenkt, dass bei den alten Griechen der Scarabaeus als Feind der Wissenschaft und Kunst galt, die Rose als Symbol der Bildung. Die Anekdote um Plutarch ist auf einem Kupferstich dargestellt worden, der folgenden Vers trägt:

»Wie dir, Scarabaeus, die Rose Tod bedeutet,
ist sie der Biene Vergnügen:
So ist die Tugend günstig den Guten
und feindlich den Schlechten.«

In den alten Fabeln hat allein der Scarabaeus das Recht, zu Zeus auf den Olymp zu fliegen. Der große altgriechische Komödiendichter Aristophanes (445–385 v. Chr.) lässt deshalb in seiner 421 entstandenen Komödie „Der Frieden" den attischen Landmann Trygaios auf einem mit Eselmist gemästeten riesigen Mistkäfer zum Himmel reiten, um Zeus für die Leiden der Hellenen im Peloponnesischen Krieg zur Verantwortung zu ziehen. Auch lässt er den verhassten Gerber Kleon so duften wie einen Mistkäfer. Der in Gallien lebende lateinische Dichter Decimus Magnus Ausonius (310–395) lässt die Seele eines Kinäden in einen Mistkäfer wandern. Der vorhomerische Dichter Pamphos verspottete den Scarabaeus-Kult z. B. im folgenden Vers: »Größter und herrlichster unter den Göttern, der du dich im Miste wälzest, o Zeus, im Miste vom Schaf, vom Rosse, vom Maultier.«

Im Mittelalter galt in der christlichen Tiersymbolik der Scarabaeus als Symbol des Sünders und Ketzers, die Dungkugeln als Verkörperung böser Gedanken. Im „Physiologus", jenem bedeutenden zoologischen naturwissenschaftlichem Werk, das das gesamte Mittelalter beherrschte und vermutlich 1070 ins deutsche übersetzt wurde (nachdem es bereits im 2. Jahrhundert entstand und zunächst griechisch, später lateinisch vorlag), lesen wir über den Scarabaeus das Folgende: »In den Tagen des Nisan,

des Blumenmonats, werden aus dem Miste oder der Ausleerung die Mistkäfer gebildet, kommen daraus hervor und leben in jenem Miste und Gestanke. Und sie selbst formen den Mist zur Gestalt runder Eier aus dem Mist der Kamele und der Rosse, wälzen diese rückwärts hin auf der Erde und erwärmen sie, bis sie in deren Mitte ihre Nachkommenschaft bilden und erzeugen, welche dann hervorbricht und aus jenen Kugeln hervorkriecht. Und sie bringt zugleich mit ihnen in demselben Gestank das Leben zu. Hieraus sehen wir und erkennen wir deutlich, dass die Mistkäfer die Ketzer sind, befleckt mit dem Gestank der Ketzerei. Die Mistkugeln aber, welche aus dem Miste gebildet sind und welche jene hin und zurück auf der Erde wälzen, sind die schlechten Gedanken und Ketzereien, die aus Schlechtigkeit und Ruchlosigkeit entstanden sind.«

Zum Schluss unserer Betrachtungen über den Scarabaeus sei noch eine Fabel des legendären griechischen Fabeldichters Aisopos (Äsop) wiedergegeben, der um 550 v. Chr. lebte: »Als der Adler einstmals die Jungen des Käfers raubte, stahl der Käfer zur Vergeltung des Adlers Eier und wälzte sie immerfort aus dem Nest, bis dieser vor Zeus ging und sich beschwerte. Der Gott sagte zu ihm, er solle in seinen Schoß seine Eier legen. Als nun Zeus die Adlereier auf seinem Schoße hatte, umflog der Käfer den Gott. Da vergaß sich dieser, stand auf, um den Quälgeist von seinem Kopf zu verscheuchen, und zerbrach die Eier.« Noch heute hat sich die Lehre aus dieser Fabel in einem Sprichwort erhalten: »Schwärzer und klüger als ein Scarabaeus.«

Käfer inspirieren Poeten und Maler

Wo kommt das Wort „Käfer" her?

Das Wort „Käfer" lässt sich in Vorformen bis zum 9. Jahrhundert zurückverfolgen und gehört zum Bestand des deutschen Wortschatzes. Im 9. Jahrhundert nannte man die Käfer „cheuur" (chevar), im 10. Jahrhundert „chefuar", im 11. Jahrhundert finden wir die Worte „cheuove", „cheuer", „Keuir". Das 12. Jahrhundert schreibt „cheuer" oder „Keuer", im 13. Jahrhundert finden wir neben anderen Schreibweisen schon „Kever". Allerdings wurden unter dem althochdeutschen „chevar" und dem mittelhochdeutschen „Kever" meist Heuschrecken verstanden. Abgeleitet werden diese Worte von „kauen, nagen" und „Kiefer". Dass mit „Kever" zunächst Heuschreckenlarven gemeint waren, lässt sich durch zahlreiche Quellen beweisen. In einem sich lang hinziehenden Prozess erfolgt dann ein Bedeutungswandel von „chevar", „Kever" gleich Heuschrecken zu „kever" gleich „Käfer" in unserem heutigen Sinne.

Was sagte man aber nun in früheren Jahrhunderten zu den Käfern, falls man sie überhaupt beachtete? Auch darüber geben die alten Quellen Auskunft. Ein Wort germanischen Ursprungs, „webila", stand für „Käfer".

Als charakteristisch für die Käfer sah man wohl die rasche krabbelnde Fortbewegung (sich hin und her bewegen, wabern, kribbeln, wimmeln) an. Auch dieses Wort lässt sich lange Zeit zurückverfolgen. Im 9. Jahrhundert finden wir die Schreibweise „uuibil" oder „uúipil", im 11. Jahrhundert heißt es schon „wibil", und im 12. Jahrhundert taucht neben vielen anderen Schreibweisen „wibel" auf. Man kann nachweisen, dass unter „wibel" praktisch alle damals bekannten Käfer verstanden wurden (Hirschkäfer, Blatthornkäfer, Leuchtkäfer, Bockkäfer, Ölkäfer, Rüsselkäfer und Samenkäfer). Es finden sich in der Literatur zahlreiche Stellen, die die allgemeine Bedeutung des Wortes „wibel" andeuten. Zwei seien genannt: »fliuget ein wibel hin zu velde und suochet einen rosse mist« oder »wibel in dem korn«. Man findet auch schon Unterteilungen des Wortes „wibel", z. B.: „scearnwifel" (Mistkäfer), „tordwifel" (Mistkäfer) oder „golduuinil" (Leuchtkäfer).

Doch die Jahrhunderte des „wibel" sind gezählt. Allmählich dringt das Wort „kever" in den Bereich ein, den vormals „wibel" allein beherrschte. Als eine Ursache dieser Entwicklung sieht man übrigens den plötzlich einsetzenden Gebrauch des Wortes „kever" auch für den Maikäfer an. Dieses Urbild eines Käfers war also in dieser „Wortkampfzeit" auf einmal kein „wibel" mehr, und damit hatte wohl dieses Wort schon verspielt. Lange Zeit stehen noch beide Worte nebeneinander: „wibel" für die Coleoptera, „kever" in umfassenderer Bedeutung für „nagende, fressende Insekten". Sollte innerhalb der „kever" unterschieden werden, hatte man besondere Namen etwa für Heuschrecken, Raupen und eben „wibel". Schließlich erlag „wibel", und „kever" machte einen Bedeutungswandel durch, der sich schon zeitig ankündigt: Im 15. Jahrhundert kannte man schon Laubkäfer, Grünkäfer, Rosskäfer, Maikäfer als selbstständige Wortbildungen.

Nun bleibt noch die Frage: Ist vom althergebrachten „wibel" etwas übrig geblieben? Im 18. Jahrhundert verschwand „wibel" aus der Schriftsprache (im Englischen noch als „weevil" = Rüsselkäfer erhalten). Doch die Mundarten hielten es noch einige Zeit, z. B. in der Umgebung von Osnabrück und Marburg, wo es vielleicht sogar noch heute in Gebrauch ist. Gelegentlich lebt das Wort noch in Zusammensetzungen weiter oder als Bezeichnung einzelner Arten (z. B. für den Kornkäfer und den Erbsenkäfer). Für den Mistkäfer existieren Mundartworte wie: Kuhwiewel, Kuhschietenwiewel, Messwiewel, Perdswiewel, Rosswiewel, Schietwiewel.

Vielfalt der Volksnamen

Zahlreiche Volksnamen deuten noch heute auf die besondere Bedeutung hin, die z. B. den Marienkäfern (Coccinellidae) schon in früheren Zeiten beigemessen wurde. Das fängt mit dem Namen Marienkäfer an und setzt sich mit über 1700 Bezeichnungen fort (Pfeifer 1966) (für kaum eine andere Tiergruppe dürften Volksnamen in so großer Zahl existieren!). Die meisten Namen sind lokal beschränkt (Dialekte, Mundarten), einige aber im gesamten deutschen Sprachgebiet durch das Schrifttum verbreitet (z. B. Marienkäfer). Der größte Teil der Namen (mehr als 1.500) bezieht sich nicht auf eine bestimmte Art, obwohl vielfach wahrscheinlich der Siebenpunkt (*Coccinella septempunctata*) namensgebend gewesen sein dürfte.

Auch in anderen Sprachen existieren zahlreiche und oft inhaltlich entsprechende Namen für die Marienkäfer, wie z. B. im Englischen ladybird, Lady-cow und Lady-bug; im Französischen vache à Dieu, bête de la Vierge und Bête à bon Dieu; im Niederländischen Lieveheersbeestjes, Lieveheershaantjes; im Italienischen Boarino dal Signor.

Pfeifer (1966) ordnet die Volksnamen nach unterschiedlichen Bedeutungen, wovon im Folgenden einige Beispiele vorgestellt werden. Es dominieren Bezüge zu göttlichen, heiligen oder himmlischen Wesen.

- Heilige Maria (105 Namen): Marienkäfer, Muttergotteswürmchen, Liebfrauenkäfer, Frauenküchle, Jungfraukäferl.
- Gott (91 Namen): Herrgottskäfer, Herrgottswürmchen, Gotteskäfer, Himmelsvaterla, Lieweherrgottstierle.
- Jesus (36 Namen): Herrgottssöönken, Muttergotteskindchen, Jesus-Chäferli.
- Bote an die Heiligen (89): Heiligenkäfer, Johanniskäfer, Katerinli (hl. Katherina).
- Himmelsbote (28): Himmelskawerle, Himmelwürmel, Himmelmiezchen.
- Engel (15): Engelstierchen, Himmelsengelchen.
- Gutwetterbote-Sonnenschein (63): Sonnkäferl, Sonnenwürmchen, Sonnenkindchen.
- Zeit des Auftretens (42): Summerchäferli, auch Maikäfer.
- als Käfer schlechthin (13): Käferl, Lütte Sebbeln, Krabbel.
- Haustiere: Kuh (321): Mähkälbchen, Mutschekiebchen, Unser Frauen Kühle, Marienkälbchen, Gotteskälbchen, Herrgottsöchslein, Himmelskühele, Sonnenkälbchen, Augetskühla (Augenkühlein).
- Haustiere: Pferd (79): Marienperd, Leiwgotscheperd, Sommergäulchen.
- Haustiere: Ziege (5): Herrgottsgeis, Himmelsziege.
- Haustiere: Schaf (53): Himmelbätzela (Bätzela = Schäfchen), Gotteslämmchen, Herrgottsschäfchen.
- Haustiere: Katze (10): Bunte Katt.
- Haustiere: Huhn (86): Butthünl, Gotteskük, Levhemmelsküken.
- Vogel (69): Herrgottsvögelein, Johannesvögele.
- Aufforderung zum Fliegen (62): Fliegewürmchen, Herrgottsmückele.
- Körperform (68): Kugelkäfer, Sonnenküglein, Erbsenkühchen.
- Färbung (146): Rotkalbl, Bluthienla, Gelbhänschen, Goldschäfchen, Graupelmiezchen (Graupen = Flecke), Sprinzerl-Spranzerl (Sprenkelung).
- Aphidiphage Ernährung (15): Leußfresser, Blattlauskäfer, Huppawermel (Hopfenwürmlein).
- Sonstiges (151): Glückskäferle, Brautmaneke (Brautmännchen), Olichsvöjelche (Ölvögelchen, bezieht sich auf Reflexbluten).

Käfer in Lyrik und Prosa

Die Schönheit und das Seltsame der Käfer haben manchen Schriftsteller dazu veranlasst, in Werken der Lyrik und Prosa Käfer als Motive zu verwenden. Dafür hier einige Beispiele.

Die meisten Dichtungen scheinen den Leuchtkäfern gewidmet zu sein (s. S. 9). Ein zweiter oft bedichteter Käfer ist der Maikäfer. Erwähnt sei die „Maikäferkomödie" des Schweizer Dichters Josef Viktor Widmann (1842–1911). Bei Wilhelm Busch (1832–1908) spielen Maikäfer ebenfalls eine große Rolle. Der russische Komponist Modest Mussorgski (1839–1881) hat ein Gedicht über Käfer vertont, bei dem wahrscheinlich ebenfalls ein Maikäfer gemeint ist. Der deutsche Dichter Paul Keller (1873–1932) beschreibt „Maikäfer und Engerling". Bekannt ist die Geschichte „Der erste Maikäfer“ des durch den Roman „Die Chronik der Sperlingsgasse“ besonders bekannt gewordenen bedeutenden Vertreters des deutschen Realismus Wilhelm Raabe (1831–1910). Erwähnt werden soll auch das Gedicht „Maikäfermalen“ des Schriftstellers und Malers Joachim Ringelnatz (1883–1934), wenn auch der Inhalt nicht zur Nachahmung empfohlen sei. Weitere Käfermotive sind in der Literatur zu finden. So beschreibt Bruno Frank (1887–1945) in seiner Erzählung „Der Goldene“ einen Laufkäfer, der Licht in das Leben eines Gefangenen bringt. Im Gedicht „Abseits“ des Lyrikers und Erzählers Theodor Storm (1817–1888) kommt die Zeile vor: »Laufkäfer hasten durchs Gesträuch in ihren goldenen Panzerröckchen.« Peter Paul Plenzer schrieb ein Gedicht „Korbblütlerwelt“, in dem auch Käfer vorkommen und das als Beispiel hier auszugsweise wiedergegeben werden soll:

»Mit all' den bunten Wesen lebt,
was unser Auge freundlich sieht:
ein Distelfalter lichtwärts schwebt,
Laufkäfer unter Tausendschönchen flieht.
Dem Rainfarn aber, kaum erkennbar,
Blattläuse ihre Larven schenken –
welch' Drama, kaum noch nennbar:
Marienkäfer solcher Kost gedenken!
Urgeist, wer schaut dein Ahnen, Schaffen, Dichten,
im Tier- und Pflanzenweltspiel Taten zu verrichten?!«

Franz Kafka (1883–1924) lässt in seiner „Verwandlung“ den Beamten Gregor Samsa eines Morgens hilflos auf dem Rücken liegend als Käfer erwachen.

Mitunter von Volksreimen ausgehend, haben sich manche Dichter der Marienkäfer angenommen. Besonders bekannt ist das Gedicht „Marienwürmchen“ aus der Volksliedsammlung „Des Knaben Wunderhorn“ (1806–1808) der Romantiker Achim von Arnim (1781–1831) und Clemens Brentano (1778–1842):

»Marienwürmchen, setze dich
Auf meine Hand,
Ich tu dir nichts zuleide.
Es soll dir nichts zu leid gescheh'n,
Will nur deine bunten Flügel seh'n,
Bunte Flügel meine Freude.

Marienwürmchen, fliege weg,
Dein Häuschen brennt,
Die Kinder schrei'n so sehre.
Die böse Spinne spinnt sie ein,
Marienwürmchen, flieg' hinein,
Deine Kinder schreien sehre.

Marienwürmchen, fliege hin
Zu Nachbars Kind',
Sie tun dir nichts zuleide.
Es soll dir da kein Leid gescheh'n,
Sie wollen deine bunten Flügel seh'n,
Und grüß' sie alle beide.«

Auch Hirschkäfer erscheinen gelegentlich in der belletristischen Literatur. So lässt der Schriftsteller Hermann Löns (1866–1914) Göde, den Helden seines Romans „Der letzte Hansbur“ (1909) mit Hirschkäfern spielen: »Schön war es auf dem Hofe unter den tausendjährigen Eichen; da flogen die Hirschkäfer um die olmige Eiche, und es sah putzwunderlich aus, wenn sie die kleinen Wagen zogen, die Göde ihnen machte.« Auf die uns heute kaum noch vorstellbare Verwendung als Kinderspielzeug weist auch die „Entomologie und Helminthologie des menschlichen Körpers“ von 1801 hin: »Nicht selten unterbricht der empfindliche Schmerz, welchen diese Schröter veranlassen, durch Weinen die Freude der damit spielenden Knaben.«

Zum Schluss noch einige Sprichwörter über Käfer:

»Der Mistkäfer ist in den Augen seiner Mutter eine Schönheit.«
»Ein Mistkäfer liebte eine Assel sehr und zog mit ihr im Dorf umher. Dabei erstaunte er nur noch mehr.«
»Er ist wie ein Mistkäfer, mit dem man nicht isst und mit dem man nicht spielt.«
Eine alte Bauernregel besagt: »Der Maikäfer Menge bringt den Schnitter in die Enge.«

Leuchtkäfer – Sinnbild der Schönheit

Im alten China waren die Leuchtkäfer Sinnbild der Schönheit. Man findet sowohl in China wie auch in der Kunst Japans Leuchtkäfer oft als Gegenstände von Holzschnitten oder als Motive farbiger Bilder auf Seide.

Hosoda Eishi (1756–1829) schuf einen prächtigen Holzschnitt „Glühwürmchenfang bei Nacht“. Auf diesem Farbholzschnitt sind drei junge Frauen dargestellt, die auf einem Fluss von schwärmenden Glühwürmchen umgeben sind. Eines der Mädchen versucht, mit einem Fächer die Käfer zu fangen, ein zweites hält einen Fangkäfig bereit, in dem sich schon erbeutete Leuchtkäfer befinden. Einen ähnlich schönen Holzschnitt schuf der japanische Maler und Zeichner Utagawa Kunisada (1786–1864). Auch hier wird mit den Fächern versucht, die Glühwürmchen zu fangen. Mitunter wird in der japanischen Kunst der Leuchtkäferfang auch mit erotischem Anstrich versehen, wie in einem Bild von Torii Kiyomitsu (1735–1785). Er stellt ein Mädchen nach dem Bade dar, das einen offenen durchsichtigen Bademantel trägt und mit einem Fächer Glühwürmchen zu fangen versucht. Die Glühwürmchen sehen aus, als würden sie erröten.

Es gibt eine ganze Reihe japanischer Gedichte, die Leuchtkäfern gewidmet sind. Izumi Shikibu (974–1034) schreibt: »Als ich, von einem Manne vergessen, den Tempel von Kifune aufsuchte und um das Weihwasserbecken Leuchtkäfer fliegen sah:

Meiner Schwermut scheint,
mit den Käfern des Riedes
schwärme gespenstisch,
meinem Körper entflogen,
die sehnende Seele aus.«

Der japanische Dichter, Maler und Kalligraf Yosa Buson (1716–1783) hat einen Vers „Das Glühwürmchen" gedichtet:

»Unterm Moskitonetz
Lass ein Glühwürmchen fliegen:
Wird dich beglücken.«

Ergreifend ist auch das Gedicht „Das verirrte Kind und der Leuchtkäfer" von Yoshida Ryusui:

»Das verirrte Kind
weint und weint und hascht dabei
nach dem Glühwürmchen doch.«

Mokichi Saito (1882–1953) schrieb:

»Im ersten Schein des Morgens
kletterst du schon an einem Grashalm hoch,
Leuchtkäferchen.
Auch mein kurzes Leben
soll nicht nutzlos vergehen.«

Doch auch in der chinesischen Lyrik lässt sich ein Leuchtkäfergedicht finden, das von dem durch seine über 1000 genial einfachen Gedichte bekannten Dichter Li Taibai (701–762) stammt:

»Leuchtkäfer, Schlägt Regen auf Dein Licht,
er kann's nicht löschen.
Bläst Wind auf deinen Glanz, wird er nur
reiner,
Und flögest du empor in Himmelsferne,
Dem Monde nah, wärst du der Sterne einer.«

Auch in der islamischen Kunst wurden Leuchtkäfer dargestellt, beispielsweise durch das Gedicht „Der Glühwurm" des pakistanischen Dichters und Philosophen Muhammad Igbal (1873–1938). Dort sagt der Glühwurm von sich selbst:

»Sind Nächte dunkler als Gazellenaugen,
Entzünd ich mich, bin selbst mein Wegeslicht«

Der deutsche Dichter Friedrich Gottlieb Klopstock (1724–1803) – übrigens mit der späteren Frau des weltberühmten Entomologen Johann Christian Fabricius, der Schriftstellerin und Übersetzerin Anna Cäcilie Ambrosius (1747–1820) in Briefwechsel stehend – schrieb ein Gedicht „Zwei Johanniswürmchen". Wilhelm Busch erwähnt im „Naturgeschichtlichen Alphabet" ebenfalls das Johanniswürmchen.

Körperbau, „Spitzenleistungen" und Verhalten der Käfer

Vielfalt der äußeren Gestalt und charakteristische Merkmale

Was ist ein Käfer?

Bereits in den Schriften des genialen griechischen Philosophen ARISTOTELES (384–322 v. Chr.) findet sich eine erste Definition der Käfer („Historia animalium") »Die blutlosen Geflügelten sind entweder Deckenflügler = Koleoptera; diese tragen nämlich ihre Flügel unter einer Decke wie zum Beispiel der Pillendreher und Blasenkäfer.«

Diese, schon ein wesentliches Detail enthaltende Definition wird in den Schriften des GAIUS PLINIUS SECUNDUS zum Teil erweitert: »Einige Insekten haben zum Schutz der Flügel eine hornartige Decke, wie die Käfer, deren Flügel dünn und zerbrechlich sind. Dagegen haben sie keinen Stachel. Ein großer Käfer hat sehr lange, an der Spitze geteilte Hörner, die sich zum Biss zusammenschließen. Man nennt ihn Lucanus. Eine andere Art dreht sich aus Mist mit den Füßen große Kugeln, in denen sie ihre Jungen gegen die Kälte des Winters schützt. Manche Käfer fliegen mit einem brummenden Geräusch umher. Die Leuchtkäfer leuchten des Nachts wie Feuer. Ihr Licht strahlt von den Seitenflächen und dem Hinterleib aus, wenn sie die Flügel ausbreiten. Falten sie die Flügel wieder zusammen, so verschwindet das Licht darunter. Die Leuchtkäfer sind nicht vor dem Reifwerden der Futterkräuter zu sehen und verschwinden wieder nach der Ernte.«

Während des Mittelalters kommt zu diesem Wissen nicht besonders viel hinzu, wie wir aus dem Buch „Theriotropheum Silesiae in quo animalium vis, natura et usus sex libris perstringitur" (= Der schlesische Tiergarten) des Arztes CASPAR SCHWENCKFELD (1563–1609) entnehmen können. SCHWENCKFELD führt eine ganze Reihe verschiedener Käferarten und -gruppen auf und gibt auch die folgende Definition für die Gesamtheit der Käfer »Scarabaeus, Käfer, Keifer. Dies ist eine Familie von Insekten, mit zarten Flügeln und schützenden harten Deckflügeln darüber. PLINIUS scheint unter dem Namen Scarabaeus alle scheidenflügeligen Insekten zu verstehen. Es gibt viele Arten, große und kleine, gehörnte und ungehörnte, schwarze, graue, gelbliche, rötliche, bläuliche etc. Sie nähren sich von trockenem Holz, Getreide und dem Mist der Haustiere.« Lassen wir nun noch das „Natur-, Kunst- und Handlungslexicon" von J. HÜBNER (1731) zu Wort kommen. Dort steht unter dem Stichwort Scarabaeus Folgendes: »Scarabaeus, ein Käfer, weil diese einigermaßen in die Arznei genommen werden, als wollen wir derselben unterschiedliche Arten erzählen. Solche sind nun Scarabaeus, oder *Cantherus cornutus*, Schröter, *Pilularius*, Rosskäfer, *Canthaellus unctuosus*, Katzenschmalzkäfer, *Cantharus rutilus major*, Mayenkreuzkäfer, dito *minor*, Bruchkäferlein, *Bufonis viridis*, Krötenkäfer, *Pistrinarius*, Mehlkäfer, *Cadaverum*, Aaskäferlein. In den Apotheken hat man von dem Schröter die Hörner und das infundierte Öl.«

Wie man sieht, ist eine gewisse Kontinuität seit ARISTOTELES in den Definitionen der Käfer als Gruppe des Tierreichs enthalten, und schon die Alten hatten ein wesentliches Kriterium erfasst, die Umbildung der Vorderflügel zu den stark chitinisierten Flügeldecken (Elytren). Woran kann man die Käfer nun wirklich erkennen und von anderen Insekten unterscheiden? Die verschiedenen Ausbildungsformen der Beine charakterisieren sie nicht. Das ist bei fast allen Insektengruppen so. Kauende Mundwerkzeuge haben auch Heuschrecken, Libellen, Blattwespen, Schaben und andere. Die Hinweise zur Lebensweise nützen uns auch nicht viel, denn viele andere Insekten fressen ebenfalls Pflanzen oder leben im Wasser. Und eine vollkommene Verwandlung hat die Mehrzahl aller Insektenarten überhaupt. Wollen wir also die Käfer zutreffender definieren, müssen wir schon etwas genauer werden.

Wir wollen einige wichtige Merkmale zur Definition der Käfer heranziehen (Abb. 8), von denen das erste schon ARISTOTELES nannte.

- Die Vorderflügel sind zu mehr oder weniger stark chitinisierten Elytren mit umgeschlage-

8
Käfer, schematisch:
a) Unterseite eines Sandlaufkäfers (Cicindelinae);
b) Oberseite eines Kurzflüglers (Staphylinidae).

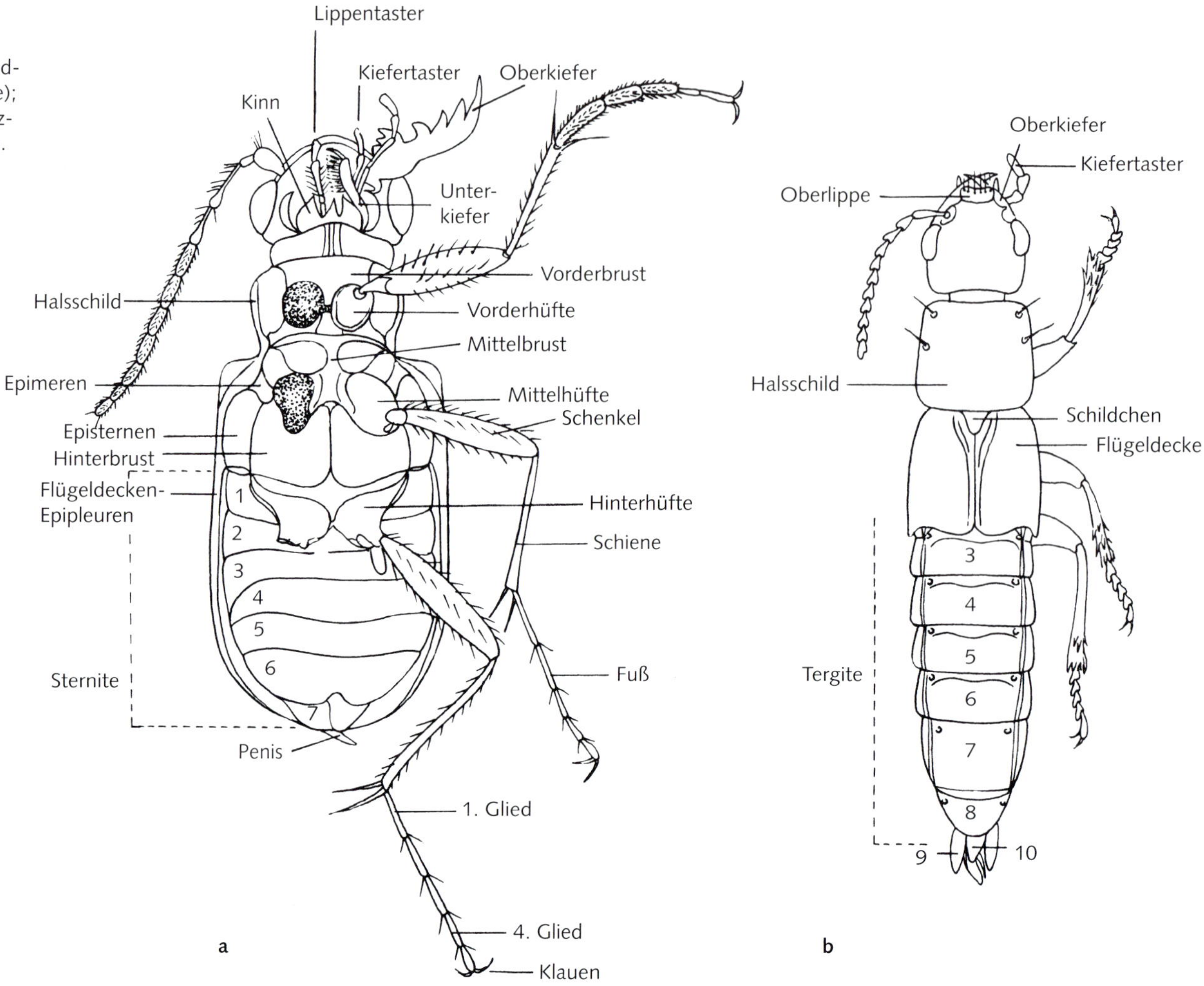

nem Seitenrand (Epipleuren) umgebildet, an denen Reste der Aderung nur selten nachweisbar sind. Sie bilden bei flugfähigen Arten eine Schulterbeule (Humeralkallus), die dem Schutz des Gelenkes der Hinterflügel dient. Die Festigkeit der Elytren bedingt die Weichhäutigkeit der von ihnen bedeckten Oberseite der Hinterleibssegmente (Tergite). Wenn nur einige Hinterleibssegmente von den Elytren bedeckt werden (z.B. Kurzflügler, Staphylinidae), ist nur bei diesen die Weichhäutigkeit der Tergite zu verzeichnen. Die so bei vielen Arten erreichte Kompaktheit des Körpers ist eine wichtige Voraussetzung für die Besiedlung nahezu aller Lebensräume.

- Die Hinterflügel (wenn vorhanden) sind in Ruhestellung fast immer unter den Elytren in Längs- und Querrichtung zusammengefaltet. Ihr Geäder ist stark abgeleitet und beeinflusst den Faltungsmodus. Die Hinterflügel sind die einzigen Organe des Flugantriebs.
- Wie bei allen Insekten besteht das Bruststück (Thorax) aus drei Segmenten. Im Gegensatz zu anderen Ordnungen sind diese Segmente aber bei den Käfern in einer nur diesen zukommenden Weise miteinander verschmolzen: Die Bauchplatten des 1. und 2. Thoraxsegmentes sind miteinander vereinigt. Die Rückenplatte des 1. Thoraxsegmentes bildet eine von oben sichtbare große Platte, den so genannten Halsschild. Die Rückenplatte des 2. Thoraxsegmentes bildet das meist dreieckige, an der Basis zwischen den Flügeldecken liegende Schildchen. Die Bauchplatte des 3. Thoraxsegmentes ist mit dem Abdomen vereinigt, die dazu gehörige Rückenplatte tritt nach außen nicht in Erscheinung. Die für alle Insekten typische Gliederung des Körpers in drei Regionen

(Kopf, Bruststück, Hinterleib) ist bei den Käfern mithin in den Einzelheiten verschoben. Man kann folgende drei Regionen unterscheiden. Kopf – Prosternum + Mesosternum – Metasternum + Abdomen (von der Bauchseite betrachtet) bzw. Kopf – Pronotum – Mesonotum + Elytren (von der Rückenseite betrachtet).

- Der Hinterleib besteht aus 5–6 äußerlich sichtbaren Segmenten (± verhärtete Sternite auf der Unterseite und meist weichhäutige Tergite auf der Oberseite). Das 1. Abdominalsegment fehlt meist, beim 2. ist nur das Tergit erhalten. Die letzten Abdominalsegmente sind eingestülpt. Bei manchen Gruppen ist das Tergit des letzten Segments verhärtet und von außen zu sehen, es formt das Pygidium.

Die größten Käfer der Welt

Die mögliche Maximalgröße der Insekten ist durch eine Reihe von Faktoren begrenzt, dennoch gibt es unter ihnen beachtlich große Arten. Eines der größten Insekten der Welt ist zugleich auch der größte Käfer: der Amazonas-Riesenbock *Titanus giganteus* (Cerambycidae, Abb. 9). Diese Tiere können eine Körperlänge von 15 bis 16 cm (nach manchen Autoren sogar 21 cm) erreichen und 100 g schwer werden. Über die Lebensweise dieses riesigen Bockkäfers wissen wir nahezu nichts. Zu vermuten ist, dass sich die Larven in morschem Holz entwickeln. Ihre Länge wird mit 25 cm angegeben! Die Käfer werden äußerst selten an einem bestimmten Fluss-System des Amazonasgebietes gefunden. Ein weiterer Bockkäfer (*Xixuthrus heros*) von den östlich Australien gelegenen Fidschi-Inseln wird ebenfalls bis 16 cm lang, seine Antennen sind länger und die Spannweite der Beine sogar noch größer als die von *Titanus* (Abb. 10).

Neben diesen absolut größten Käfern gibt es noch eine Reihe weiterer sehr großer Arten aus verschiedenen anderen Familien. Zu nennen wäre beispielsweise die auf den Sundainseln vorkommende Gattung der Gespenstlaufkäfer (*Mormolyce*), deren Vertreter bis zu 10 cm Länge erreichen (Abb. 11). Unter den Schnellkäfern (Elateridae) gibt es die Gattung *Tetralobus*, deren Vertreter in Afrika und Südostasien vorkommen und 7 cm lang werden. Das ist für einen Schnellkäfer ein wahrhaft gigantisches Maß. Auch die Prachtkäfer (Buprestidae) haben ihre Riesen. Wir finden sie bei den südamerikanischen *Euchroma*-Arten, von denen der Riesenprachtkäfer (*Euchroma gigantea*) etwa 8 cm lang wird. Die Zuckerkäfer (Passalidae) kommen nur in den Tropen vor (Abb. 12). Die meisten Arten sind groß, die Spitze erreichen Arten der Gattung *Proculus* mit 9 cm Körperlänge.

Innerhalb der großen Familie der Blatthornkäfer (Scarabaeidae) gibt es die Unterfamilie Dynastinae. Hierher gehören neben kleineren Arten die allbekannten Herkuleskäfer aus dem tropischen Südamerika. Als größte Art ist *Dynastes hercules* anzusehen, die einschließlich der vom Halsschild und vom Kopf nach vorn gerichteten Hörner 17 cm Länge erreichen kann (Abb. 13). In die gleiche Unterfamilie gehört einer der voluminösesten Käfer. Es ist der Actaeon-Käfer (*Megasoma actaeon*), der ebenfalls in Südamerika lebt. Das Männchen kann 9 cm Länge (ohne Horn), 5 cm Breite und 4 cm Höhe erreichen (Abb. 14). Aber auch andere Vertreter der Blatthornkäfer können beachtlich groß werden. So gibt es bei afrikanischen Dungkäfern die Gattung *Heliocopris*, deren Arten mitunter bis zu 6 cm lang sind. Weit bekannt sind die zur Unterfamilie der Rosenkäfer (Cetoniinae) gehörigen Goliathkäfer, die im tropischen West- und Zentralafrika leben (Abb. 15). Die größten Arten (zum Beispiel *Goliathus druryi*, *G. goliathus*) werden über 10 cm lang. Besonders das erste Exemplar, das 1760 nach Großbritannien gebracht wurde erregte großes Aufsehen, zumal es 100 Jahre dauerte, bis ein zweites Stück gefunden wurde. Die Familie Langkäfer (Brentidae) lässt lange Arten erwarten. Tatsächlich gibt es solche von 7 cm Länge (Abb. 16). Allerdings sind deren Körper recht dünn. Auch die Rüsselkäfer (Curculionidae) haben große Arten hervorgebracht, wie zum Beispiel die Palmenbohrer (Dryophoridae, Gattung *Rhynchophorus*).

In der mitteleuropäischen Fauna sehen die Riesen etwas bescheidener aus. Die größte Art ist der Hirschkäfer (*Lucanus cervus*), der im männlichen Geschlecht einschließlich der Oberkiefer bis 10 cm erreichen soll. Bei dieser Art besonders auffällig, aber auch bei allen anderen großen Arten zu bemerken, ist eine beachtliche Größenvariation (Abb. 17). Die kleinsten Hirschkäfermännchen sind nur 3 cm lang.

Andere große Arten der mitteleuropäischen Fauna sind der Heldbock (*Cerambyx cerdo*) und der Mulmbock (*Ergates faber*), die 5,5 bzw. 6 cm lang werden können. Massig wirkt auch der Nashornkäfer (*Oryctes nasicornis*), der 4 cm erreicht. Die Laufkäfer (Carabidae) haben einen sehr großen Vertreter hervorgebracht, den Riesenlaufkäfer *Procerus gigas*, der 6 cm lang werden kann. Im Wasser wird der Rekord vom bis zu 5 cm langen Großen Kolbenwasserkäfer (*Hydrophilus piceus*) gehalten. Der größte Schwimmkäfer ist der Breitrand (*Dytiscus latissimus*), der 4,5 cm lang und 2,5 cm breit werden kann.

Die von den größten Käfern gebotenen Gewichte sind recht beachtlich. Neben *Titanus giganteus* halten *Megasoma actaeon* mit 30 g und die Herkuleskäfer (*Dynastes*) mit 15 bis 37,5 g die Spitze. 20 Exemplare des kleinsten Säugetieres (Etruskerspitzmaus) wiegen etwa so viel wie ein großer Herkuleskäfer. Übertroffen werden die Gewichte und Volumina dieser Arten aber noch von den größten Goliathkäfern (*Goliathus goliathus*).

Es hat nicht an Versuchen gefehlt, die Kraft der Käfer zu messen. Dafür einige Beispiele. Ein Zuckerkäfer (Passalidae) ist imstande, ein beladenes Spielzeugauto mit einem Gewicht von 175 g zu ziehen. Der Käfer selbst wiegt 1,9 g. Ein Nashornkäfer kann das 850fache seines eigenen Gewichtes heben. Ein 0,2 g schwerer Waldmistkäfer (*Anoplotrupes stercorosus*) bewegte 80 g von der Stelle, also das 400fache seines Gewichtes, 100 g konnte er gerade noch anheben. Ein 0,5 g schwerer Käfer der gleichen Art trug 400 g fort.

9
Der größte Käfer der Welt, der Riesenbockkäfer (*Titanus giganteus*). Originalgröße. (Foto Förster) (S. 14)

Die kleinsten Käfer der Welt

Der kleinste Käfer der Welt ist zugleich – in Rekordkonkurrenz zu einigen parasitoiden Hautflüglern – auch eines der kleinsten Insekten, das wir überhaupt kennen. Es handelt sich um einen Federflügler (Ptiliidae), die in Nordamerika unter Rinde vorkommende Art *Nanosella fungi* mit 0,25 mm Länge und einem Gewicht von 0,4 mg. Zur gleichen Familie gehören auch die

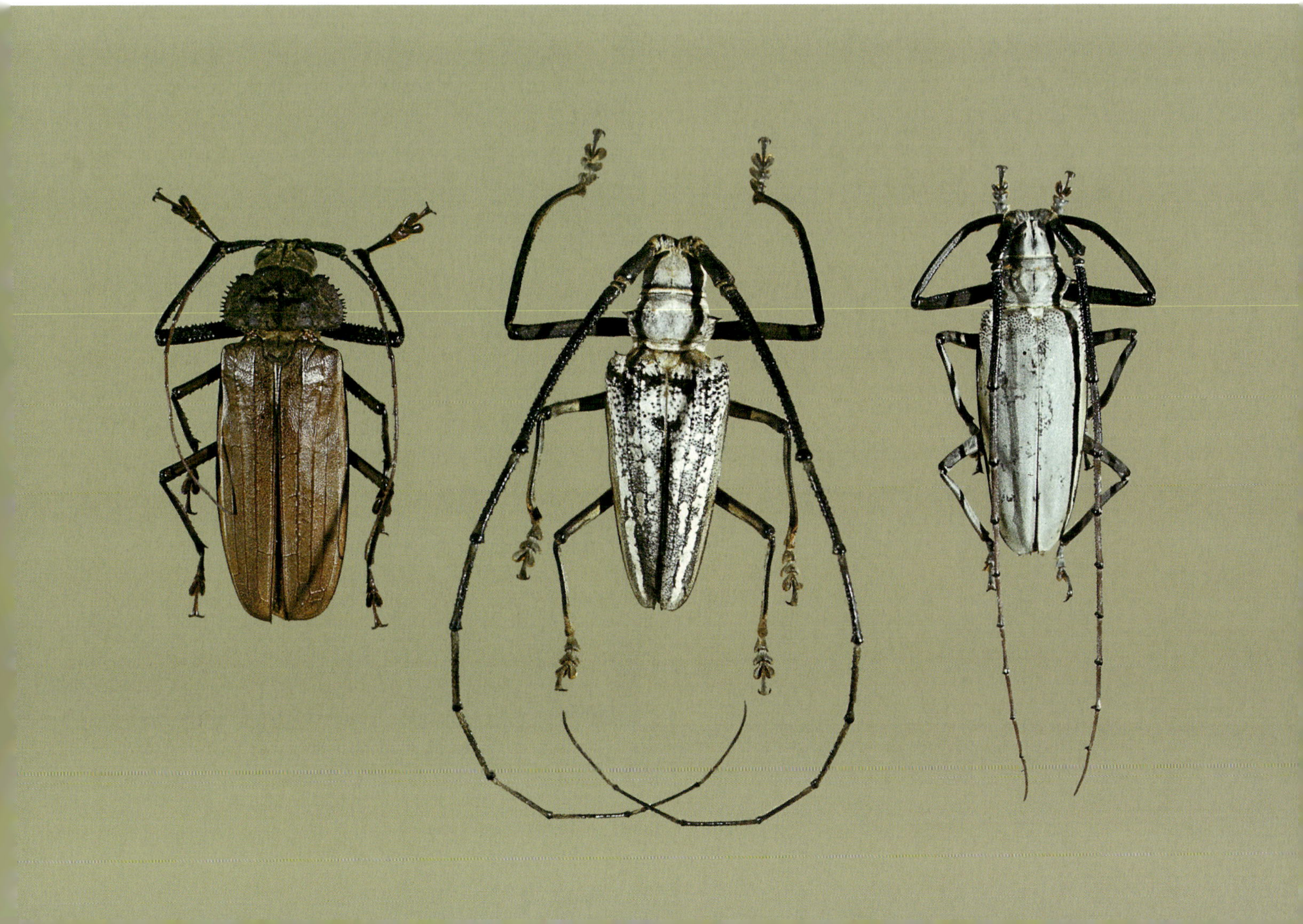

10
Tropische Bockkäfer (Cerambycidae): links: *Xixuthrus microcerus* aus Java, Körperlänge 8,2 cm; Mitte: *Batocera browni* aus Melanesien, Körperlänge 8 cm; rechts: *Batocera hercules* aus Indonesien, Körperlänge 7,5 cm. (Foto Förster)

11
Linke Seite: Gespenstlaufkäfer (*Mormolyce phyllodes*) von Borneo, Java, Sumatra; Körperlänge bis 8,4 cm. Der Käfer lebt unter der Borke morscher Baumstämme. (Foto Kutzscher)

12
Zuckerkäfer (Passalidae) aus Südamerika. (Foto Förster, Archiv Staatl. Museum Tierkunde Dresden)

13
Männchen des Herkuleskäfers (*Dynastes hercules*), Vorkommen Kostarika, Panama, Nicaragua, Guatemala, Antillen; Körperlänge bis 15 cm. Beim Männchen bildet der Fortsatz des Bruststücks und des Kopfschildes eine vertikal orientierte „Zange". (Foto Förster, Archiv Staatl. Museum Tierkunde Dresden)

15
Goliathkäfer (*Goliathus cacicus*) aus Afrika; Körperlänge 8 cm. (Foto Förster)

14
Weibchen und Männchen des Gabelhornkäfers (*Megasoma elephas*), Vorkommen Guatemala, Kostarika, Mexiko, Panama; Körperlänge bis etwa 13 cm. Das Männchen ist durch Horn- und Höckerbildungen auf dem Bruststück und dem Kopfschild ausgezeichnet. Schwarz mit plüschartiger graugelber Behaarung. (Foto Förster, Archiv Staatl. Museum Tierkunde Dresden)

kleinsten mitteleuropäischen Käfer aus den Gattungen *Oligella, Acrotrichis* und *Micridium*, die 0,5 bis 0,6 mm lang sind (Abb. 18), aus tausenden Zellen bestehen und alle Organe eines Käfers beinhalten. Zum Vergleich sei angeführt, dass die einzelligen Pantoffeltierchen (*Paramecium caudatum*) 0, 12 bis 0,33 mm lang werden.

Sehr kleine Käfer (< 2 mm Körperlänge) kommen auch noch in anderen Familien vor, zum Beispiel bei den Punktkäfern (Clambidae) mit 0,5 bis 2 mm, den Uferkugelkäfern (Microsporidae) 0,7 mm, den Langtasterwasserkäfern (Hydraenidae) 1,0–3,0; Ameisenkäfern (Scyd-

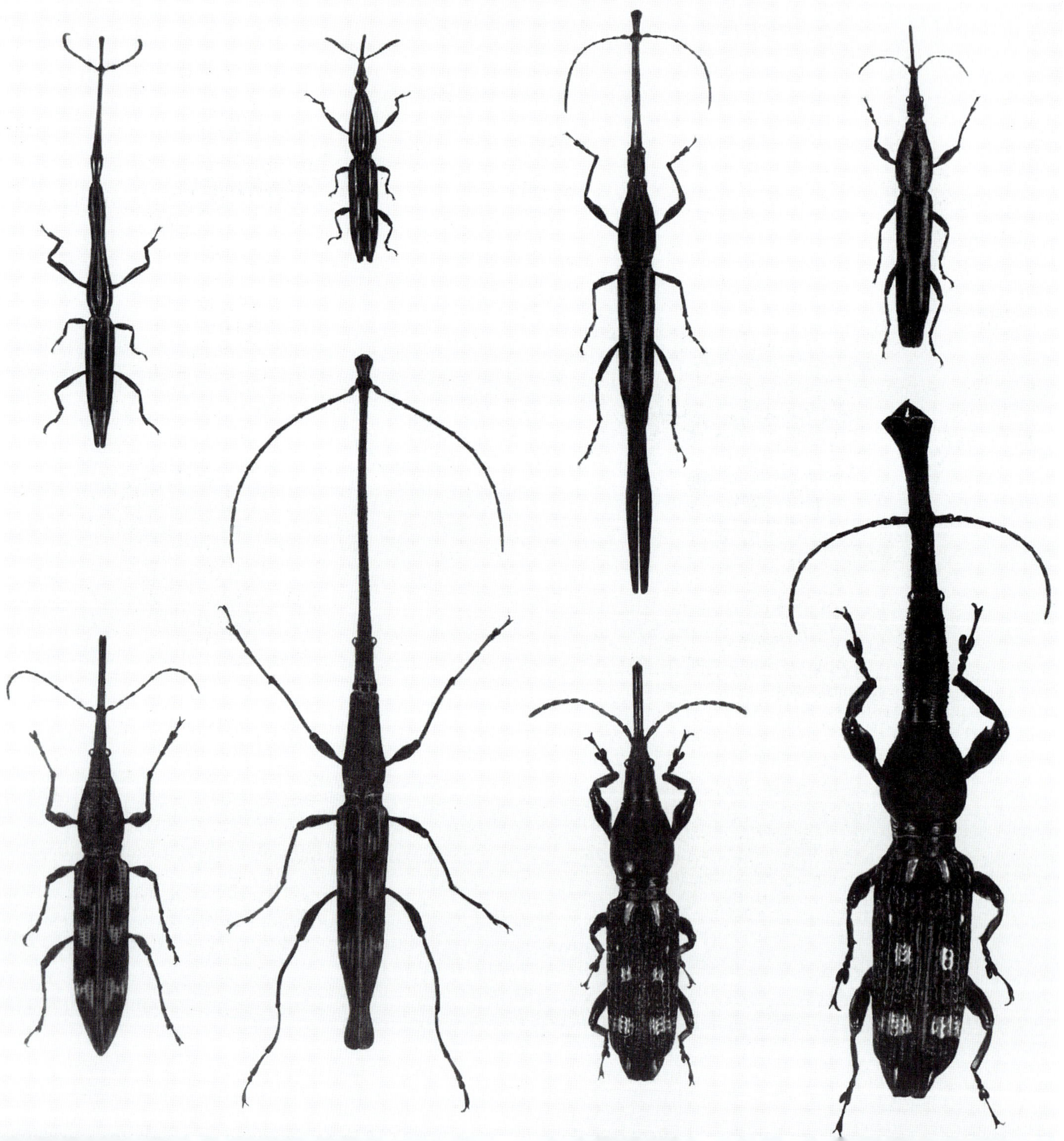

16
Käfer mit besonders langen Köpfen aus der Familie Langkäfer (Brentidae). Obere Reihe: *Brentus anchorago* aus Brasilien; links Männchen (4,1 cm groß); rechts Weibchen (2,3 cm groß); *Prodector fruhstorferi* von Sulawesi; links Männchen (5,9 cm); rechts Weibchen (3,3 cm groß). untere Reihe: *Lasiorhynchus barbicornis* aus Neuseeland; links Weibchen (4,2 cm groß); rechts Männchen (7 cm groß); *Eutrachelus temminckii* von Borneo; links Weibchen (4,2 cm groß); rechts Männchen (7,1 cm groß). Die Käfer leben in Bohrgängen anderer Insekten. Sie sind Räuber und Raumparasiten. Ihr Körper ist dieser Lebensweise angepasst.

17
Europäischer Hirschkäfer (*Lucanus cervus*). Die sehr unterschiedliche Körpergröße der Männchen (9,4 cm, 6 cm, 3,4 cm) hängt besonders vom Nahrungsangebot der Larven ab.

18
Acrotrichis sericans, Körperlänge 0,7 mm, die Flügel ragen über die Flügeldecken hinaus (Federflügler, Ptiliidae).

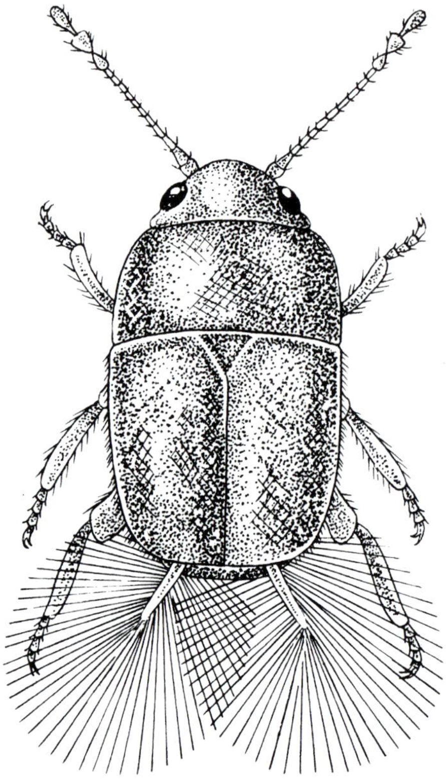

maenidae) 0,7–2,3; Faulholzkäfern (Corylophidae) 0,6–2,5; Hakenkäfern (Elmidae) 0,9–4,5; Uferschlammkäfern (Georissidae) 1,2–1,3; Schildlausglanzkäfern (Nitidulidae-Cybocephalinae) 1,1–1,6; Schimmelkäfern (Cryptophagidae) 0,8–5,0 und Moderkäfern (Latridiidae) 0,8–3,0 mm.

Käfer mit rätselhaften Verzierungen

In sehr vielen Käferfamilien gibt es Arten, die, meist nur im männlichen Geschlecht, irgendwelche Ausstülpungen, Dornen, Hörner oder andere Fortsätze haben, die die Tiere recht auffällig machen. Die biologische Bedeutung dieser „Verzierungen" ist in den meisten Fällen nicht bekannt. Bei einigen Mistkäfern stehen sie wahrscheinlich mit der Brutfürsorge im Zusammenhang, bei anderen stehen sie in Verbindung mit den Kommentkämpfen.

Am auffälligsten sind die zahlreichen Hornbildungen der Blatthornkäfer (Scarabaeidae) und Mistkäfer (Geotrupidae). Wir können Derartiges schon in der heimischen Natur beobachten, wenn wir an Nashornkäfer, Mondhornkäfer und Dreihornmistkäfer denken. Die Tropen liefern uns natürlich noch viele weitere Varianten: die gewaltigen Hornbildungen des Atlaskäfers (*Chalcosoma atlas*) (Abb. 19, 20), die Herkuleskäfer, auch *Theodosia westwoodi* (Abb. 21), zahlreiche Arten der Mistkäfer (Geotrupidae) bzw. aus der Blatthornkäferunterfamilie Scarabaeinae mit zum Teil riesigen Hornbildungen aus den Gattungen *Enoplotrupes* bzw. *Phanaeus*, *Copris*, *Heliocopris* und *Onthophagus* (Abb. 22, 23, 24, 25, 26). Tropische Riesenkäfer „begnügen" sich oft nicht mit einem einzigen Horn, wie uns zum Beispiel *Strategus simson* oder *Trichogomphus robustus* zeigen. Eine besonders auffällige Hornbildung begegnet uns in der Gattung *Golofa* (Abb. 27). Auch die afrikanischen Rosenkäfer führen uns mannigfaltige Gabelhornbildungen (Abb. 28, 29) vor.

Auch bei anderen Käferfamilien gibt es Arten mit rätselhaften Verzierungen. Zu nennen wäre die auch bei uns vorkommende Gattung *Notoxus*, die zu den Blumenkäfern (Anthicidae) gehört. Diese Käfer besitzen auf dem Halsschild ein kräftiges nach vorn gerichtetes Horn, mit dem sie die großen Ölkäfer (Meloidae) angreifen können. Die Vertreter der Gattung *Notoxus* werden durch das Cantharidin der Ölkäfer (vor allem *Meloe*) angelockt, auch andere Anthicidae, Feuerkäfer (*Pyrochroa*), verschiedene Wanzen (Miridae, Tingidae), Hautflügler (Hymenoptera) und Zweiflügler (Diptera). Es ist aber nicht sicher, ob diese Hornbildung nur mit den gelegentlichen Angriffen auf *Meloe* erklärbar ist, obwohl Beobachtungen vorliegen, nach denen mit dem Horn Öffnungen in den Hinterleib von *Meloe*-Weibchen gestoßen werden (z. B. 8 Öffnungen und ca. 20 Männchen gleichzeitig) und das Cantharidin in der Biologie von *Notoxus* eine Rolle spielt (s. S. 181).

Farbenpracht der Käferwelt

Die Färbung der Käfer beruht entweder auf der Einlagerung von Pigmenten (braun, schwarz, rot, orange oder gelb) oder auf der Struktur der Kutikula (auch aufliegenden Schuppen); sie ist die Reflexion eines genetischen Musters. Während Färbungen, die auf der Einlagerung von Karotinen beruhen, nach dem Tod des Käfers meist verblassen, sind die schillernden, auf physikalischen Effekten beruhenden Strukturfarben oft zeitlos. Die Masse der Käfer ist nicht auffäl-

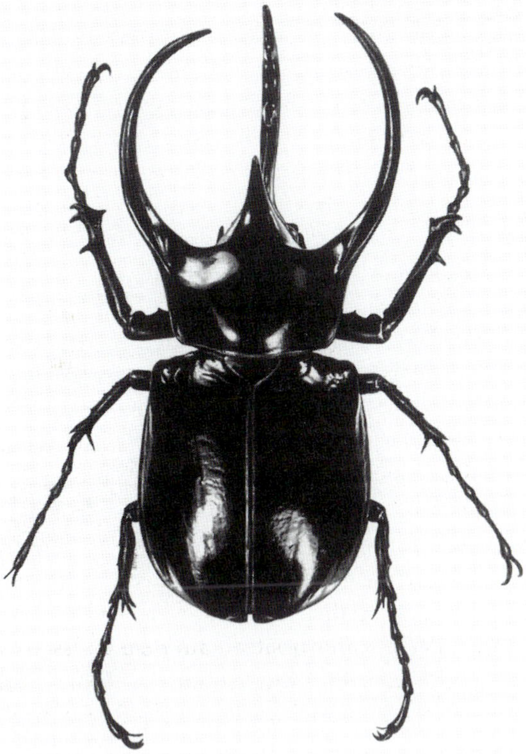

20
Chalcosoma atlas, Männchen, Seitenansicht. (Foto Förster)

19
Atlaskäfer (*Chalcosoma atlas*) aus Indien, Indonesien, Männchen; Körperlänge bis 12 cm. Bemerkenswert sind die drei Hornbildungen des Bruststückes und das Kopfhorn. (Foto Förster)

21
Theodosia westwoodi var. *westerstradi* von Borneo (Familie Blatthornkäfer, Scarabaeidae). (Foto Förster)

22
Links *Enoplotrupes sharpi* aus Thailand; Körperlänge 3 cm. Rechts *Copris draco* aus Australien; Körperlänge 4–5 cm. (Fotos Förster)

23
Phanaeus difformis aus Südamerika; Körperlänge 2–3 cm; zwei Farbformen. (Fotos Förster)

24
Phanaeus bonnariensis aus Südamerika; Männchen; Körperlänge 3,5 cm. (Foto FÖRSTER)

25
Phanaeus sp. aus Südamerika. (Foto FÖRSTER)

26
Pillendreher aus Südamerika: Oben: links Männchen, rechts Weibchen von *Oxysternon festivus*; Mitte: links Weibchen, rechts Männchen von *Phanaeus imperator*, Männchen von *Phanaeus difformis*; unten: links Weibchen, rechts Männchen von *Oxysternon conspilliertus*. (Foto FÖRSTER)

27
Sägekäfer (*Golofa aegon*) aus Ecuador (Familie Blatthornkäfer, Scarabaeidae). Zu beachten sind das senkrecht stehende Kopfhorn und Bruststückhorn. (Foto FÖRSTER)

28
Gabelhornrosenkäfer aus Afrika: *Chelorrhina* und *Eudicella.* (Foto FÖRSTER)

lig gefärbt. Dem Menschen sind aber gerade diejenigen Arten besonders einprägsam geworden, die ein auffälliges Farbmuster haben.

Sehr bunte Vertreter finden wir bei den Sandlaufkäfern (Carabidae-Cicindelinae). Als Beispiele seien *Cicindela chinensis* aus Ostasien, deren Flügeldecken metallisch grün, blau oder kupferrot schillern, oder *Chaetodera regalis* aus Mittel- bis Südafrika mit einem strahlendblauen Streifenmuster auf gelbem Grund genannt. Auch in Mitteleuropa kommt ein sehr schöner Laufkäfer (Carabidae) vor, der Mondfleck (*Callistus lunatus*) mit stahlblauem Kopf, ziegelrotem Halsschild und blauschwarzen Flügeldecken mit orangeroten Binden (Abb. 30). Selbst in der meist düster gefärbten Familie der Kurzflügler (Staphylinidae) gibt es farbenprächtige Arten, wie den recht großen *Emus hirtus*. Kopf, Halsschild und Hinterleibsspitze sind mit einem dichten, goldgelben Haarpelz bedeckt, die Unterseite hat einen prächtigen Metallschimmer. Auch die Aaskäfer (Silphidae) können bunt gefärbt sein (Abb. 31). Durchweg bunt sind die meisten Wollhaarkäfer (Melyridae) und Buntkäfer (Cleridae). Wir finden Arten mit den herrlichsten Farbmustern. Wunderbar rot gefärbte Vertreter gibt es in der Familie Plattkäfer (Cucujidae), vor allem in der Gattung *Cucujus*. Eine braun-weiße Zeichnung zeigen die Vertreter der Gattung *Polyphylla* (Blatthornkäfer, Scarabaeidae) (Abb. 32). Die Pilzkäfer (Erotylidae) sind oft sehr bunt, meist in einer blauroten Farbkombination. Der Name Prachtkäfer (Buprestidae) weist schon auf besondere Farbenpracht hin. Wir finden in dieser Familie ein wahres Feuerwerk wunderbarer Schillerfarben in den vielfältigsten Kombinationen (Abb. 33, 34, 35, 36, 37). Rote, grüne, blaue und metallische Töne wechseln miteinander ab. Vielleicht ist in dieser Familie die größte Farbenpracht in der Käferwelt erreicht. Die Strukturfarben sind oft noch mit Pigmentfarben kombiniert, eine dünne farblose Schicht überdeckt den Pigmentgrund. Die physikalische Erscheinung der Interferenz liefert dann die Pracht, die noch durch den Einfallswinkel des Lichtes variiert wird. Zarte Pastelltöne in Grün, Grau, Blau

29
Gabelkopfrosenkäfer (*Dicranocephalus wallichi*) aus Nordindien. (Foto Förster)

30
Der wärmeliebende Mondfleck (*Callistus lunatus*) besiedelt offene Lebensräume; Körperlänge 5–7 mm. (Foto Knoflach-Thaler)

31
Ein Totengräber (*Nicrophorus americanus*) aus Nordamerika. (Foto Förster, Archiv Staatl. Museum Tierkunde Dresden)

32
Zwei Walkerarten: links *Polyphylla petiti*, rechts *Polyphylla olivieri*. (Foto Förster, Archiv Staatl. Museum Tierkunde Dresden)

33
Tropische Prachtkäfer (Buprestidae): links: *Cyphogastra javanica* aus Indonesien; rechts: *Psiloptera fastuosa* aus Indien. (Foto Förster)

34
Tropische Prachtkäfer (Buprestidae) (Abb. 34–37)
Julodis cirrosa aus Südafrika. (Foto FÖRSTER)

35
Julodis gariepina aus Südafrika. (Foto FÖRSTER)

36
Julodis speculifera aus dem Iran. (Foto FÖRSTER)

37
Steraspis speciosa aus Mittelafrika. (Foto FÖRSTER)

38
Wollkäfer (*Lagria hirta*); Körperlänge 7–14 mm.
(Foto GEPP)

39
Goldkäfer (*Plusiotis* sp.) aus Kostarika (Blatthornkäfer, Scarabaeidae). (Foto Förster)

40
Rosenkäfer (*Dicranorrhina derbyana*) aus Afrika. (Foto Förster)

41
Tropische Rosenkäfer (Cetoniinae). Obere Reihe: *Stephanorrhina guttata* aus Westafrika, *Heterorrhina sexmaculata* von den Sundainseln, *Heterorrhina dohrni* von den Sundainseln, *Heterorrhina macleayi* von den Philippinen; untere Reihe: *Genyodonta flavimaculata* aus Natal, *Heterorrhina imperatrix* von Java, *Plaesiorrhina cincta* aus Uganda, *Stephanorrhina princeps* aus Ostafrika. (Foto Förster)

42
Tropische Bockkäfer (Cerambycidae) (Abb. 42–53): Links: Pärchen von *Sternotomis variabilis*; rechts: Pärchen von *Sternotomis pulchra* aus Afrika (Kongo). (Foto Förster)

43
Batocera browni aus Melanesien, Auge von der Seite. (Fotos Förster)

44
Batocera browni, Augen von vorn. (Fotos Förster)

45
Links: *Mallodon spinibarbis* aus Brasilien (links und Mitte Cerambycidae, Bockkäfer), Mitte: *Anoplophora lucipor* von den Philippinen (Luzon); rechts *Hypocephalus armatus* (Anoplodermatidae) aus Brasilien. (Foto FÖRSTER)

46
Dorcacerus barbatus aus Paraguay, Männchen, Kopf von vorn. (Foto FÖRSTER)

47
Mallodon spinibarbis aus Brasilien, Kopf mit den großen Oberkiefern von vorn. (Foto FÖRSTER)

48
Xylorhiza adusta aus Indonesien. (Foto FÖRSTER)

49
Poecilopeplus corallifer aus Brasilien. (Foto FÖRSTER)

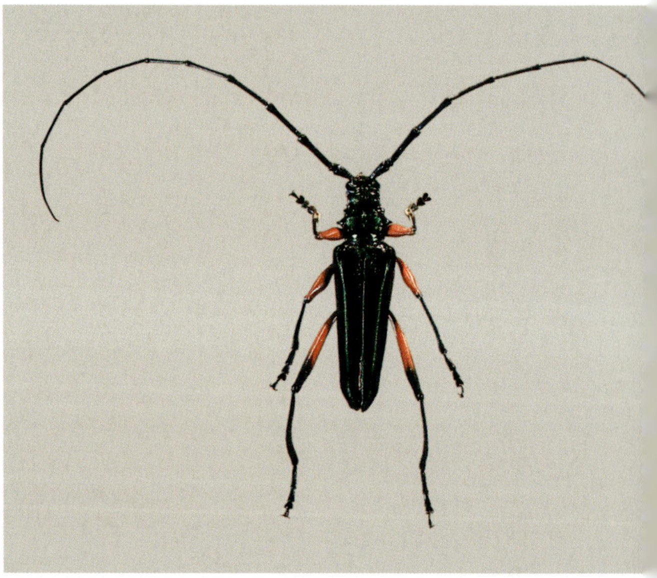

50
Rosalia lesnei aus Taiwan. (Foto FÖRSTER)

51
Diotecnon iris trilineatum. (Foto FÖRSTER)

52
Poecilopyrodes pictus aus Brasilien. (Foto FÖRSTER)

53
Nemophas forbesi. (Foto FÖRSTER)

54
Der Alpenbock (*Rosalia alpina*) entwickelt sich in anbrüchigen Buchenstämmen; Körperlänge 15–38 mm. (Foto GEPP)

55
Schildkäfer (Chrysomelidae) aus Brasilien. (Foto FÖRSTER, Archiv Staatl. Museum Tierkunde Dresden)

56
Kartoffelkäfer (*Leptinotarsa decemlineata*); Körperlänge ca. 10 mm. (Foto FÖRSTER)

57
Tropische Schildkäfer (Cassidinae); oben: *Cyclosoma mirabilis* aus Brasilien, *Omocerus casta* aus Mittelamerika, *Stolas saundersi* aus Südamerika; Mitte: *Discomorpha distincta* aus Kostarika; unten: *Stolas pascoei* aus Mittelamerika, *Acromis sparsa* aus Mittel- und Südamerika, *Stolas perimunda* aus Nordwestmexiko. (Foto Förster)

und Purpur zeichnen tropische Vertreter der Wollkäfer (Tenebrionidae-Lagriinae) aus, auch die einheimische *Lagria hirta* hat Flügeldecken in einem lichten braun (Abb. 38).

Viele farbenprächtige Arten finden wir unter den Blatthornkäfern (Scarabaeidae), selbst bei Dungbewohnern (Abb. 25, 26). Einige Vertreter der Unterfamilie Rutelinae sind durchweg silbern oder golden (Abb. 39). Man kann bei diesen Tieren wirklich denken, sie bestünden aus Metall und kann sich durchaus vorstellen, dass ein solcher Käfer das Modell für die Erzählung „Der Goldkäfer" (1843) des amerikanischen Schriftstellers Edgar Allan Poe (1809–1849) gewesen ist. Die betreffenden Arten gehören meist in die Gattung *Plusiotis* und kommen in Mittel- und Südamerika vor. Innerhalb der Unterfamilie Rosenkäfer (Cetoniinae) ist die Farbschönheit schon bei den Goliathkäfern beachtlich, die oft ein rehbraunes, samtartiges Muster auf weißem Grund ziert (Abb. 15). Dem Feuer von Edelsteinen vergleichbar ist das Farbspiel metallisch glänzender und oft schön gemusterter anderer Rosenkäferarten (Abb. 40, 41).

Auch die Bockkäfer (Cerambycidae) können sich mit ihrer Färbung durchaus sehen lassen (Abb. 42, 45, 48, 49, 50, 51, 52, 53). Erwähnt sei auch der Alpenbock (*Rosalia alpina*), dessen himmelblaue Flügeldecken samtschwarze Querbinden tragen (Abb. 54). Viele andere Arten sind schwarz-gelb gezeichnet.

Die Blattkäfer (Chrysomelidae) liefern uns viele bunte, vor allem metallfarbene Arten (Abb. 55). Man denke bei der Schönheit der Farben durchaus auch an den Kartoffelkäfer (*Leptinotarsa decemlineata*) (Abb. 56). Es gibt Schildkäfer (Cassidinae), deren Oberseite in funkelndem Smaragdgrün leuchtet (Abb. 57), zum Beispiel auch *Polychalca variolosa* aus Brasilien, die man sogar wie einen Edelstein gefasst und als Schmuck verwendet hat (Abb. 58). Auch die artenreichste Käferfamilie, die Rüsselkäfer (Curculionidae), hat leuchtende Metallfarben hervorgebracht und zählt viele bunte Arten, rote, grüne, blaue und gelbe, in ihren Reihen (Abb. 59, 60, 61, 62, 63, 64). Völlig weiße Käfer gibt es ausgesprochen selten. Meist wird diese Färbung durch eine weiße Beschuppung erreicht. Nur in einer Gruppe gibt es Arten, deren Chitin selbst reinweiß ist (Flügeldecken); das sind einige Arten der Familie Schwarzkäfer (Tenebrionidae)!

58
Schildkäfer als Schmuck. (Foto Förster, Archiv Staatl. Museum Tierkunde Dresden)

Die Färbung scheint übrigens in einem Zusammenhang mit der geografischen Verbreitung zu stehen. So sind Südamerika und auch die Orientalis und Australien außerordentlich reich an leuchtenden Metallfarben. Im tropischen Afrika dominieren hingegen weiße, rote, gelbe und braune Pigmentfarben. Das hängt damit zusammen, dass die Fauna des tropischen Afrika vorwiegend den Charakter einer Steppenfauna hat. Metallfarben kommen besonders im tropischen Regenwald vor.

Variation der Färbung und Zeichnung

Viele Käferarten variieren in ihrer Färbung außerordentlich stark, wie der tropische Rosenkäfer *Neptunides polychromus* aus Ostafrika (Abb. 65) oder die ebenfalls in Afrika lebende *Ranzania bertolinii* (Abb. 66). Gelegentlich ist das Spektrum so groß, dass verschiedene Färbungsformen als verschiedene Arten beschrieben wurden. Wenngleich diese Variabilität bei sehr vielen verschiedenen Käferfamilien eine Rolle spielt, ist sie doch bei den Marienkäfern (Coccinellidae) besonders auffällig. Dafür ein Beispiel. Der Zehnpunkt (*Adalia decempunctata*), eine in Europa weit verbreitete Art, variiert in sehr großem Maße, über 80 deutlich voneinander unterschiedene Färbungsformen sind mit Namen benannt worden. Drei Extreme sollen vorgestellt werden: Es gibt Individuen mit schwarzen Flügeldecken, die eine rötliche Schulterbinde tragen; bei anderen sind die Flügeldecken schwarz und mit je fünf großen gelben Flecken bedeckt; und schließlich gibt es Individuen, deren gelbe Flügeldecken je zwei bis acht schwarze Punkte tragen (Abb. 67). In Mitteleuropa sind besonders viele Farbformen außerdem vom Zweipunkt (*A. bipunctata*), dem Variablen

59
Tropische Rüsselkäfer (Curculionidae) (Abb. 59–64)
Eupholus schoenherri var. *arfaki* aus Neuguinea. (Foto FÖRSTER)

60
Eupholus browni aus Neuguinea. (Foto FÖRSTER)

61
Entimus imperialis, Männchen, aus Südamerika. (Foto FÖRSTER)

62
Eupholus beccarii aus Neuguinea. (Foto Förster)

63
Eupholus bennetti aus Neuguinea. (Foto Förster)

64
Entimus splendidus aus Brasilien. (Foto Förster)

65
Neptunides polychromus, ein Rosenkäfer aus Ostafrika in acht verschiedenen Farbvariationen. (Foto Förster)

66
Zwei Farbvariationen des Rosenkäfers *Ranzania bertolinii* aus Afrika. (Foto Förster)

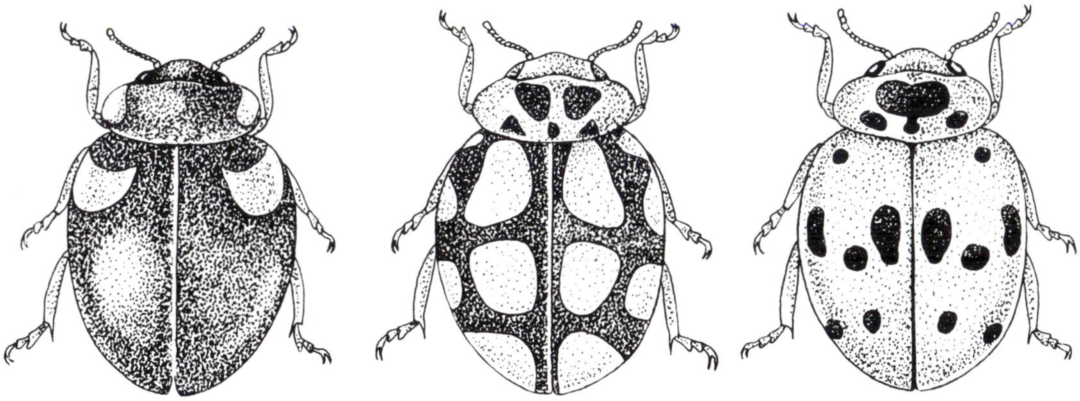

67
Variation der Färbung bei *Adalia decempunctata* (Marienkäfer, Coccinellidae).

68
Flechtenrüsselkäfer (*Lithinus hildebrandti*) aus Madagaskar auf flechtenüberzogenem Zweig (extreme Anpassung an Form und Farbe des Milieus); Körperlänge etwa 2–3 cm. (Foto FÖRSTER)

69
Rotdeckenkäfer (Lycidae). (Foto GEPP)

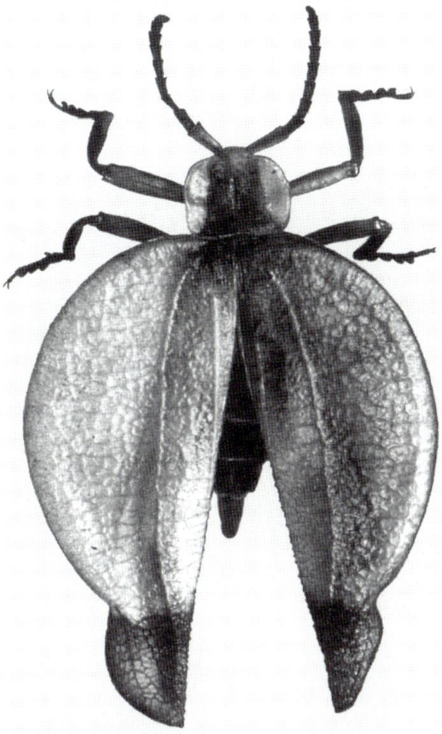

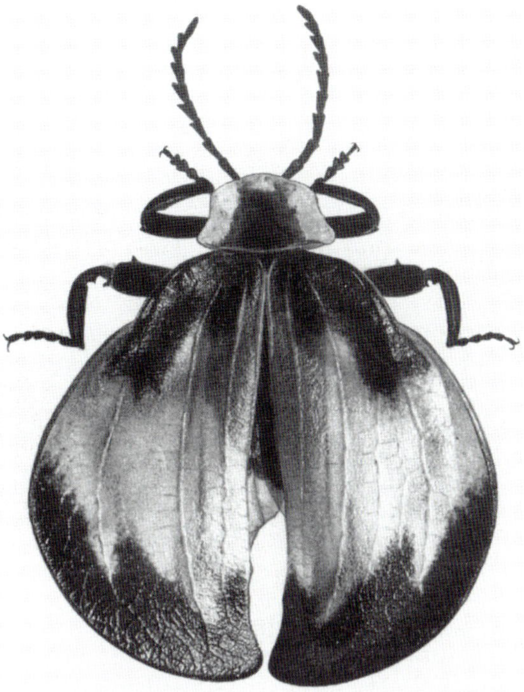

70
Rotdeckenkäfer (Lycidae); *„Lycus dilatatus"* aus Mittel- und Südafrika. (Foto FÖRSTER)

71
„Lycus tunicata" aus Südafrika. (Foto FÖRSTER)

Flach-Marienkäfer (*Hippodamia variegata*), dem Pappel-Marienkäfer (*Oenopia conglobata*), dem Schachbrett-Marienkäfer (*Propylea quatuordecimpunctata*) und von *Subcoccinella vigintiquatuorpunctata* bekannt (polymorphe Arten). Die Anzahl der Varianten kann unglaublich groß sein, wie am Beispiel des Luzerne-Marienkäfers (*Subcoccinella vigintiquatuorpunctata*) gezeigt werden kann. Von den 4096 theoretisch möglichen Kombinationen ist ein großer Teil tatsächlich gefunden worden. Andere Arten – insgesamt sogar die meisten – sind in ihrer Färbung relativ konstant, z.B. *Coccinella septempunctata* (monomorphe Arten). Beim Siebenpunkt kann jedoch in geografischer Abhängigkeit die Größe der Punkte trotz gleichen Zeichnungsmusters erheblich variieren. Besonders im Osten der Palaearktis (Japan) kommt es zu einer erheblichen Vergrößerung der schwarzen Punkte.

Der Schildkäfer *Charidotella sexpunctata* aus Brasilien zeigt einen auffälligen Farbwechsel und kann in 20 Minuten von leuchtendem Gold über Grüntöne zu mattem Gelbbraun übergehen. Bei Käfern sind solche Erscheinungen sehr selten.

Sind das noch Käfer?

Unter den Blattkäfern (Chrysomelidae) existiert die Unterfamilie Cryptocephalinae (einschließlich Chlamisinae), zu der die Gattung *Fulcidax* gehört. Betrachtet man diese Tiere nicht sehr aufmerksam, so würde man sie für Erzbrocken oder Erdkrümel halten. Doch das ist wahrscheinlich schon das Absonderlichste, das uns in der Gesamtgestalt begegnen kann. Natürlich weichen auch viele andere Gruppen ± stark von der den meisten Menschen vertrauten „Normalgestalt" ab, doch ist immer recht schnell zu erkennen, dass es sich um Käfer handelt, sogar dann, wenn zum Beispiel der gesamte Körper vollständig behaart ist, wie bei Rüsselkäfern der Gattung *Lithinus* aus Madagaskar (Abb. 68), die sich kaum von den sie umgebenden Flechten abheben. Auch die meist unter der Rinde lebenden, extrem flachen Arten sind immer gut als Käfer erkennbar. Als Beispiele seien der Stutzkäfer *Hololepta plana* (Histeridae) genannt, der 8–9 mm lang, aber nur 0,9–1 mm hoch ist oder die meisten Arten der Familie Plattkäfer (Cucujidae). In Westafrika gibt es einen Vertreter der Rotdeckenkäfer, *Chlamydolycus trabeatus* (Lycidae), dessen Flügeldecken so verbreitert sind, dass die Käfer einen scheibenförmigen Habitus

72
Spitzmausrüssler (*Apion frumentarium*) auf einem Ampferblatt; Körperlänge ca. 2 mm. Diese Art lebt ausschließlich auf *Rumex*-Arten. (Foto Förster)

73
Die Spitzmausrüssler (*Apion frumentarium*) sind sich bereits näher gekommen. (Foto Förster, Archiv Staatl. Museum Tierkunde Dresden)

bekommen. Auch andere Arten dieser Familie tendieren zur Scheibenform (Abb. 69, 70, 71).

Vielleicht sollte man an dieser Stelle darauf hinweisen, dass zahlreiche Missbildungen bei Käfern beschrieben wurden. Diese werden wohl niemals das Erkennen eines Käfers als solchen beeinträchtigen, andererseits verwundert es natürlich den Betrachter, wenn er ein Tier mit einem gegabelten Bein oder einer tief unten gegabelten Antenne sieht, sodass der Eindruck von drei Fühlern entsteht. Auch Vervielfachung der Füße kommt vor. Unter 6200 Exemplaren des Hirschkäfers (*Lucanus cervus*) wurden nur 5 (0,08 %) mit monströsen Mandibeln (einer der beiden Oberkiefer war missgebildet) gefunden. Als Ursache werden Beeinträchtigungen der Puppe vermutet. Es gibt bei dieser Art sogar sehr selten weibliche Exemplare, deren Mandibeln in Größe und Gestalt denen schwach entwickelter Männchen angenähert sind.

Wie sieht ein Käfer innen aus?

Gewöhnlich kennt man von Käfern nur die äußere Gestalt. Charakteristisch sind die aus Proteinen und dem besonderen „Werkstoff“ Chitin bestehenden Hüllen (Kutikula) der Segmente, die den Körper des Tieres in geradezu idealer Weise vor mechanischen und chemischen Einflüssen schützen und außerdem durch aufgelagerte Lipide wasserabweisend sind. Oft schon ist das Außenskelett mit einer Ritterrüstung verglichen worden, obwohl auch ausgeklügelte Konstruktionen des Menschen auf diesem Gebiet niemals auch nur annähernd die Perfektion erreichten, die dem Insektenkörper eigen ist.

Die Beweglichkeit des Käfers wird durch Scharnier- und Kugelgelenke zwischen den Körperabschnitten und den Beingliedern gewährleistet. Ansatzpunkte für die zahlreichen Muskeln sind nicht nur die Bauelemente des Außenskeletts, sondern auch Fortsätze der Kutikula und besondere, innen liegende harte Teile. Natürlich muss die Tätigkeit der Muskulatur durch das Nervensystem reguliert werden, und die Käfer haben ein recht kompliziertes Steuerungssystem. An ein hoch entwickeltes Gehirn schließen sich die beiden ventralen Nervenstränge an, die ursprünglich in jedem Körpersegment ein Paar Ganglienknoten bilden, die durch eine Querverbindung miteinander in Kontakt stehen. Dieses ursprüngliche Strickleiternervensystem ist natürlich mannigfach verändert, vor allem konzentriert worden und steht in enger funktioneller Verbindung mit den Sinnesorganen und dem innersekretorischen Apparat. Den Gasaustausch mit der Umgebung übernimmt das Tracheensystem, das mit den Atemöffnungen (Stigmen) außen beginnt und sich in immer feiner verzweigenden Röhren nach innen fortsetzt, wodurch der Sauerstoff nahezu bis zu jeder einzelnen Zelle gebracht wird. Die Hämolymphe („Blut“) spielt für den Gasaustausch kaum eine Rolle, sondern dient u. a. dazu, Nährstoffe und Hormone im Körper zu verteilen, Abwehrfunktionen auszuüben und Stoffwechselendprodukte zu entfernen. Rückenseitig liegt das Röhrenherz, das die Hämolymphe durch seitliche Öffnungen (Ostien) ansaugt und von hinten nach vorn pumpt, wobei es von anderen Pumpen unterstützt wird. Der Blutkreislauf ist nicht geschlossen, und die Flüssigkeit verteilt sich über Spalträume im ganzen Körper, um schließlich erneut angesaugt zu werden.

Von der Mundöffnung bis zum After durchzieht jeden Käfer der Darmkanal, der in drei Abschnitte untergliedert ist. Vorderdarm, Mitteldarm und Enddarm. Der erste und der letzte Abschnitt sind mit einer chitinhaltigen Kutikula ausgekleidet. Vor dem Mitteldarm ist bei vielen Arten ein so genannter Vormagen ausgebildet, der, oft mit Zähnchen versehen, der weiteren Zerkleinerung und Aufbereitung der Nahrung dient (Kaumagen). An der Grenze zwischen Mittel- und Enddarm münden blind endende Schläuche, die Malpighischen Gefäße. Sie dienen der Exkretion, indem sie Endprodukte des Stoffwechsels aus der Hämolymphe aufnehmen und in den Enddarm ausscheiden.

Einen großen Teil des Volumens des Hinterleibes nehmen meist die Geschlechtsorgane ein, auf deren Bau an anderer Stelle eingegangen wird (s. S. 174).

Orientierung und Sinnesleistung

Steuerzentrum Kopf

Der Kopf ist das Steuerzentrum der Insekten. Er ist Träger wichtiger Sinnesorgane und verantwortlich für das Sehen, Schmecken und Riechen. In der Kopfkapsel ist die konzentrierte Nervensubstanz, das Gehirn, untergebracht. Die Fühler (Antennen) und Mundwerkzeuge sind Träger von Sinnesorganen. Letztere dienen vor allem der Nahrungsaufnahme, sie sind normalerweise beißend-kauend und oft durch große Mandibeln ausgezeichnet. Der Kopf ist meist nach vorn gerichtet (prognath), selten nach unten (orthognath) und in wenigen Fällen nach hinten (hypognath).

Der Kopf formt gewaltige Rüssel

Die wesentlichste Abwandlung und Besonderheit der Kopfform ist neben der Anlage von Hörnern die Ausbildung eines Rüssels (Abb. 16). Neben den Rüsselkäfern (Curculionidae) und unmittelbaren Verwandten sind auch die Spitzmausrüssler (Apionidae) (Abb. 72, 73), die Langkäfer (Brentidae), die Borkenkäfer (Curculionidae-Scolytinae) und die Breitrüssler (Anthribidae), aber auch die Scheinrüssler (Salpingidae), Scheinbockkäfer (Oedemeridae), Aaskäfer (Silphidae), Rotdeckenkäfer (Lycidae) und andere an die Ausbildung von Rüsseln gegangen. Manche Rüsselkäfer haben einen mehr als körperlangen, sehr dünnen Rüssel, der dem Käfer eine bizarre Gestalt verleiht (Abb. 74 links). Der Rüssel dient der Nahrungsaufnahme, mitunter auch dem Nagen enger, oft tiefer Löcher und Kanäle, auch in verhältnismäßig feste Substrate, in die dann die Eier gelegt werden. – Bemerkenswert sind auch die stark verlängerten „Hälse" mancher Arten der Attelabidae (Abb. 74 rechts).

Antennen als Riechorgane

Die im Grundbauplan elfgliedrigen Antennen sind mit geruchsempfindlichen Sinneszellen mehr oder minder reichlich bedeckt. Sie sind sehr verschieden gebaut und imstande, verschiedenste Geruchsqualitäten wahrzunehmen und damit besonders wichtig für das Aufsuchen der richtigen Nahrung (beide Geschlechter), des geeigneten Eiablageortes (Weibchen) und das Finden des Geschlechtspartners (Männchen). Die letztgenannte Funktion hat dazu geführt, dass im männlichen Geschlecht die Zahl der entspre-

74
Links: *Antliarhis zamiae* aus Südafrika, ein Vertreter der Brentidae mit extrem langem Rüssel; rechts: *Trachelismus tenuissimus* (Familie Attelabidae) von den Philippinen. Beide Käfer etwa 1,5 cm lang. (Foto Förster)

75
Batocera hercules aus Indonesien (Bockkäfer, Cerambycidae). (Foto Förster)

chenden Sinneszellen und die Oberfläche der Antennen oft beachtlich größer sind als bei den Weibchen. Das kann zum Beispiel durch eine Verlängerung erreicht werden. Die auffälligsten Beispiele dafür finden wir bei den Bockkäfern. Die Spitze hält *Batocera kibleri* von den im südwestlichen Pazifik gelegenen Salomoninseln, deren Antennen bis 230 mm lang sein können (Abb. 10, 75). Ein hervorstechendes Beispiel aus der europäischen Fauna ist der Zimmerbock (*Acanthocinus aedilis*): Bei den Männchen kann die Antennenlänge das Fünffache der Körperlänge betragen, bei den Weibchen erreichen die Fühler höchstens die doppelte Körperlänge. Fühler von mehrfacher Körperlänge finden wir auch bei tropischen Arten der Breitrüssler (Anthribidae). Die Antennen sind auch mit Mechanorezeptoren besetzt – ein Hinweis auf ihre Tastfunktion.

Eine Vergrößerung der Antennenoberfläche kann auch auf andere Weise erreicht werden. Dies zeigen uns beispielsweise die Blatthornkäfer (Scarabaeidae), deren Antennen an ihrem Ende drei bis sieben blattartig verbreiterte Glieder tragen (Abb. 76a), die durch den Druck der Hämolymphe auseinander gespreizt werden können. Größe und Zahl dieser mit zahlreichen Sinneszellen bedeckten Blätter sind zwischen den beiden Geschlechtern und den verschiedenen Arten oft unterschiedlich.

Auch Verzweigungen bewirken eine Vergrößerung der Antennenoberfläche, wie zum Beispiel bei männlichen Schnellkäfern zu beobachten ist. Eine sehr kompliziert gebaute Antenne hat das Männchen des in Europa weit verbreiteten Ölkäfers *Cerocoma schaefferi* (Meloidae) (Abb. 76b) (s. S. 180).

Auch die Antennen der Fühlerkäfer (Carabidae-Paussinae) sind von sehr abweichender Gestalt (Abb. 77, 78, 79, 80). Die bei Ameisen lebenden Keulenkäfer (*Claviger*) aus der Unterfamilie Palpenkäfer (Staphylinidae-Pselaphinae) zeichnen sich durch keulenförmige Fühler aus (Abb. 76d). Die Ameisen zerren die Käfer gelegentlich an diesen „Keulen“ durch das Nest. Über weitere Funktionen dieser eigentümlichen Antennen ist nichts bekannt. Klauenkäfer (Dry-

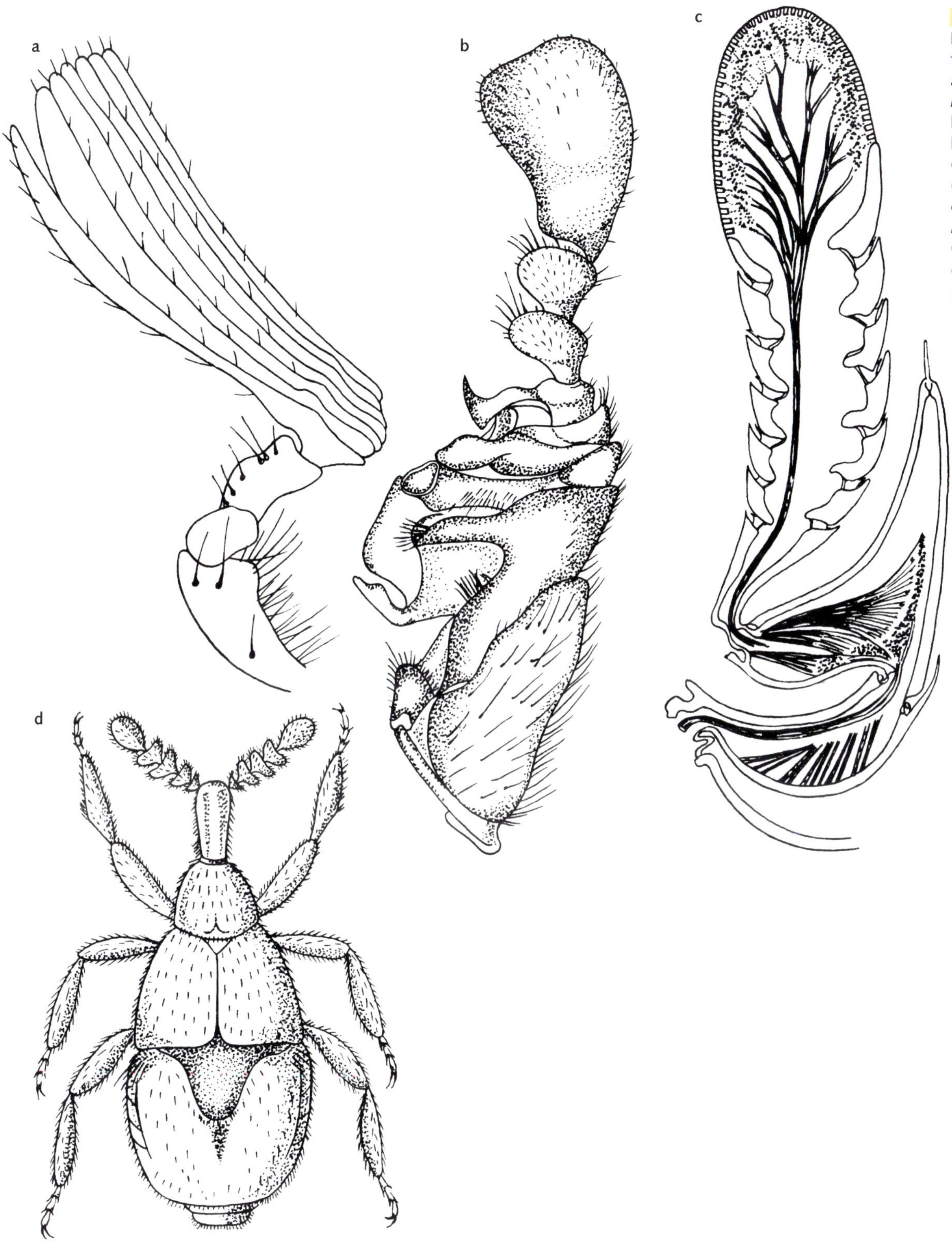

76
Besondere Antennenformen:
a) Fühler von *Melolontha melolontha* (Blatthornkäfer, Scarabaeidae);
b) Rechter Fühler von *Cerocoma schaefferi* (Ölkäfer, Meloidae);
c) Fühler von *Gyrinus marinus* (Taumelkäfer, Gyrinidae), Längsschnitt;
d) *Claviger testaceus* (Palpenkäfer, Pselaphinae).

opidae) der Gattung *Dryops* haben Antennen mit ohrförmig vergrößertem zweiten Glied, dessen Funktion nicht sicher bekannt ist. Der Rüsselkäfer *Cercidocerus securifer* aus Java und Borneo hat ein beilartig vergrößertes riesiges Fühlerendglied. – Eine völlig andere Funktion haben die Antennen der Taumelkäfer (Gyrinidae) (Abb. 76c) (s. S. 119).

Käferlarven haben im Allgemeinen sehr kurze Antennen. Es gibt aber eine beachtenswerte Ausnahme: das sind die Larven der Familie Sumpfkäfer (Scirtidae) (Abb. 165a). Im

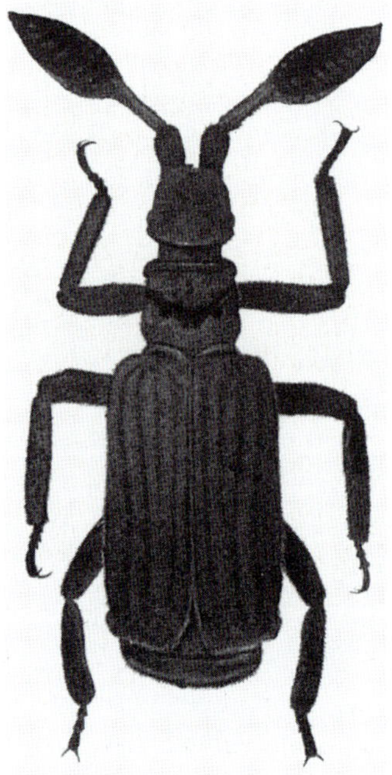

77
Bei Ameisen lebende Fühlerkäfer (Carabidae-Paussinae) (Abb. 77–80) *Platyrhopalopsis picteti* aus Thailand. (Foto Förster)

78
Paussus howa aus Madagaskar. (Foto Förster)

79
Arthropterus westwoodii aus Australien. (Foto Förster)

80
Paussus rusticus aus Südwestafrika (Namibia). (Foto Förster)

Gegensatz zu allen anderen Insektenlarven bestehen ihre Antennen aus maximal 150 Gliedern. Die Gliederzahl nimmt mit den einzelnen Häutungen zu, eine Eigentümlichkeit, die nur bei sehr wenigen Insekten vorkommt. Die Glieder sind jedoch nicht mit echten Antennengliedern vergleichbar, es liegt nur eine sekundäre Ringelung vor. Über eine besondere Funktion der langen Antennen der Sumpfkäferlarven ist nichts bekannt.

Kiefertaster als Antennenersatz

Bei einigen Käfern unterstützen die Kiefertaster die Funktion der Antennen. Dies trifft zum Beispiel auf die soeben erwähnte *Cerocoma schaefferi* zu (Abb. 81a). Bei dieser Art ist das zweite Glied der Kiefertaster genau wie die Antennen mit zahlreichen einzelligen Drüsen besetzt und steht im Dienste des Fortpflanzungsverhaltens.

Bei verschiedenen anderen Käfergruppen haben die Kiefertaster allein die Geruchswahrnehmung übernommen. Dies trifft zum Beispiel für *Hylecoetus dermestoides* zu, eine Art aus der Familie der Werftkäfer (Lymexylidae). Die Männchen haben vor allem am zweiten Glied ihrer Kiefertaster viele lange Seitenäste, die mit Geruchssinneszellen besetzt sind (Abb. 81b). Mithilfe dieses Sinnesorganes sind sie in der Lage, die Sexualduftstoffe der Weibchen wahrzunehmen (s. S. 72).

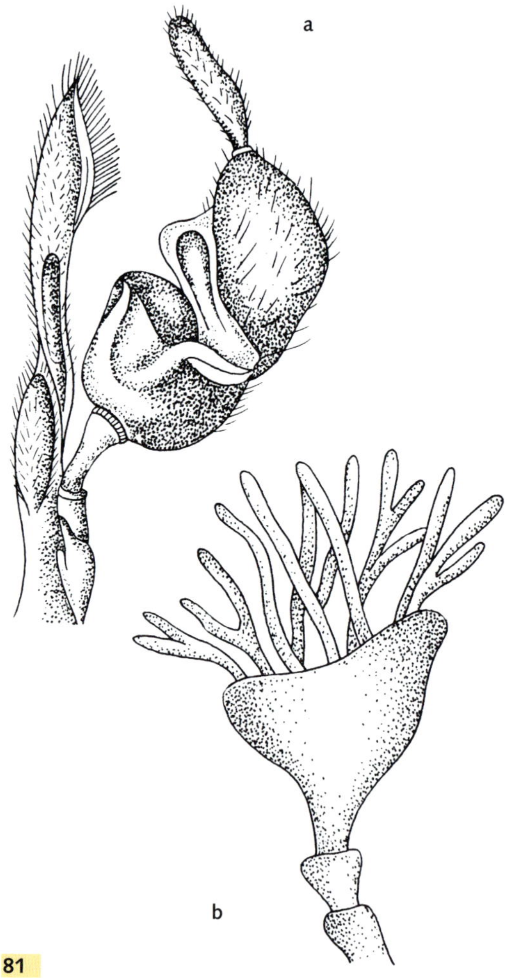

81
Kiefertaster als Antennenersatz: a) *Cerocoma schaefferi* (Ölkäfer, Meloidae); b) *Hylecoetus dermestoides* (Werftkäfer, Lymexylidae).

Die Wasserkäfer (Hydrophilidae) haben ihre Antennen in den Dienst der Atmung gestellt (s. S. 155). Die Kiefertaster sind bei diesen Käfern sehr stark vergrößert, vor allem verlängert. Vielleicht werden sie, zumindest bei einigen Arten, als Ersatz für die Tastfunktion der Antennen gebraucht. Außerordentlich vergrößerte und teilweise modifizierte Kiefertaster finden wir auch bei den Palpenkäfern (Staphylinidae-Pselaphinae) und den Langtasterwasserkäfern (Hydraenidae).

Duftende Käfer

Im Gegensatz zu vielen anderen Insektengruppen sind die von Käfern ausgeschiedenen Duftstoffe nur selten näher untersucht worden. Zuerst sollen die Larven der Pappelblattkäfer (*Chrysomela*) erwähnt werden. Bei Berührung scheiden diese aus ausstülpbaren Hautdrüsen an den Seiten der Hinterleibssegmente ein stark riechendes Sekret aus. Seinen Ursprung hat dieses wahrscheinlich in der Salizylsäure der Weiden- und Pappelblätter, von denen sich die Larven ernähren. Der Moschusbock (*Aromia moschata*) (Abb. 82) lebt ebenfalls von Weiden und erzeugt einen moschusartigen Duft, möglicherweise ebenfalls auf der Grundlage der Salizylsäure. Der bedeutende englische Systematiker John Ray (1628–1705) schreibt in seiner nach seinem Tode 1710 erschienenen „Historia Insectorum“ über den Moschusbock: »Er atmet einen so starken Moschusgeruch aus, dass man diesen riecht, wenn er nur vorbei fliegt. Dieser Geruch ist mild.«

82
Der Moschusbock (*Aromia moschata*) entwickelt sich in alten Weiden; Körperlänge 18–34 mm. (Foto Gepp)

83
Eremit (*Osmoderma eremita*), eine besonders geschützte Art, Körperlänge 23–39 mm. (Foto Borkowski)

Unter den Blatthornkäfern (Scarabaeidae) gibt es den Juchtenkäfer oder Eremit (*Osmoderma eremita*) (Abb. 83), der nach Juchten riecht. Bei den Schneckenhauskäfern (Drilidae) begeben sich die flügellosen Weibchen zur Paarungszeit auf krautige Pflanzen und sondern einen fäulnisartigen Geruch aus, der die geflügelten Männchen anlockt (s. S. 123).

Mit Sicherheit scheiden noch viel mehr Käferarten Geruchsstoffe aus, doch nur die wenigsten sind für den Menschen wahrnehmbar. Auf andere Duftstoffe wird auf S. 72 eingegangen.

Die Ausscheidung von Duftstoffen ist natürlich auch an deren Wahrnehmung gebunden. Abgesehen von den Sexualduftstoffen sowie den Aggregationspheromonen der Borkenkäfer (Curculionidae-Scolytinae) spielt die Erkennung der Nahrung (Wirtspflanzen, Pilze, Dung, Aas und anderes), selbst des Cantharidins (s. S. 20) eine entscheidende Rolle. Die entsprechenden Sinneszellen liegen überwiegend auf den Antennen (s. S. 45). Mit Pheromonfallen kann die Befallsdichte von Borkenkäfern sogar vorhergesagt werden.

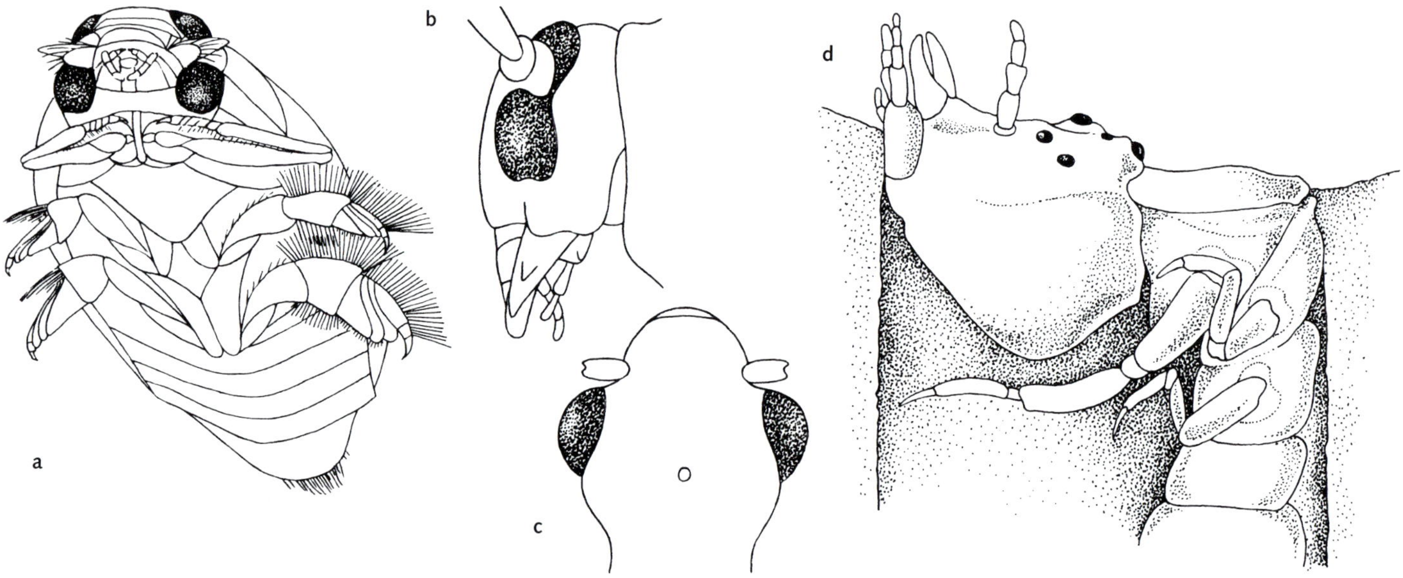

84
Käferaugen
a) Taumelkäfer (Gyrinidae) von vorn gesehen. Die geteilten Augen ermöglichen gleichzeitiges Sehen über und unter Wasser; b) *Phytoecia coerulescens* (Bockkäfer, Cerambycidae), fast geteilte Augen; c) Scheitelauge (Ocellus) eines Speckkäfers (Dermestidae); d) Larve von *Cicindela* sp. (Sandlaufkäfer, Cicindelinae) in Bodenröhre mit Punktaugen (Stemmata).

Was können Käfer sehen?

Der um die Entwicklung der Mikroskopie überaus verdiente und als Entdecker unter anderem der Roten Blutkörperchen und der menschlichen Spermien bekannte niederländische Naturforscher Antony van Leeuwenhoek (1632–1723) (er baute gegen 200 Mikroskope) war einer der ersten, der sich auch mit dem Bau der Käferaugen wissenschaftlich beschäftigte. Welcher Käfer ihm als Untersuchungsobjekt diente, ist unbekannt. Sehr bemerkenswert ist, dass Leeuwenhoek versuchte, durch Mikroskop und Hornhaut des Käferauges Gegenstände der Umgebung zu betrachten.

> Doch lassen wir den Meister selbst zu Wort kommen: »Ich trug die Augenhaut vom Kopfe dieses Käfers ab und bemerkte unter dem Mikroskop, dass das Auge keine Halbkugel, sondern länger als breit ist. In dem größten Durchmesser des Auges zählte ich in einer Reihe nicht weniger als 60 einzelne optische Organe, an der schmalsten Stelle 40. Auf eine Halbkugel bezogen würde das 50 Augen pro Reihe im größten Durchmesser ausmachen oder für den größten Umfang des zu einer Kugel zusammengesetzten Augenpaares 100 Augen. Daraus kann dann die Gesamtzahl der Augen berechnet werden. Unter der Voraussetzung, dass beide Augen Halbkugeln wären, beträgt also die Zahl der einzelnen optischen Organe 3181 (Berechnungsverfahren weggelassen) ... Der Turm der neuen Kirche von Delft, deren Ausmaße ich in einem früheren Briefe beschrieben habe, sah hier (betrachtet durch das Käferauge, der Verf.) nicht größer als eine Nadelspitze aus.«

Heute können wir sogar durch ein Käferauge hindurch fotografieren und ein Bild der Umgebung erhalten. Die Zahl der Einzelaugen ist sehr verschieden und reicht von 20 bei dem Palpenkäfer *Pselaphus* über 5.000 beim Maikäfer bis zu 25.000 bei dem Stachelkäfer *Mordella* (Mordellidae). Der Durchmesser eines einzelnen Augenkeils (Ommatidium) des Feldmaikäfers beträgt 0,02 mm. Das Auflösungsvermögen (Sehschärfe) des Komplexauges ist umso größer, je kleiner der Winkel ist, der von einem Ommatidium eingeschlossen wird (Ommatidienwinkel). Der Walker (*Polyphylla fullo*) hat pro Winkeleinheit dreimal so viele Facetten wie der kleinere Gartenlaubkäfer (*Phyllopertha horticola*). Sein Auflösungsvermögen müsste demnach dreimal so groß sein. Mit der Verminderung des Ommatidienwinkels nimmt die Helligkeit des Bildes ab, da die Lichtmenge vom Durchmesser des Augenkeils abhängig ist. Durch Vergrößerung der Augen kann bei gleich bleibendem Ommatidienwinkel der Ommatidiendurchmesser und damit die Bildhelligkeit gesteigert werden.

Die Augen haben bei den Käfern nicht allzu viele auffällige Abwandlungen erfahren. Der veränderte Brechungsindex, das andere Angebot an Lichtintensität und Wellenlänge erforderten Umkonstruktionen der Augen im Grenzhorizont an der Wasseroberfläche. Bei den Taumelkäfern (Gyrinidae) kam es zu einer vollständigen Augenteilung (Abb. 84a). Die Augen sind Doppelaugen und in einen Ober- und einen Unterteil getrennt. Mit dem oberen Teilauge sehen sie über die Wasseroberfläche, gleichzeitig mit dem unteren ins Wasser hinein. Der Feinbau der Augen ist dem Sehen in dem entsprechenden Medium optimal angepasst. Als Nahrung dienen den Taumelkäfern hauptsächlich Insekten, die lebend auf das Wasser fielen. Es werden aber auch kleine Tiere unter Wasser gejagt. Allerdings können die Taumelkäfer ihre Beute auf der Wasseroberfläche selbst nicht sehen, denn diese liegt im toten Winkel der Augen. Die potenzielle Beute erzeugt aber kurze Wellen, und diese werden von den Antennen der Taumelkäfer wahrgenommen (Abb. 76c).

Anatomisch vieräugige Käfer kommen auch in verschiedenen anderen Käferfamilien vor, zum Beispiel den Bockkäfern (Cerambycidae), aber niemals sind die Augen so scharf funktionell getrennt. Ausgehend von nierenförmigen Augen, kommt es durch immer tiefere Ausrandung (zum Beispiel *Tetropium*) zur völligen Zweiteilung der Augen (*Tetrops*, Untergattung *Opsilia* der Gattung *Phytoecia*) (Abb. 84b). Auch bei den Mistkäfern (Geotrupidae) gibt es geteilte Augen, zum Beispiel bei der in Europa weit verbreiteten Art *Odonteus armiger*.

Ein anderes Extrem ist die vollständige Reduktion der Augen. Wir finden Beispiele dafür bei den Federflüglern (Ptiliidae). Es kommen dort sogar innerhalb der gleichen Art augenlose und augentragende Individuen vor.

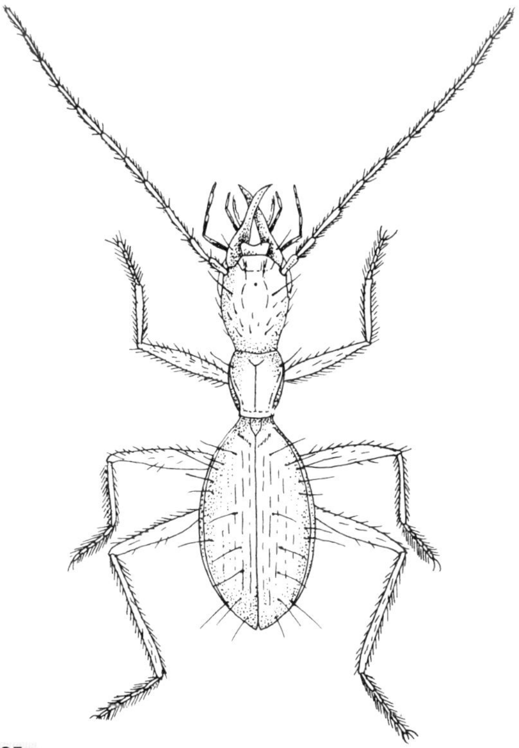

85
Blinder Laufkäfer (Gattung *Aphaenops*, Carabidae) aus einer Höhle der Pyrenäen. Körperlänge etwa 5 mm.

Die Reduktion der Augen ist noch bei zahlreichen anderen Familien nachgewiesen. Vor allem unterirdisch lebende Käfer sind gewöhnlich blind (Höhlenkäfer), wie zum Beispiel die Gattungen *Anophthalmus* und *Aphaenops* (Abb. 85), daneben noch weitere Vertreter der Laufkäfer (Carabidae), Kurzflügler (Staphylinidae), Palpenkäfer (Staphylinidae-Pselaphinae), Rindenkäfer (Monotomidae-Rhizophaginae), Pelzflohkäfer (Platypsyllidae), Schwimmkäfer (Dytiscidae) und Nestkäfer (Leiodidae-Cholevinae).

Bei einigen Käfern gibt es außer den seitlich gelegenen Komplexaugen noch Nebenaugen (Ocellen), die auf der Stirn liegen. Besonders bekannt sind diese von den Speckkäfern (Dermestidae) (Abb. 84c). Auch bei der Unterfamilie Omaliinae der Kurzflügler und bei den Derodontidae gibt es Nebenaugen. Vor allem für die beiden letztgenannten Gruppen wird angenommen, dass die Ocellen keine optische Funktion haben.

Welche Leistungen vermag nun das Käferauge zu vollbringen? Viele Käfer können sich nach der Sonne orientieren. Eine solche Benutzung des „Sonnenkompass“ ist beispielsweise für uferbewohnende Käfer aus den Familien Kurzflügler und Laufkäfer nachgewiesen. Aber auch der Maikäfer besitzt diese Fähigkeit, wie Experimente gezeigt haben. Manche Käfer können auch die Schwingungsrichtung des polarisierten Himmelslichtes wahrnehmen (die Sonne muss dazu gar nicht sichtbar sein), eine Leistung, die bisher besonders von den Bienen bekannt ist. Die Auslösung der Aktivität dämmerungsaktiver Käfer wird durch die Lichthelligkeit bestimmt.

Das Auge der Leuchtkäfer (Lampyridae) ist durch einen besonderen Linsenapparat mit Schichten unterschiedlicher optischer Dichte gekennzeichnet, die die Lichtstrahlung wie ein Linsenzylinder brechen. Das Sehvermögen zur Nachtzeit wird noch durch den spezifischen Konstruktionstypus des Superpositionsauges verbessert.

Die Einzelaugen (Stemmata) der Sandlaufkäferlarven (Carabidae-Cicindelinae) (Abb. 84d) enthalten je über 6300 Sehzellen und sind zum binokularen Entfernungsschätzen befähigt. Ein seitiges Entfernen eines solchen Auges verhindert das Entfernungsschätzen.

Die meisten Käfer dürften farbtüchtig sein und wie viele Insekten einen bestimmten Spektralbereich wahrnehmen, der im Vergleich zum Menschen nach dem ultravioletten Anteil verschoben sein kann. Ausgesprochene Rottüchtigkeit ist für Laufkäfer der Gattung *Carabus* nachgewiesen, die noch bei 670 nm reagieren. Ähnliches kommt sonst nur noch bei einigen Tagschmetterlingen vor! Soweit bisher bekannt, sind der Pappelblattkäfer *Chrysomela populi* und der Rosenkäfer *Cetonia aurata* farbenblind.

Besonderheiten der Fortbewegung

Bewegungszentrum Thorax

Die drei Segmente des Bruststückes (Thorax) tragen je ein Beinpaar, das zweite und dritte Thoraxsegment außerdem je ein Paar Flügel, von denen bei den Käfern ausschließlich das hintere für den Flugantrieb verantwortlich ist. Alle Organe der Fortbewegung sind am Thorax konzentriert, sodass es uns nicht verwundert, wenn wir beim Öffnen desselben auf eine große Ballung von Muskulatur stoßen. Das 3. Segment ist das größte, da es die Flugmuskulatur enthält.

Flugorgane und Flugleistungen

Die Vorderflügel (Elytren) sind für den Flug nur von geringer Bedeutung. Sie werden bei den meisten Arten schräg nach außen gehalten (Abb. 87, 88, 91). Eine Flugbewegung ist vorhanden, aber gering. Die Hauptarbeit verrichten die Hinterflügel. Die großen Arten fliegen nach dem Auftriebsprinzip. Die allerkleinsten Käfer (s. S. 15) aber bewegen sich in der Luft nach dem Widerstandsprinzip fort. Die Hinterflügel dieser kleinsten Arten sind in ihrer Fläche stark reduziert, stabförmig und am Rand mit Borsten besetzt (Abb. 92a). Das ist eine Konvergenz, die wir bei kleinen Käfern verschiedener Familien, aber auch bei kleinen Insekten anderer Ordnungen finden (zum Beispiel Blasenfüße-Thysanoptera, Hautflügler-Hymenoptera).

Die meisten Käferarten brauchen einige Zeit, ehe sie zum Flug starten können. Sie müssen ihr Tracheensystem mit Luft füllen, wohl auch das Gewebe mit Sauerstoff anreichern. Besonders beim Maikäfer ist dieser Vorgang gut zu beobachten. Die Sandlaufkäfer (Carabidae-Cicindelinae) sind Sofortstarter, stellen damit aber eine Ausnahme dar. Die Luftfüllung des Körpers ist erforderlich, um den beim Flug viel höheren Sauerstoffbedarf zu decken. Der Sauerstoffverbrauch eines Maikäfers beträgt 360 mm^3 pro Gramm Körpergewicht pro Stunde, wenn sich der Maikäfer in Ruhe befindet. Während des Fluges verbraucht er 39.700 mm^3. Das ist mehr als das Hundertfache. Marienkäfer (Coccinellidae) hingegen steigern ihren Sauerstoffverbrauch beim Flug nur etwa um das Zwanzigfache.

Während fast alle anderen Käfer mit geöffneten Flügeldecken fliegen (Abb. 87, 88, 91), öffnen die Rosenkäfer (Cetoniinae) ihre Flügel-

86
Anomala dubia ? (Blatthornkäfer, Scarabaeidae) auf einer Blüte. (Foto Gepp)

87
Das gleiche Exemplar beim Abflug. (Foto Gepp)

88
Feuerkäfer (*Pyrochroa coccinea*) beim Abflug; Körperlänge 14–18 mm. (Foto FÖRSTER)

89
Edelscharrkäfer (*Gnorimus nobilis*) auf einer Rosenblüte. (Foto FÖRSTER, Archiv Staatl. Museum Tierkunde Dresden)

90
Rosenkäfer (Scarabaeidae-Cetoniinae) beim Abflug. (Foto FÖRSTER, Archiv Staatl. Museum Tierkunde Dresden)

91
Haselnussbohrer (*Curculio nucum*), Männchen, beim Abflug. (Foto Förster, Archiv Staatl. Museum Tierkunde Dresden)

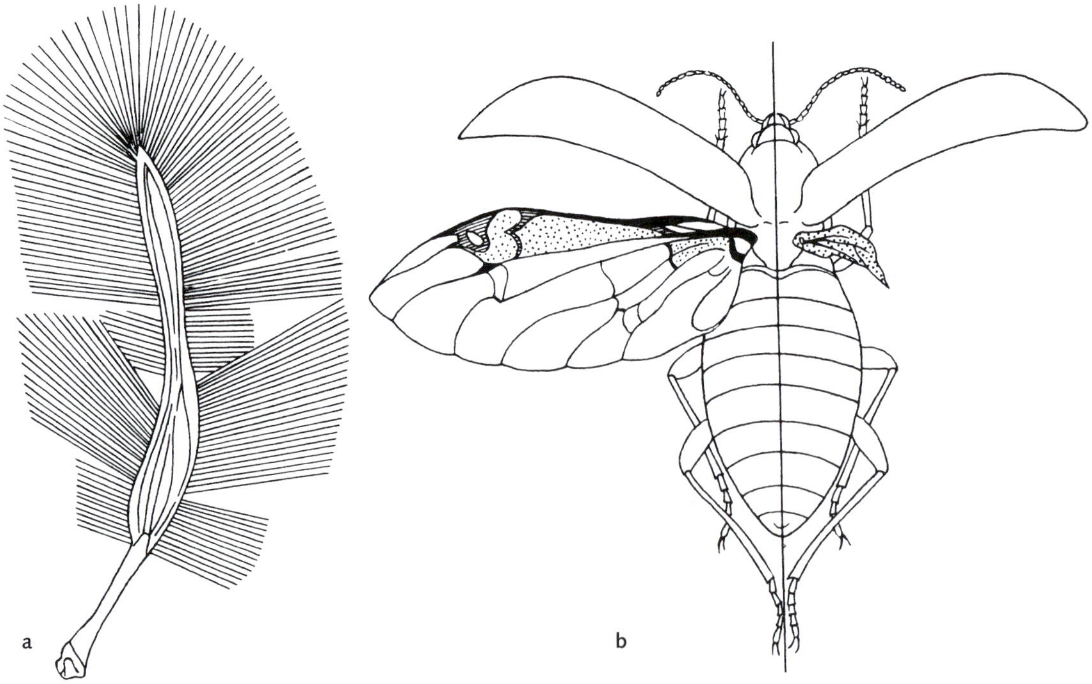

92
Flugorgane
a) Flügel eines Federflüglers (Ptiliidae); b) Flügelrückbildung bei *Carabus clathratus* (Laufkäfer, Carabidae), links Hinterflügel normal ausgebildet, rechts stark reduzierter Hinterflügel.

93
Rosenkäfer (*Cetonia aurata*) aus Europa in verschiedenen Phasen des Fluges. Die Rosenkäfer (Cetoniinae) sind nahezu die einzigen Käfer, die ihre Flügeldecken während des Fluges geschlossen halten. Sie starten blitzartig und zählen zu den besten Fliegern unter den Käfern.
(Foto und Montage Förster)

decken während des Fluges nicht. Die Hinterflügel werden durch einen seitlichen Spalt am Rande der Flügeldecken nach außen geführt (Abb. 90, 93). Zu dieser Unterfamilie gehören auch die Goliathkäfer (*Goliathus*), deren Hinterflügel im Gegensatz zu fast allen anderen Käfern metallisch glänzen und die beim Flug eine Spannweite von etwa 20 cm erreichen können. Es gibt auch noch andere Beispiele für das Fliegen mit geschlossenen Flügeldecken: viele tagaktive Vertreter der Unterfamilie Scarabaeinae, z. B. die *Sisyphus-*, *Scarabaeus-*, *Gymnopleurus-*Arten. Hinzu kommen Prachtkäfer (Buprestidae) der Gattung *Acmaeodera*.

Die Leistungen, die beim Flug erreicht werden, sind sehr unterschiedlich. Die Zahl der Flügelschläge je Sekunde beträgt beim Maikäfer (*Melolontha melolontha*) 220, beim Zweipunkt (*Adalia bipunctata*) 75 bis 91. Die erzielte Geschwindigkeit beträgt bei der Spanischen Fliege (*Lytta vesicatoria*) 2,3 m/s, beim Maikäfer 2,2 bis 3 m/s und bei Mistkäfern (*Geotrupes* sp.) 7 m/s.

Eine ganze Reihe von Käferarten hat ihr Flugvermögen verloren. Zum Teil geht dies mit der Reduktion der Elytren einher. Bei anderen Arten bleiben die Elytren aber vollständig erhalten, und nur die Hinterflügel werden reduziert. Weit verbreitet ist diese Erscheinung bei den Laufkäfern (Carabidae) (Abb. 92b). Sogar innerhalb der gleichen Art kann man verschiedenste Stufen der Flügelrückbildung finden. Auch bei den Federflüglern gibt es bei der gleichen Art geflügelte und ungeflügelte Exemplare.

Flügeldecken und deren Feinstruktur

Die Flügeldecken sind durch die ungeheure Vielfalt ihres Baues, ihrer Skulptur und Färbung sehr stark für den Formenreichtum der Käfer verantwortlich. Bei einer Reihe von Käferarten sind sie sekundär reduziert. Beispiele einer beginnenden Rückbildung lassen sich bei den Bockkäfern (Cerambycidae), bei den Scheinbockkäfern (Oedemeridae), den Fächerkäfern (Ripiphoridae) und anderen Familien finden, wo bei bestimm-

94
Bockkäfer (Cerambycidae-Necydalinae) mit verkürzten Flügeldecken: links: Hummelbock (*Callisphyris macropus*) aus Chile; Körperlänge 2 cm; Mitte und rechts Wespenbock (*Necydalis major*) aus Europa; Körperlänge 3,5 cm. (Foto Förster)

ten Gattungen die Flügeldecken sehr schmal sind. Viel weiter ist die Flügeldeckenreduktion bei der riesigen Familie der Kurzflügler vorangegangen, bei denen immer mehrere Segmente des Hinterleibes unbedeckt bleiben. Ähnliche Reduktionen begegnen uns auch bei Bockkäfern (*Necydalis*, *Molorchus*) (Abb. 94), Ölkäfern (*Meloe*) (Abb. 199), Aaskäfern (Silphidae), Weichkäfern (Cantharidae), Wollhaarkäfern (Melyridae) und Werftkäfern (Lymexylidae). Nun gibt es aber noch Käfergruppen, bei denen die Flügeldecken vollständig verschwunden sind. Dies finden wir beim Biberkäfer (*Platypsyllus castoris*) (Abb. 161) und den Weibchen mancher Leuchtkäfer (Lampyridae) (Abb. 163), Schneckenhauskäfer (Drilidae) (Abb. 164), Phengodidae, Omalisidae und Speckkäfer (Dermestidae), die auch keine Hinterflügel mehr haben.

Schon unter einer voll entwickelten Flügeldecke müssen die Hinterflügel zusammengefaltet werden. Wieviel schwieriger wird das erst, wenn die Fläche der Flügeldecken, wie zum Beispiel bei den Kurzflüglern, erheblich reduziert ist, die Tiere aber trotzdem wohlentwickelte Hinterflügel haben. Ein komplizierter Faltmechanismus ist die Folge. Es gibt aber auch Arten, die ihre Hinterflügel überhaupt nicht falten, sondern zusammenrollen. Das trifft beispielsweise für die Cupedidae und die anderen Familien der Archostemata zu, bei denen der Spitzenteil gerollt wird. Auch einige Werftkäfer (Lymexylidae), die ebenfalls oft reduzierte Flügeldecken haben, können ihre Hinterflügel nicht falten. Besonders bekannt ist dies von der Gattung *Atractocerus*, die auch in anderer Hinsicht auffällige Besonderheiten zeigt, sodass sie sogar als eigene Familie angesehen wurde. Ähnlich ist es bei den Fächerkäfern (Ripiphoridae), deren Hinterflügel unter den mehr oder minder reduzierten Elytren hervorschauen.

Ein anderes Extrem bei der Ausbildung der Elytren ist ihre Tendenz, miteinander zu verwachsen. Besonders häufig kommt dies bei flugunfähigen Rüsselkäfern (Curculionidae), Laufkäfern der Gattung *Carabus* und verschiedenen Schwarzkäfern (Tenebrionidae) vor. Es gibt einen Diebkäfer *Gibbium psylloides* (Ptinidae), dessen Flügeldecken bis auf eine kleine mittlere Lücke auf der Hinterleibsunterseite den Körper halbkugelig umgreifen (Abb. 95). Gelegentlich ist eine biologische Bedeutung der Nahtverwachsung der Flügeldecken erkennbar. Die Arten der zu den Ölkäfern (Meloidae) gehörenden Gattung *Cysteodemus* führen unter den verwachsenen Flügeldecken eine Luftglocke mit sich, von der man vermutet, dass sie Schutz gegen die tropische Hitze und Austrocknung bietet.

Eine weitere Besonderheit des Flügeldeckenbaues begegnet uns bei den Cupedidae und Ommatidae, deren Elytren unvollständig sklerotisiert sind. Zwischen den erhabenen Längs- und Querleisten befinden sich Öffnungen, sodass die Flügeldecken netzartig erscheinen. Man deutet dies als eine ursprüngliche Stufe beim Entstehen der Flügeldecken: den primär vorhandenen Längs- und Queradern des häutigen Vorderflügels wurden Chitinbalken aufgelagert. Die verbleibenden Zwischenräume (Zellen) lassen noch die Flügelmembran erkennen und „wachsen" während der Entwicklungsgeschichte bei den anderen Käferfamilien von den Chitinbalken ausgehend zu. Bei verschiedenen weiteren Familien kommt sekundär ebenfalls eine Perforation vor, zum Beispiel bei einigen Rotdeckenkäfern (Lycidae), Weichkäfern (Cantharidae) (Abb. 96 unten links), Schwarzkäfern (Tenebrionidae), Blattkäfern (Chrysomelidae) und Borkenkäfern (Curculionidae-Scolytinae).

Wenig bekannt ist, dass manche Käfer wie die Schmetterlinge auf ihren Flügeldecken Schuppen haben, die von echten Haaren abgeleitet werden. Bisher kennt man solche Schuppen von mindestens 16 Käferfamilien. Ihre oft bizarre Schönheit wird vielleicht aus Abbildung 96 ersichtlich, die uns rasterelektronenmikroskopische Aufnahmen von acht verschiedenen Arten zeigt. Bemerkenswert erscheint noch, dass bei den Cupedidae winzige Schuppen auch auf der Unterseite der Flügeldecken vorkommen.

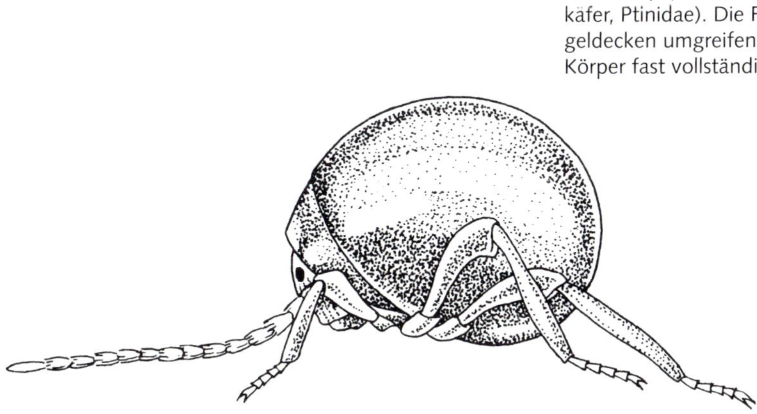

95
Gibbium psylloides (Diebkäfer, Ptinidae). Die Flügeldecken umgreifen den Körper fast vollständig.

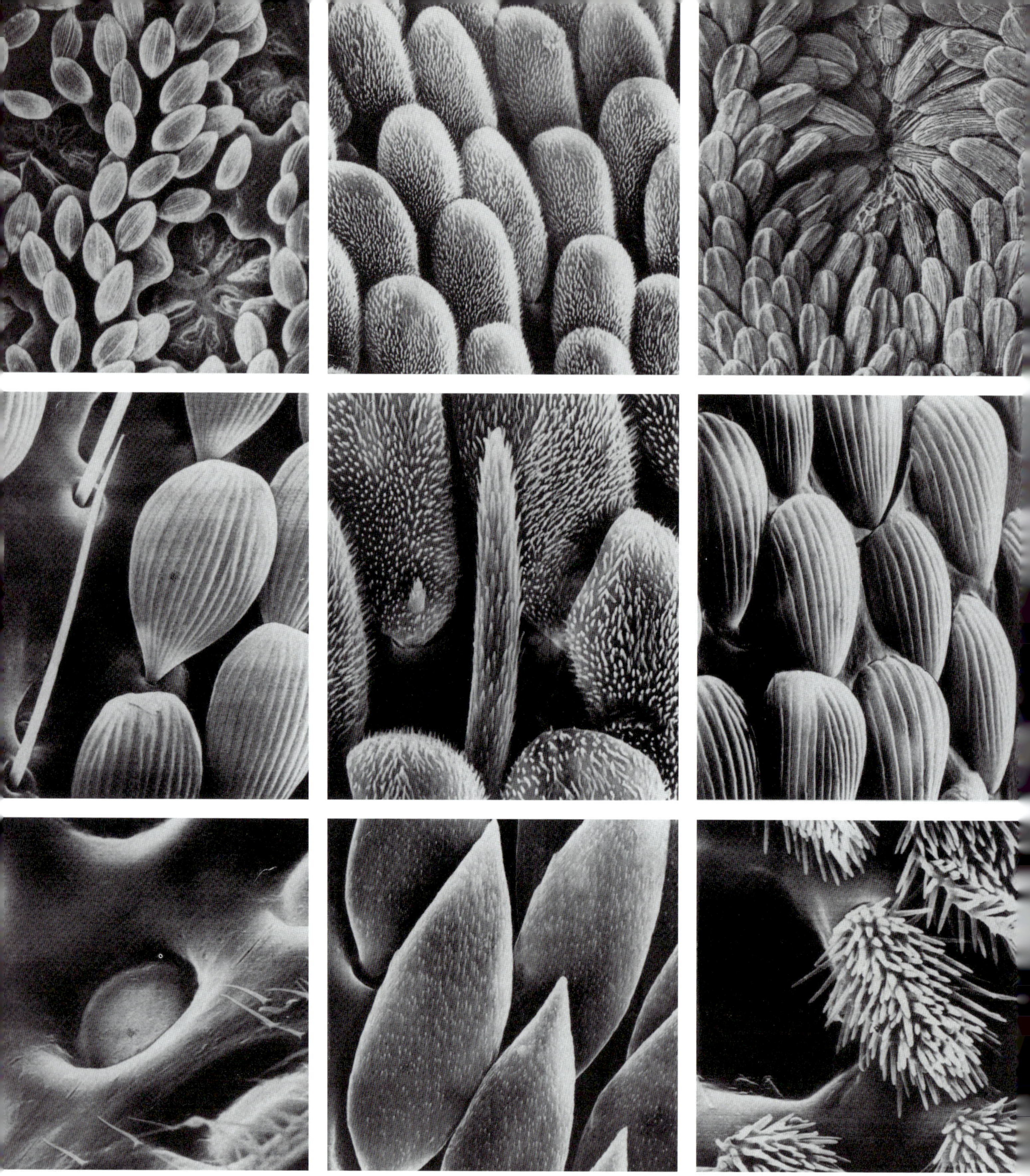

96

Rasterelektronenmikroskopische Aufnahmen von Flügeldeckenoberflächen. oben: *Cupes* sp. (Cupedidae), 200fach; *Hoplia parvula* (Blatthornkäfer, Scarabaeidae), 500fach; *Cupes clathratus* (Cupedidae), 200fach. Mitte: *Phyllobius argentatus* (Rüsselkäfer, Curculionidae), 1000fach; *Hoplia parvula* (Blatthornkäfer, Scarabaeidae), 1000fach; *Polydrusus sericeus* (Rüsselkäfer, Curculionidae), 1000fach. Unten: *Oontelus* sp., Flügeldeckenunterseite! (Weichkäfer, Cantharidae), 1000fach; *Polyphylla fullo* (Blatthornkäfer, Scarabaeidae), 500fach; *Pteleobius vittatus* (Borkenkäfer, Curculionidae-Scolytinae), 2000fach.

Wanderzüge von Käfern

Käfer sind keine ausgesprochenen Wanderinsekten, und doch gibt es eine Reihe von Arten, die Wanderungen unternehmen. Besonders bekannt ist dies von Marienkäfern (Coccinellidae). Aber auch andere Arten verfügen über die Fähigkeit, größere Strecken zurückzulegen. So sind inmitten von Berlin Schwärme von Puppenräubern (*Calosoma*) niedergegangen, die mindestens 10 km überwunden haben mussten. Der nur etwa 2 mm lange Rapsglanzkäfer (*Meligethes*) aus der Familie der Glanzkäfer (Nitidulidae) überwintert gelegentlich 2 bis 3 km von Rapsfeldern entfernt. Maikäfer können zwischen Eiablageplatz und Fraßbäumen eine Entfernung von 6 km überwinden.

Die weltbekannten Wanderzüge der Marienkäfer dienen meist dem Aufsuchen von Überwinterungsorten. Besonders auffällig ist dies bei der nordamerikanischen Art *Hippodamia convergens*. Unter Ausnutzung des Windes fliegen diese Tiere in Kalifornien aus den Tallagen viele Kilometer zu den etwa 600 m hoch gelegenen Überwinterungsorten in der Sierra Nevada. Im Frühjahr kehren sie von dort aus wieder zurück. An den Überwinterungsorten bilden die Tiere Ansammlungen (Aggregationen), die riesige Ausmaße erreichen können. Man hat eine solche berechnet und gefunden, dass 42 Millionen Käfer neben- und übereinander saßen! – Zahlenmäßig bescheidenere Verhältnisse finden wir auch bei einheimischen Arten, von denen besonders die Massenüberwinterung des Hügel-Marienkäfers *Hippodamia undecimnotata* auf steilen Hügeln des Böhmischen Mittelgebirges oder die gemeinschaftliche Überwinterung von Zweipunkt (*Adalia bipunctata*) und Pappel-Marienkäfer (*Oenopia conglobata*) hervorzuheben sind (Abb. 97).

Auch andere Marienkäfer führen solche Wanderungen durch, und wir können sogar im Küstengebiet der Nord- und Ostsee Wanderzüge beobachten. Gelegentlich sind Marienkäfer in riesigen Schwärmen von dem europäischen Festland nach England geflogen.

Als Beispiel soll ein Spülsaum vom Weststrand der Halbinsel Darß an der Ostsee aus dem Jahre 1989 genannt werden. Die berechneten Individuenzahlen von Marienkäfern auf 5 km Länge betrugen für die 4 häufigsten Arten: *Anatis ocellata* 700.000, *Coccinella septempunctata* 50.000, *Aphidecta obliterata* 100.000, *Myrrha octodecimguttata* 10.000; insgesamt etwa 1.000.000!

Im gleichen Jahr wurde dort auch ein Massenflug von *Coccinella septempunctata* beobachtet. Für den gesamten beobachteten Strandabschnitt (ca. 5 km) trafen in den 3 Stunden des

97
Gemeinsame Überwinterung von zwei Marienkäferarten: Zweipunkt (*Adalia bipunctata*) (leuchtend rot mit schwarzen Punkten bzw. schwarz mit roten Punkten; nur 1 Exemplar, unten) und Pappel-Marienkäfer (*Oenopia conglobata*).
(Foto FÖRSTER)

98
Siebenpunkt (*Coccinella septempunctata*) im Frühjahr nach Beendigung der Winterruhe; Körperlänge 6–8 mm. (Foto BORKOWSKI)

Hauptzufluges zwischen 27 und 78 Millionen Tiere ein! Vielerorts kam es zu auffälligen Ansammlungen, z. B. auf gelben und rötlichen Windschutztüchern (100 Individuen/m^2), Hölzern und Baumstämmen (ein Wegweiser war dicht an dicht bedeckt), auf dem trockenen Seegras des Anspülichts, vor allem aber im dünenbedeckenden Strandhafer (*Ammophila arenaria*). Dort wurden an der strandbegrenzenden Kante zwischen 800 und 1100 Individuen pro m^2 gezählt. Die einzelnen Ährenrispen waren mit 60–80 Tieren besetzt.

Coccinella septempunctata (Abb. 98) lebt vorzugsweise in der Krautschicht verschiedener Biotope und wurde vor allem auf Kulturfeldern zahlenmäßig erfasst. Sie dominierte beispielsweise auf Getreidefeldern in Schleswig-Holstein, wo während des Reifungsfraßes zwischen 0,3 und 5,7 Individuen/m^2 (Mitte Juni bis Anfang Juli 1976–1978) beobachtet wurden. Im Juli 1976 (dem Jahr eines dokumentierten Massenauftretens) wurden sogar 23,5 Exemplare gezählt, das sind 235.000 *Coccinella septempunctata* pro ha! Dieses Beispiel lässt die unter günstigen Bedingungen sehr große Zahl des Siebenpunktes in verschiedenen Kulturbiotopen erkennen, sodass die Quelle des Massenauftretens auf dem Darß durchaus nicht rätselhaft erscheint.

Besondere Beintypen

Die Beine der Käfer sind in ihrem Grundbau einheitlich (Hüfte-Coxa, Schenkelring-Trochanter, Schenkel-Femur, Schiene-Tibia, fünfgliedriger Fuß-Tarsus, Klauen), im Einzelnen aber äußerst variabel. Die Zahl der Fußglieder an den einzelnen Beinpaaren wird in einer Tarsenformel angegeben. Die Fortbewegung im Boden, auf der Bodenoberfläche, auf Pflanzen und im Wasser (s. S. 66) hat zu den vielfältigsten Anpassungen geführt.

Laufen

Normalerweise laufen alle Käfer nach vorn, der „Rückwärtsgang" ist kaum entwickelt. Lediglich die in Röhren lebenden Käfer haben die Fähigkeit zum Rückwärtslaufen, so zum Beispiel Mistkäfer (Geotrupidae) und Borkenkäfer (Curculionidae-Scolytinae). Das typische Laufbein ist lang und ± dünn, und die Spitzenleistungen im Rennen werden gewöhnlich von langbeinigen Käfern vollbracht, wie zum Beispiel von den Sandlaufkäfern (Carabidae-Cicindelinae). Aber auch kurzbeinige Arten kommen durch Beharrlichkeit zum Ziel. So soll der Rübenderbrüssler (*Bothynoderes punctiventris*) am Tag bis zu 1 km weit laufen können. Manchmal müssen die Beine auch aus anderem Grund besonders lang sein. Es gibt in Südamerika eine Hirschkäferart (*Chiasognathus grantii*), die ihre langen Oberkiefer senkrecht nach unten gerichtet trägt (Abb. 99). Die Vorderbeine sind entsprechend verlängert, da sonst das Tier gar nicht laufen könnte.

Die Federflügler (Ptiliidae) haben eine eigentümliche Laufweise. Die Tiere rennen plötzlich mit verhältnismäßig hoher Geschwindigkeit los und bleiben nach 1 bis 2 cm ebenso plötzlich wieder stehen. Nach einer Pause wird wieder losgerannt.

Klettern

Käfer sind imstande, die höchsten Bäume zu erklimmen. Dafür sind spezielle Kletterbeine entwickelt worden, die durch Länge, starke Krallen, gelegentlich auch besondere Haftapparate ausgezeichnet sind. Auf der Unterseite der Tarsen können Polster mit vielen tausend Hafthaaren ausgebildet sein, z. B. bei manchen Blattkäfern (Chrysomelidae) und Rüsselkäfern (Curculionidae). Ein Exemplar einer 1 mg schweren *Hemisphaerota*-Art kann z. B. enorme Haftkräfte beim Sitzen auf einem Palmenblatt entwickeln. Übertrüge man seine Leistung auf den Menschen, müssten wir in der Lage sein, uns an einer Zimmerdecke mit den Füßen festzuhalten und gleichzeitig noch in jeder Hand einen PKW

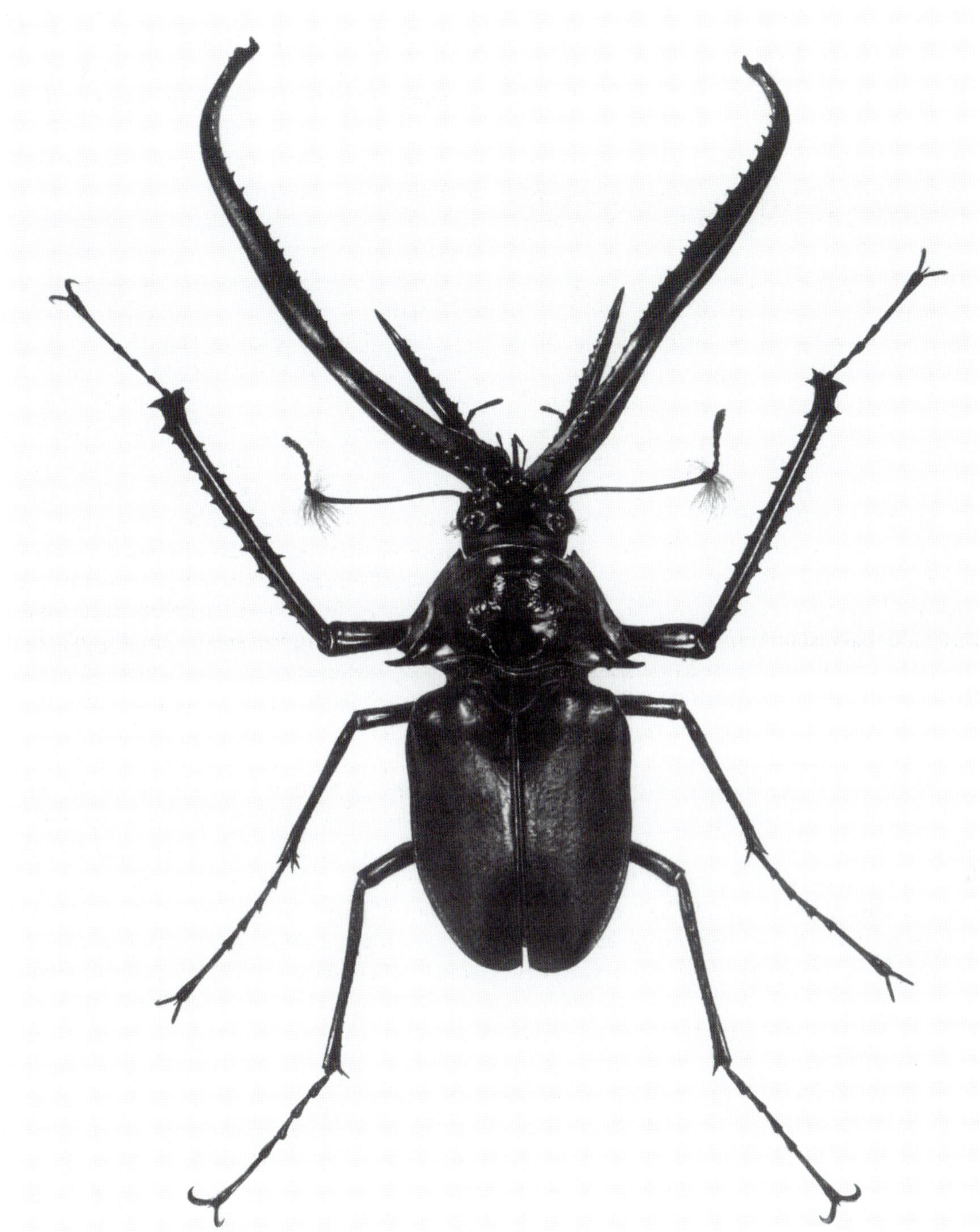

99
Ein Männchen des Chilenischen Hirschkäfers *Chiasognathus grantii*. (Foto Förster)

zu tragen – unvorstellbar. So gibt es unter den Sandlaufkäfern (Carabidae-Cicindelinae) die baumbewohnende Gattung *Collyris*, die außerordentlich dünne Beine hat und deren Körper stabförmig dünn ist. Ähnlich sehen auch die Angehörigen der mittel- und südamerikanischen Gattung *Ctenostoma* und die auf Madagaskar vorkommenden Arten von *Pogonostoma* aus (vgl. auch Abb. 100). Alle drei Gattungen sind an den Beuteerwerb auf den Bäumen angepasst, sie können mit außerordentlicher Schnelligkeit spiralförmig an Stämmen und Ästen auf und ab rennen. Die *Pogonostoma*-Arten sind auf dem Erdboden nicht zur Fortbewegung fähig. Die Vorderbeine des südamerikanischen Harlekinbocks (*Acrocinus longimanus*) können bis zu 14 cm lang sein; der Körper ist insgesamt aber kaum länger als 7 cm. Mit ihren sehr langen

Vorderbeinen umgreifen diese Tiere einen Teil des Stammes. Die bedornten, gebogenen Schienen und Füße unterstützen das Klettern. Bei den Blatthornkäfern (Scarabaeidae) gibt es die Unterfamilie Langarmkäfer (Euchirinae) mit Arten in Süd- und Südostasien, die ebenfalls sehr stark verlängerte Vorderbeine haben. Die Vorderschienen sind mit nach innen gerichteten Dornen versehen und gebogen, wodurch die Tiere sehr gut klettern können. Die Männchen von *Euchirus* sp. haben an den Vorderfüßen Haarpinsel, mit denen sie wahrscheinlich Saftstellen an Bäumen orten können. Ungewöhnlich lange Vorderbeine haben auch die großen südasiatischen Rüsselkäfer (Dryophoridae) der Gattung *Cyrtotrachelus*. Da die Beinverlängerung immer nur bei den Männchen vorkommt, ist eine gleichzeitige Nutzung als Kampfinstrument nicht auszuschließen.

Graben

Es gibt eine ganze Reihe von Käferarten, die den Boden besiedeln. Manche, vor allem kleinere Arten, nutzen zur Bewegung im Boden dessen Lückensystem aus. Andere haben spezielle Grabbeine entwickelt. In Südamerika gibt es eine Bockkäferart (*Hypocephalus armatus*, Anoplodermatidae), deren Hinterbeine durch starke Verdickung der Schienen und Schenkel zu auffälligen Grabbeinen umgebildet sind (Abb. 101).

Bei den meisten grabenden Käfern sind aber die Vorderbeine entsprechend umgestaltet. Gewöhnlich finden wir verbreiterte Schienen, oft mit Dornen und Zacken versehen. Solche Grabbeine hat bei den Laufkäfern (Carabidae) die Unterfamilie Grabkäfer (Scaritinae). Sowohl die bis zu 5 cm großen *Scarites*-Arten als auch die nur wenige Millimeter langen *Clivina* und *Dyschirius* sind Meister im Graben. *Dyschirius*-Arten können ihre Beute unterirdisch verfolgen. Verfolgt werden die zu den Kurzflüglern (Staphylinidae) gehörigen Arten der Gattung *Bledius*. Die *Dyschirius*-Arten sind geradezu auf diese Käfer spezialisiert. Wird ein *Bledius* verfolgt, gräbt er sich in den Boden ein. Der *Dyschirius* gräbt hinterher und erweitert dabei den *Bledius*-Gang. Der *Bledius* hat nur dann eine Möglichkeit zu entkommen, wenn er seinen zunächst senkrecht nach unten gegrabenen Gang hakenförmig nach oben führt und auf der Erdoberfläche davonläuft. Der *Dyschirius* gräbt meist noch eine Zeit weiter nach unten. Bemerkenswert ist, dass bestimmte *Dyschirius*-Arten auf das Fangen bestimmter *Bledius*-Arten spezi-

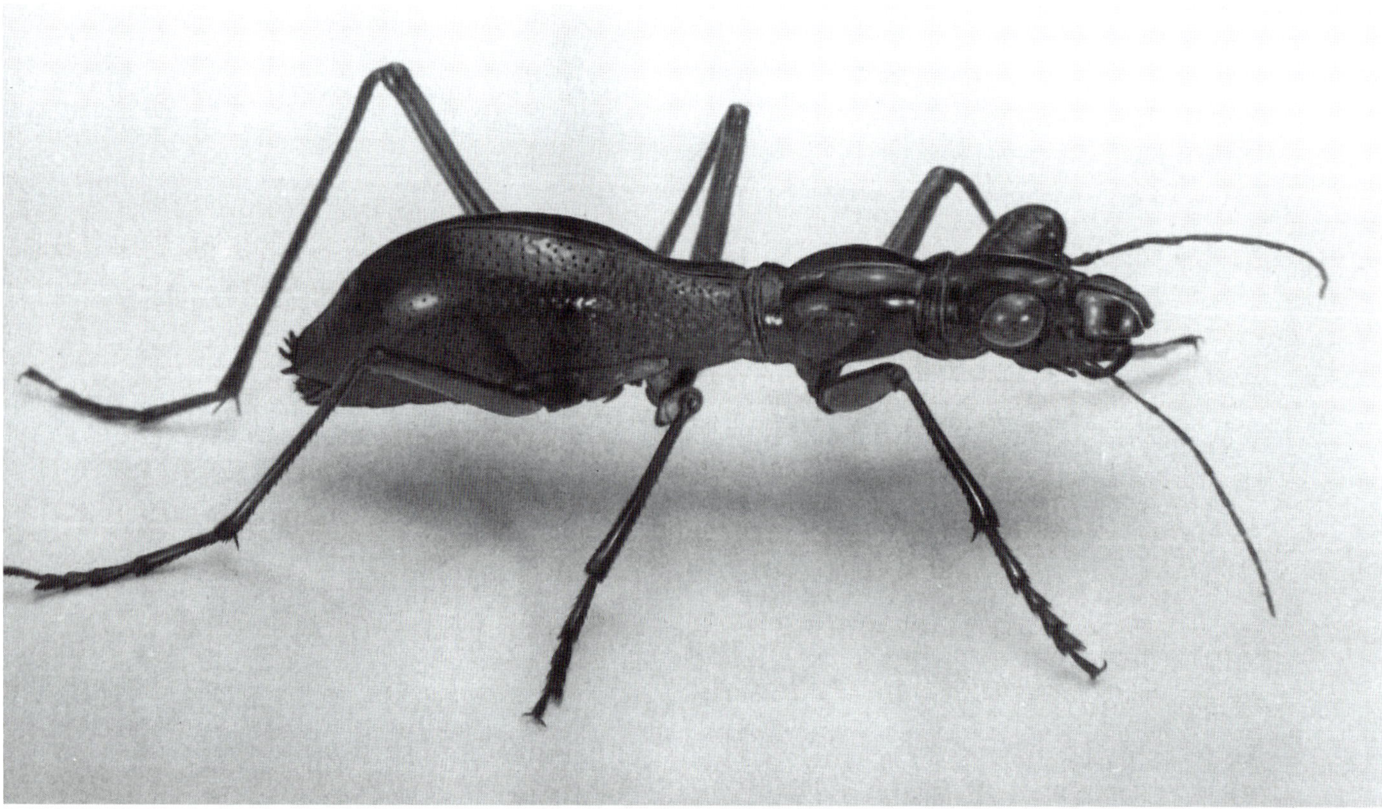

100
Der Sandlaufkäufer *Tricondyla aptera* von den Philippinen, Neuguinea, ist flügellos und ähnelt einer großen Ameise. (Foto Förster)

alisiert sind. Größere *Bledius*-Arten haben gewöhnlich auch größere *Dyschirius*-Arten zum Feind. Auch andere Laufkäfer (Carabidae) können sich eingraben, zum Beispiel der Kopfkäfer (*Broscus cephalotes*). Manche der kleinen *Bembidion*-Arten, beispielsweise Meeresstrandbewohner, graben sich vor Beginn der Flut in den Sandboden ein und kommen erst bei Ebbe wieder hervor. Bei den Kurzflüglern (Staphylinidae) gibt es außer den *Bledius*-Arten noch andere, die ebenfalls graben können, vor allem in der Unterfamilie Oxytelinae. Eine bemerkenswerte Grabfähigkeit besitzen die Sägekäfer (Heteroceridae), bei denen sowohl die Larven wie auch die Imagines unterirdische Gangsysteme anlegen können, vor allem im feinen Sand von Ufern.

Die größten Könner des Grabens finden wir bei den Blatthornkäfern (Scarabaeidae), bei manchen Pillenwälzern sind sogar die Vorderfüße rückgebildet (Abb. 102, 103). Die von diesen hergestellten Gangsysteme sind gewiss das Bedeutendste, was an Grableistungen hervorgebracht wird. Auch andere Blatthornkäfer können graben, wie zum Beispiel der Maikäfer, der in etwa 20 cm Tiefe seine Eier ablegt. Mistkäfer (Geotrupidae) halten den Tiefenrekord, der von dem Hauptstollen des amerikanischen *Mycotrupes chalybaeus* erreicht wird, der in einem beobachteten Fall noch in 3,63 m Tiefe Larvenkammern angelegt hatte. Wenig bekannt dürfte sein, dass sich die Weibchen der Hirschkäfer (*Lucanus cervus*) nach der Begattung in die Erde eingraben (30 – 50 cm), maximal bis 100 cm tief. Dies geschieht an der Außenseite von Pfählen, an Wurzeln noch lebender Bäume (Eichen) oder an Stubben, die bereits morsch sind und sich in einem für die Larvenentwicklung geeigneten Zustand der beginnenden Auflösung befinden.

An dieser Stelle müssen wir daran erinnern, dass zahlreiche Käferlarven im Boden leben, die sich beispielsweise von Wurzeln ernähren. Sie gehören verschiedenen Familien an, zum Beispiel Blatthornkäfer (Scarabaeidae), Schnellkäfer (Elateridae), Rüsselkäfer (Curculionidae), Schwarzkäfer (Tenebrionidae) oder Pflanzenkäfer (Tenebrionidae-Alleculinae). Diese Larven sind hervorragend an das Graben im Boden angepasst. Teilweise haben sie interessante Fortbewegungsweisen unter der Erde entwickelt.

Als Beispiel sollen uns die Engerlinge (Larven der Maikäfer) dienen. Deren Körper ist C-förmig gebogen und lässt sich nicht gerade strecken. Diese Tiere gehen bis zu 1,5 m in die Tiefe. Wie können sie das erreichen, obwohl ihre

101
Maulwurfsbockkäfer (*Hypocephalus armatus*) (Anoplodermatidae) aus Brasilien; Körperlänge 5 cm. Durch seine Grabbeine ist er an die Lebensweise im Boden angepasst. (Foto FÖRSTER)

102
Pillendreher: man beachte das Fehlen der Fußglieder an den Vorderbeinen und die unterschiedliche Gestaltung des Kopfschildes (Abb. 102–103): Links: *Pachysoma schinzi* aus Südafrika; Körperlänge 3,1 cm; rechts: *Mnematidium multidentatum* aus dem Libanon; Körperlänge 3,2 cm. (Foto Förster)

103
Links *Glyphoderus centralis*; Körperlänge 2,8 cm; rechts: *Anomiopsis luciferum* aus Nordafrika; Körperlänge 2,2 cm. (Foto Förster)

Beine kurz sind und schwach erscheinen? Sie graben eine Folge ovaler Höhlen und füllen immer die vorhergehende mit der Erdmasse, die bei der Anlage der nächsten entsteht. Zum Transport der Erde und zum Ablösen werden die kräftigen Oberkiefer benutzt. Mit diesen werden Erdkrumen gelöst und in die Beugung des Rumpfes geschoben. Hat sich dort viel Erde angehäuft, beugt der Engerling seinen Kopf, stemmt ihn gegen diese Erde und kriecht unter haarnadelförmiger Biegung gleichsam an seinem eigenen Bauch entlang. Dadurch wird die Erde an das obere Höhlenende befördert. Dort drückt der Engerling das Substrat fest. Unter erneuter haarnadelförmiger Krümmung gelangt der Kopf wieder an das untere Ende der Höhle zurück, an dem weiter gegraben wird. Die Höhlung verlagert sich auf diese Weise ständig abwärts, wobei eine Folge von flachen, ovalen Kurven beschrieben wird. Bei der Bewegung in der Höhle spielen die Beine kaum eine Rolle, vielmehr wird die Rückseite des Hinterleibes benutzt, auf der sich beborstete Wülste befinden. Die C-förmige Krümmung erweist sich demnach als überaus geeignet zur Fortbewegung im Boden.

Haften

Manche Käfer können sich an ihrem Untergrund außerordentlich festhalten. Berichtet wird dies zum Beispiel von Goliathkäfern, die sich an Zweigen „wie aus Eisen geschmiedet" anklammern. Die männlichen Gelbrandkäfer haben an ihren Vorderfüßen Saugnäpfe, mit denen sie bei der Kopula an dem Weibchen haften können. Die Klauen- und Hakenkäfer (Dryopidae, Elmidae) haben sehr starke Klauen an den Füßen. Damit können sie sich an Steinen, Pflanzen u. Ä. festhalten und stark fließende Gewässer besiedeln.

Die „Spitzenleistung" dürften aber die Larven bestimmter Bachkäfer (Psephenidae) (so genannte „water pennies") vollbringen, die sich sogar in der reißenden Strömung der Niagarafälle und der Bäche des Himalaja festhalten können (Abb. 104a). Es sind mehrere Gattungen, die über ein solches außerordentliches Haftvermögen verfügen, zum Beispiel *Eubrianax*, *Psephenus*, *Psephenoides* und auch die in Europa vorkommende Gattung *Eubria*. Das Festhalten in den reißenden Strömungen von Bächen, Wasserfällen u. Ä. wird außer durch den breiten, flachen Körper, der wenig Ansatzpunkte für die Strömung bietet, vor allem durch spezielle Saugnäpfe gewährleistet, die sich auf der Körperunterseite befinden.

Springen

Verschiedene Käfer können gut springen. Sehr bekannt ist dies von den zur Familie Blattkäfer (Chrysomelidae) gehörenden Flohkäfern (Alticinae), die mit ihren stark verdickten Hinterschenkeln kräftige Sprünge vollführen können. Flohkäfer von 2,5 mm Körperlänge können Sprünge von 50 bis 60 cm Höhe und Weite ausführen. Innerhalb der Hinterschenkel befindet sich ein chitinisierter Körper, das so genannte Sprungorgan, das als zusätzlicher Muskelansatzpunkt dient (Abb. 104c). Das Sprunggelenk liegt zwischen Schenkel und Schiene.

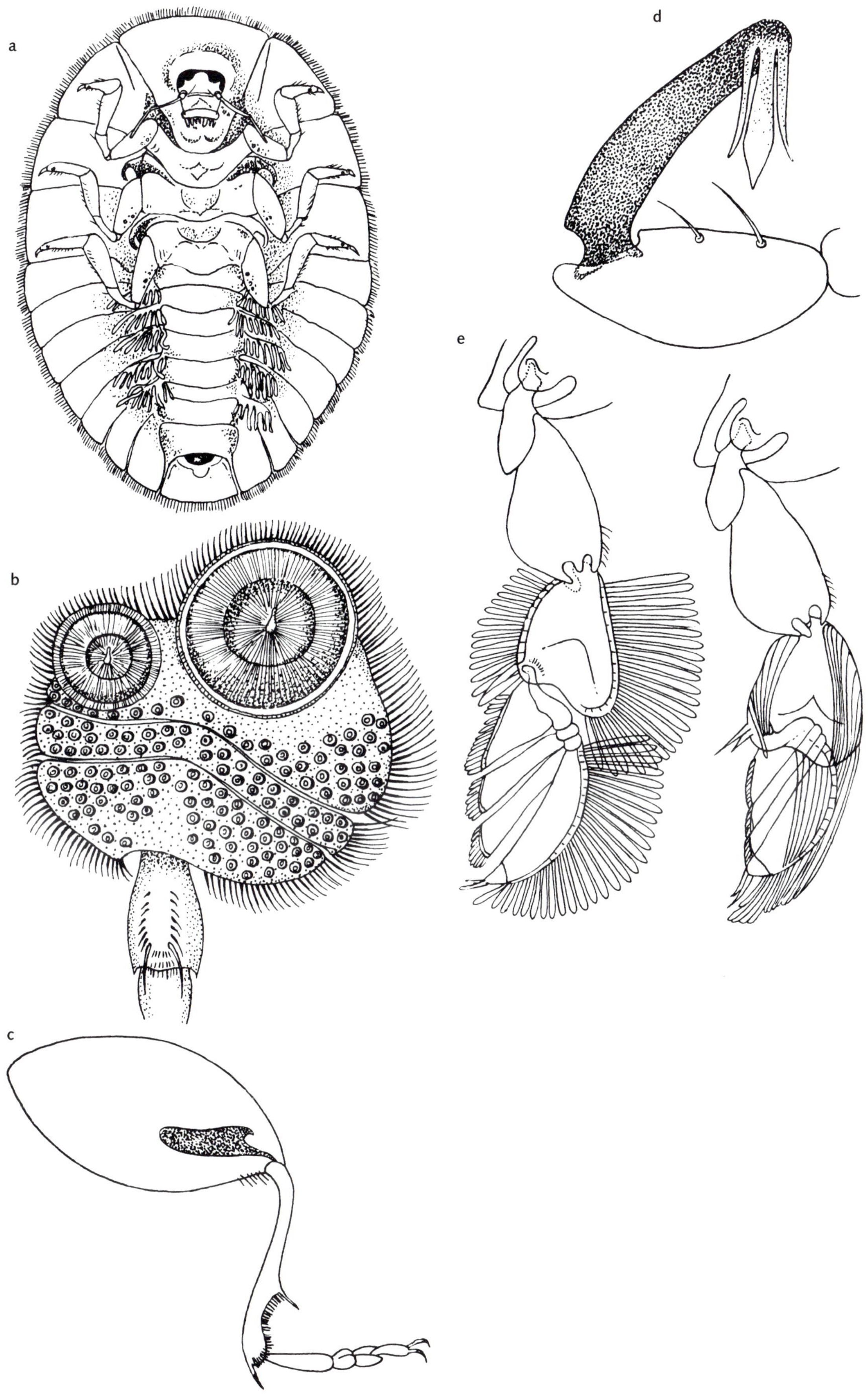

104
Beintypen: a) Als „water penny“ bezeichnete Larve des Bachkäfers *Psephenus lecontei* (Psephenidae), die in stark strömenden Gewässern lebt, stark abgeplattet ist und Saugnäpfe zum Festhalten aufweist (Unterseite); b) Gelbrand *Dytiscus marginalis* (Schwimmkäfer, Dytiscidae). Mit Saugnapfhaaren besetzte Fußglieder des rechten Vorderbeines des Männchens; c) Hinterbein (Sprungbein) des Flohkäfers *Longitarsus suturellus* mit „Sprungorgan“ (punktiert) (Blattkäfer, Chrysomelidae); d) Klauenbildung bei der Triungulinus-Larve von *Meloe proscarabaeus* (Ölkäfer, Meloidae); e) Hinterbeine von *Gyrinus natator* (Taumelkäfer, Gyrinidae), links die Borsten als Ruder entfaltet, rechts mit angelegten Ruderplättchen.

Auch andere Käfer können in ähnlicher Weise springen, zum Beispiel Sumpfkäfer (Scirtidae) der Gattungen *Scirtes* und *Ora*, Rüsselkäfer (Curculionidae) der Gattungen *Rhynchaenus* und *Rhamphus*, ebenfalls die zu den Blattkäfern gehörenden 2 bis 3 cm großen Arten der südostasiatischen Gattung *Sagra*. Das Sprungvermögen dieser großen Tiere ist jedoch umstritten. Manche Vertreter der Düsterkäfer (Melandryidae), etwa aus der Gattung *Orchesia*, können mit einem langen, federnden Sporn am Ende der Hinterschienen bis zu 50 cm hoch springen.

Völlig anders springen die Stachelkäfer (Mordellidae), deren Hinterleib in einem Stachel endet. Dieser wird vor dem Springen gegen die Unterlage gepresst. Die Hebelwirkung, noch unterstützt von den federnden Hinterbeinen, schleudert den Käfer empor. Zum Springen der Schnellkäfer (Elateridae) s. S. 73.

Leider existieren nur sehr wenige genaue Messungen über die von den verschiedenen Käferarten erzielten Sprungleistungen. Deshalb müssen Erörterungen über das Ausmaß der gewaltigen Muskelleistung vorerst unterbleiben.

Schwimmen

Etwa 7800 Käferarten leben im Wasser und haben ein mehr oder weniger gutes Schwimmvermögen entwickelt (die „Spitzenleistung" liegt bei den Taumelkäfern) (s. S. 119). Bei den Schlammschwimmern (Hygrobiidae) sind die Beine mit Schwimmhaaren bedeckt, die in Zeilen stehen und vor allem auf den Hinterbeinen konzentriert sind. Die Schwimmfähigkeit ist nicht sehr groß. Das Schwimmen erfolgt mit rechts-links-alternierenden Bewegungen. Auch die Wassertreter (Haliplidae) können nicht besonders gut schwimmen. Ihre Bewegungen sind ähnlich wie die der Schlammschwimmer, die Verstärkung der Behaarung ist auf die Fußglieder konzentriert. Bedeutend besser schwimmen die Schwimmkäfer (Dytiscidae). Die Mittel-, hauptsächlich aber die Hinterbeine sind als ausgesprochene Schwimmbeine ausgebildet. Sie sind abgeflacht und an den Schienen, vor allem aber an den Fußgliedern, mit Haaren dicht besetzt, die sich beim Ruderschlag abspreizen und so die gegen das Wasser gerichtete Fläche verbreitern. Bei der Rückbewegung werden die Beine abgewinkelt und mit der Kante voran nach vorn gezogen. Die Beine werden beim Schwimmen synchron bewegt. Bei besonders schnellem Schwimmen werden gelegentlich nur die Hinterbeine benutzt. Bei langsamerem Schwimmen werden Mittel- und Hinterbeine alternierend verwendet. Kleine Arten schlagen mit ihren Beinen öfter als große. *Hydroporus*-Arten (2,5–3,0 mm lang) führen 16 Schläge je Sekunde aus, *Ilybius* (17 mm lang) 7 Schläge je Sekunde und die großen Gelbrandkäfer (*Dytiscus*) (35 mm lang) 2 Schläge je Sekunde. Der gesamte Körper der Schwimmkäfer ist recht abgeflacht und setzt dem Wasser wenig Widerstand entgegen. Allerdings bestehen darin sehr große Unterschiede. Der Furchenschwimmer (*Acilius*) (Abb. 105) ist besonders gut an schnelle Bewegungen unter Wasser angepasst. Hydromechanische Untersuchungen ergaben, dass seine Konstruktion so vollendet ist wie etwa die eines Tauchbootes. Auch die Gelbrandkäfer der Gattungen *Dytiscus* und *Cybister* haben ideale strömungsmechanische Eigenschaften (Abb. 106, 107, 108). Die Geschwindigkeit, die die Schwimmkäfer erreichen, liegt maximal bei etwa 50 cm/s. Das ist eigenartigerweise bei fast allen untersuchten Schwimmkäfern etwa gleich und wird durch die Zahl der Ruderschläge pro Sekunde in Abhängigkeit von der Körpergröße reguliert. Der Energieaufwand beim Schwimmen ist verhältnismäßig gering.

Auch die wasserbewohnenden Larven (Abb. 109) sind gut an das Schwimmen angepasst, wenngleich sie im Vergleich zu den Imagines bedeutend langsamer paddeln. Die Furchenschwimmerlarven schlagen mit ihren Beinen drei- bis viermal pro Sekunde und erreichen eine Geschwindigkeit von 2 bis 6 cm/s. Die Larven sind noch zu einer anderen Fortbewegungsform befähigt. Eine rasche Kontraktion der Hinterleibsmuskulatur lässt die Larve 5 bis 6 cm vorwärts schießen. Sie überschlägt sich dabei und kann diesen Vorgang mehrmals wiederholen.

Andere wasserbewohnende Käfer, z. B. Schmalwasserkäfer (Hydrochinae), Wasserkäfer (Hydrophilidae), Buckelwasserkäfer (Spercheinae) und Langtasterwasserkäfer (Hydraenidae) bewegen sich im Wasser nicht besonders schnell. An den Mittel- und Hinterbeinen sind Schwimmhaare nur mäßig ausgebildet, die Beine schlagen beim Schwimmen alternierend. Viele Arten aus diesen Familien besitzen die Fähigkeit,

105
Furchenschwimmer (*Acilius sulcatus*), im Hintergrund *A. canaliculatus* sind Bewohner von Stillgewässern, Körperlänge 14–18 mm. (Foto HEBAUER)

106
Dytiscus dimidiatus wird mitunter mit dem Gemeinen Gelbrand verwechselt, Körperlänge 32–39 mm, Breite 17–18 mm. (Foto HEBAUER)

107
Dytiscus lapponicus ist ein Spezialist der Moorgewässer, Körperlänge 24–28 mm, Breite 13–15 mm. (Foto HEBAUER)

108
Der Gaukler (*Cybister lateralimarginalis*) ist durch seine Schwimmkünste bekannt, Körperlänge 30–37 mm. (Foto HEBAUER)

an der Unterseite der Wasseroberfläche entlangzulaufen. Die Larven mancher Arten können nacheinander jedes Beinpaar synchron nach hinten schlagen und erreichen auf diese Weise eine Geschwindigkeit von 0,6 bis 1,3 cm/s.

Phoresie

Während wir bis jetzt nur Fortbewegungsarten kennen gelernt haben, bei denen sich die Käfer selbst anstrengen mussten, um vorwärts zu kommen, seien nun noch einige Fälle von Phoresie erwähnt. Darunter versteht man die Nutzung anderer Tiere zur Fortbewegung. Als Beispiel seien die Triungulinus-Larven der Ölkäfer genannt, die sich von Bienen in deren Nester tragen lassen (s. S. 146). Ihre Füße tragen besondere Greifklauen (Abb. 104d). Aber auch andere Käfer treiben mehr oder weniger obligatorisch Phoresie. Die Angehörigen der Schimmelkäfergattung *Antherophagus* sitzen auf Blüten und beißen sich an Hummeln fest. Mit diesen lassen sie sich zu den Nestern tragen, wo sie zum „Dank" für den Transport ihre Eier ablegen. Die *Antherophagus*-Larven entwickeln sich im Hummelnest. Möglicherweise erfolgt auch die Ausbreitung der Keulenkäfer (*Claviger*) aus der

109
Gelbrandkäfer (*Dytiscus marginalis*), Larve. (Foto Förster)

Unterfamilie Palpenkäfer (Staphylinidae-Pselaphinae) durch Ameisen während des Hochzeitsfluges, da sich die Käfer mit ihren Klauen sehr fest anklammern können. Die verhältnismäßig weite Verbreitung dieser Tiere ist anders kaum erklärbar, da *Claviger* nur über eine geringe Laufaktivität verfügt und außerdem blind ist.

Käfer lassen sich jedoch nicht nur fortbewegen, sie werden auch als Transportmittel benutzt. Mistkäfer transportieren beispielsweise verschiedene Milben (Uropodidae, Gamasidae). Dungbewohnende Käferarten befördern auch Fadenwürmer (Nematoden). Andere Nematoden-Arten benutzen Schröter (Lucanidae) und Bockkäfer (Cerambycidae), um in neue Lebensräume zu kommen. Auch die Pseudoskorpione werden gelegentlich von Käfern transportiert, zum Beispiel von großen Bockkäfern, etwa dem südamerikanischen Harlekinbock (*Acrocinus longimanus*). Bei dieser Art scheint es für gewisse totholzbewohnende Pseudoskorpione die wesentlichste Möglichkeit zu sein, neue Brutsubstrate zu erreichen. Auch Marienkäfer (Coccinellidae) können unter ihren Flügeldecken Milben beherbergen, die aber möglicherweise auch parasitisch an den Käfern leben könnten.

Bemerkenswerte Verhaltensweisen und Abwehrmechanismen

Die Explosionen der Bombardierkäfer

Innerhalb der Familie Laufkäfer (Carabidae) gibt es in Europa die Tribus Bombardierkäfer (Brachinini), die ihren Namen einer im Tierreich wohl einzigartigen Fähigkeit zur Erzeugung eines explosionsfähigen Gasgemisches verdanken. Es verwundert uns nicht, dass die Tätigkeit der Bombardierkäfer den aufmerksamen Naturbeobachter schon immer angezogen hat.

Eine der noch immer lesenswerten Schilderungen stammt von Daniel Rolander (1750). »Als ich zuerst dieses Tierchen nahm und es gleich mit kleinem Knalle einen lichtblauen Rauch von sich ließ, machte mich dieses unvermutete Ereignis ganz erschrocken, sodass mir das Tierchen aus den Händen auf die Erde fiel. Es war wie andere von seiner Art sehr schnell, sich zu verbergen. Ich ward begierig, diese seltsame Eigenschaft zu untersuchen, da ich versichert war, dass das Tier den Rauch und den Knall verursacht hatte, aber nicht wusste, auf was für eine Art. Doch suchte ich diesmal vergebens, denn es hatte ein sicheres Versteck gefunden. Einige Tage darauf fand ich wieder unter einem Stein ein gleiches Tier, das, als es gefangen war, durch seinen Hintern Rauch mit einem kleinen Knalle heraustrieb, wie wenn Zunder von einer Büchse abbrennt. Also war es von derselben Gattung wie das Vorige. So oft es mit einer Nadel unter dem äußeren Ende der Flügeldecke auf dem Oberteil seines Hinterleibes gekitzelt ward, brannte es los, volle 20-mal hintereinander, sodass man sich verwundern musste, wie in einem so kleinen Körper so viel Luft enthalten war.«

Wie kommt nun dieses Phänomen zustande? Zunächst ist es erforderlich, dazu den anatomischen Bau des Explosionsapparates zu betrachten (Abb. 110). Es ist ein Paar spezialisierter so genannter Pygidialdrüsen vorhanden. Aus jeder der beiden traubig angeordneten Drüsenbeutel führt ein Kanal in eine Sammelblase. Vor jeder Sammelblase und mit dieser verbunden liegt eine Chitinkapsel, die so genannte Reaktionskammer. Zwischen Sammelblase und Reaktionskammer ist eine Klappe vorhanden, die geöffnet werden kann. Von den beiden Reaktionskammern führt ein kurzer Kanal auf der Rückenseite des letzten Hinterleibssegmentes nach außen.

In den Drüsenzellen der Pygidialdrüsen entsteht ein Sekret, das aus einer Lösung von Hydrochinon bzw. Toluhydrochinon und 23-prozentigem Wasserstoffperoxid besteht. Dieses Sekret wird in der Sammelblase gespeichert. Die Wand der Reaktionskammer ist mit kugeligen Gruppen einzelliger, enzymabsondernder Drüsen besetzt, die ihr Sekret (eine Katalase und eine Peroxidase) in die Reaktionskammer hinein abgeben. Bei einer Reizung des Käfers, etwa wie oben von Rolander beschrieben, werden die Verschlussklappen der Sammelblase geöffnet. Das Sekretgemisch tritt in die Reaktionskammer über, da die Sammelblase elastische Wände hat und das Sekret dadurch unter einem gewissen Druck steht. In der Reaktionskammer kommt es unter Einwirkung der Katalase zu einer raschen Zersetzung des Wasserstoffperoxides in Wasser und Sauerstoff. Die Peroxidase oxidiert die Hydrochinone zu Benzo- und Toluchinonen. Dabei entstehen Temperaturen von 100 °C. Der bei der Reaktion entstehende Gasdruck des Sauerstoffes schleudert die gelben bis violetten Chinone nach außen, und es entsteht ein Knall. Die Käfer können in vier Minuten 80-mal schießen! Ameisen, auch Kleinsäuger, sollten sich beeindruckt zeigen.

Die Fühlerkäfer (Carabidae-Paussinae) besitzen einen ähnlichen Bombardierapparat, der aber gegen die Ameisen, bei denen sie leben, offenbar nicht angewandt wird. Im Experiment erzeugte Explosionen riefen jedoch den Tod mehrerer Ameisen hervor.

Sekretabgabe aus Analdrüsen

Eine ganze Reihe weiterer Käferarten, besonders aus der riesigen Familie der Kurzflügler (Staphylinidae), sind imstande, Sekrete aus so genannten Pygidialdrüsen abzugeben. Diese Sekrete haben meist einen auffälligen Geruch, weshalb die Drüsen auch als Stinkdrüsen bezeichnet werden. Die Sekrete scheinen einen gewissen Schutz gegenüber räuberischen Insekten zu gewähren. Die Kurzflügler geben diese Sekrete gewöhnlich ab, indem sie den Hinterleib nach vorn biegen (fast wie die Skorpione). Der Käferforscher Adolf Horion (1888–1977) schildert das so: »Nimmt man einen solchen schwarzen Moderkäfer (*Ocypus olens*), der über 3 cm groß wird, vorsichtig auf, dann gibt er gleich aus seinen Stinkdrüsen neben der Analöffnung ein braunes widerliches Sekret ab, und er versucht, mit seinen scharfen Kiefern den Angreifer zu packen; durch die Haut des Fingers beißt er gleich durch, sodass man den wehrhaften Räuber schnell wieder fallen lässt.« Bei vielen Arten sind die Stinkdrüsen sogar aus dem Hinterleib ausstülpbar. Außer bei den Kurzflüglern finden wir Pygidialdrüsen vor allem bei der Familie Schwarzkäfer (Tenebrionidae), zum Beispiel bei der Gattung der Totenkäfer (*Blaps*) (Abb. 111).

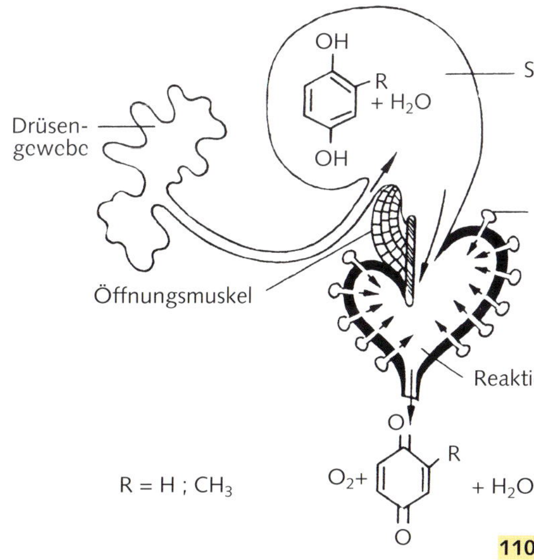

110
Bombardierkäfer (*Brachinus* sp.), Schema der Pygidialdrüsenfunktion (Laufkäfer, Carabidae).

111
Totenkäfer (*Blaps mucronata*) (Schwarzkäfer, Tenebrionidae) aus Europa, Ansammlung in einem Keller. (Foto Förster, Archiv Staatl. Museum Tierkunde Dresden)

Abgabe von Sekreten bei wasserbewohnenden Käfern

Die Taumelkäfer (Gyrinidae) geben dann, wenn alle Schwimm- und Tauchkünste nicht helfen, um einen Verfolger loszuwerden, aus Drüsen der Hinterleibssegmente ein milchiges Sekret ab. Dessen Wirkungsweise ist jedoch nicht näher bekannt, möglicherweise „trübt“ es einfach die Sicht des Verfolgers.

Der Abwehr räuberischer Feinde dient auch ein milchiges Sekret der Prothorakaldrüsen des Gelbrandkäfers (Abb. 112). Der wesentliche Wirkstoff ist das Steroidhormon Cortexon (11-Desoxycorticosteron), von dem ein einziger Käfer bis zu 0,4 mg speichern kann. Um eine solche Menge zu gewinnen, benötigt man ansonsten die Nebennieren von etwa 1.300 Rindern. Cortexon stört den Natrium-Kalium-Haushalt von Wirbeltieren. Wenn Raubfische (z. B. Hechte) das Gelbrandkäfersekret aufnehmen, verfallen sie nach kurzer Zeit in tiefe „Narkose“. Ähnliche Sekrete werden auch von anderen Schwimmkäferarten erzeugt, z. B. Sexualhormone (Testosteron, Östradiol, Östron) von *Ilybius fenestratus*.

112
Gemeiner Gelbrand (*Dytiscus marginalis*), eine weit verbreitete Art, Körperlänge 27–35 mm, Breite 15–18 mm. (Foto Förster)

Die Gelbrandkäfer (*Dytiscus*) sondern aus ihren paarigen Pygidialdrüsen Mikroorganismen tötende Stoffe ab. Das Sekret enthält Benzoesäure (11 %), p-Hydroxybenzaldehyd (79 %), Hydroxybenzoesäuremethylester (8 %) und Eiweiß (2 %). Diese Stoffe werden zusammen mit einem pasteartigen Glykoproteid außerhalb des Wassers auf die gesamte Körperoberfläche geschmiert und schützen vor dem Befall mit Mikroorganismen (Bakterien, Pilze). Ein weiteres Beispiel für ähnliche Anwendung liefern verschiedene Aaskäfer, die aus ihren Pygidialdrüsen 4,5-prozentige Ammoniaklösung ausscheiden.

Gleichzeitig wird bei den Schwimmkäfern (Dytiscidae) die Unbenetzbarkeit der Oberfläche erreicht, eine ebenfalls wichtige Voraussetzung für das Leben unter Wasser. *Dytiscus marginalis* besitzt 3.000–4.000 ölhaltige Sekrete abscheidende, einzellige Drüsen je mm^2 an seiner Körperoberfläche. Bei kleinen Arten (untersucht bei *Oreodytes sanmarkii*) erleichtern die Pygidialsekrete das Eintauchen in die Wasseroberfläche bei Beendigung eines Ausbreitungsfluges durch die Erhöhung der Benetzbarkeit des Körpers.

Käferchemie

In jüngster Zeit hat man sich zunehmend der Aufklärung der körpereigenen Inhaltsstoffe vieler Käfer zugewandt und dabei immer wieder neue Substanzen entdeckt. Diese Stoffe dienen außer dem Finden der Geschlechter der Steuerung parasitischer, symbiontischer und Räuber-Beute-Beziehungen. Genannt werden Hämolymphgifte, Wehrsekrete (Chinone, Ameisensäure, Metacrylsäure), die aus Hinterleibsdrüsen abgeschieden werden (Laufkäfer, Carabidae; Schwarzkäfer, Tenebrionidae) oder die Iridoide der Kurzflügler (Staphylinidae) und die nebenstehend erwähnten Steroide von Schwimmkäfern (Dytiscidae).

Als ein weiteres Beispiel seien die Coccinelline der Marienkäfer (Coccinellidae) genannt. Die aus den Entdeckungen folgenden Erklärungen für biologisch-ökologische Phänomene im Leben der Marienkäfer stehen wohl noch am Beginn. Es zeichnen sich aber vielfältige Wirkungen – vor allem Abschreckung gegenüber Feinden – ab, von denen im Folgenden einige Beispiele aufgeführt werden:

- Die wichtigsten Inhaltsstoffe gehören zur großen Gruppe der Alkaloide, sie werden als Coccinelline zusammengefasst. Es scheint ein Inventar arteigener Substanzen zu geben, deren Funktion über die Abschreckwirkung gegen Feinde hinausgehen könnte (Arterkennung im Zusammenhang mit der Partnerfindung, bei Aggregationen?). Da die Eier, Larven und Puppen diese Substanzen – ausgehend von den Muttertieren – ebenfalls enthalten, ist auch an einen Schutz dieser Stadien zu denken.
- Viele Inhaltsstoffe scheinen eine Abwehrwirkung (Schreckstoffe) gegen räuberische Feinde, vor allem Vögel und Ameisen zu haben, was z. T. experimentell untermauert wird. Man sieht den eigentümlichen und bitteren Geschmack, einen „warnenden“ Geruch, den Alkaloid-Reichtum und die koagulierende Wirkung als Ursachen an.

- Bei manchen Coccinelliden-Arten kommen mehrere verschiedene Alkaloide vor. Inwieweit dies vielleicht gesetzmäßig ist und jede Art einen eigenen Satz solcher Stoffe besitzt, kann vorläufig noch nicht gesagt werden, da die Ergebnisse entsprechender sehr aufwändiger Untersuchungen noch zu lückenhaft sind.
- Bisher sind Coccinelline nur von Arten der Unterfamilien Coccinellinae (Blattlausfresser), Epilachninae (Pflanzenfresser) und Chilocorinae (Schildlausfresser) bekannt (insgesamt von fast 50 Arten), sie scheinen also von der Nahrung mehr oder weniger unabhängig zu sein. Bei den Unterfamilien Scymninae und Coccidulinae fehlen sie wahrscheinlich.
- Coccinelline kommen wahrscheinlich in allen Stadien vor.
- Vielleicht können diese Stoffe auch zur Klärung von Verwandtschaftsbeziehungen herangezogen werden (Chemotaxonomie).
- Vorher nur aus Coccinelliden bekannte Alkaloide (Precoccinelline, Hippodamine, Propyleine) wurden auch im Reflexblut des Weichkäfers *Chauliognathus pulchellus* (Cantharidae) gefunden und als Abwehrmittel gedeutet.

Düsenantrieb auf dem Wasser

Die Kurzflügler (Staphylinidae) der Gattung *Stenus* (Abb. 113) können auch auf der Wasseroberfläche laufen und haben die Fähigkeit, sich mit den Sekreten ihrer Pygidialdrüsen 10 bis 15 cm weit dahinschießen zu lassen. Aus diesen Drüsen werden oberflächenaktive Terpene ausgeschieden, deren Expansion (Spreitungsdruck) das Tier vorantreibt, wobei eine Geschwindigkeit von etwa 0,75 m/s erreicht werden kann. Die Käfer legen auf diese Weise 150 Körperlängen pro Sekunde zurück. (Ein PKW, der 100 km/h fährt, schafft nur 7 Eigenlängen pro Sekunde.)

113
Kurzflügler (*Stenus bimaculatus*); Körperlänge 5–6 mm. (Foto Knoflach-Thaler)

„Warnung“ bei Käfern

Vor allem rot-schwarze oder gelb-schwarze Farbmuster – aber auch Geruchsqualitäten – sollen als Warnsignale auf Ungenießbarkeit oder sogar Giftigkeit der betreffenden Arten hinweisen. Beispiele finden sich bei den Marienkäfern (Coccinellidae) (s. S. 72), Rotdeckenkäfern (Lycidae) oder Weichkäfern (Cantharidae). Gelegentlich ergeben sich Beispiele des Nachahmens anerkannt wehrhafter oder giftiger Arten, z. B. Wespen oder giftiger anderer Käfer, etwa Rotdeckenkäfer (Lycidae) (Mimikry). Es fehlen jedoch in den meisten Fällen exakte Untersuchungen über die Wirkungen auf Räuber (unmittelbare Abschreckung, lernen bei Wirbeltieren?). Manche Fälle dürften ausgesprochene anthropozentrische Standpunkte widerspiegeln.

Giftdrüsen

Einige Käferarten besitzen Giftdrüsen, die an den verschiedensten Stellen des Körpers nach außen münden. Die produzierten Sekrete können unterschiedliche biologische Aufgaben haben. Einerseits dienen sie der Abwehr räuberischer Feinde, andererseits wirken sie antiseptisch gegen Mikroorganismen, z. B. bei Schwimmkäfern (Dytiscidae). Die Erforschung dieser Sekrete steht im Wesentlichen erst am Anfang, doch scheint es, dass bei vielen Arten sehr wirksame Abwehrsysteme entwickelt wurden.

Viele Angehörige der Familie Schwarzkäfer (Tenebrionidae) produzieren in ihren Pygidialdrüsen Chinone, die bei manchen Arten in Richtung der Gegner gespritzt werden. Eine Fülle organischer Wirkstoffe wird in den Pygidialdrüsen der Laufkäfer (Carabidae) hergestellt, wobei hinsichtlich der chemischen Natur der Abwehrstoffe große Unterschiede bestehen. Meist sind bei den Laufkäfern noch lipophile Verbindungen beigemischt, die das Eindringen in das Gewebe des Gegners erleichtern.

Das „Bluten" der Marienkäfer

Werden Marienkäfer ± derb berührt, so fallen sie in einen Totstellreflex (Thanatose) und pressen die Beine und Antennen in Vertiefungen an ihrer Körperunterseite. Dabei scheiden sie einen gelblichen, stark riechenden, bitteren Saft (vielleicht Hämolymphe) aus den Gelenken zwischen Femur und Tibia aus, der sich als Tropfen am Rande des Halsschildes und der Flügeldecken sammelt. Ähnliches, nur an anderen Körperteilen, wird bei den Larven beobachtet. Sie scheiden aus Poren auf der Körperoberfläche, speziellen sekretabsondernden Bezirken der Haut und aus abgebrochenen Borsten Sekrete aus. Die Puppen können Sekrettröpfchen auf Haaren der Körperoberfläche abgeben. – Im Übrigen ist die Fähigkeit, Hämolymphe aus Gelenkhäuten der Beine austreten zu lassen, nicht auf die Marienkäfer beschränkt. Auch die Ölkäfer (Meloidae), manche Blattkäfer (Chrysomelidae) und Weichkäfer (Cantharidae) vermögen dies ebenfalls.

Über die Bedeutung des „Blutaustritts" der Marienkäfer ist viel geschrieben worden. Man hat von einer Giftwirkung gesprochen, das „Blut" als Abschreckungsmittel bezeichnet und den Geruch als ekelerregend dargestellt. Potenzielle Feinde der Marienkäfer wie Spinnen, Raubwanzen, Raubfliegen, räuberische Käfer, Kröten, Frösche, Eidechsen, Vögel und Spitzmäuse sollen dadurch abgeschreckt werden. Tatsache ist aber, dass in den Speisezetteln sehr vieler dieser potenziellen Feinde Marienkäfer eine mehr oder minder große Rolle spielen. Einen einwandfreien Nachweis für die Richtigkeit der weitverbreiteten Schrecktheorie gibt es wohl noch nicht.

Der vielseitige Coleopterologe Franz Heikertinger (1876–1953) hat bei der Zusammenfassung früherer Kenntnisse über Coccinelliden als Vogelnahrung ein überzeugendes Spektrum erhalten, das die Bedeutung des „Ekelblutes" und der „Warnfarbe" als Abschreckmittel gegen Vögel und andere Wirbeltiere in starken Zweifel geraten lässt. Er gibt eine Zusammenstellung von Analysen des Mageninhaltes von mehr als 40 Vogelarten aus Europa, die verschiedene Autoren vorgelegt haben und die jeweils Marienkäfer enhielten. Wir würden heute aus Naturschutzgründen kaum noch Magenuntersuchungen zur Feststellung des Nahrungsspektrums akzeptieren, die Aussagekraft ist andererseits sehr hoch. Coccinelliden wurden von anderen Autoren in 140 Mägen von 48 Vogelarten bei einer Analyse von 6906 Mägen von 234 Arten gefunden. Beispielsweise wählt der Feldsperling relativ viel erwachsene Marienkäfer, auch Larven, als Jungvogelnahrung aus, Mehlschwalben und Mauersegler fangen sie im Flug. Sie scheinen nicht nur dann eine Bedeutung als Vogelnahrung zu haben, wenn diese hungrig sind oder andere Nahrung knapp ist.

Andererseits wurde bei experimentellen Untersuchungen eine Abschreckwirkung im Zusammenhang mit der „Warnfarbe" gegen verschiedene carnivore Tiere beobachtet, z. B. bei Säugetieren, Vögeln, verschiedenen Eidechsen und Lurchen. Es wird eine Giftwirkung der Coccinelliden postuliert, die auf verschiedene chemische Bestandteile zurückgeführt werden, z. B. Alkaloide, Histamine und Quinolene. Experimente ergaben, dass die Verfütterung von adulten *Coccinella septempunctata* bzw. *Adalia bipunctata* an junge Kohlmeisen zu unterschiedlicher Mortalität führte. Während die erstgenannte Nahrung bereits nach 2 Tagen zum Tode führte, wurde die Fütterung mit dem Zweipunkt ohne weiteres vertragen, und es gab keine Unterschiede zur Kontrolle.

Sexualduftstoffe

Sexualduftstoffe sind bei Insekten weit verbreitet und wohl am besten bei Schmetterlingen untersucht worden. Sie sind in sehr geringer Konzentration oft über große Entfernungen hin wirksam. Auch bei Käfern kommen Sexualpheromone vor, besonders bekannt dürften sie von den Borkenkäfern (Curculionidae-Scolytinae) sein, wo die Männchen nach Anlage der Rammelkammer (s. S. 184) Duftstoffe abgeben, die die Weibchen anlocken. Etwas Ähnliches finden wir auch bei den Totengräbern (*Nicrophorus*). Ist an einem geeigneten Stück Aas ein Männchen allein, so erklettert es einen erhöhten Punkt, manchmal nur das Stück Aas. Dort streckt es seinen Hinterleib schräg aufwärts in die Luft und vollführt mit ihm pendelnde Bewegungen. Dabei wird ein Sexuallockstoff abgegeben. Das

„Sterzeln" wird meist erst dann beendet, wenn ein Weibchen zur Stelle ist.

Das Schnellen der Schnellkäfer (Elateridae)

Das Schnellen der Schnellkäfer ist wohl schon immer aufgefallen, wie uns die Volksnamen verraten, beispielsweise „Schmied" oder im englischen „click beetle" und andere. Die Schnellkäfer können sowohl aus der Bauch- wie aus der Rückenlage heraus springen. Die Flugbahn ist meist halbkreisförmig und erreicht eine Gipfelhöhe von maximal 30 cm, wobei die größte Beschleunigung auftritt, die es überhaupt bei springenden Tieren gibt. Der Sprung wird von einem knipsenden Geräusch begleitet. Dieses Geräusch wird auch dann erzeugt, wenn man den Käfer in die Hand nimmt und festhält.

Die erste einigermaßen genaue Schilderung und einen Erklärungsversuch des „Schnellens" der Schnellkäfer (Elateridae) gibt uns 1755 der Schweizer Entomologe Emanuel Weiss (Abb. 114 b), dessen Beschreibung auszugsweise gegeben sei: »An seiner Vorderbrust befindet sich ein starker Dorn (fig. la), der der Brust (a) ähnlich wie ein Sattelknopf aufsitzt und der sich in den Leib (b) in eine Art Fuge (b) hineinschmiegt. Wenn das Tier aus der Rückenlage springen will, so biegt es sich nach oben, bis der Punkt e des Dorns den Punkt d der Fuge berührt, und reibt diese beiden Teile stark aneinander. Es biegt sich weiter, bis das Vorderende von f nach g und das Hinterende von h nach i verschoben ist (fig. 2). Dann erhebt sich f über die Höhe von c, und der Dorn fällt mit einem Ruck in die Fuge zurück. Der Rücken des Tieres schlägt so gegen die Erde und wird so in die Luft geschleudert. Man kann sich leicht von diesem Stoß überzeugen, wenn man mit der einen Hand die Vorderbrust, mit der anderen den Leib des Käfers fasst und den Dorn leicht gegen seine Fuge presst.«

Der Schnellapparat ist aus drei Teilen zusammengesetzt und befindet sich zwischen Vorder- und Mittelbrust. Zunächst ist eine dornartige Verlängerung auf der Unterseite der Vorderbrust zu beobachten. Diesem Dorn entspricht eine Grube auf der Unterseite der Mittelbrust. Neben diesen beiden auffälligsten Teilen des Schnellapparates existieren noch zwei dreieckig vorstehende Wülste an der Hinterseite der Vorderbrust, die so genannten Schnapper (Abb. 114c). Diese Schnapper passen in zwei Vertiefungen unterhalb des Flügeldeckenrandes an der Mittelbrust. Schließlich existiert noch der so genannte Knipser, ein halbkugeliger Vorsprung an der Vorderseite der Mittelbrust unmittelbar unterhalb des Schildchens (Abb. 114a). Ihm entspricht eine Furche auf der Unterseite der Vorderbrust. Die Vorderbrust enthält einen gewaltigen, breit gefächerten Längsmuskel, den Schnellmuskel. Die Kontraktion dieses Muskels führt zum ventralen Einkrümmen des Käfers, wobei das elastische Protein Resilin zusammengepresst wird. Die Energie wird dabei nahezu vollständig zurückgegeben, und der Vorderbrustdorn schnappt in die Mittelbrustgrube ein. Der Vorderkörper wird dabei vom Boden ab- und der Hinterkörper in Richtung des Kopfes angehoben. Es kommt zur Verlagerung der Schwerpunkte von Vorder- und Hinterkörper und zum Entstehen einer Gegenkraft, die den Körper hochschleudert, wobei die Beschleunigung 382 g (g = Erdbeschleunigung) beträgt (ein Astronaut wird beim Start eines Raumschiffes mit ca. 3,4 g beschleunigt). Beim Flug des Käfers dreht sich dieser in der Luft mehrmals um seine Querachse und landet in zwei Dritteln der Fälle auf den Füßen. Die Neigung zum Gebrauch des Schnellapparates und die Sprungleistung sind bei den einzelnen Arten recht verschieden.

Bis heute ist man sich über die biologische Bedeutung des Schnellvermögens nicht einig. Das Umdrehen von der Bauch- auf die Rückenlage, das vielen Käfern Schwierigkeiten bereitet, ist für die Schnellkäfer nicht besonders schwer, da sie dazu auch durch Aufspreizen der Flügeldecken in der Lage sind. Vielleicht ist das Schnellen als Fluchtreaktion zu verstehen, um beispielsweise dem Aufpicken durch einen Vogel zu entgehen. Doch ist auch dies recht zweifelhaft, denn ein hungriger Vogel wird sich kaum durch das Schnellen abhalten lassen. Man hat beobachtet, dass die Käfer das Knipsgeräusch auch ohne das Schnellen erzeugen und dies gelegentlich in einem gewissen Rhythmus tun. Lauterzeugung als Lockruf der Geschlechter? Andere Autoren meinen, dass der Schnellapparat im Dienste der Atmung steht, da zwischen Vorder- und Mittelbrust auch die großen Halsschildstigmen liegen. Und noch eine weitere Deutungsvariante sei angeführt. Im Verhältnis zu Käfern ähnlicher Größe sind die Beine der Schnellkäfer verhältnismäßig schwach entwickelt. Alle

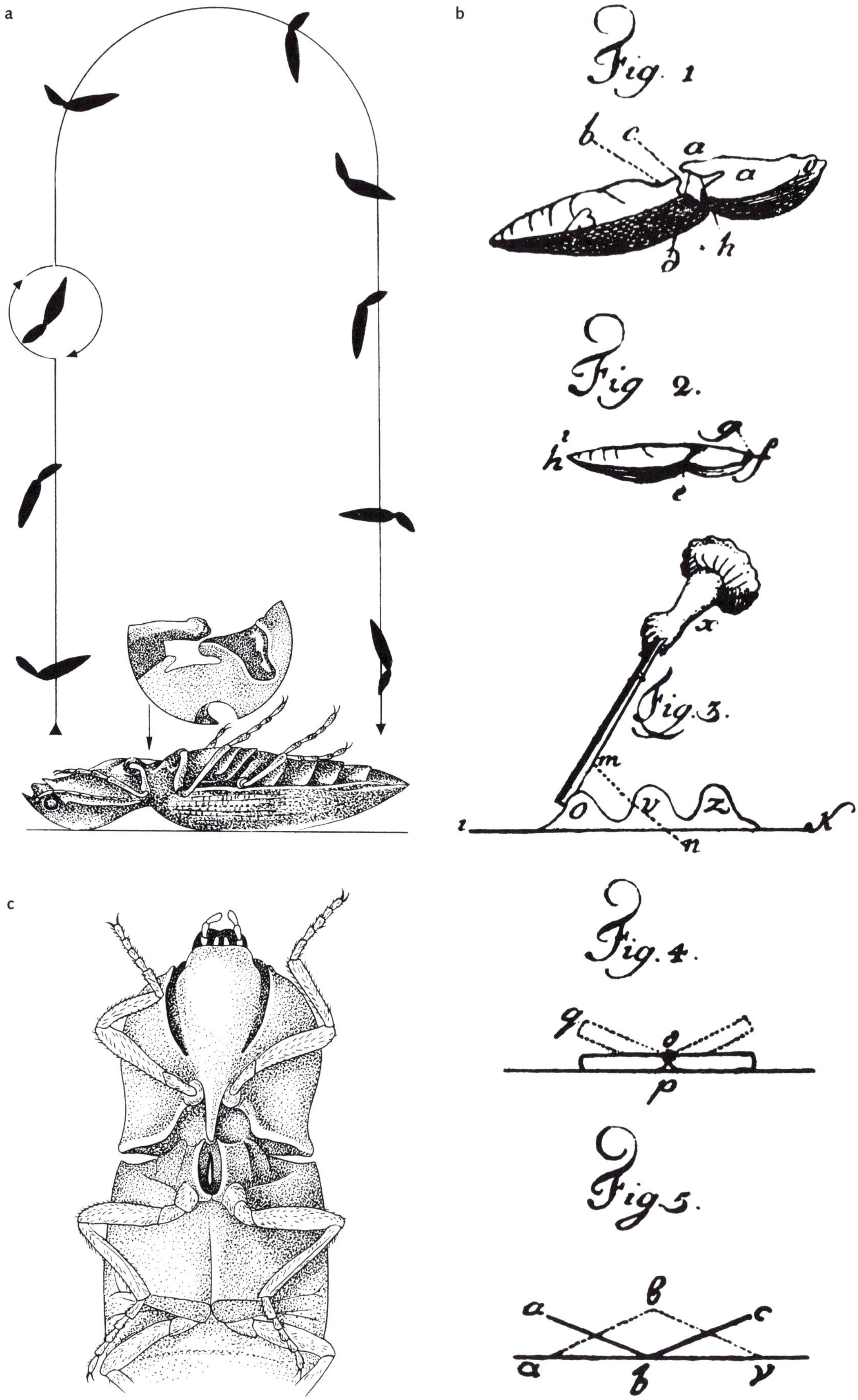

114
Schnellkäferschnellen
a) Darstellung des Sprungvorganges nach Sedlag (1978);
b) Mechanik des Elateridensprungs (nach Weiss 1755); c) Unterseite des Vorderkörpers eines Schnellkäfers (Elateridae).

Schnellkäfer verpuppen sich aber in mehr oder weniger festem Substrat, zum Beispiel Holz oder Boden, und müssen sich daraus ins Freie arbeiten können. Bei einer solchen Tätigkeit ist der Schnellapparat möglicherweise eine Hilfe, denn die Beine sind wohl zu schwach dafür.

Feste Panzer und Dornen

Manche Käfer haben eine ausgesprochen harte Körperoberfläche. In Nordamerika gibt es unter Rinde lebende Arten der Gattung *Phloeodes* (Zopheridae), die so hart sind, dass sie sich kaum in üblicher Weise für wissenschaftliche Zwecke präparieren (nadeln) lassen, sie werden als „Eisenpanzerkäfer" bezeichnet. Unbedingt muss hier die zu den Blattkäfern (Chrysomelidae) gehörende Unterfamilie der Stachelkäfer (Hispinae) erwähnt werden (Abb. 115). Die gesamte Körperoberseite dieser Käfer ist mit zahlreichen Stacheln dicht bedeckt, die ihnen ein sehr bizarres Aussehen verleihen (z. B. *Hispa* und andere).

„Tarnung" bei Käfern

Verhältnismäßig viele Käferarten heben sich kaum von ihrer Umgebung ab. Sie ähneln Flechten (Abb. 68), Rinde, Samen, selbst dem Kot von Tieren. Auch kann die Körperoberfläche mit Substratpartikeln aus der Umgebung beklebt werden (viele uferbewohnende Käfer). Inwieweit diese äußerst verschiedene Tarnung wirklich gegen Räuber wirkt – und nicht nur vor dem Zugriff durch Zoologen schützt – ist in den meisten Fällen nicht untersucht.

Kugelvermögen

Viele Gliederfüßer (Arthropoda) haben die Fähigkeit, ihren Körper ± total zusammenzurollen, zum Beispiel die Rollasseln oder die Saftkugler. Dass ein solches Kugelvermögen auch bei Käfern vorkommt, ist meist weniger bekannt, und doch gibt es verschiedene Gruppen, die sich einkugeln können. Es ist zunächst die Familie der Punktkäfer (Clambidae) zu nennen, von der in Europa nur etwa zehn Arten vorkommen. Die Tiere sind recht klein, 0,5 bis 2,0 mm lang, und haben einen hochgewölbten Körper. Kopf und Halsschild können nach unten eingeklappt werden, die Beine werden eingelegt, und schon ist eine winzige Kugel vorhanden. Auch Vertreter anderer Familien, wie der Leiodidae (Schwammkugelkäfer), besonders die Angehörigen der Gattung *Agathidium*, können sich mehr oder weniger vollständig zusammenrollen. Aber auch bei den Rüsselkäfern (Curculionidae) kommt Kugelvermögen vor. Zu nennen wären die Arten der Gattung *Orobitis*, die an Veilchen leben.

115
Igelkäfer (Chrysomelidae, Hispinae) aus Griechenland. (Foto Knoflach-Thaler)

Thanatose

Die erste Bemerkung zur Thanatose (Totstellreflex) finden wir bei Aristoteles: »Deutlich wird dies beim Berühren zum Beispiel der so genannten Kanthariden, denn, wenn man sie erschreckt, werden sie regungslos, und ihr Körper wird hart.« Solche Totstellreflexe sind bei Käfern weit verbreitet. Meist ist während der Thanatose die Muskulatur kontrahiert. Bei

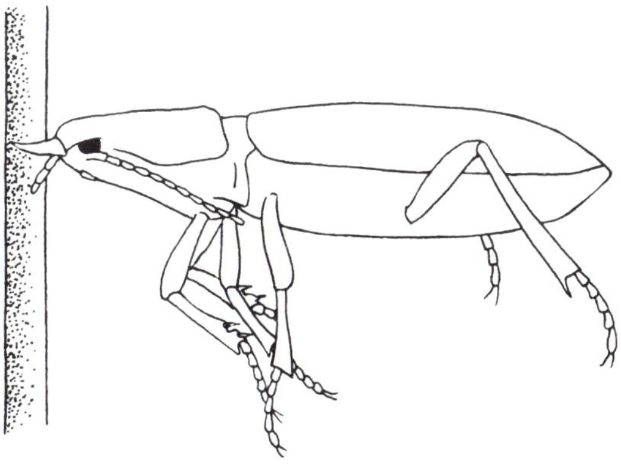

116
Thanatose beim Kopfkäfer *Broscus cephalotes* (Laufkäfer, Carabidae), schematisch.

manchen Käfern ist dies mit einem Anziehen und Einklappen der Beine und Fühler in vorgebildete Gruben verbunden. Das trifft für die Stutzkäfer (Histeridae), die Marienkäfer (Coccinellidae), die Pillenkäfer (Byrrhidae) und die Speckkäfer (Dermestidae) zu. Bei verschiedenen Arten (Marienkäfer, Ölkäfer) wird während der Thanatose Hämolymphe ausgeschieden. Verhältnismäßig wenige Arten spreizen die Beine während des Starrezustandes vom Körper ab. Bekannt ist dies von verschiedenen Schwarzkäferarten (Tenebrionidae), zum Beispiel manchen Arten der Gattung *Eleodes*, die während der Thanatose auf dem Kopf stehen. Sehr auffällig ist der Totstellreflex des zu den Laufkäfern (Carabidae) gehörenden Kopfkäfers (*Broscus cephalotes*). Dieser Käfer öffnet die Oberkiefer weit und streckt die krampfartig erstarrten Beine von sich ab. Während der gesamte Körper wie bei der Thanatose allgemein üblich in einer vollständigen Starre liegt, bleiben die Oberkiefer beweglich. Gibt man ein dünnes Stäbchen zwischen diese, schließen sie sich und nehmen nun ebenfalls an der Thanatose teil (Abb. 116). Man kann einen solchen erstarrten Kopfkäfer an dem Hölzchen freischwebend umhertragen, ohne dass sich sein Zustand verändert. Erst allmählich lässt die Thanatose nach, und die Bewegungsfähigkeit kehrt zurück. Schon nach kurzer Zeit der freien Bewegung kann man den gleichen Kopfkäfer erneut zur Thanatose veranlassen.

Eine Sonderform des Totstellreflexes ist das oben genannte Kugelvermögen mancher Käfer. Die Thanatose ist mit Sicherheit geeignet, räuberische Tiere, die auf bewegliche Beute reagieren, abzulenken. Man kann sie bei vielen Arten künstlich auslösen, in der populären Literatur ist dies gelegentlich als „Hypnose" bezeichnet worden. Der Hirschkäfer zum Beispiel bäumt sich auf, wenn man ihn auf der Körperoberfläche streichelt und verharrt starr in dieser Stellung.

Gefrorene Käfer

Relativ oft werden aktive Schwimmkäfer (Dytiscidae) unter Eisbedeckung beobachtet, z. B. *Agabus solieri*, *A. striolatus*, *Nebrioporus assimilis* und andere Hydroporinae; *Hydaticus seminiger*, *Colymbetes fuscus*. Insgesamt wurde bei fast 20 Schwimmkäferarten Winteraktivität festgestellt. *Hydroporus nivalis*, *Agabus arcticus* und *Helophorus glacialis* werden sogar eingefroren, aber lebend in Eisschollen gefunden. Vielleicht ist dies nur als die Folge eines Kälteeinbruchs zu sehen, der die Tiere überrascht hat und nicht als ein normales Winterquartier.

Die Hämolymphe von Laufkäfern (Carabidae) weist zwischen November und März einen bedeutend erhöhten Glyceringehalt auf, der als „Gefrierschutzmittel" wirkt. Exemplare des extrem nordisch verbreiteten *Pterostichus brevicornis* überlebten kurzzeitige Unterkühlungen bis −35 °C, minimal bis zu −87 °C. Vielleicht sind ähnliche Erscheinungen (physiologische Anpassungen) auch bei Wasserkäfern vorhanden. Viele Beobachter sprechen davon, dass gerade Schwimmkäfer auch unter dem Eis verschiedene Unterwasserluftblasen ausnutzen können. Die Imagines vieler Hydraenidae und Elmidae sind ebenfalls auch im Winter im Wasser aktiv.

Pfeilhaare

Die Larven der Unterfamilie Megatominae, z. B. die Kabinettkäfer (*Anthrenus*) aus der Familie Speckkäfer (Dermestidae) besitzen an ihrem Hinterende büschelartig angeordnete Pfeilhaare (Abb. 117). Diese bestehen aus einem dünnen Schaft, der in regelmäßigen Abständen fünf- bis siebenstrahlige Rosetten und am Ende ein pfeilartiges „Köpfchen" trägt. Sie sind einzigartig (vielleicht im gesamten Tierreich) und werden von den lebenden Larven abgesondert. Einige *Anthrenus*-Arten und *Ctesias serra* besitzen ein Supra-Analorgan, das die langen Kaudalborsten produziert. Es ist beweglich und befähigt die Larven, die Borsten gegen Prädatoren einzusetzen. Die Pfeilhaar-Büschel werden bei einer Stö-

117
Kabinettkäfer (*Anthrenus*), Larve. (Foto Knoflach-Thaler)

rung gespreizt. Adolf Horion (1949) beschreibt sie sehr treffend: »Das einzelne Pfeilhaar besteht aus einer außerordentlich feinen Mittelachse, an der sich kleine, vierzackige Krönchen befinden, die in der Aufsicht wie ein auf der Spitze stehendes Dreieck aussehen. Das oberste Krönchen ist am größten und läuft in vier nach innen gebogene Häkchen aus. Es folgt dann ein kurzes freies Stück der Mittelachse und darauf die Pfeilspitze.« Diese Pfeilhaare brechen sehr leicht ab und haften wegen ihrer Struktur sehr gut vor allem an Chitinoberflächen. Wenn ein räuberisches Insekt eine Kabinettkäferlarve angreift, geraten viele Pfeilhaare in die Mundwerkzeuge, und es hat eine lange Zeit zu tun, diese zu reinigen.

„Maskierung“ von Larven

Manche Käferlarven bedecken oder umhüllen ihren Körper. Der Wert solcher Verfahren wird in der Herstellung eines spezifischen Mikroklimas und im Schutz vor zu starker Sonneneinstrahlung gesehen. Andererseits soll die „Maskierung“ vor Parasiten und Räubern (Vögel) schützen, was aber gewiss nicht stimmt.

„Maskierte“ Larven begegnen uns bei den zu den Rüsselkäfern (Curculionidae) gehörenden Blattschabern (*Cionus*), die ihren gesamten Körper mit einer Schleimhülle bedecken. Mit Ausnahme der Tribus Stethorini sind wahrscheinlich alle Larven der Marienkäfer-Unterfamilie Scymninae auf ihrer Oberseite auffällig mit weißem Wachs bedeckt (Abb. 118). Die Wachsausscheidungen können sehr umfangreich (bis 25 % des Körpervolumens) sein. Wachsausscheidungen gibt es auch bei anderen Gruppen der Marienkäfer (Coccidulini, Noviini, Telsimiini). Über die Funktion der Wachsbedeckung ist noch immer nichts Genaues bekannt. Vor Parasitierung schützt sie nicht. Die wachsbedeckten Larven werden jedoch nicht (oder weniger) von Ameisen beachtet, das ist sicher ein großer Vorteil. Durch die UV-Reflexion des Wachses sind sie für manche räuberischen Insekten nicht von ebenfalls wachsbedeckten Schildläusen, von denen sich viele Arten dieser Unterfamilie ernähren, zu unterscheiden – eine Tatsache, die verschieden interpretiert werden kann, aber meist als passiver Schutz gegenüber Räubern gedeutet wird.

Viele Blattkäferlarven, zum Beispiel die Lilienhähnchen (*Lilioceris*), die Spargelkäfer (*Crioceris*) und die Getreidehähnchen (*Oulema*) bedecken ihren Körper mit Kot. Bei diesen Larven ist die Afteröffnung nach der Rückenseite verschoben und liegt auf der Oberseite des letzten Hinterleibssegmentes, die Öffnung ist nach vorn gerichtet. Diese Lage des Afters führt dazu, dass der gesamte Kot auf dem Rücken abgelagert wird und die Larve ± vollständig überzieht (vgl. Abb. 119c).

Bereits dem durch seine Thermometerskala allgemein bekannten großen französischen Physiker und Zoologen René Antoine Ferchauld, Seigneur de Réaumur (1683–1757) war die Bedeckung der Larven der Unterfamilie Schildkäfer (Cassidinae) mit ihrem eigenen Kot aufgefallen (Abb. 120). Er gibt in seinen „Mémoires pour servir á l'histoire des Insectes“ davon eine recht genaue Beschreibung. »Diese Exkremente liegen dem Körper aber nicht direkt auf, sondern stehen ab und werden von dem Tier wie ein Dach oder Sonnenschirm benutzt, den es nach Belieben hebt und senkt. ... Hier (am Hinterleibsende, der Verfasser) finden sich zwei hornartige, langsam dünner werdende Fortsätze, die zusammen eine Gabel bilden, deren Stellung das Insekt beliebig verändern kann. Meist hält es sie parallel über seinem Körper. Der After scheidet die Exkremente direkt auf diese Gabel ab, auf der sie sich allmählich ansammeln und dann das erwähnte Dach bilden.«

118
Wachsbedeckte Larve des Schwarzen Kiefern-Zwergmarienkäfers *Scymnus nigrinus* beim Aussaugen einer Blattlaus auf einer Kiefernnadel. (Foto Völkl)

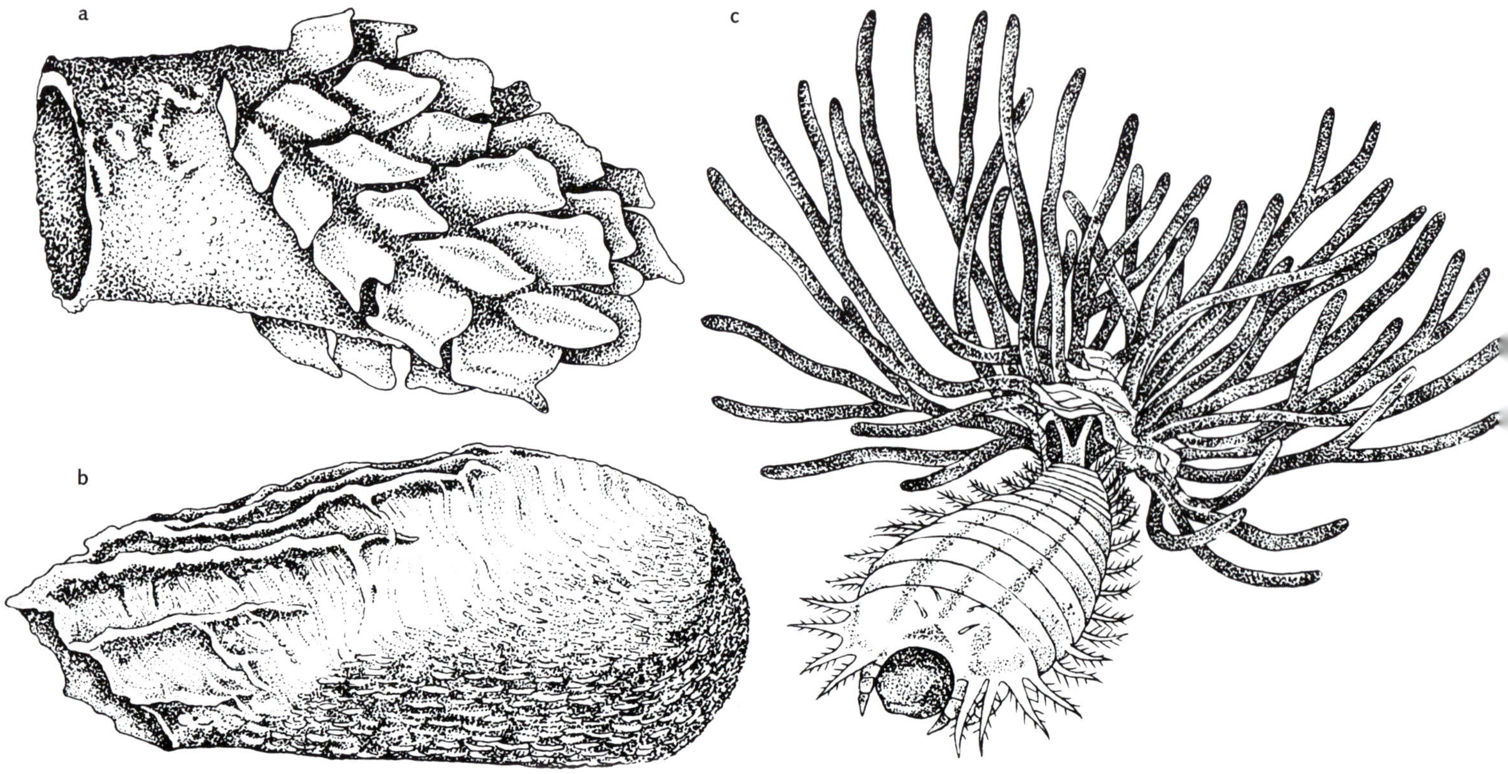

119
„Maskierung“ von Larven
a) Larvenhülle von *Cryptocephalus bipunctatus* in Seitenansicht (Blattkäfer, Chrysomelidae); b) Kothülle der erwachsenen Larve von *Clytra quadripunctata* in Seitenansicht (Blattkäfer, Chrysomelidae); c) Larve von *Dorynota* sp. mit geweihartigen Kotausscheidungen, die an den Häuten früherer Stadien kleben und nach vorn über den Rücken und auch nach hinten bewegt werden können (Blattkäfer, Chrysomelidae).

120
Schildkäfer (*Cassida*), Larven mit Kot, den sie auf einem gabelartigen Fortsatz mit sich tragen. (Foto Gepp)

121
Schildkäfer (*Cassida*) auf einem Rainfarnblatt (*Tanacetum vulgare*), links Puppenhülle (Exuvie), daneben frisch geschlüpfter Käfer. (Foto Förster)

Eine andere ganz besondere Erscheinung ist bei Larven der Blattkäferunterfamilien Clytrinae und Cryptocephalinae zu beobachten. Schon die Eier werden vom Weibchen mit einem Kotmantel versehen. Die geschlüpften jungen Larven bleiben mit ihrem Hinterleibsende in diesem Kotmantel, der die Grundlage für den Larvensack bildet, in dem sie Zeit ihres Lebens verborgen bleiben. Der Larvensack wird parallel mit dem Wachstum der Larve erweitert und verlängert. Als Baumaterial dient eine Mischung aus Larvenexkrementen und Erde. Die Gestalt der Larvensäcke ist so verschieden, dass man allein danach die Art bestimmen kann (Abb. 119a, 119b). Eine solche totale Umhüllung von Larven ist im Insektenreich mancherorts entwickelt worden, zum Beispiel bei den Köcherfliegen (Trichoptera), verschiedenen Schmetterlingen (Psychidae, Coleophoridae) und bestimmten Zweiflüglern (Diptera).

Gemeinschaftsfraß von Larven

Man mag Käferlarven für ungesellig halten. Für die meisten Arten trifft dies auch zu, jedoch gibt es eine ganze Reihe von Blattkäferlarven (Chrysomelidae), die nach dem Schlüpfen aus dem Eigelege längere Zeit beieinander bleiben und gemeinschaftlich Blattsubstanz aufnehmen. Sie sitzen dabei dicht nebeneinander und fressen in breiter Front. Ein ähnliches Verhalten zeigen auch verschiedene Borkenkäferarten (Curculionidae-Scolytinae), z. B. die größte mitteleuropäische Art, der Riesenbastkäfer (*Dendroctonus micans*). Das Weibchen legt am Ende des Mutterganges ein Eilager an. Die geschlüpften Larven bleiben beieinander und fressen in fest geschlossener Reihe einen großen Platz aus. Stellen sich der Larvenfront Hindernisse entgegen, etwa abzweigende Äste, so teilen sich die Larven in zwei Gruppen und umgehen diese. Interessant ist nun, dass nicht alle Larven gleichzeitig fressen. Ein Teil ist immer damit beschäftigt, die Kotreste und die Larvenhäute der Geschwister nach rückwärts zu schaffen und in die Bohrmehlplatte fest einzupressen. Nach einiger Zeit drängen sie sich wieder in die „Fressfront" und andere, von ihnen herausgedrängte Larven übernehmen die rückwärtigen Arbeiten. Bis zur Verpuppung bleiben sie zusammen, erst dann löst sich die Gruppierung auf.

Die Larven sorgen für das Schlüpfen der Imagines

Es gibt viele Beispiele dafür, dass Käferlarven, die in mehr oder weniger festen Substraten leben, vor ihrer Verpuppung eine gewisse Fürsorge treffen, um den Imagines das Herausdringen aus dem Larvenmedium zu gestatten. Als ein Beispiel sei der Erbsenkäfer (*Bruchus pisorum*) genannt, der zur Familie Samenkäfer (Bruchidae) gehört. Die Larven dieses Käfers leben im Inneren von Erbsen und verpuppen sich auch dort. Vorher aber nagt die Larve die Haut der Erbse von innen her kreisförmig an. Der später schlüpfende Käfer kann dann durch Körperdruck den Deckel absprengen und ins Freie gelangen. Seine Mundwerkzeuge wären nicht dazu geeignet, die Erbse von innen her aufzunagen. Die Larve des Erlenwürgers (*Cryptorhynchus lapathi*) nagt in den Larvengang „vorsorglich" eine Erweiterung, die dem frisch geschlüpften Käfer das sonst unmögliche, aber notwendige „Wenden" erlaubt.

„Betrunkene" Käfer

Dass Käfer im Experiment auf die Aufnahme von Alkohol reagieren, ist gelegentlich ermittelt worden. Mitunter geschieht dies aber auch im Freiland. Vor allem dem Hirschkäfer wird das nachgesagt, da seine Nahrung, die gärenden Saftflüsse der Eichen, Alkohol enthalten können.

> Wir wollen eine authentische Schilderung nach Adolf Horion (1949) zitieren: »Erst fangen sie an zu krakeelen, dann taumeln sie vom Baum herunter, versuchen in drolliger Weise bald auf dem einen, bald auf dem anderen Beine zu stehen, wobei sie immer wieder von Neuem umpurzeln, bis sie schließlich ihren Rausch verschlafen.«

Gedächtnis und Dressur bei Käfern

Obwohl viele Käferarten über ein hoch entwickeltes Nervensystem verfügen, an ihren komplizierten Verhaltensweisen erkennbar, ist ihre Lernfähigkeit recht gering. Man hat Dressurversuche unternommen, um zu prüfen, ob Käfer überhaupt ein gewisses „Gedächtnis" haben.

Gelbrandkäfer (*Dytiscus*) „lernten" eine Ja-Nein-Entscheidung. Allerdings hielt die „Erinnerung" nicht lange vor. Mehlkäfer sind imstande, eine Rechts-Links-Entscheidung zu „erlernen". Experimente deuten an, dass solche Käfer weniger Fehler machen, also schneller dressierbar sind, deren Larven bereits dressiert wurden. Waren jedoch die Larven auf die entgegengesetzte Richtung dressiert worden, so machten die Käfer besonders viele Fehler. Bei der Dressur von Käfern, mit deren Larven überhaupt nicht experimentiert wurde, zeigte sich, dass sie mehr Fehler machten als die als Larve gleichsinnig Dressierten, aber weniger als die entgegengesetzt Dressierten (Abb. 122).

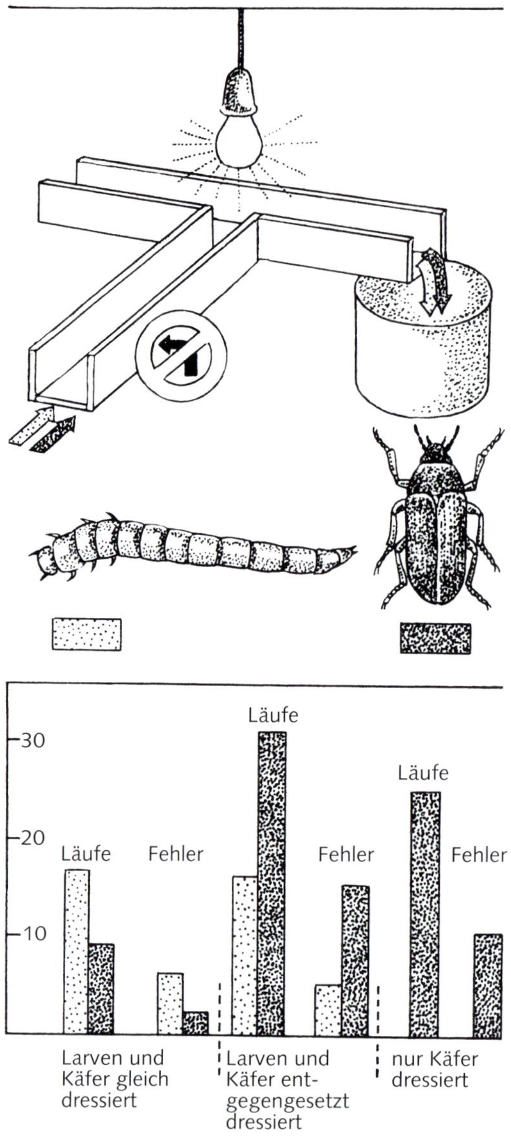

122
„Gedächtnis" und Dressur
Von dressierten Mehlwürmern und Mehlkäfern (*Tenebrio molitor*) bis zur Erreichung des Dressurzieles (einer vorgegebenen Folge richtiger Entscheidungen) benötigte durchschnittliche Anzahl von Läufen und durchschnittliche Anzahl der bis dahin gemachten Fehler. Bei richtiger Wahl fanden die Tiere Zuflucht in ihrem Zuchtgefäß, bei falscher mussten sie den Lauf von vorn beginnen.

Käfer in der Volksmedizin und im medizinischen Aberglauben

Essbare Käfer

Insekten haben zu allen Zeiten in bestimmten Gebieten der Erde als Nahrung für den Menschen eine Rolle gespielt. Analysen zeigen, dass das Insekteneiweiß besonders durch seinen Gehalt an essenziellen Aminosäuren eine für den Menschen sehr wertvolle Zusammensetzung hat. Ähnliches trifft auch für das Insektenfett zu. Große Insekten waren und sind deshalb mancherorts eine wichtige Nahrungsquelle. Entomophagie gehört z. B. bei den Schoschonen (USA), den Yanomani (Brasilien) und den Dayaks (Borneo) zum Alltagsleben. Wenn auch vor allem das Essen von Heuschrecken oder bestimmten Ameisen bekannt ist, wurden und werden auch Käfer, besonders die Larven, als menschliche Nahrung benutzt, wobei außer dem Nährwert der besondere Geschmack und damit ein exzellentes Genusserlebnis wichtige Motive sind.

Man kann annehmen, dass bereits in der Urgesellschaft die Insektennahrung eine große Rolle spielte. Vor allem die großen Larven der Bockkäfer (Cerambycidae) und Blatthornkäfer (Scarabaeidae) dürften gegessen worden sein. Die erste geschichtliche Quelle für das Essen von Käferlarven stammt aus dem alten Rom. Dort wurden zur Zeit des römischen Kaisers Tiberius (42 v. Chr. –37 n. Chr.) und des Gaius Plinius Secundus die Larven des Heldbocks (*Cerambyx*) als Delikatesse verspeist. Die Römer nannten sie „Cossus". Mit diesem Namen bezeichnen wir heute bestimmte Schmetterlinge, doch weist die historische Beschreibung eindeutig aus, dass es sich um Bockkäferlarven handelte. Für das Sammeln und den Verkauf wurden besondere Bewilligungen vergeben. Auch Hirschkäferlarven (*Lucanus*) wurden im alten Rom gegessen. Diese sollen sogar mit gewürztem Mehl gemästet worden sein. Der weltberühmte französische Insektenforscher Jean Henri Fabre (1823–1915) bereitete einmal Bockkäferlarven nach römischer Art zu und servierte sie seiner Familie und Gästen. Man war sich darin einig, dass das seltsame Gericht vorzüglich schmeckte und entfernt an geröstete Mandeln mit zartem Vanillearoma erinnerte. Auch heute noch werden in vielen Erdteilen Insekten als wertvolle Nahrung geschätzt, wie uns die Forschungsergebnisse der Ethnoentomologie zeigen.

Ein völlig unbegründetes, lediglich emotional bedingtes Zurückweichen vor der Insektennahrung ist im Wesentlichen nur bei Europäern zu beobachten, obwohl Carl von Linné in seinem „Systema Naturae" bemerkt: »Larvae assatae in deliciis habentur«. (Gebratene Larven werden unter die Genüsse gerechnet.) In Afrika werden beispielsweise die bis 8 cm langen Larven eines großen Rüsselkäfers (*Rhynchophorus*, Dryophoridae) und von Nashornkäferarten gern gegessen. In Südostasien isst man Larven und Puppen von Prachtkäfern (Buprestidae), Schwimmkäfern (Dytiscidae) und Maikäferverwandten. Besonders bevorzugt sind auch hier die Larven verschiedener Nashornkäferarten (*Oryctes*) (Abb. 123). Schon Aelianus erzählt von einem indischen König, der griechischen Gästen zum Nachtisch geröstete Larven »köstlicher und feinster Art« servieren ließ. In Japan werden die Larven großer Bockkäferarten (z. B. *Prionus insularis*), von Schwimmkäfern, Blatthornkäfern und Hirschkäfern gegessen. Für die Ureinwohner Australiens sind große Bockkäfer- und Blatthornkäferlarven fester Bestandteil ihrer Nahrung. In vielen Gegenden Südamerikas werden die Larven der Palmenbohrer (Familie Rüsselkäfer), in heißem Fett gebacken und anschließend gewürzt, gern gegessen. Ähnlich verarbeitet werden auch die Larven der großen Bock- und Blatthornkäfer. In Brasilien werden die Larven großer Käfer, die sich in den Samen der Babassupalme (*Orbignya* sp.), den Babassunüssen entwickeln, gebacken und gegessen. Auch Käferlarven aus dem Stamm der Pataua-palme werden als Speise zubereitet. Die Pal-

123
Nashornkäfer (*Oryctes nasicornis*) (Blatthornkäfer, Scarabaeidae), Larve. (Foto Förster)

menbohrerlarven werden in Surinam an kleinen Holzspießen gebraten und mit Pfeffer, geriebenem Brot und Muskatnuss gewürzt, die beim Rösten eine knusprige Rinde ergeben. Vor dem Servieren werden sie noch mit Orangensaft angerichtet. Die vor allem durch die 60 handkolorierten Bilder ihres Werkes „Metamorphosis Insectorum Surinamensium“ (1705) bekannte Malerin, Kupferstecherin und Naturforscherin Maria Sibylla Merian (1647–1717) bezeichnete diese Larven als eine »zeer delikate spys«. Im mexikanischen Hochland werden Bockkäferlarven in Reis gekocht. Ebenfalls in Mexiko bereitet man aus Sandlaufkäfern, die in Wasser oder Alkohol mazeriert und fermentiert werden, ein stimulierendes Getränk. Sandlaufkäferschnaps gilt dort als Spezialität, auch andere Käferalkoholika werden gelegentlich angeboten. Indianer Nordamerikas verwenden verschiedene Schwarzkäfer als Speisewürze.

In Europa hat man besonders Maikäfer auf verschiedene Art zubereitet. Noch in der zweiten Hälfte des 19. Jahrhunderts konnte man in den besten französischen Restaurants eine Maikäferbouillon essen. Als Rohstoff wurden wahrscheinlich die Hinterleiber, nach anderer Ansicht die Bruststücke verwendet. Die Maikäferbouillon galt als nervenstärkend. In einem alten Kochbuch kann man das Rezept einer Maikäfersuppe finden, die als besondere Diät bei Blutarmut empfohlen wird: »Man nehme 1 Pfund Maikäfer, reiße ihnen Flügeldecken und Beine ab, röste ihren Körper in 4 Lot Butter knusprig, koche sie dann mit Hühnerbrühe ab; tue etwas geschnittene Kalbsleber hinein und serviere das Ganze mit Schnittlauch und gerösteten Semmelschnitten.«

Maikäfer sollen während des 1. Weltkrieges sogar getrocknet und gerieben als Kaffee-Ersatz Verwendung gefunden haben.

In der Gegenwart scheint eine gewisse Renaissance des Verspeisens von Käfern im Gange zu sein, die ihre Ursache in modischen Akzenten des Überflusses haben könnte. Angeboten werden beispielsweise in durchsichtigen Zucker eingelegte Käferlarven zum Lutschen in unterschiedlichsten Varianten, deren jährlicher Absatz bei mehreren Millionen Stück liegt.

Heilbringende Käfer

Es ist nicht zu übersehen, dass die Verwendung von Insekten, speziell auch Käfern, für die menschliche Nahrung eng mit volksmedizinischem Gebrauch gekoppelt ist. Man könnte auch annehmen, dass die Entdeckung vermutlicher oder tatsächlicher Heilwirkung der ursprünglichen Verwendung als Nahrungsmittel folgte. Vielfach ist auch eine Selbsttäuschung im Spiele, so wenn z.B. Herkuleskäfer (*Dynastes*) oder Nashornkäfer (*Oryctes*) in Südamerika bzw. Afrika deshalb gegessen werden, weil man annimmt, dass die „Riesenkräfte“ dieser Käfer auf den Menschen übergehen würden. Ausgehend von der Verwendung als Nahrung und einer kultischen Verehrung wurden zahlreichen Käfern verschiedenste Heilwirkungen zugeschrieben. Diese Heilwirkungen können ohne jede materielle Grundlage und die erzielten „Erfolge“ psychisch bedingt sein oder völlig andere Ursachen haben. Andererseits gibt es Fälle, in denen eine tatsächliche Heilwirkung eintritt, die auf bestimmten Inhaltsstoffen beruht. Die am weitesten verbreitete Verwendung als Heilmittel haben die cantharidinhaltigen Ölkäfer (Meloidae) erfahren (s. S. 84). Auch Scheinbockkäfer (Oedemeridae) können in beiden Geschlechtern Cantharidin produzieren, jedoch nur etwa 1/500 der Ölkäfer (Meloidae), weshalb sie nicht für Heilzwecke verwendet wurden. Hier soll von anderen Käfern die Rede sein, die seltener als Heilmittel Verwendung fanden.

Zahnschmerzen sind seit eh und je eine schlimme und unbeliebte Sache. Man führte in früheren Zeiten diese Schmerzen auf das Bohren von Würmern im Zahn zurück. Dieser Glaube erzeugte die Meinung, dass man mit verschiedenen Käfern, wenn man diese direkt oder als Aus-

zug an die Zähne bringt, den im Zahn bohrenden Wurm töten könne. Verwendet wurden zu diesem Zweck Laufkäfer (Carabidae), Blattkäfer (Chrysomelidae), Rüsselkäfer (Curculionidae) und Marienkäfer (Coccinellidae). Gegen die Zahnschmerzen sollten auch die in den Distelköpfen lebenden Rüsselkäferlarven der Gattung *Larinus* helfen. Auch dem Distelrüssler *Rhinocyllus conicus*, der früher sogar „*Curculio antiodontalgicus*" hieß, wird eine solche Wirkung nachgesagt. Neben direkter Anwendung wurde empfohlen, die Larven in einer Federspule am Hals zu tragen, aber es musste eine ungerade Anzahl von solchen Larven sein, sonst wirkte das Mittel nicht.

Zerriebene Marienkäfer wurden in der mittelalterlichen Apotheke unter der Bezeichnung „Pulvis dentifricius" (Zahnpulver) gehandelt. Entsprechende Anmerkungen finden sich in der alten Literatur: »*Coccinella septempunctata*, *bipunctata*, *sexpustulata* und *bissexguttata* werden als besonders heilsam gegen Zahnschmerzen empfohlen« oder »Man füllt den hohlen Zahn mit einem Herrgottstierchen (*Coccinella septempunctata*)«. Man glaubte damals, dass in den Marienkäfern Opium enthalten sei, das die Zahn- und Gesichtsschmerzen lindert. Heikertinger (1932) zitiert ein Rezept aus dem Jahre 1560: »Man zerdrücke ein Marienkäferchen und halte die an den Fingern übrig bleibende Flüssigkeit an den hohlen Zahn, worauf der Schmerz sofort aufhört. Später machte man Spiritusauszüge für den Wintergebrauch ... In der Volksmedizin in Bayern gibt man Marienkäfer mit Pottasche innerlich, also wohl als Reizmittel auf Harn- und Geschlechtswege.« Und (als Zitat aus Netolitzky 1919): »Wer an Zahnweh leidet, wird davon befreit, wenn er recht vielen auf dem Rücken liegenden Käfern wieder auf die Beine hilft.«
Vielfach in der Volksmedizin gebraucht wurde der Hirschkäfer (*Lucanus cervus*). Man hatte entdeckt, dass man mit einem Hirschkäferauszug künstlich Fieber erzeugen kann, das bereits frühzeitig zur Behandlung bestimmter Krankheiten, vor allem Geisteskrankheiten, verwendet wurde. Der französische Arzt und Mathematiker Antonius Mizaldus soll eine Therapie bereits im 16. Jahrhundert angewandt haben. Von diesem Arzt stammt auch das erste Rezept zur Erzeugung des künstlichen Fiebers. Bekannt gemacht wurde diese Rezeptur später (1615) durch den Augsburger Arzt und Mathematiker Georg Heinisch: »Man kan ein Feber anzünden/wann die hörnichte Kefer/welche Schröter heissen/in einem Oel gekocht werden/und damit den Pulß gesalbet.«

Das künstliche Fieber wurde auch zur Anwendung bei Krampf und Gicht und „anderen Krankheiten" empfohlen. Der Paracelsist Wolfgang Hildebrand gibt dieses Rezept in seiner 1616 erschienenen „Magia naturalis". Später ging die „Fiebertherapie" offenbar wieder verloren.

Außerordentlich umfangreich ist die Verwendung von Käfern zur Herstellung von Liebestränken (Aphrodosiaca). Neben cantharidinhaltigen Käfern sind zahlreiche andere für den gleichen Zweck verwendet worden. So hat man z. B. in verschiedenen Alpenländern Abkochungen von Taumelkäfern (Gyrinidae) eine Steigerung der Libido zugesprochen. Die großen, auffällig gehörnten tropischen Verwandten unseres Nashornkäfers dienten ebenfalls als Aphrodisiaka, wobei der Glaube an den Erfolg sicher durch die großen Hornbildungen ausgelöst wurde. Verschiedene Rezepturen empfehlen deshalb auch die Einnahme ausschließlich der Hörner in Wasser. Es ist angebracht, hier darauf hinzuweisen, dass bis in die heutige Zeit die Hörner von Nashörnern ebenfalls zur Herstellung von Liebesmitteln Verwendung finden, einer der Gründe für die Dezimierung dieser schönen Tiere. Hirschkäferasche, in Speisen gemengt, soll ebenfalls anregend wirken (Oberpfalz, Mexiko). Ein javanischer Schnellkäfer (*Oxynopterus mucronatus*) gilt als besonders wirksames Kräftigungsmittel. Der Preis für einen solchen Käfer soll etwa dem eines Huhnes entsprochen haben. Diese wenigen Beispiele mögen zur Illustration genügen.

Besonders gut orientiert sind wir über die Verwendung von Insekten in der japanischen Volksmedizin. Jintaro Umemura (1943) führt 21 Käferarten aus den Familien Bockkäfer, Ölkäfer, Sandlaufkäfer, Leuchtkäfer, Wasserkäfer, Schwimmkäfer, Blatthornkäfer, Schröter und Taumelkäfer auf, die zur Behandlung von Hautkrankheiten, zur Blutstillung, bei Lungenkrankheiten, Nierenerkrankungen, Geschwülsten, Frauenkrankheiten, Krämpfen, Tollwut, Asthma, Magenleiden, Fieber, Lähmungen, Diphtherie, Krebs, Pocken, Warzen, Hämorriden und Keuchhusten benutzt wurden. Ähnlich wird es wohl auch in vielen anderen Kulturkreisen gewesen sein, über die nicht so ausführliche Untersuchungen vorliegen. Der rationale Kern, falls ein solcher überhaupt vorhanden sein sollte, ist für die meisten dieser volksmedizinischen Rezepturen nicht erforscht.

Weit verbreitet ist die Verwendung des Maikäfers in der Volksmedizin. Maikäferpulver sollte gegen Epilepsie helfen, in Rotwein gesottene Käfer waren ein Mittel gegen Bleichsucht. Es wird sogar geraten, dem ersten Maikäfer des Jahres den Kopf abzubeißen, da dann das ganze Jahr kein Fieber käme. Ein Öl aus Engerlingen wurde gegen das Reißen verwendet. Eine eigenartige Anwendung von Käfern (auch Ameisen) in der Chirurgie ist offenbar uralt. Seit dem Mittelalter bis in die Gegenwart (südamerikanische Indianer) werden Käfer zum Wundverschluss verwendet. Die Käfer werden an die gut angepassten Wundränder gehalten, in die man sie einbeißen lässt. Nach dem Einbeißen wird der übrige Körper vom Käferkopf abgetrennt. Der Kopf soll die Wunde bis zur Heilung zusammenhalten.

Oftmals ist zu beobachten, dass eine Verwendung von Käfern zur Heilung irgendwelcher Leiden empfohlen wird, die völlig aus der Luft gegriffen erscheint. Auch dafür einige Beispiele. Nach Gaius Plinius Secundus soll der Walker (*Polyphylla fullo*), zwischen zwei Eidechsen gebunden, ein Heilmittel gegen das Viertagefieber (eine Form der Malaria) sein. Auch wenn man ihn zerschneidet und die beiden Teile an den Armen befestigt, soll er helfen. Der „Ortus Sanitatis“ aus dem Ende des 15. Jahrhunderts empfiehlt die medizinische Verwendung der Mandibeln des Hirschkäfers. In Vorarlberg wurden diese Kindern, die an Krämpfen litten, um den Hals gehängt, woher der dort gebräuchliche Name „Krampfkäfer“ kommt (bereits im alten Rom üblich). „Hirschkäfergeweihe“ wurden für zehn und mehr Silbergroschen verkauft. Auch dem Herkuleskäfer wurde Wunderkraft zugesprochen, er kostete aber 50 bis 100 Taler. In der 1599 erschienenen „Naturgeschichte“ des Arztes Ferrante Imperato aus Neapel steht über den Hirschkäfer: »Er kommt in der Lombardei vor und man schätzt seine Wirkung gegen verschiedene Krankheiten sehr.« Caspar Schwenckfeld (1603) empfiehlt, den Hirschkäfer in Öl gegen Ohrenschmerzen zu verwenden und die „Hörner“ kleinen Kindern gegen das Bettnässen um den Hals zu hängen. Die Hörner des Dreihornmistkäfers (*Typhaeus typhoeus*) sollen, um den Hals gehängt, gegen manche Krankheit helfen, Mistkäfer bei Ohrenschmerzen, Blasensteinen und Wassersucht Linderung schaffen. Selbst die Dungkugeln der Pillendreher wurden zur Herstellung sehr teurer Arzneien verwendet. Man war der Meinung, dass Pferde, die eine Pflanze gefressen haben, die mit den Larven des Rüsselkäfers *Lixus paraplecticus* besetzt ist, gelähmt werden.

Giftkäfer

Es gibt zwei Gruppen von Käfern, die für mancherlei Heil- und Vergiftungszwecke seit langem benutzt wurden: die cantharidinhaltigen Ölkäfer und die so genannten Pfeilgiftkäfer (s. S. 89). Zunächst zum Cantharidin. Dies ist ein Terpenanhydrid mit der Summenformel $C_{10}H_{12}O_4$. In den verschiedenen Arten der Ölkäfer (Meloidae) ist es zwischen 0,25 bis 0,5 % der Körpersubstanz enthalten. Das Vorkommen des Cantharidins soll auf die Hämolymphe, akzessorische Drüsen des männlichen Geschlechtsapparates (es wird bei der Kopulation auf die Weibchen übertragen) und die Eier beschränkt sein. Es ist sehr haltbar und wird durch die Nieren unverändert ausgeschieden. Auch das Fleisch von Tieren, die durch Cantharidin vergiftet wurden, ist giftig. Für einen erwachsenen Menschen wird als tödliche Dosis 0,03 g angegeben. Seine Giftwirkung beruht auf der Hemmung eines wichtigen Enzyms im Zellstoffwechsel, der Proteinphosphatase.

Cantharidin wird sogar noch in verschiedenen moderneren pharmazeutischen Werken genannt. Dort wird der Cantharidingehalt des Ölkäfers *Mylabris cichorii* (vgl. Abb. 124) mit 0,7 bis 1,3 % angegeben, berechnet auf die bei 105 °C getrocknete Substanz. Es ist der Vermerk zu finden: »Die Substanz ist nur für veterinärmedizinische Zwecke bestimmt.«

In der „Drogenkunde“ von H. Diener (1958), findet sich folgende Notiz zur Anwendung: »Früher als Aphrodisiakum, heute wenig als Acrium für Salben, Pflaster; zur Herstellung der Tinktur; besonders in der Tiermedizin. Zusatz zu Haarwuchsmitteln.« Letzteres scheint auch gegenwärtig mitunter noch in Gebrauch zu sein, wie man entsprechenden Annoncen entnehmen kann.

In HAEGERS „Handbuch der Pharmazeutischen Praxis“ (1949) wird zur Wirkung und Anwendung geschrieben: »Cantharidin wirkt stark reizend auf die Harnwege. Schon geringe Mengen rufen gefährliche Vergiftungen hervor, wobei es zu Proteinurie, Hämaturie, Cystitis usw. kommt, ferner entstehen Dysurie, Strangurie, schmerzhafte Erektionen. Bei schweren Fällen kommt es zu Respirationsstörungen, Krämpfen und akuter Gastroenteritis. Innerlich früher als Aphrodisiakum und Diuretikum, jetzt aber nicht mehr im Gebrauch, weil die zuweilen erreichten, anscheinend erotischen Erscheinungen eben nichts anderes als Zeichen schwerer Erkrankung der Harnwege sind. Äußerlich hauptsächlich in Form von Pflastern, auch als Salbe, Tinktur und Collodium, als Vesicans bei Pleuritis, Pneumonie, Gelenkrheumatismus, Neuralgien, rheumatischen Zahnschmerzen, Augenentzündungen, als Zusatz zu Haarwässern usw. Anwendung am Menschen heute obsolet.«

Die Wirkung des Cantharidins wird wie folgt beschrieben: »Auf die menschliche Haut gebracht, erzeugt das Cantharidin nach 1 bis 3 Stunden Rötung. Danach entstehen kleine Bläschen, die sich (nach etwa 8–12 Stunden) zu einer großen Blase vereinigen. Bei entsprechend langer Einwirkung oder auch bei Applikation auf wunde Hautstellen entwickeln sich Hautentzündungen und Geschwüre mit anschließender Eiterung. Interne Anwendung führt zu Brennen im Magen, vermehrtem Drang zum Harnlassen und zu Prickeln an der Urethralmündung. Starke Dosierung verursacht ein Gefühl von Brennen im Munde, Schlund und Magen, verstärkt den Speichelfluss, zuweilen mit Schwellung der Speicheldrüsen, erschwert Sprechen und Schlingen und steigert, infolge Schluckbeschwerden und hydrophobischer Reaktionen, das Durstgefühl. Es folgen Erbrechen, zuweilen schleimig-blutiger Durchfall, verstärkter Harnzwang (Strangurie), bisweilen auch Harnverhaltung, begleitet von Schmerzen in der Nierengegend und der Blase. Oft stellt sich schmerzhafter Priapismus ein. Schwangere bekommen Blutungen aus dem Uterus, zuweilen Abortus. Hinzu treten meist Mattigkeit, Kopfschmerz, beschleunigter Puls, Atemnot (Dyspnoe), Schwindel, Zittern und Konvulsionen, Koma, schließlich Tod.«

Es wundert uns nicht, dass die starken Wirkungen des Cantharidins auch in früheren Zeiten bekannt waren und von Heilkundigen genutzt wurden. Im Papyrus EBERS wird das wahrscheinlich älteste Ölkäferpflaster beschrieben (um 1550 v. Chr.). Die antiken Ärzte verordneten Cantharidin zur Behandlung von mancherlei Krankheiten.

124
Ölkäfer (Meloidae), *Mylabris variabilis*; Körperlänge 10–15 mm. (Foto FÖRSTER)

So nennt das „Corpus Hippocraticum“, eine dem HIPPOKRATES (um 460–370 v. Chr.) zugeschriebene Sammlung medizinischer Schriften „Cantharis“ als Bestandteil von Salben und Zäpfchen in äußerlicher und von Heiltränken in innerlicher Anwendung. Zur Bereitung der Heilmittel wurden drei, vier oder fünf Ölkäfer empfohlen, die stets ohne Kopf, ohne Beine und ohne Flügel zu verwenden sind; sie müssen zerrieben bzw. zerstoßen und mit jeweils verschiedenen anderen Ingredienzien vermischt werden. Ein auf diese Weise gewonnenes Mittel benutzte man zum Aufstreichen als Wundsalbe. Häufiger wurde ein Ölkäfer enthaltendes Zäpfchen verordnet, das in der Frauenheilkunde „der weiblichen Reinigung“ diente und auch als Mittel gegen Unfruchtbarkeit galt; es wurde bei Suppressio Mensium, zur Beschleunigung der Nachgeburt oder zur Ausstoßung eines abgestorbenen Fetus angewandt. Ölkäfer sollten gegen die gleichen Beschwerden auch bei innerlicher Anwendung helfen, wozu ein Trank aus den in Wein zerriebenen Rümpfen von drei oder vier Käfern bereitet wurde, dem einige weitere Wirkstoffe beizufügen sind. Ein Ölkäfertrank sollte schließlich bei Wassersucht (Hydrops) und bei Gelbsucht helfen. Dass sich nach dem Genuss von Ölkäfern Schmerzen und Strangurie einstellen können, war den Hippokratikern nicht unbekannt. Als Gegenmittel wurden heiße Bäder und ein reizmilderndes Getränk aus Honig und Wasser empfohlen.

AELIANUS schreibt in seiner Abhandlung „Von den Eigenschaften der Tiere“ über einen Ölkäfer, dessen Artzugehörigkeit bis heute noch nicht geklärt ist: »Die Buprestis ist ein Tier, das, wenn ein Rind es verschluckt, eine Entzündung verursacht, sodass das Rind nicht lange nachher zerplatzt und stirbt.« DIOSCURIDES empfiehlt Ölkäfer gegen Krebs, Lepra und bösartige Flechten. Lassen wir den griechischen Arzt PEDANIOS DIOSCURIDES, der in der Mitte des 1. Jahrhunderts lebte, selbst zu Wort kommen und zitieren aus seiner „De materia medica (Arzneimittellehre)“: »Zum Aufbewahren geeignet sind die vom Getreide gesammelten Kanthariden. Diese wirf in einen ungepichten Krug und verbinde die Öffnung mit lockerer, reiner Leinwand, wende ihn um und über dem Dampfe von siedendem Essig hin und her und halte damit aus, bis sie erstickt sind; dann reibe sie auf und bewahre sie. Am wirksamsten sind die bunten mit gelben Querstreifen auf den Flügeln und länglichem Körper, welche dick und etwas fettig sind wie die Schaben. Die einfarbigen sind unwirksam.« DIOSCURIDES befasst sich auch ausführlich mit den Gegenmitteln für eine Cantharidinvergiftung: »Bei denen, welchen Canthariden beigebracht sind, zeigen sich die schlimmsten Symptome. Fast vom Munde nämlich bis zur Blase scheint alles zerfressen zu sein und ein Geschmack nach Pech und/oder Zedern-Harz tritt auf. An der rechten Seite des Unterleibes fühlen sie Entzündung und leiden an Harnverhalten, oft auch lassen sie Blut mit dem Harn, im Bauch empfinden sie ähnliche Schmerzen wie bei der Dysenterie; sie werden von Ohnmachten, Übelkeit und augenverdunkelndem Schwindel befallen, zuletzt verlieren sie den Verstand. Bevor Derartiges eintritt, muss man sie daher zum Erbrechen zwingen, indem man ihnen Öl oder ein anderes der vorerwähnten Mittel gibt, und, nachdem man das meiste durch Erbrechen entfernt hat, ein Klystier verabreichen von Weizen-, Graupen-, Reis-, Grütze- oder Ptisanen-Schleim, oder von einer Abkochung von Malven, Leinsamen, Bockshorn oder von Wurzeln des Eibisch, den die Römer Hibiscus nennen. Dabei muss man ihnen Natron mit Wasser-Meth geben, um das im Magen oder in den Eingeweiden Verbliebene abzuführen und wegzuspülen. Wenn dies nicht durchschlägt, muss man entleeren durch Eingießen von Honig-Meth mit Natron und Wein oder Süßwein dazu reichen, worin Zirbel-Nüsse und Gurken-Samen zerrieben sind oder Milch oder Honig-Milch oder in Süßwein zerlassenes Gänsefett. Auf die entzündeten Teile muss man Weizenmehl, welches mit Honig-Meth zusammen gekocht ist, legen.«

Die Gefährlichkeit des Cantharidins bekräftigt GAIUS PLINIUS SECUNDUS mit dem Hinweis auf den römischen Ritter COSINUS, der an einem ärztlich verordneten Ölkäfertrank gestorben ist. Der römische Historiker VALERIUS MAXIMUS (um 32) erzählt von THEODOR VON KYRENE, der dem ihn mit dem Tode bedrohenden hellenistischen König von Thrakien, den Feldherren und Leibwächter ALEXANDERS DES GROSSEN, LYSIMACHOS (361–281 v. Chr.) spöttisch entgegnet: »Wahrhaftig, das kann jede Cantharide auch!« In Griechenland gebrauchte man Ölkäfer (wahrscheinlich *Mylabris*-Arten) an Stelle des Schierlingsbechers, also zur Hinrichtung.

Auch für das Mittelalter finden sich Darstellungen der Anwendung des Cantharidins, so z. B. bei KONRAD VON MEGENBERG (1309–1374) (wohl auf *Lytta vesicatoria* bezogen): »die würm sind grüen, aber wenn diu sunn scheint, so sint si goltvar, und dar umb haizt man si auch goltwürm. die würm sament man des nahtes

umb den augst und ertrenkt si in ezzich. wenn si nu tôt sint, sô geuzt man wein dar auf und leget si auf ain glit, ez sei fuoz oder hant oder ain ander glit, under ain wähsein köpfel, und sô machent si ain plâtern an der stat, wen man die plâtern durchsticht an manger stat mit ainer guleinen nadel oder mit aim hamel, sô gêt all diu poes fäuhten her für, diu in dem glit ist, reht als von aim prand, und ist als guot sam manig prant, der ain jâr wert.«

Der etwa 1480 erschienene „Ortus Sanitatis“ des Johannes Wonnecke von Caub enthält auch Anweisungen zum Gebrauch der Ölkäfer: »Die Canthariden aus Getreide-Feldern mit safrangelben Flügelbinden werden des Abends in Essig-Dämpfen erstickt und sind dann sehr nützlich zu vielem. Von schlechten Nägeln entfernen sie mit dem Horn auch den Aussatz. Sie verbessern den Allgemeinzustand und haben eine außergewöhnliche Harn treibende Wirkung. Einige bilden sogar die uretische Medizin durch Zugabe von ganz wenigen Canthariden.«

Der italienische Arzt und Botaniker Pietro Andrea Mattioli (1500–1577) schrieb 1548 viel über die Ölkäfer, darunter auch folgende Bemerkung: »Sie heilen ebenfalls Ausschlag und Krätze, und, mit Beizmitteln verbunden, entfernen sie Hühneraugen.«

Der englische Arzt Thomas Mouffet (1550–1599 oder 1604) veröffentlichte im Jahre 1634 in London ein wichtiges entomologisches Werk, das „Insectorum sive Minimorum Animalium Theatrum“ in dem er eigene Beobachtungen über die Ölkäfer wiedergibt, die recht bemerkenswert sind: »Das Weibchen gibt bei der leisesten Berührung einen öligen Tropfen von sich, das Männchen findet man immer saftlos. Sie kopulieren mit auseinander gerichteten Köpfen, wie ich öfter bei Heidelberg gesehen habe. Das Weibchen zieht das Männchen in der Kopula mit sich fort, sodass dieses rückwärts zu kriechen gezwungen ist. Der Leib ist überall weich und schwarz mit einem bläulichen Schimmer. Von den Schultern entspringen zwei Flügelansätze, die aber weder zum Fliegen noch zur Hilfe beim Gehen benutzt werden können. Die Segmente des Hinterleibs schimmern bei den jungen Tieren grünlich, bei den älteren bläulich ... Er frisst die Blätter von Veilchen und zarte Gräser. Selten erblickt man sie zu anderen Zeiten als im Mai. Den Rest des Jahres leben sie in der Dunkelheit oder sterben, nachdem sie ihren Samen in Pillen eingeschlossen haben. In Heidelberg und Frankfurt habe ich sie auf Feldern, Weiden, Gärten und Wegen oft gefunden, aber in England lebendig noch niemals. Nur Agricola beschreibt sie als vierfüßig, während sie in Wirklichkeit sechs Beine haben. Vielleicht waren seinem Exemplar früher schon zwei Beine ausgerissen worden.«

Während einerseits Thomas Mouffet (1634) recht genaue Beobachtungen gibt, erscheinen in der gleichen Zeit beachtliche Falschinterpretationen, wie die von Caspar Schwenckfeld (1603) stammenden Bemerkungen: »Sie entstehen aus raupenähnlichen Würmchen, die ihrerseits aus dem Saft stammen, der an den Blättern der Esche, Pappel und des Weizens klebt. Sie können kopulieren und gebären auch gelegentlich, bringen aber keine Käfer, sondern Würmchen hervor. Bei uns sind sie nur selten gelegentlich auf den Getreide-Feldern, vereinzelt auch an Esche, Pappel und Weide, deren Laub sie zu fressen pflegen. Dieses Jahr waren sie sehr zahlreich. Man glaubt, dass sie in jedem 7. Jahr stärker auftreten.«

Interessant ist, dass im Mittelalter Cantharidin auch gegen Epilepsie Verwendung findet. Man hatte die mögliche Anwendung bereits im Altertum gekannt. Das Werk „Kanun fi attibb (Kanon der Medizin)“ des persischen Philosophen und Arztes Ibn Sina (Avicenna) (um 980–1037), das 700 Jahre lang einen großen Einfluss auf die europäische Medizin ausgeübt hat, nennt – soweit sich erkennen lässt – zum ersten Male Ölkäfer als Heilmittel bei Tollwut. Die Anwendung gegen Tollwut und bei Bissen, selbst von Schlangen, ist in der Volksmedizin offenbar recht alt. Die Verwendung gegen Tollwut ist insbesondere durch den preußischen König Friedrich II., den Grossen (1712–1786) bekannt geworden, der einem schlesischen Bauern das Geheimnis der Bereitung eines Mittels gegen diese Krankheit für eine beträchtliche Summe abgekauft haben soll und es anschließend öffentlich bekannt gab. Zur Bereitung der „Potio antilyssa“, des Trankes gegen die Tollwut, wurde insbesondere die ölartige, aus den Beinen austretende Hämolymphe verwendet. Auch wird geschrieben, dass man die Tiere über einem Honiggefäß köpfte, damit von dem aussickernden „Blut“ nichts verloren ging. Auf einem Porträt des Göttinger Professors Christian Wilhelm Büttner, der dort von 1763 bis 1783 Naturwissenschaften lehrte, ist ein Ölkäfer (*Meloe proscarabaeus*) abgebildet, der die Unterschrift „Saliva infectos sanat“ (Er heilt Infektionen durch Speichel) trägt. Man nimmt an, dass Büttner die Verwendung von *Meloe* gegen Tollwut lehrte.

Vom 16. Jahrhundert an ist der Gebrauch von Ölkäfern bei chronischen Hautkrankheiten, bei Hydrophobie, Gonorrhöe, Nieren- oder Bla-

125
Die metallisch grün glänzende Spanische Fliege (*Lytta vesicatoria*) (Ölkäfer, Meloidae); Körperlänge 12–21 mm. (Foto Förster)

sensteinen sowie als Wurmmittel bezeugt; auch als Abortivum und als Aphrodisiacum werden sie eingegeben. Ihr Gebrauch als sexuelles Stimulans, verabfolgt in Liebestränken oder -pulvern, ist in der Laien- und Volksmedizin weit verbreitet. In Honig zubereitet, gehörten die Tiere zu den bekanntesten Liebestränken.

Gleich aber eine warnende Stimme zu diesem Thema, die der Augustinermönch Hieronymus Ambrosius Langemantelius im Jahre 1688 erhob: »Ein 24-jähriger junger Mann, der zur Erhöhung seiner Libido zwei Drachmen Canthariden in Wein getrunken hatte, wurde fast leblos ins Hospital gebracht. Er erlitt starke Schmerzen, konnte aber nach Eingabe mannigfacher Gegenmittel am nächsten Tage entlassen werden.« Und doch gibt es im 18. Jahrhundert in Frankreich „Pastilles à la Richelieu“ und „Bonbons à la Marquise de Sade“ zur Steigerung der Liebesfähigkeit. Offenbar sind Vorstellungen über eine sexuell stimulierende Wirkung der Ölkäfer weit verbreitet, das kommt schon in Namen wie „Lust-, Geil- oder Liebespulver“ zum Ausdruck. Es bestand mancherorts der Brauch, dass Mädchen den Ölkäfern den Kopf abgebissen und den Körper im Essen des Geliebten mitgekocht haben. Ein Hauskalender von 1856 rät: »Man gebe nicht zu viel dazu, sonst wird das Weibsbild verrückt.«
Schließlich treten noch Sterilität, Hydrops, Ikterus, Kolik, Asthma, Rachitis, Gicht und immer wieder (besonders seit dem 17. Jahrhundert) Tollwut in die Reihe der Krankheiten, die eine Behandlung mit Ölkäfern erfahren. Jahrhundertelang wurden mit diesen Käfern »fast alle Vesicatoria oder Blasen-Pflaster gemachet«, und sie erhalten den Namen Pflasterkäfer, Blasenkäfer, Ziehkäfer. Sie werden endlich »bey der Narrheit empfohlen und haben völlige Hülfe geleistet«.
Im Mittelalter unterscheidet man mehrere Arten von Ölkäfern (Meloidae), mindestens – auf den berühmten Arzt, Naturforscher und Philosophen Philippus Aureolus Theophrastus Paracelsus (1493–1541) zurückgehend – die Spanischen Fliegen (*Lytta vesicatoria*) (Abb. 125) und die Maiwürmer (*Meloe*) (Abb. 199). Bisher hatte man wohl hauptsächlich die Spanische Fliege verwendet. Nun werden auch die Maiwürmer (*Meloe*) bevorzugt eingeführt. Auch sie enttäuschen nicht. Man wendet sie an »in der Gonorehee, in der Wassersucht und gegen die Gicht, den Stein, auch bey langausbleibendem Monathlichen der Weiber u. a. damit verwandten Uebeln öfters gebraucht und anempfohlen«. Er sei ein altes Rezept und seit langem »bey verschiedenen Landleuten als sicheres Hülfsmittel gegen die schrecklichen Folgen des Bisses von tollen Thieren bekannt«. Vielfach wird angeraten, die Käfer zu trocknen, zu pulverisieren und das Pulver in Wein zu trinken. Eine andere Rezeptur besagt, die Maiwürmer in Honig oder in Öl einzulegen und die Tinktur teils mit, teils ohne die Käfer einzunehmen.

Meloe hat zahlreiche weitere deutsche Namen, z. B. Maiwurm, Ölkäfer, Schmalzkäfer, Pissekäfer. Der Name „Maiwurm" bezieht sich auf das vorwiegend im Mai erfolgende Auftreten der Tiere in der Natur sowie auf den wurmförmigen Habitus der Weibchen, der Name „Ölkäfer" auf die öligen cantharidinhaltigen Ausscheidungen der Tiere. Der Name „Schmalzkäfer" rührt daher, dass man bei der Herstellung der Zugpflastersalben früher Schmalz als Salbengrundlage verwendete, und der Name „Pissekäfer" weist auf die harntreibende Wirkung hin. Doch immer wieder wird vor den schlimmen Wirkungen gewarnt, und diese werden oft sehr realistisch beschrieben: »Sie machen an der Haut Entzündung und Blasen, wirken, von der Haut eingesogen, im Blute auf die Harnwege, entzünden diese, bringen blutigen Harnfluss, Wahnwitz, Krämpfe und den Tod... Innerlich gebraucht, entzünden sich die Harnwege noch mehr, und bringen den Tod zuwege.« »Ein Mann von 43 Jahren nahm einen ganzen Maiwurm ... ein ... Nach Verlauf von vier Stunden empfand der Kranke ein heftiges Kneiffen und Schneiden im Unterleibe. Dieser Schmerz, welcher mit jeder Minute zunahm, griff besonders die Blase und den Mastdarm aufs heftigste an. Der Kranke wurde von den heftigen Schmerzen ganz wie unsinnig; er wälzte sich im Bette, stand bald auf dem Kopf, bald auf den Füssen, und hatte einen beständigen Andrang zum Urinlassen und Stuhlgange, ohne jedoch das geringste ausleeren zu können. Er war seiner Sinne beraubt und redete irre. Das Gesicht sah blass aus und war aufgetrieben; die Augen waren wild und ragten hervor...«

In Peru werden noch heute Arten der Gattung *Pseudomeloe* zur Beseitigung von Warzen verwendet. Die Warzen werden geritzt und *Meloe*-Brei aufgelegt. Es entsteht eine Blase, und nach sieben Tagen soll die Warze beseitigt sein.

Bekannt ist, dass die Buschmänner des südlichen Afrika aus den 7–10 mm langen Larven und den Puppen verschiedener Flohkäferarten (Blattkäfer, Chrysomelidae) der Gattung *Diamphidia* (*D. simplex*, *D. locusta*) Pfeilgift herstellen. Das Pfeilgift wird auch aus den Parasitoiden der Blattkäferlarven gewonnen. Die Larven überliegen teilweise mehrere Jahre und können deshalb bei Bedarf ausgegraben werden. Verwendet werden auch die Larven des Blattkäfers *Blepharida evanida*. Der Giftstoff Diamphitoxin ist ein Sapotoxin (Toxalbumin), das aus der Nährpflanze, dem Myrrenstrauch *Commiphora*

126
Die Kurzflügler (Staphylinidae) der Gattung *Paederus* s. l. (hier *Paederidius ruficollis*) können das giftige Pederin ausscheiden; Körperlänge 6,5–9,5 mm. (Foto Knoflach-Thaler)

africanum zu stammen scheint und durch Auflösen der roten Blutkörperchen tödlich wirkt. Die Wirkung setzt ein, wenn das Gift in die Blutbahn gelangt. Der Pfeil, dessen Spitze mit dem Körpersaft der Larven getränkt ist, muss also nur eine kleine Wunde erzeugen. Ein mit dem eingetrockneten Gift präparierter Pfeil behält lange Zeit seine Giftigkeit.

Es gibt noch weitere Käferarten, die giftig sind. Als Beispiel seien Arten aus der Familie der Scheinbockkäfer (Oedemeridae) genannt, die auf Pazifischen Inseln gelegentlich den Palmwein durch Hineinfallen vergiften sollen. Giftig soll auch ein amerikanischer Blatthornkäfer (*Macrodactylus subspinosus*) sein, der vor allem in Geflügelfarmen erhebliche Verluste verursachen kann. In diesem Zusammenhang erscheint es erwähnenswert, dass auch die Maikäfer nicht frei von Reizstoffen sind. Ferner sei auf das Pederin hingewiesen, das die zu den Kurzflüglern (Staphylinidae) gehörigen Arten der Gattung *Paederus* (Abb. 126) absondern können (s. S. 165).

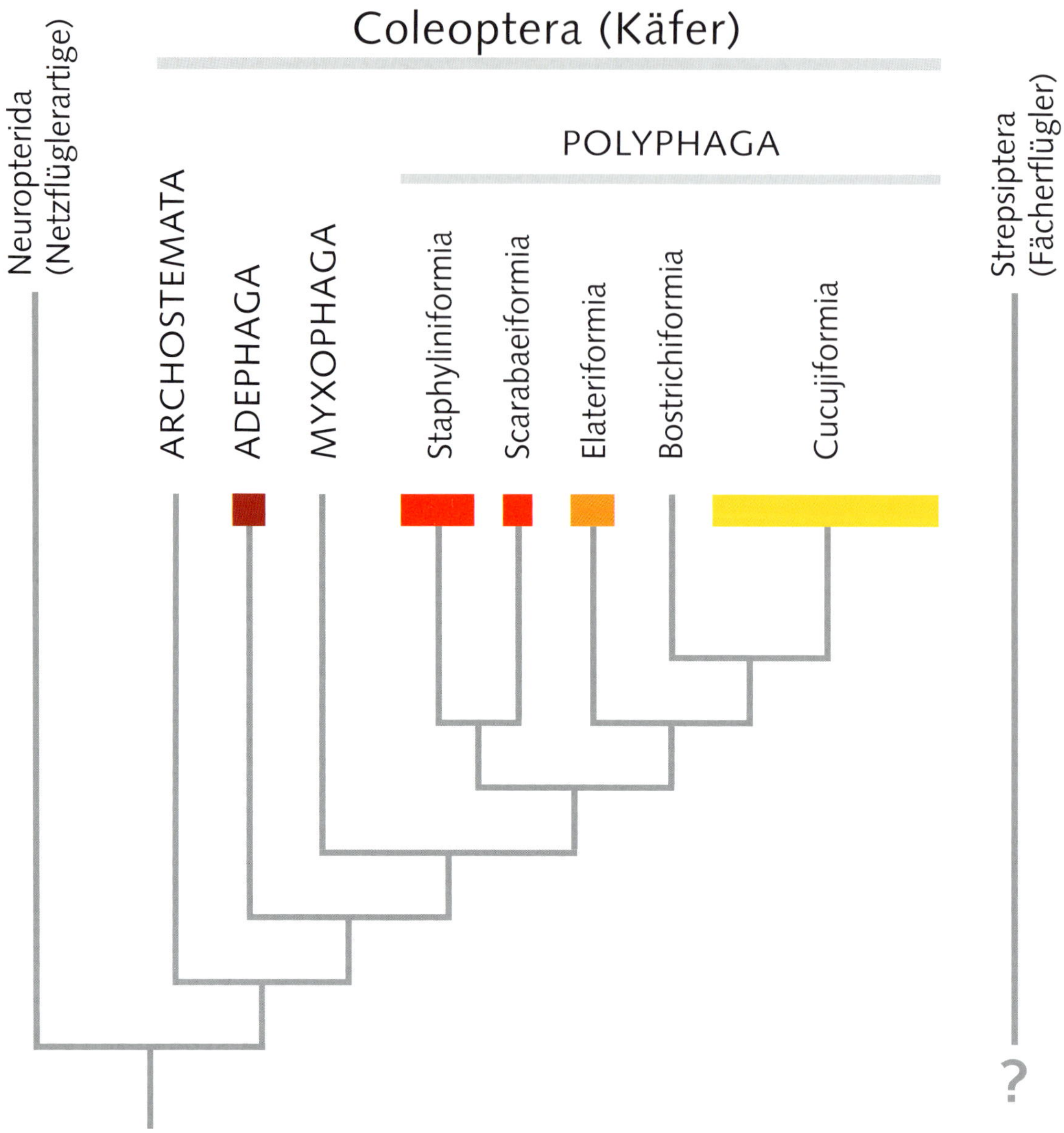

Verwandtschaftliche Beziehungen der Großgruppen (Unterordnungen, Series) der Käfer (Coleoptera) und die nächst mit ihnen sicher (Netzflüglerartige, Neuropterida) oder möglicherweise verwandten Insektenordnungen (Fächerflügler, Strepsiptera).
Die Breite der Balken soll die unterschiedlich große heutige Artenzahl andeuten. Die vier Unterordnungen der Käfer sind in GROSSBUCHSTABEN geschrieben. (Kombiniert nach verschiedenen Autoren)

Stammesgeschichte und Systematik

Stammesgeschichte der Käfer

Erdgeschichtliches Alter und älteste Fossilien

Die ältesten Insekten sind aus dem Mittleren Devon beschrieben, haben also ein Alter von ungefähr 380 Millionen Jahren. Das älteste bisher gefundene Insektenfossil ist ein Vertreter der Ordnung Springschwänze (Collembola). Die Käfer sind „viel" jünger. Die ältesten, sicher den Käfern zuzuordnenden Fossilien (Protocoleoptera; Verwandte der Cupedidae) stammen aus unteren Schichten des Perm, sind also etwa 270 Millionen Jahre alt. Aus diesen Schichten kennt man bisher etwa 15 Arten, die zu sieben verschiedenen Familien gestellt werden. Schließt man die Lückenhaftigkeit der Fossilkenntnis und die für viele Gruppen geringen Fossilisationsmöglichkeiten ein, präsentieren sich die Käfer schon im unteren Perm mit einer deutlichen Artenmannigfaltigkeit, im oberen Perm fand wahrscheinlich die Abtrennung der Archostemata von den übrigen Coleoptera statt. Viele Forscher nehmen aus diesen und auch noch anderen Gründen an, dass die Entstehung der Käfer bereits im Oberen Karbon, also vor 330 bis 285 Millionen Jahren erfolgt ist. Einen der ältesten, vielleicht sogar den ältesten fossilen Käfer (*Tshekardocoleus magnus*) zeigt die Abbildung 127. Bei den Protocoleoptera zeigen die Flügeldecken noch etwas vom ursprünglichen Flügelgeäder und überragen das Abdomen nach hinten und seitlich, die Hinterflügel konnten nur in Längsrichtung gefaltet werden und waren in Ruhestellung nicht vollständig von den Flügeldecken bedeckt.

Vermutliche Schwestergruppe und Abstammung der Käfer

Es sind unterschiedliche Hypothesen veröffentlicht worden, welche Insektengruppe als Schwestergruppe (nächste Verwandte) der Käfer anzusehen ist. Nach unserer bisherigen Kenntnis sind die Neuropterida: Schlammfliegen (Megaloptera), Kamelhalsfliegen (Raphidioptera) und Netzflügler (Neuroptera) die nächsten Verwandten der Käfer. Dafür spricht neben dem gemeinsamen Besitz verschiedener abgeleiteter Merkmale auch die Tatsache, dass es in der Stammgruppe der Käfer Fossilien gibt, deren Vorderflügel noch häutig waren und auch nicht gewölbt gewesen sind. Es fehlt diesen Fossilien eine Schulterbeule, sodass angenommen werden kann, dass diese Tiere die Vorderflügel noch aktiv zum Fliegen benutzten. – Andererseits werden die Fächerflügler (Strepsiptera) immer wieder als Adelphotaxon, sogar als Teilgruppe der Coleoptera angesehen. Auf diese wissenschaftliche Kontroverse kann hier nicht eingegangen werden.

Käfer im Erdmittelalter (Mesozoikum)

Vertreter fast aller heutigen Insektenordnungen – nicht nur der Coleoptera – lebten bereits im Erdaltertum (Palaeozoikum). Ausgehend von ihren Stammarten kam es dann im Erdmittelalter (Mesozoikum) zu einer riesigen Entfaltung der Insekten und natürlich insbesondere auch der Käfer. Vertreter aller vier, auch heute noch vorkommenden Unterordnungen lebten bereits zu dieser Zeit. Man bringt diesen Entfaltungsprozess gern in Zusammenhang mit der Entfaltung der Bedecktsamer (Angiospermae) vor über 70 Millionen Jahren und spricht sogar von einer Koevolution der Insekten und Angiospermen. Man stellt sich vor, dass diese Koevolution den Grundstein für jene Artenmannigfaltigkeit ge-

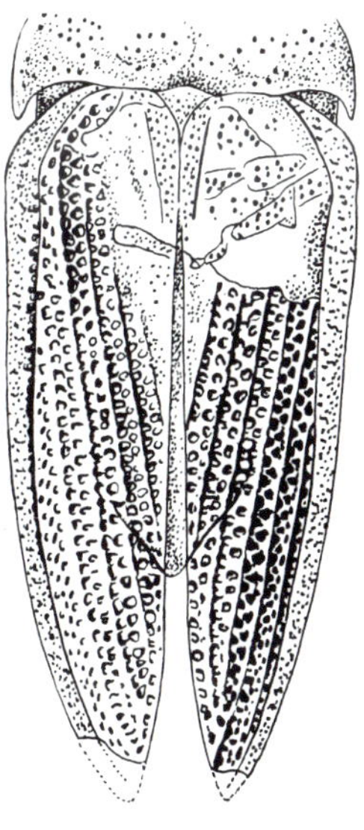

127
Einer der ältesten fossilen Käfer: *Tshekardocoleus magnus* aus dem Unteren Perm.

liefert hat, der wir heute begegnen. Da diese Entwicklung ihren Anfang im Mesozoikum gefunden hatte, nimmt es nicht wunder, dass wir aus dieser Erdepoche bereits sehr viele Insektenreste kennen, darunter auch viele Käfer. Gerade die Käferreste sind aber z. T. schwer deutbar. Fast immer sind nur die Flügeldecken und der Halsschild erhalten, die wesentlichsten Merkmale für die Charakterisierung höherer Einheiten liegen aber meist in Strukturen des Thorax, der Mundwerkzeuge, Beine und Antennen. Alle gefundenen Reste wurden ungeachtet dieser prinzipiellen Schwierigkeiten beschrieben, benannt und zugeordnet. Im Folgenden soll eine kleine Auswahl mehr oder weniger sicher deutbarer Käfer des Erdmittelalters vorgestellt werden:

Die Adephaga sind mit Sicherheit schon aus dem Lias bekannt (195–175 Millionen Jahre alt). Es existieren aus späteren jurassischen Schichten Fossilien, die mit unseren heutigen Laufkäfern (Carabidae), Schwimmkäfern (Dytiscidae) und Taumelkäfern (Gyrinidae) sicher sehr nahe verwandt sind. Nach den Archostemata haben sich die Adephaga als zweite große Gruppe von den übrigen Coleoptera wohl schon im oberen Perm abgespalten.

Es gibt auch aus dem Mesozoikum eine Reihe von Fossilien, die zu den Cupedidae (Archostemata) gestellt werden. Die ursprüngliche Flügeldeckenstruktur ist bei diesen Fossilien gut erkennbar. Man hat sogar in fossilen Hölzern aus der Trias Fraßspuren gefunden, die als solche der Cupedidae bzw. deren Larven angesehen werden.

Von den Polyphaga existieren verhältnismäßig viele Nachweise. Als Beispiele seien genannt: *Pseudosilphites natalensis* (vermutlicher Aaskäfer, Silphidae) aus der mittleren Trias (ca. 220 Millionen Jahre alt), *Proteroscarabaeus yeni* (Blatthornkäfer, Scarabaeidae) aus dem oberen Jura (140 Millionen Jahre), *Elaterina liassica* und *Tersus crassicornis* (Schnellkäfer, Elateridae) aus dem Jura. Daneben sind Fossilien folgender weiterer, zu den Cucujiformia gehörender Familien bekannt: Flachkäfer (Trogossitidae), Glanzkäfer (Nitidulidae), Scheinbockkäfer (Oedemeridae), Bockkäfer (Cerambycidae), Blattkäfer (Chrysomelidae) und Rüsselkäfer (Curculionidae).

Käfer der Braunkohlenzeit

In den im Tertiär vor ca. 50 Millionen Jahren entstandenen Lagerstätten der Braunkohle sind sehr viele Käferreste in oft wunderbarem Erhaltungszustand zu finden. Die tertiäre Käferfauna Mitteleuropas muss ungewöhnlich reich gewesen sein. Wir kennen etwa 1.500 Käfergattungen aus dem Tertiär, denen etwa 1.200 rezente Gattungen gegenüberstehen. Der Vergleich ist natürlich etwas vage, denn es sind sicher viele Gattungen des Tertiärs noch gar nicht nachgewiesen, und zum anderen gehen die Ansichten über die Zuordnung von Arten zu Gattungen bei den Autoren sehr auseinander. Die Reichhaltigkeit der Tertiärfauna ist aber in jedem Falle zu erkennen. Ihre Grundlage wird sie wohl vor allem in dem wärmeren Klima und der sehr üppigen Vegetation gehabt haben. Die Jahresmitteltemperaturen sollen während des Tertiärs bei 17 bis 22 °C gelegen haben, heute sind es 8 bis 9 °C. Es nimmt nicht wunder, dass von den etwa 1.500 tertiären Käfergattungen heute nur noch etwa 40 % in Mitteleuropa leben, 50 % sind in subtropischen und tropischen Gebieten zu finden, und 10 % scheinen überhaupt nicht mehr zu existieren.

Bernsteinkäfer

Der tertiäre Bernstein, im Allgemeinen etwa 40 Millionen Jahre alt, insbesondere der baltische Bernstein, enthält außerordentlich gut konservierte fossile Käfer (Abb. 128, 129, 130, 131). Das Sammeln von Bernstein-Inklusen ist seit alters sehr beliebt, sodass wir über die Bernsteinfauna einen ganz ausgezeichneten Überblick haben und wissen, dass damals bereits Arten aus 76 Familien lebten. Das Einschlussmaterial ist oft so klar, dass an den Käfern auch die feinsten Einzelheiten zu erkennen sind. Man kann fast alle Bernsteinkäfer rezenten Gattungen zuordnen, und es hat auch nicht am Versuch gefehlt, einzelne Inklusen sogar rezenten Arten zuordnen zu wollen, wie insbesondere den berühmten Sandlaufkäfer *Tetracha carolina*, doch ist ein solches Vorgehen recht fragwürdig, weil zur Kennzeichnung einer Art bekanntlich nicht nur die äußere Gestalt herangezogen werden darf. Bei manchen Gruppen, zum Beispiel den Sumpfkäfern (Scirtidae), ist gelegentlich eine genaue

128
Sumpfkäfer (Scirtidae) in baltischem Bernstein, ca. 40 Millionen Jahre alt (Abb. 128–131): *Cyphon* sp., Weibchen mit ausgestreckter Legeröhre. (Foto GRÖHN)

129
Scirtes sp., Unterseite, man beachte die stark verdickten Hinterschenkel. (Foto GRÖHN)

130
Elodes ? sp., Pärchen bei der Paarung. (Foto GRÖHN)

131
Sumpfkäfer (Scirtidae), Larve (es ist sehr selten, dass wasserbewohnende Larven in Bernstein eingeschlossen werden. (Foto WICHARD)

Bearbeitung der Bernsteineinschlüsse möglich, wenn man die während des Einschlusses herausgedrückten Genitalien untersuchen kann.

Käfer im Gepäck des Ötzi

Im Jahre 1991 wurde am Hauslabjoch im Oberen Ötztal nahe des Alpenhauptkammes eine im Gletscher geborgene menschliche Leiche gefunden, deren Alter sich auf etwa 5.000 Jahre beläuft. Dieser steinzeitliche Mann – als „Ötzi" weit bekannt geworden – hatte in seiner Bekleidung und im Gepäck auch verschiedene Insektenreste, darunter viele Bruchstücke von Käfern.

Käfer aus historischen Grabungen

Es werden weiter unten Käferreste aus Grabbeigaben im alten Ägypten genannt (s. S. 166). Bei Ausgrabungen von historischen Bauten werden jedoch auch in Mitteleuropa Bruchstücke von Käfern gefunden, die gelegentlich interessante Aussagen gestatten. Dafür ein Beispiel.

Bei der Erforschung einer aus dem 9./10. Jahrhundert stammenden Burg auf der Dominsel in Brandenburg wurden gut erhaltene Chitinbruchstücke gefunden. Unter den Käferresten dominierte der Nashornkäfer (*Oryctes nasicornis*), der sich vermutlich in den damaligen Abfallgruben entwickelt hatte. Wasserkäfer, z.B. Kolbenwasserkäfer (*Hydrophilus* sp.) und Gaukler (*Cybister lateralimarginalis*) deuten auf eine wassergefüllte Grabenanlage hin. Besonders bemerkenswert sind aber Kokonreste von Dolchwespen (Scoliidae) einer großen Art (*Scolia flavifrons* ?), die als Larve ein Parasitoid von Nashornkäferlarven ist. Heute kommen diese Dolchwespen nicht mehr so weit nördlich vor. Eine mögliche Erklärung könnte das damalige Klima bieten, es war deutlich wärmer als heute. Interessant sind ferner die zahlreichen Nashornkäfer auch deshalb, weil sie bereits in der Umgebung des Menschen, in der so genannten „Mistschicht" der Grabung gelebt haben. Nach allgemeiner Ansicht ist diese Art aber erst vor 500 bis 600 Jahren als Kulturfolger dem Menschen in dessen Siedlungsbereich gefolgt (s.S. 95).

Die rezente Käferbesiedlung unserer Erde

Artenzahlen

Es ist nicht ohne Reiz, die Entwicklung der Kenntnisse über den Artenbestand der schier unendlichen Fülle der Käfer zu verfolgen. Die Kenntnisse von Aristoteles und Gaius Plinius Secundus waren noch recht gering: man kann aus den überlieferten Schriften 6 bzw. 9 Arten ableiten.

Wie zögernd die Artenkenntnis anstieg, zeigt ein Zitat über die 1661 erschienene „Zoologia physica" des Johann Sperling. »Zum Beweis, dass die Zoologie eine äußerst schwierige Wissenschaft ist, führt er die verwirrende Anzahl der bisher beschriebenen Formen an. Seien doch bis jetzt nicht weniger als 40 Arten Käfer, 50 Arten Raupen, 70 Arten Fliegen und über 100 Schmetterlings-Arten bekannt!« A. Handlirsch bemerkt sehr nett dazu: »Wie würde der gute Sperling erst über einen modernen Insekten-Katalog erschrecken!« (F. S. Bodenheimer, 1928).
John Ray schreibt 1710 in seiner „Historia Insectorum". »Die Schmetterlinge und Käfer sind so zahlreiche Gruppen, dass ich glaube, dass wir in England von jeder 150 und mehr Arten haben. Mit Larven und Puppen macht das 900 Arten. Wir schließen aber Larven und Puppen vom Artbegriff aus und rechnen sie zu dem betreffenden Insekt. ... Die Zahl der Insektenarten der ganzen Erde, zu Lande und zu Wasser, wird gegen 10.000 betragen, und ich glaube, dass es eher mehr als weniger sind.« In einer Anmerkung schreibt er noch. »Seither habe ich allein in meiner Nachbarschaft 200 Schmetterlingsarten gezogen und glaube jetzt, dass die Zahl der britischen Insekten 2.000, die der ganzen Erde 20.000 beträgt.«

Recht interessant ist die Zahl der Käferarten, die der überragende schwedische Naturforscher Carl von Linné (1707–1778) kannte. In der 1. Auflage seiner „Fauna Suecica" (1746) führt er 294 Arten auf, in der berühmten 10. Auflage des „Systema Naturae" (1758), die die Grundlage der heutigen zoologischen Namensgebung darstellt, 654, insgesamt nennt er 1919 Insektenarten. Sein bedeutender Schüler Johann Christian Fabricius (1745–1808) beschrieb etwa 10.000 neue Arten und natürlich zahlreiche neue Gattungen, eine bewundernswürdige Leistung allein schon des Gedächtnisses, immerhin war Fabricius ständig unterwegs, reiste fast nur zu Pferde und wird kaum viel Vergleichsmaterial und Literatur in den Satteltaschen gehabt haben können – andererseits sind ihm kaum Doppelbeschreibungen unterlaufen.

In den Jahren 1868 bis 1876 erschien ein Weltkatalog der Käfer von Max Gemminger (1822–1887) und Edgar von Harold (1830–1886), der etwa 77.000 Arten aufführt. Der 1910 bis 1940 (mit Nachträgen noch später) erschienene Katalog von W. Junk und Sigmund Schenkling (1865–1946) enthält etwa 221.480 Arten. Allein im Jahr 1961 wurden 3.100 neue Käferarten beschrieben. Die modernen systematischen Werke führen bis 380.000 Käferarten für die gesamte Erde an, wovon auf Mitteleuropa etwa 8.000 und auf Deutschland ca. 6.500 entfallen. Für die USA und Kanada werden 23.700 Arten in 3.145 Gattungen angegeben.

Die Käfer sind damit die bei weitem artenreichste Ordnung des Tierreichs und übertreffen an Artenzahl die Gefäßpflanzen. Zum Vergleich: es gibt nur 8.600 Vogelarten und 5.000 Säugetierarten. Die Artenzahl nimmt von Norden nach Süden zu. Hochrechnungen aus tropischen Regenwäldern folgend ist dort sogar mit einer Gesamtzahl von 8 Millionen Käferarten zu rechnen.

Die größte Käferfamilie sind die Rüsselkäfer (Curculionidae), von denen etwa 57.500 Arten

bekannt sind, das sind mehr als alle Wirbeltiere der Erde zusammen! Andere riesige Familien sind die Kurzflügler (Staphylinidae) mit 46.000, die Blattkäfer (Chrysomelidae) mit 35.000 Arten, die Bockkäfer (Cerambycidae) mit 35.000, die Laufkäfer (Carabidae) mit 30.000, die Blatthornkäfer (Scarabaeidae) mit 25.000, die Schwarzkäfer (Tenebrionidae) mit 18.000 und die Prachtkäfer (Buprestidae) mit 15.000 Arten.

Kosmopoliten

Unter Kosmopoliten versteht man solche Arten, die über die ganze Erde verbreitet sind. Fast immer handelt es sich dabei um Vorrats- oder Materialschädlinge, die unter dem Einfluss des Menschen verbreitet wurden und oft synanhrop in unmittelbarer Umgebung des Menschen leben (s. S. 106).

Einen ersten Hinweis auf „beginnenden" Kosmopolitismus verdanken wir CARL VON LINNÉ: »Erbsen wurden früher in solchen Mengen in Nordamerika von Einwohnern gesät, dass man deren Samen mit sehr hohem Gewinn in den südlichen Provinzen jenes Weltteils verkaufte, wie es der neulich aus jenen Gegenden zurückgekehrte Professor aus Abo, der berühmte Herr KALM, berichtete. Er teilte aber dabei mit, dass dieser Handel gänzlich aufgehört hat, nachdem ein gewisser Erbsenkäfer sich derart vermehrt hatte, dass er fast alle Samen auffrisst, kaum so viel zurücklassend, dass es für die Aussaat ausreichen würde. Dieser löbliche Mann hat unter anderen Samensorten auch verschiedene von Erbsengattungen mitgebracht, worunter er nach seiner Rückkehr sehr viele Exemplare jenes Käfers lebend fand, wovon er nicht nur dem Senator, Herrn Grafen KARL G. TESSIN, sondern auch dem Herrn Präses schickte. Ich befürchte sehr, ob nicht Kolonien dieses Insekts mit anderen Früchten von Amerika nach England verschleppt werden, und ob sie nicht von hier aus, wenn man ihrer Verbreitung nicht den Weg versperrt, sich schließlich über ganz Europa verbreiten würden.«

Unter den Silvanidae gibt es den Getreideplattkäfer (*Oryzaephilus surinamensis*), der mit dem weltweiten Handel des Menschen in alle Länder der Erde verschleppt wurde. Auch andere Getreideschädlinge zählen zu den Kosmopoliten, wie beispielsweise der Kornkäfer (*Sitophilus granarius*) und der ebenfalls zu den Rüsselkäfern gehörende Reiskäfer (*Sitophilus oryzae*). Speckkäfer (Dermestidae) sind vielfach mit Schiffstransporten weit verbreitet worden. Ihre Nahrung, die aus Tierprodukten (Fleischprodukten, getrocknetem Fleisch, Haaren, Federn, Pelz, Wollstoffen, Häuten und anderem) besteht, ist überall vorhanden. Gewöhnlich ist es nicht möglich, die ursprüngliche Heimat solcher Kosmopoliten mit Sicherheit festzustellen. Zahlreiche holzzerstörende Käfer sind ebenfalls weltweit verbreitet, wie manche Pochkäferarten (Anobiidae) und Bockkäfer (Cerambycidae). Wir lasen schon bei CARL VON LINNÉ von der Einbürgerung eines Samenkäfers (Bruchidae). Auch viele andere Samenkäferarten sind über die ganze Welt verbreitet worden. Zu den Kosmopoliten zählt ferner der Schinkenkäfer (*Necrobia rufipes*) aus der Familie Buntkäfer (Cleridae), der mit trockenem Fleisch aller Art verbreitet wurde. Bemerkenswert ist, dass dieser Käfer sogar mehrfach im Inneren ägyptischer Mumien gefunden wurde. Besonders viele Kosmopoliten gibt es unter den Mehlbewohnern. Das fängt bei unserem gewöhnlichen Mehlkäfer (*Tenebrio molitor*) an und geht über die Reismehlkäfer der Gattung *Tribolium* bis zum Vierhornkäfer (*Gnatocerus cornutus*), sämtlich aus der Familie Schwarzkäfer (Tenebrionidae).

Kulturfolger und Einwanderer

Man nimmt an, dass der thermophile Nashornkäfer (*Oryctes nasicornis*) ursprünglich ein Baumbewohner war, dessen Larven sich im Mulm alter, hohler Laubbäume, besonders von uralten Eichen, entwickelten. Heute wird er nur noch äußerst selten in diesem Habitat gefunden. Man nimmt an, dass *Oryctes nasicornis* aus dem Walde in die Gerberlohe überwechselte und dann später, als die Lohgerberei mehr und mehr verschwand, nochmals eine neue Substratgruppe besiedelte. Die Nashornkäferlarven entwickeln sich heute meist innerhalb oder in der Nähe von Ortschaften in Kompost, Mistbeeten, Misthaufen, Dunggruben, Sägemehlhaufen, faulendem Stroh und ähnlichen Lebensstätten mit zusätzlich erzeugter Gärungswärme. Dort kommt die Art mitunter in großer Zahl vor (manchmal viele tausend Exemplare), neuerdings auch in entsprechenden Produktionsstätten (Gärtnereien, Fabriken für organische Düngestoffe und Papier) und in verrottetem Stroh. Es handelt sich um einen Tausch des Entwicklungsortes (nicht der Nahrungsquelle, denn in jedem Falle sind es faulende Pflanzensubstanzen, und die polyphag-saprophage Ernährungsweise ist beibehalten worden), der die Art vor dem Rückgang bewahrt hat.

Der Zuzug von Arten aus anderen Faunengebieten ist ein Prozess, der sich ständig verstärkend unentwegt voranschreitet, auf einige Beispiele wurde bereits eingegangen (s. S. 95).

Unter Adventivarten versteht man Tiere, die aus anderen Klimazonen in unser Gebiet eingeschleppt wurden. Aus verschiedenen Gründen konzentrieren sie sich auf bestimmte Habitate, und zwar zuerst solche, die gleichsam Auffangbecken für derartige Arten darstellen, weil sie am Ende des Zustromes liegen, z.B. die Knotenpunkte und Endstationen des Handels, die Endstationen der Abfälle (Mülldeponien) oder des Pflanzenimportes (vielfach die Gewächshäuser).

Mit Vorräten, Materialien, Pflanzen u.a. wurden und werden ständig auch Käfer eingeschleppt. Erste Auffangplätze sind vor allem Lager, Speicher, Gewächshäuser, Bahnhöfe, Häfen und Flugplätze. Es wird berichtet, dass im Hamburger Freihafen in nur einem Jahr über 50 Käferarten tropischen Ursprungs auf einem Holzlagerplatz gefunden wurden. Nur die wenigsten dieser Arten siedeln sich an, viele werden nicht einmal registriert. Der Zustrom ist aber außerordentlich groß, bedenkt man z.B. die große Zahl von Individuen, die mit Campinganhängern, Zeltausrüstungen u. a. unbeabsichtigt eingeführt werden. Untersuchungen über Insekten in Flugzeugen in den USA ergaben z.B. in 12 Jahren 250.000 lebensfähige Individuen in 92 Arten, in einem einzigen Flugzeug bis 7.000 Tiere.

Ansiedlungsmöglichkeiten haben besonders jene Arten, die freie oder nur wenig genutzte ökologische Lizenzen vorfinden (Vorräte, Materialien, hemerochore Pflanzen), die ihrer eigenen ökologischen Potenz entsprechen. Die meisten Adventivarten mitteleuropäischer Städte stammen aus wärmeren Gebieten, weshalb sie in beheizten Gebäuden, auf Müllhalden oder in Gewächshäusern besonders günstige Voraussetzungen finden.

Unter den Käfern sind vor allem bei den Speckkäfern (Dermestidae) zahlreiche Arten bekannt, die zu verschiedener Zeit (wohl auch schon vor Jahrhunderten) in mitteleuropäischen Städten ankamen. Viele davon gelten als Kosmopoliten, ihr Herkunftsgebiet ist oft unbekannt (s. S. 95). Aus dem Mittelmeerraum wurde mehrfach *Zygia oblonga* (Melyridae) eingeschleppt (z.B. nach Hamburg), ohne sich jedoch dauerhaft ansiedeln zu können. *Lophocateres pusillus* (Flachkäfer, Trogossitidae) wird oft mit Getreide, Reis, Erdnüssen, Sesam, Sojabohnen und Mehl aus Südasien und Südamerika importiert, ohne sich jedoch eingebürgert zu haben. *Thorictodes heydeni* (Dermestidae) kam mit Weizen, Reis, Hirse, Erdnüssen, Vogelfutter, Kapoksamen und Sesam vor allem aus dem indo-malaiischen Gebiet. Der Bockkäfer *Parandra brunnea* aus Nordamerika ist schon seit 1916 aus alten Linden im Stadtzentrum von Dresden bekannt, wo er sich in Stammverletzungen und Stubben entwickelt. Etwa 100 Bäume auf 1 km^2 wurden besiedelt. Die Einschleppung erfolgte mit Nutzholz oder Pflanzgut. Mit seinem Brutsubstrat (Weidengeflechte, Körbe, Fassreifen, Verpackungsmaterial) gelangt aus Südeuropa, Nordafrika, dem Kaukasus oder Kleinasien der Kleinbock (*Gracilia minuta*) nach Mitteleuropa, wo er sich vorwiegend innerhalb von Gebäuden entwickeln kann.

In einem Getreidespeicher in England wurde 1892 zum ersten Male der Diebkäfer *Ptinus tectus* nachgewiesen, 1901 fand man ihn in Deutschland. Heute ist diese Art weit verbreitet, sie lebt in Wohnhäusern, auch in Nestern von Stadtvogelarten, z.B. Stadttaube, Haussperling und Mauersegler. Man spricht sogar davon, dass *P. tectus* die autochthone Art *P. fur* verdrängt. Für die Ausbreitung der ursprünglich in Australien, Tasmanien und Neuseeland vorkommenden Art soll Vogelfutter wesentlich gewesen sein.

Die seltensten Käfer der Welt

Der Begriff der Seltenheit ist mit Sicherheit ein relativer. Die seltensten Käfer sind eigentlich diejenigen, die nur in einem einzigen Exemplar bekannt sind. Meist sind diese aber klein und unscheinbar, sodass niemand recht von ihrer Seltenheit Notiz nimmt. Da wenig nach ihnen gesucht wird, bleibt auch offen, ob sie wirklich selten sind. Meist geht man davon aus, dass seltene Käfer auffallend groß oder bunt oder beides, möglichst noch bizarr gestaltet und kaum aufzufinden sind. Wie relativ der Begriff der Seltenheit ist, geht auch daraus hervor, dass manche Käfer, die jahrzehntelang nur als Typus in einem einzigen Exemplar vorhanden waren, plötzlich in Serien gefunden wurden. Trotz dieser Einschränkung wollen wir im Folgenden versuchen, einige ausgesprochene Seltenheiten zu erwähnen.

Als große Seltenheit gilt der größte Käfer der Welt, der Amazonas-Riesenbock *Titanus giganteus* (Abb. 9). Die Art wurde von Carl von Linné im Jahre 1771 beschrieben, und niemand weiß bis heute genau, nach welcher Vorlage. In der Mitte des 19. Jahrhunderts wurden bei der brasilianischen Stadt Manaus am Ufer des Rio Negro hin und wieder tote Exemplare dieser Art angeschwemmt, manche sogar aus dem Magen großer Fische herausgeschnitten. Diese angeschwemmten Stücke waren jahrelang die einzigen, mit denen gehandelt wurde. Im Jahre 1914 wurden große Männchen mit 2.000 Goldmark bezahlt. Bis 1938 sind etwa 30 solcher Tiere bekannt geworden, die alle an der gleichen Stelle von einem Orchideensammler erbeutet wurden. Dieser Mann hat übrigens niemals einen lebenden *Titanus* gesehen. Erst 1958 wurden einige lebende Käfer dieser Art im Nordosten Südamerikas unter Straßenlaternen gefunden.

In der mitteleuropäischen Fauna gelten die meisten Arten der Familien Eucnemidae und Fächerkäfer (Ripiphoridae) als sehr selten. Von der Art *Ripidius quadriceps* (Abb. 132) wurden nur wenige Stücke überhaupt gefunden, z.B. ein Exemplar 1867 in Thüringen bei Arnstadt, ein zweites Exemplar 1929 bei Hall in Tirol, weitere in der Steiermark, im Saarland und in der Schweiz in der Umgebung von Lausanne. Dieser Käfer ist wohl einer der seltensten in Mitteleuropa überhaupt. Unter den Pyrochroidae-Cononotinae gibt es die sehr seltene Art *Agnathus decoratus*. Besonders viele seltene Arten finden sich auch in der Familie Prachtkäfer (Buprestidae). Die wie aus Gold oder Silber gefertigt erscheinenden Arten der Blatthornkäfergattung *Plusiotis* sind ebenfalls ausgesprochene Raritäten (Abb. 39). Die Tiere leben in Mittelamerika auf hohen Blütenbäumen und sind nicht zuletzt wegen ihres beachtlichen Temperamentes nur schwierig zu erbeuten. Unter den Goliathkäfern gibt es ebenfalls einige extrem seltene Arten, wie beispielsweise den Atlasgoliath (*Goliathus atlas*)

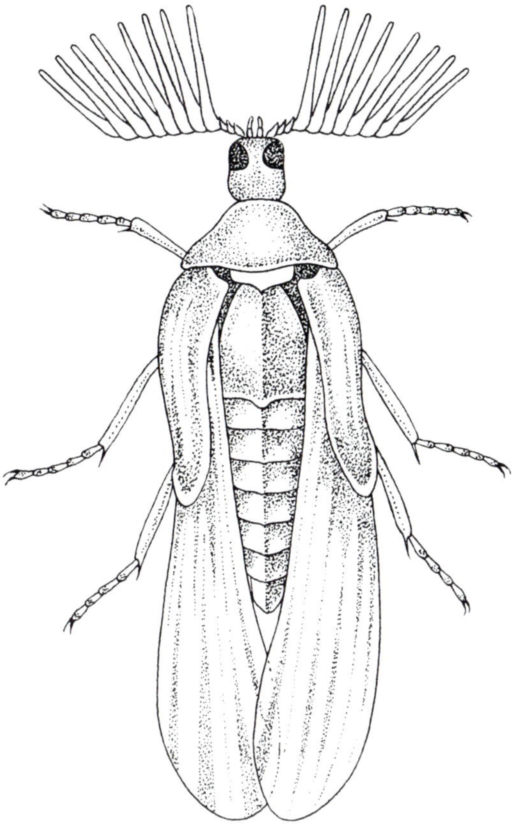

132
Einer der seltensten Käfer, *Ripidius quadriceps* (Fächerkäfer, Ripiphoridae). Körperlänge etwa 5 mm.

oder den weiß gefleckten Goliathkäfer (*Goliathus albosignatus*). Auch der Langnasenrosenkäfer (*Mecynorrhina oberthueri*) aus Ostafrika ist nur in wenigen Stücken bekannt.

Vom Menschen ausgerottete Käfer

Meist ist es nur für ein bestimmtes umgrenztes Gebiet möglich, den Verlust einer Käferart wirklich zu beweisen. Wenn beispielsweise durch die starke Verschmutzung von Flüssen verschiedene Vertreter der Hakenkäfer (Elmidae) völlig aus bestimmten Fluss-Systemen verschwunden sind, so kann man wohl von einer regionalen Auslöschung sprechen. Der Totalverlust einer Art ist schwieriger zu beweisen. Wissenschaftlich tätige Sammler sind jedenfalls nicht in der Lage, Käferarten auszurotten.

Sehr problematisch sind in Europa die Verhältnisse besonders bei den fließwasserbewohnenden Käferarten. Während die Quellregion (Krenal) und die oberen Bachläufe (Rhithral) vor allem in montanen und submontanen Lagen vielerorts noch weitgehend erhalten sind, ist der Flussbereich (Potamal) (auch der untere Bachbereich, Hyporhithral) durch jahrzehntelange industrielle Nutzung und Abwasserbelastung vielfach so stark verändert, dass Wasserkäfer dort kaum noch Existenzbedingungen finden können. Die an diese Fließwasserbereiche angepassten Arten sind deshalb besonders gefährdet, zumal sie meist ausbreitungsschwach sind. Für diesen Gewässerabschnitt wird z. B. *Bidessus delicatulus* (Schwimmkäfer, Dytiscidae) angegeben, der nach 1945 in Deutschland kaum noch nachgewiesen wurde. Viele Hakenkäfer (Elmidae) leben ebenfalls in fließenden Gewässern, auch hier sind große Verluste bei den Flussarten zu verzeichnen. Markante Käferarten wie *Potamophilus acuminatus, Macronychus quadrituberculatus, Stenelmis consobrina* und *S. canaliculata* sind in Deutschland durch Gewässerverschmutzung, Begradigung und Uferverbauung nahezu ausgestorben. Die genannten 4 Käferarten bildeten eine eigene „Taxozönose" unserer Flüsse. Sie wurden einst in vielen Flüssen gefunden. An den früheren Zustand (*Potamophilus acuminatus* betreffend) soll uns ein Zitat von Adolf Horion (1955) erinnern: »Über die Funde in der Mulde bei Dessau teilte mir Heidenreich (i. l. 1954) mit, daß die Tiere am Holzwerk der Badeanstalt, wo sich Süßwasser-Schwämme gebildet haben, gefunden werden, besonders am Schluß der Bade-Saison gegen Ende September, wenn die Badetreppen und sonstiges Holzwerk herausgeholt und dann eingehend abgesucht werden können; in besonders großer Anzahl wurde die Art (zusammen mit *Macronychus quadrituberculatus*) 1929 gefangen. Zuletzt hat Heidenreich die Art 1938 gefangen, dann nicht mehr danach gesucht; er befürchtet, daß durch die Verunreinigung der Mulde durch Fabrikabwässer die Art ausgerottet ist.«

In den Piemonteser Alpen in Italien lebt auf einem kleinen Areal der Laufkäfer *Carabus olympiae*, eine Art, die oft gesammelt und immer seltener wurde. Dieser Käfer wird manchmal als ein Beispiel angeführt, dass Entomologen eine Art ausrotten könnten. Abgesehen davon, dass dies auch in diesem Fall nicht so ist, könnte rein theoretisch bei einer auf ein sehr kleines Areal begrenzten verhältnismäßig großen Art ein äußerst fataler Einfluss durch sammelnde Personen – als Entomologen wären sie nicht zu bezeichnen – ausgeübt werden. Bei *Carabus olympiae* ist die Ausrottung der Art wohl nun dadurch gebannt, dass es seit einigen Jahren gelingt, sie im Labor zu vermehren. Bei den leider immer noch stattfindenden „Insektenbörsen" werden nun die gezüchteten Exemplare verkauft, wesentlich billiger natürlich als etwaige Freilandfänge.

Gefährdete und geschützte Käfer

Die Naturschutzgesetzgebung vieler Länder stellt bestimmte Käferarten unter Schutz. Meist sind es große und auffällige Arten, die besonders bedroht erscheinen. In den meisten mitteleuropäischen Ländern gehören z. B. der Hirschkäfer (*Lucanus cervus*) (Abb. 133), der Heldbock (*Cerambyx cerdo*), der Alpenbock (*Rosalia alpina*) (Abb. 54), weitere Bockkäferarten sowie einige Blatthornkäfer (Scarabaeidae), Prachtkäfer (Buprestidae) und wasserbewohnende Arten dazu.

Seit einigen Jahren gilt im Bereich der Europäischen Union die Fauna-Flora-Habitat-Richtlinie (FFH), die unter anderem auch einige Käferarten unter besonderen Schutz stellt. In allen Ländern muss diesen Arten besondere Aufmerksamkeit entgegen gebracht werden, vor allem sind ihre Lebensräume zu bewahren, sodass sie dauerhaft erhalten werden können. In vielen Fällen verspricht man sich durch den Schutz dieser Arten auch die Erhaltung anderer Tierarten, da alle Tiere und Pflanzen in ± artenreichen Gemeinschaften vergesellschaftet leben. Die FFH-Arten sind also unter Umständen „Schirmarten" für eine ganze Lebensgemeinschaft (Biozönose).

Ein anderes Instrument des Schutzes – auch der Käfer – sind die so genannten Roten Listen, die für einzelne Bundesländer, z. B. in Deutschland und Österreich, aber auch für das gesamte Staatsgebiet von Experten verfasst wurden und den unterschiedlichen Gefährdungsgrad der einzelnen Arten einschätzen. Die knappe Hälfte aller in Deutschland nachgewiesenen Käferarten ist in der Roten Liste verzeichnet, viele Arten müssen sogar als ausgestorben oder verschollen gelten. Unter allen ökologischen Gruppen sind die holzbewohnenden Käfer (Xylobionte) mit ca. 60 % aller Arten die am stärksten gefährdete Gruppe. Es folgen die wasserbewohnenden (aquatischen), Pflanzen fressenden (phytophagen) Arten und die Bewohner der Bodenober-

133
Hirschkäfer (*Lucanus cervus*), Männchen. (Foto GEPP)

fläche (epigäische Arten), von denen jeweils etwa ein Drittel aller Arten in den Roten Listen verzeichnet ist.

Da gewöhnlich der gewerbsmäßige Handel durch solche Gesetze eingeschränkt oder aufgehoben ist, vermag die Unterschutzstellung zur Erhaltung der betreffenden Arten beizutragen. Die wahre Problematik des Schutzes von Käfern liegt aber in der Erhaltung ihrer charakteristischen Lebensräume, ein weltweites Problem, auf das in diesem Buch nicht eingegangen werden kann. Die kontinuierliche Zerstörung der Tropenwälder führt beispielsweise zu einem unüberschaubar riesigem Verlust an Arten (viele der 8 Millionen für diese Lebensräume geschätzten Arten dürften wohl niemals bekannt und beschrieben werden). Die Erhaltung aller Arten, ob groß oder klein, bunt oder einfarbig, schon selten oder noch häufig, der Wissenschaft bereits bekannt oder sogar noch unentdeckt, steht und fällt mit einem konsequenten Biotopschutz!

Hinzu kommt die Gefährdung und Vernichtung durch übermäßigen Einsatz von Pestiziden sowie durch spezifische technische Mortalitätsfaktoren. Auf einem Bohnenfeld bei Euskirchen (Deutschland: Nordrhein-Westfalen) wurden z.B. durch einen Insektizideinsatz 51.000 Marienkäfer (Coccinellidae) (vorwiegend der Siebenpunkt *Coccinella septempunctata*) auf 8 ha am 20.6.1984 getötet.

Die Fülle der künstlichen Beleuchtung in Siedlungsgebieten (vor allem der kurzwellige Bereich) verursacht neben einer erheblichen Desorientierung den Einflug auch von solchen Käferarten, die keine oder nur geringe Entwicklungsmöglichkeiten innerhalb der Stadt haben. Käfer können durch die Hitze von Lampen vernichtet werden oder finden keinen Ausgang aus defekten Lichtquellen. Bei seltenen Käfern können Populationen auch durch Verkehrsverluste erheblich geschädigt werden, wie das Beispiel des gefährdeten Ölkäfers *Meloe violaceus* zeigt, von dem in einem kleinen Refugialgebiet 8 Individuen pro Stunde überfahren wurden (vgl. auch S. XIII).

Wissenschaftliche Käferkunde einst und jetzt

Große Käfersammlungen

Die großen Zoologischen Museen der Welt beherbergen auch die größten Käfersammlungen. Meist sind sie über viele Jahrzehnte – nicht selten in mehr als 100 Jahren – durch Schenkungen, Stiftungen und Ankauf zusammengekommen. In der Zoologischen Staatssammlung München befinden sich ca. 90.000 Arten in ca. 4,5 Millionen Individuen, das Deutsche Entomologische Institut Eberswalde besitzt ca. 160.000 Arten in etwa 1,7 Millionen Individuen.

Bedeutende Forscher

Aus der großen Zahl der Koleopterologen können hier nur wenige erwähnt werden. Im Text dieses Buches kommen aber viele weitere Forscher vor, und es wird auch auf deren oft historische Werke hingewiesen.

Pierre François Marie Auguste Compte Dejean (1780–1845) ist ein ganz eigenartiger Markstein in der Geschichte der Liebhaber-Coleopterologie. Seine hohe politische und militärische Stellung hatten ihm lange Jahre die glänzendsten Sammelmöglichkeiten geboten. Als Kavallerie-Offizier in den Kriegen der französischen Revolution und in den napoleonischen Kriegen kam er nach Portugal und Russland. Es wird berichtet, dass er seine Soldaten zum Käfersammeln ausschwärmen ließ. Er brachte eine große Sammlung zustande, die viele neue Arten enthielt und die er in Katalogen der Öffentlichkeit bekannt gab. Der 1. Katalog erschien 1802 und enthielt 910 Arten (das dünne Heftchen ist heute ein bibliophiles Rarissimum!). 1821 erschien die 2. Auflage, welche schon 6692 Arten aufführte. Der Erfolg war glanzvoll, die gesamte coleopterologische Sammlerwelt benutzte fortan die Dejean'schen Kataloge, von denen der Letzte 1837 erschien und 22.399 Arten umfasste, zweifelsohne die größte Sammlung, die jemals ein Entomologe bis zur Mitte des 19. Jahrhunderts zusammengebracht hatte.

Victor Motschulsky (um 1810–1871) war als Privatperson am Zoologischen Museum St. Petersburg beschäftigt. Er half zunächst in den Räumen des Museums, um dann allmählich die Tiere gewohnheitsmäßig in seine Privatsammlung mitzunehmen. Es endete damit, dass er sich schließlich die Originalsendungen unpräpariert in seine Wohnung schicken ließ, wo er sie auf seine Weise präparierte. Diese bestand darin, möglichst dicke Nadeln in irgendeiner Richtung durch den Käfer zu spießen. Er meinte wohl, dass von ihm präparierte Tiere auch sofort zu erkennen sein müssen. Das Beste behielt er für sich, mit Dubletten trieb er Tausch, der letzte Rest kam in das Zoologische Museum. Aber er beschrieb zahlreiche Arten, weshalb wir uns auch heute noch an ihn erinnern (müssen).

Edmund Reitter (1845–1920) war zweifellos einer der bedeutendsten Käferkundler aller Zeiten. Nach einem relativ kurzen Schulbesuch (nur 4 Klassen !) in Troppau begann ein wechselvoller Lebensweg, der zunächst eifrige Bemühungen zur Erweiterung seiner Bildung erkennen lässt. Diese befähigte Reitter bei verschiedenen Gutsherren in höheren landwirtschaftlichen Dienst zu treten und später Pächter einer Teichwirtschaft zu werden. Sein Sinn für Geschäftliches gepaart mit seiner Neigung zur Entomologie ermöglichten 1879 die Eröffnung einer Insekten- und entomologischen Buchhandlung in Wien, die er 1891 nach Mödling verlegte und dort 10 Jahre mit Erfolg führte, bis zu seinem Rückzug nach Paskau, von wo aus sein coleopterologisches Zentrum in alle Welt ausstrahlte, wo er im Kreise einer verzweigten Familie lebte, wo er im 1. Weltkrieg ein privates Kriegsspital einrichtete und wo er schließlich starb. Die Todesanzeigen wurden auf seinen Wunsch hin erst nach dem Begräbnis verschickt, damit – wie in seinem Testament steht – niemandem durch die Reise Kosten entstünden und sich niemand erkälte.

Sein Insektenhandel hatte ein bedeutendes Ausmaß, denn er schickte Sammler (z. B. Hans Leder) vor allem nach dem Kaukasus, Armenien, Sibirien, Mongolei, woher dann auch sehr interessante Ausbeuten mit zahlreichen neuen Arten kamen, die meist Reitter selbst beschrieb. Eigene Sammelreisen führten Edmund Reitter oft gemeinsam mit anderen Coleopterologen, z. B. Lucas von Heyden, Baron von Hopffgarten, Hans Leder und Julius Weise nach Ungarn, in die Beskiden, die Tatra, Karpaten, Alpen, in weite Teile der Balkanhalbinsel und nach Italien. Ausgehend von seiner Wiener Zeit ist REITTER bis zum vorvorletzten Tage seines Lebens als Determinator tätig gewesen.

Über den Menschen EDMUND REITTER schreibt FRANZ HEIKERTINGER (1921): »REITTER war ein kräftiger Mann von lebhaftem, energischem Wesen, urwüchsig, freundlich, entgegenkommend. Bereitwillig unterstützte er wissenschaftliche Bestrebungen durch Sendung von Material; Kleinlichkeit war ihm fremd. Als Mensch war er voll warmen Mitempfindens für die Bedürfnisse seiner Mitmenschen, stets hilfsbereit.«

REITTER ist als Autor der „Fauna Germanica" (1908–1916) mit seinen Farbtafeln berühmt geworden. Wer kennt sie nicht, die beliebten fünf Bände, die bis zum Erscheinen des FREUDE-HARDE-LOHSE (1964–1989) eine umfassende Grundlage für alle an Käfern interessierten Entomologen darstellten und auf der auch HORIONS großes faunistisches Werk nach seinem „Nachtrag zur Fauna Germanica Käfer" (1935) fußte. Seinerzeit in einer sagenhaft hohen Auflage (35.000 Stück) im Auftrag des Deutschen Lehrervereins für Naturkunde erschienen, waren die Bände in den 50iger Jahren noch für 6 bis 8 Mark pro Exemplar zu bekommen. Mittlerweile haben sie an scheinbarem Wert erheblich zugelegt (Antiquariatspreise von mehreren hundert Euro sind keine Seltenheit), und es lohnte sich sogar ein Nachdruck. Ein Bestseller also.

Das Lebenswerk EDMUND REITTERS prägte mehrere Coleopterologen-Generationen, es ist in manchen Teilen noch heute unentbehrlich und gültig, nicht nur in den Beschreibungen zahlreicher Arten (mehr als 6.000) und Gattungen (ca. 1.000), sondern auch in der Überschau über große taxonomische Einheiten und geografische Gebiete. EDMUND REITTER veröffentlichte 1.118 (!) Originalarbeiten (und das ohne PC).

Seine umfangreiche und überaus wertvolle Sammlung (440 Kästen mit ca. 30.000 paläarktischen Arten in 250.000 Exemplaren, darunter etwa 4.500 Holotypen und 10.000 Paratypen) gab er 1916 für ein relativ geringes Entgelt an das Ungarische Naturhistorische Museum in Budapest, wo sie einen weltweit benutzten Teil der dortigen großen Käfersammlung darstellt. Vorteilhafte Angebote aus dem Ausland hat er ausgeschlagen, damit die Sammlung im (damaligen) Inland bleibt.

Die Verehrung seiner Zeitgenossen für REITTER war hoch. Lassen wir als ein Beispiel THEODOR VON WANKA (1915) zu seinem 70. Geburtstag 1915 zu Worte kommen: »Die Blicke der entomologischen Kreise lenken sich heute nach dem stillen mährischen Marktflecken Paskau, wohin sich seit vielen Jahren einer der führenden Geister der Insektenkunde zurückgezogen hat, um sich dort, fern vom brausenden Getriebe der Welt in ruhiger, glücklicher Abgeschiedenheit der Aufgabe seines Lebens zu widmen. Und dieses Leben ist Arbeit, jene mühevolle und doch so süße Arbeit im Dienste der Wissenschaft, die keine Frohne ist und auch kein Spiel und deren Glück nur jenen wenigen Auserwählten beschieden ist, denen der Genius den Bruderkuß auf die Stirne drückte und die heilige Flamme der Begeisterung im Herzen entzündete.«

Ein für REITTER besonders wichtiger coleopterologischer Kollege dürfte LUDWIG GANGLBAUER (1856–1912) gewesen sein. Der Lebensweg GANGLBAUERS verlief recht geradlinig und führte ihn ohne wesentliche Umwege zum Kustodiat der großen Coleopterensammlung des Wiener Museums, das er am 1.10.1880 antrat und verbunden mit mancherlei Erhöhungen seines Dienstverhältnisses, die ihn bis zum Direktor führten, bis zu seinem Tode innehatte. GANGLBAUER begann damit, einen neuen „REDTENBACHER" zu bearbeiten. REDTENBACHERS „Fauna Austriaca" war zu jener Zeit für mitteleuropäische Verhältnisse das wohl beste und zuverlässigste Käferbestimmungswerk, erfreute sich einer sehr weiten Verbreitung und reichen Nutzung. Die vielfältige coleopterologische Tätigkeit und die daraus resultierenden neuen Kenntnisse hatten aber dazu geführt, dass dieses Buch mehr oder weniger völlig überarbeitungswürdig geworden war. Dieser Aufgabe wollte sich GANGLBAUER annehmen. Es zeigte sich aber bald, dass GANGLBAUER, der nicht kompilieren wollte, durch die Untersuchung umfangreichen originalen Materials, das er zum Teil selbst erst zu beschaffen trachtete, den zusammenfassenden und übersichtlichen Charakter, der dem Buch REDTENBACHERS anhaftete, bald verließ und ein völlig anders geartetes Buch zu schaffen sich anschickte. Seine „Die Käfer von Mitteleuropa. Die Käfer der österreichisch-ungarischen Monarchie, Deutschlands, der Schweiz sowie des französischen und des italienischen Alpengebietes" (1892–1904) sind entschieden ausführlicher gehalten, dadurch auch genauer und zuverlässiger, andererseits waren sie für die meisten damaligen Coleopterologen zu hoch gestochen und wurden – zu Unrecht – zu wenig benutzt.

Wenn wir uns die Person LUDWIG GANGLBAUERS vorstellen wollen, können wir FRANZ HEIKERTINGER (1914) zu Wort kommen lassen, der über seine erste Begegnung mit ihm bei einer Sitzung der Wiener Coleopterologen berichtet: »Als GANGLBAUER damals erschien war mein erster Eindruck fast eine leichte Enttäuschung. Das also war GANGLBAUER?! Ich weiß nicht, warum – aber ich hatte eine hohe, ernste Gelehrtengestalt erwartet, etwa mit blondem Vollbart und goldener Brille. Vor mir aber stand ein eher kleiner, stämmig gebauter, fast ein wenig korpulenter Mann. Das Haar kurz gehalten, auf dem Scheitel gelichtet, das volle lächelnde Gesicht von einem kurz gehaltenen Bart umgeben.... Die kurzen, ein wenig steif gehaltenen Finger der Rechten hielten eine brennende Zigarre. Die Stimme war scharf und fast ein wenig grell, die Sprechweise hatte einen stark wienerisch-breiten Akzent.«
Von GANGLBAUER stammt übrigens die viel praktizierte Definition, wann ein Käfer defekt ist: »Sobald ein Stück einen ganzen Fühler und 3 verschiedene Füße unverletzt hat, ist es nicht defekt.«

Der in diesem Buch mehrfach erwähnte FRANZ HEIKERTINGER (1876–1953) war höherer Postbeamter und wirkt noch heute durch ein außerordentlich umfangreiches Werk. Es umfasst 52 Arbeiten über die Systematik der Halticinae, 25 über die Biologie dieser Tiere, 82 zur Mimikry, darunter ein selbstständiges Buch, 38 zu Nomenklaturfragen. Seine Serie „Aus der Praxis des Käfersammlers“ und weitere die Praxis der Coleopterologie berührende Themen umfassen insgesamt 57 Publikationen, hinzu kommen noch 44 Nachrufe. Er war im Unterschied zu REITTER neben GANGLBAUER – in seiner Konsequenz sogar noch weitgehender – der Einzige, der die Genitalmorphologie in REITTERS Werk einführte.

Extreme Lebensräume

Käfer besiedeln nahezu alle Lebensräume der Erde, wenn man vom Meer absieht. Im Gefolge des Menschen sind sie auch bis in die Polargebiete gekommen, wo einige Arten in den Stationen gefunden werden können – natürlich nicht den harten äußeren Bedingungen ausgesetzt. Im Folgenden werden einige extreme Lebensräume als Beispiele für die große Anpassungsfähigkeit der Käfer vorgestellt.

Große Höhen

Bis in eine Höhe von 5.500 m gibt es ausnahmsweise noch Laufkäfer (Carabidae). Eine Entwicklung an den Rändern der Gletscher kann in den Alpen bis in ca. 3.000 m Höhe stattfinden. Den dort lebenden Käfern fehlen meist die Hinterflügel. Das Fliegen würde die Tiere nur in die Gefahr bringen, bei den oft auftretenden Winden und Stürmen abgeweht zu werden. Manche Arten überwintern sogar unter 10 m hohen Schneedecken.

Käfer in Schnee und Eis

Käfer gibt es selbst auf den antarktischen Inseln und an der Küste von Grönland. Auf Spitzbergen leben noch vier Käferarten. Lediglich die Schneegipfel der höchsten Gebirge und das ewige Eis der Pole (auch die Hochsee) sind von den Käfern nicht erobert worden. Wie sehr das Auftreten von Insekten auf dem Schnee, vor allem, wenn dieses in großer Menge erfolgt, die Menschen beschäftigt, zeigt uns das im Folgenden geschilderte historische Ereignis.

Mehrere Quellen berichten von einem Insektenregen, der am 20.11.1672 im damaligen Ungarn vom Himmel fiel. Zunächst sei eine Schilderung des Vorganges wiedergegeben. »Am 20. November 1672 erhob sich bei Neusohl, Windisch Lipsich und Epericae ein heftiger Schneesturm. Mit dem Schnee fiel eine ungeheure Menge von abscheulichen gelben und schwarzen, befußten Würmern ständig auf die Erde nieder und bedeckte diese, zum größten Entsetzen der Bewohner, weit und breit. ... Diese Insekten blieben drei Tage lang lebendig, krochen scharenweise herum und befehdeten sich gegenseitig. Dabei wurden die viel größeren gelben Würmer von den schwarzen besiegt und aufgefressen. Von beiden Arten wurden Tiere nach Wien geschickt als eine höchst staunenswerte, bedeutungsschwere und eigenartige Sache, die niemand ohne Schrecken und Verwunderung betrachten wird.«

Es ist heute schwierig, den rationalen Kern dieses Insektenregens zu finden. Die größte Wahrscheinlichkeit dürfte noch eine solche Deutung haben, nach der es sich um Larven von Weichkäfern (Cantharidae) gehandelt haben könnte. Dafür sprechen die historischen Abbildungen. Außerdem ist bekannt, dass Weichkäferlarven sowohl im Spätherbst als auch im Früh- und Spätwinter auf dem Schnee herumlaufen. Sie werden deshalb im Volksmund als „Schneewürmer" bezeichnet. Unmittelbar nach dem Schneefall wird ihre Anwesenheit aufgefallen sein, vorher hat man die dunklen Larven auf der dunklen Erde nicht bemerkt.

Tiefe Höhlen

Fast alle vom Menschen erforschten Höhlen sind von Käfern besiedelt. Höhlenkäfer haben meist keine Augen, sind pigmentarm, rot bis gelb gefärbt, tragen gewöhnlich auffallend lange Fühler, Taster und Beine, der Hinterleib ist oft ballonförmig aufgetrieben und dient als Nährstoffspeicher (Abb. 134). Bei vielen Arten sind die Stigmen und Tracheen weitgehend reduziert, und es findet fast nur Hautatmung statt. Sie ernähren sich von eingeschwemmter oder eingewehter Pflanzensubstanz, den Resten anderer Höhlenbewohner, zum Teil auch von diesen selbst. Als Beispiel kann uns wiederum die Laufkäfergattung *Trechus* (im weiteren Sinne) dienen, von der viele Arten ausschließlich in Höhlen vorkommen. Der erste Höhlenkäfer wurde 1832 als *Leptodirus hohenwarti* beschrieben (Abb. 135). Als Prototyp von Höhlenkäfern können die sehr langbeinigen Angehörigen der Unterfamilie Bathysciinae der Familie Nestkäfer (Leiodidae-Cholevinae) aufgefasst werden. Doch auch in anderen Familien gibt es einzelne Höhlenkäfer. So lebt der augenlose Schwimmkäfer *Siettitia balsetensis* (Dytiscidae) in unterirdischen Quelltümpeln in Frankreich. Fast jede Höhle hat ihre eigene Fauna, und vor allem die Bathysciinae neigen sehr stark zur Artenbildung in Höhlen. Besonders reich an Höhlenkäfern sind die Höhlen des Karstes der Dinarischen Alpen, Ostkarpaten und Pyrenäen. Da das Alter der Höhlen geologisch bestimmbar ist, kann auch das maximale Alter der betreffenden spezialisierten Höhlenkäferarten recht genau angegeben werden.

Auch in Bergwerken leben Käfer. So entwickelte sich der Hausbock (*Hylotrupes bajulus*) im Grubenholz eines 860 m tiefen Stollens.

In der Trockenheit der Wüste

Die Wüsten haben im Allgemeinen eine überraschend reiche Käferfauna. Vor allem aus der Familie Schwarzkäfer (Tenebrionidae) sind zahlreiche Arten vorhanden (Abb. 136, 137), aber auch Blatthornkäfer (Scarabaeidae) gibt es in diesem Lebensraum. Die extremen Lebensbedingungen der subtropischen 1.300 km langen und 50–160 km breiten Namib-Wüste in Südwestafrika haben beispielsweise zahlreiche endemische Arten hervorgebracht, allein bei den Schwarzkäfern mindestens 30 Gattungen mit etwa 200 Arten, die oft noch auf bestimmte Dünenbezirke spezialisiert sind.

Zahlreiche Anpassungen an das Wüstenleben sind entwickelt. Die meisten Arten vergraben sich tagsüber im Sand (Vorderbeine = Grabbeine) und sind erst nachts aktiv. Bemerkenswert ist, wie stark das Eingraben den Käfern bereits erträglichere Umweltverhältnisse schaffen kann. Die Wüstenoberfläche kann gegen 14.00 Uhr 50 bis 62 °C heiß sein und eine relative Luftfeuchtigkeit von nur 15 % haben. Bereits in 7,5 cm Tiefe ist die Temperatur auf 27 °C abgesunken, und es herrscht eine relative Luftfeuchtigkeit bis

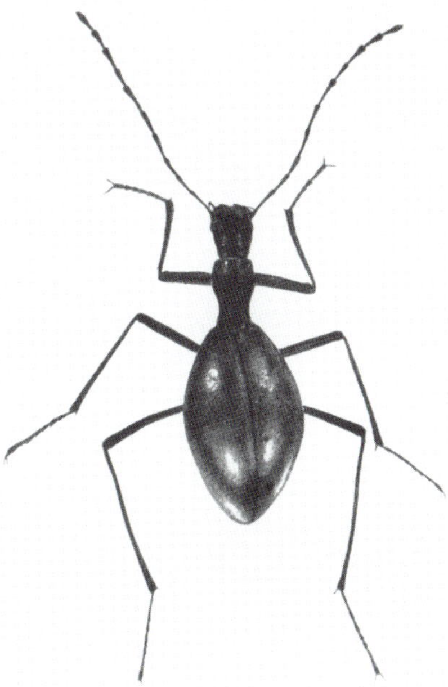

134 Höhlenkäfer (Abb. 134–135): *Astagobius angustatus* aus Slowenien (Aaskäfer, Silphidae). (Foto FÖRSTER)

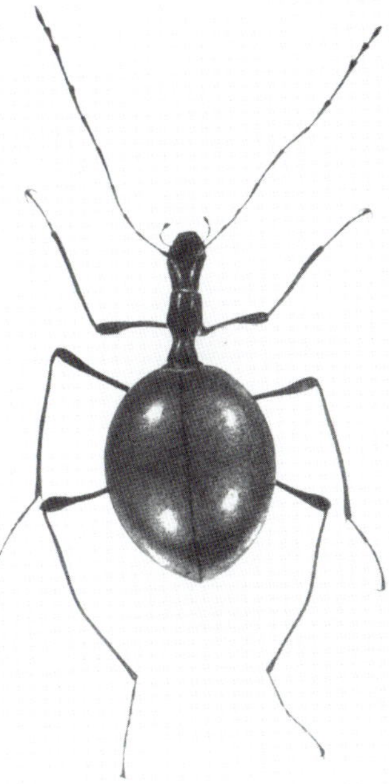

135 *Leptodirus hohenwarti* aus Slowenien (Aaskäfer, Silphidae). (Foto FÖRSTER)

zu 90%. Die Todesgrenze liegt bei allen untersuchten Arten nicht höher als 51 °C. An das oft sehr schnelle Laufen auf dem Sand, selbst feinem Treibsand, sind viele Arten durch Verlängerung und andere morphologische Besonderheiten der Beine besonders gut angepasst.

Der feste und dicke, oft aufgehellte Panzer, der kaum Intersegmental- oder Gelenkhäute frei lässt, besonders die Sternite sind miteinander verschmolzen, gewährleistet einen guten Verdunstungsschutz. Wachsüberzüge und Haare sowie Verschlussmechanismen der Stigmen tragen ebenfalls zur Verminderung des Wasserverlustes bei. Viele Arten trinken nie und decken ihren Wasserbedarf mit dem Oxidationswasser, das bei der Verbrennung der Nährstoffe entsteht. Zur Erläuterung einige Zahlen: 100 g Kohlenhydrate liefern 55 g, 100 g Eiweiß 43 g und 100 g Fett 107 g Wasser. In der extrem trockenen Namib-Wüste (15–20 mm Niederschlag/Jahr) haben Schwarzkäferarten zur Wassergewinnung eine interessante Nebelfalle entwickelt. Die Käfer werfen am frühen Morgen entlang schmaler Gräben Sandhügel auf. An diesen fängt sich der horizontal einströmende Nebel. Die Grabenwände nehmen die Nebelfeuchtigkeit auf, und die Käfer sind imstande, dem Sand diese Nebelfeuchte wiederum zu entnehmen.

Selbst total ausgetrocknete Reste der Vegetation reichen als Nahrungsgrundlage aus. In den pflanzenlosen Dünen der Namib-Wüste leben die oft sehr individuenreichen Populationen ausschließlich von dem durch den Wind herangewehten Detritus.

Im Salz

Das Meer ist von den Käfern praktisch nicht besiedelt worden. Lediglich das Brackwasser, die Uferzonen und die Spritzwassertümpel (mit oft recht beachtlichem Salzgehalt) wurden von Käfern erobert, z. B. von Arten der Gattung *Ochthebius* (Langtasterwasserkäfer, Hydraenidae). Es entstand eine spezifische Salzfauna mit Arten, die vor allem deshalb dort vorkommen, weil sie in salzarmen Biotopen der Konkurrenz anderer Arten, die aber kein Salz vertragen, nicht gewachsen wären. Salzkäfer leben auch an Binnenlandsalzstellen. Besonders reich an Salzkäfern ist die Familie Laufkäfer (Carabidae). Sehr viele Arten der Gattungen *Clivina*, *Dyschirius* und *Bembidion* sind salzgebunden (halobiont). In der letzteren Gattung gibt es sogar eine Art, die an der Nordseeküste lebt und sich während der Flut im Sandboden verkriecht und überschwemmen lässt. In der Schwimmkäfergattung *Hydroporus* (Dytiscidae) gibt es ebenfalls mehrere salzliebende Arten. Auch unter den Kurzflüglern (Staphylinidae) sind solche zu finden, besonders in den Gattungen *Diglotta* und *Bledius*. Viele Säge-

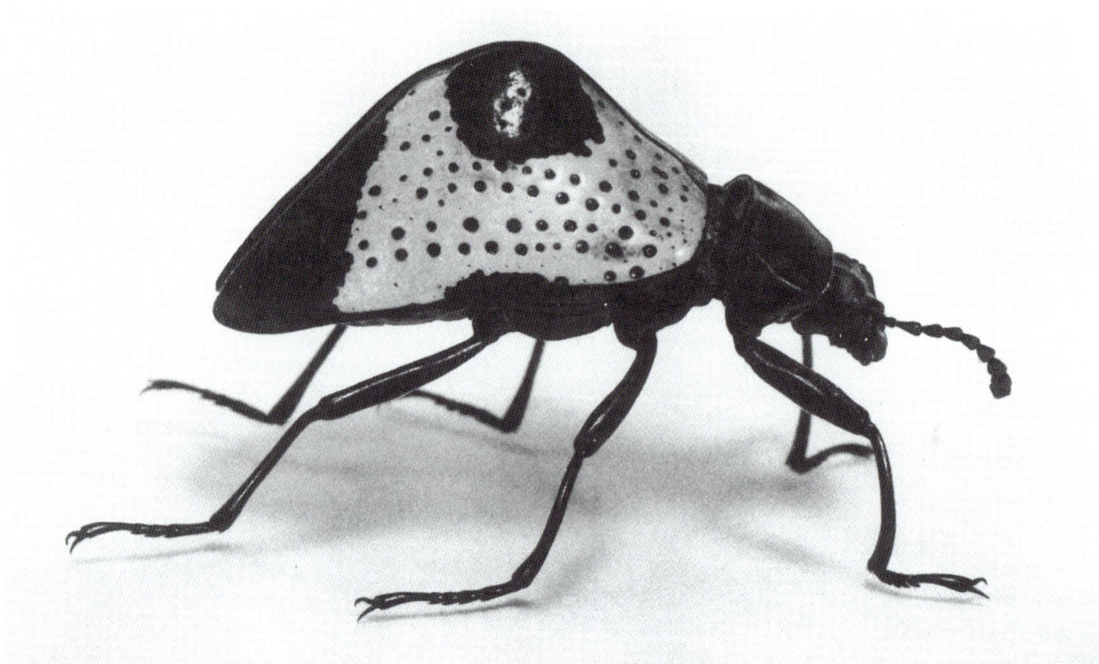

136
Wüstenkäfer (Abb. 136–137): *Cuphotes immaculipes* aus Südamerika (Schwarzkäfer, Tenebrionidae). (Foto Förster)

137
Stenocara gracilipes? (Schwarzkäfer, Tenebrionidae) aus Namibia. (Foto Gepp)

käfer (Heteroceridae) sind ebenfalls halophil (salzliebend). Die Larve des Scheinbockkäfers *Nacerdes melanura* (Oedemeridae) lebt in Holz, das regelmäßig vom Meerwasser befeuchtet wird, zum Beispiel Buhnen.

In warmen Quellen

Es gibt einen Schwimmkäfer (*Bidessus thermalis*), der in 45 °C warmen Thermalquellen in Oberitalien lebt. Außerdem besiedelt diese Quellen ein Wasserkäfer (*Laccobius gracilis*) und ein Vertreter der Familie Hydroscaphidae (*Hydroscapha gyrinoides*).

Im Brandholz

Das nach einem Waldbrand zurückbleibende verkohlte Holz hat eigenartigerweise eine ganz spezifische Käferfauna nach sich gezogen. Auf ehemaligen Waldbrandflächen kommen verschiedene Bockkäfer (Cerambycidae) bevorzugt vor, zum Beispiel *Arhopalus ferus*, *Acmaeops septentrionis* und *A. marginatus*. Verschiedene Scheinrüssler (Salpingidae) suchen ebenfalls Brandholz für ihre Entwicklung auf. Auch der Laufkäfer *Sericoda quadripunctata* lebt an solchen Stellen.

Bei den Prachtkäfern (Buprestidae) gibt es eine Gattung (*Melanophila*), die schon dann Waldbrandflächen aufsucht, wenn die Stämme und Äste noch glühen. Viele Beobachter berichten, dass die Tiere auf so heißem Holz, das man noch nicht anfassen konnte, saßen und kopulierten. Offenbar wirkt für *Melanophila* das Feuer anziehend, und man soll bestimmte Arten durch Verbrennen von Sägespänen anlocken können. Es wurde nachgewiesen, dass in der Mittelbrust neben den Hüften Infrarot-Sinnesorgane vorhanden sind, die die von einem Waldbrand ausgehenden infraroten Strahlen empfangen können. Die Käfer können deshalb Waldbrände in der Ebene aus 1 km Entfernung, im Gebirge bis zu 5 km weit wahrnehmen (mitunter werden sogar 50 km angegeben). Die Larven können sich nur in frisch von Feuer zerstörtem Holz entwickeln.

Käfer als Nestbewohner

Die Nester von Säugetieren, Vögeln und Staaten bildenden Insekten (Bienen, Hummeln, Wespen, Ameisen, Termiten) haben verschiedene Käferarten als spezifische Bewohner, die von Nestmaterial und Nahrungsresten der Wirte leben oder räuberisch von diesen oder dort vorkommenden anderen Tieren (s. auch S. 120). Vor allem unter den Kurzflüglern (Staphylinidae) gibt es viele nestbewohnende (nidicole) Arten. Besonders reich sind die Nester und Bauten von Maulwurf, Hamster, Ziesel, Fuchs und Dachs, die Greifvogel- und Storchenhorste, die Erdhöhlen der Uferschwalben und Holzhöhlen der Spechte. Eine andere Käferunterfamilie, die Nestkäfer (Leiodidae-Cholevinae), hat sogar ihren Namen davon, dass sehr viele Arten in irgendwelchen Nestern leben. Vor allem sind sie bei Nagetieren, Insektenfressern und kleinen Raubtieren zu Hause. Auch unter den Federflüglern (Ptiliidae) finden sich nidicole Arten, zum Beispiel *Ptenidium laevigatum* beim Maulwurf, *Acrotrichis atomaria* und *A. fascicularis* in Bussardhorsten. Häufige Nestbewohner gibt es bei den Schimmelkäfern (Cryptophagidae), Schwarzkäfern (Tenebrionidae), Palpenkäfern (Staphylinidae-Pselaphinae) und Stutzkäfern (Histeridae), zum Beispiel *Margarinotus marginatus* beim Maulwurf. Die zur Überfamilie Scarabaeoidea gehörenden Erdkäfer (Trogidae, Gattung *Trox*) leben vor allem in Großvogelhorsten. Der Hornissenkurzflügler (*Velleius dilatatus*) scheint nur in Hornissennestern vorzukommen. Nicht vergessen seien der Immenbuntkäfer *Trichodes* aus der Familie Buntkäfer (Cleridae) (Abb. 138), dessen Larven auch in Bienenstöcken leben, die Ameisen- und Termitengäste (s. S. 151), die Keulenkäfer (*Claviger*) (s. S. 153) sowie die Ölkäfer (Meloidae) und Fächerkäfer (Ripiphoridae) (s. S. 146 bzw. 126).

138
Immenbuntkäfer (*Trichodes apiarius*) beim Blütenbesuch; Körperlänge 9–16 mm. (Foto Gepp)

Synanthrope Käfer

Als synanthrope Käfer bezeichnet man solche, die im unmittelbaren Lebensbereich des Menschen vorkommen und im Freiland offenbar ± gar nicht mehr leben. Hierzu sind neben Schädlingen auch solche Arten zu rechnen, die dem Menschen nicht lästig werden, wie beispielsweise der Hausbuntkäfer (*Opilo domesticus*), der holzzerstörende Käferlarven frisst.

Fast alle diese Arten sind ± eng an den Menschen und seine Wohnumgebung gebunden und vielfach wärmeliebend (thermophil). Manche Arten sind autochthon, viele stammen aber ursprünglich aus anderen Faunengebieten und sind oft Kosmopoliten (s. S. 95). Einige gelten gleichzeitig als Vorrats- und Materialschädlinge, da sie das Überangebot an Nahrungsressourcen nutzen.

Das synanthrope Vorkommen einiger Arten der Schimmelkäfer (Cryptophagidae) in Lagern, Wohnungen, Ställen, Scheunen und Kellern verwundert nicht, da die meisten Arten Schimmelpilzfresser sind und an nicht mehr frischen Vorräten, verrottenden Pflanzen, auch in Nestern leben. So werden z. B. mindestens 10 *Cryptophagus*-Arten ± regelmäßig in Kellern gefunden, wohl alle diese Arten gelten als ± synanthrop (manche auch als Ubiquisten, einige kommen zusätzlich in Höhlen vor), ohne dass genaue Untersuchungen über die Enge der Beziehung zum menschlichen Lebensraum (Synanthropiegrad) vorliegen.

Die Pilznahrung (Schimmelpilze) ist Ursache für einen reichlichen Anteil mehr oder weniger synanthroper Arten in der Familie Schimmelflachkäfer (Latridiidae). Feuchte Wohnungen (Tapeten, Unterdielenräume), Ställe, Scheunen, Schuppen, Speicher, Apotheken (Drogen), Herbarien, Insektensammlungen, Dachböden (Vogelnester, Fledermauskot) liefern meist genügend geeignetes Nährsubstrat. Im Freiraum von

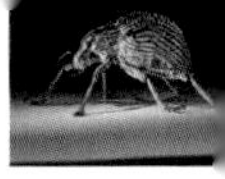

Städten werden Habitate besiedelt, die verschimmelnde, vor allem pflanzliche Substanzen enthalten, wie z. B. Gräser, Heu, Getreide, Stroh, Schilf, Holz, Fallaub und Nadelstreu. Einige Arten neigen sogar zu Massenvermehrungen, z. B. *Thes bergrothi* und *Dienerella elongata*. Von *Adistemia watsoni* wurden in einer Wohnung in München mehr als 10.000 Individuen in einem Zimmer gefunden. Viele Schimmelflachkäfer sind (meist mit dem Handel) weltweit verschleppt worden, z. B. *Cartodere bifasciatus* aus Australien nach England. In Deutschland ist diese Art erst seit knapp 20 Jahren vorhanden. Aus Kellern kennt man ca. 10 Arten Schimmelflachkäfer (Latridiidae), die mit großer Regelmäßigkeit in diesem Habitat nachgewiesen werden. Einige davon (*Thes bergrothi, Cartodere nodifer, Dienerella filum, Corticaria fulva*) zählen ebenfalls nicht zu den ursprünglichen Angehörigen unseres Faunengebietes. Sie haben ihre Heimat, soweit bekannt, in wärmeren Ländern und sind bei uns eingeschleppt worden, z. T. sind sie Kosmopoliten.

Aus der Familie Stutzkäfer (Histeridae) sind in Siedlungsgebieten Bewohner von Exkrementen (z. B. *Saprinus, Hypocaccus, Margarinotus, Hister* u. a.) und Vogelnestern, vor allem von Stadttauben (auch Säugetierbauten) begünstigt und z. T. synanthrop. Die kosmopolitisch verbreitete Art *Carcinops pumilio* lebt in Häusern, Lagern und Mühlen in Getreide und Mehlprodukten. Sie zeigt ein gutes Flugvermögen, wodurch ihre Ausbreitung gefördert wird. Einige Arten der Buntkäfer (Cleridae) leben in mehr oder weniger enger Synanthropie. Sie sind als Larven und Imagines räuberisch und können deshalb als Gegenspieler von Vorrats- oder Materialschädlingen eine gewisse Bedeutung erlangen, z. B. *Thaneroclerus buqueti*.

Die Speckkäfer (Dermestidae) leben als Larven (z. T. auch Imagines) überwiegend von Stoffen tierischer Herkunft (Trockenfisch, Fleisch, Aas, Knochen, Horn, Haare, Felle, Wolle, Häute, Hufe, Federn, trockene Insekten, Seide). Deshalb kommen sie bevorzugt in entsprechenden Lagern (auch Tierkörperverwertungsbetrieben), in Nestern von Vögeln und Hautflüglern, Sammlungen und Wohnungen vor. Viele Arten sind Kosmopoliten, auch werden in Mitteleuropa relativ oft neue Arten eingeschleppt, die sich mitunter einbürgern können. Ein Beispiel aus den letzten Jahrzehnten ist die aus Nordamerika stammende vermutlich parthenogenetische Art *Reesa vespulae*. Sie wurde zuerst in einem Moskauer Herbarium nachgewiesen (1959), es folgten Norwegen 1960, Deutschland 1965, Finnland 1966, Schweden 1972, Dänemark 1973, Großbritannien 1977. Ökologisch stammt diese Art aus Nestern von Wespen und Wildbienen, wo sie sich von toten Insekten und Pollen ernährt. Ein etwas älteres Beispiel für eine vielleicht noch dramatischere Ausbreitungsgeschichte liefert *Trogoderma angustum* aus Chile (1849 von Antoine Joseph Jean Solier beschrieben), das 1921 in Stettin und 1931 in Berlin erstmals auftrat. Die Imagines mancher Arten (z. B. aus den Gattungen *Attagenus, Megatoma, Trogoderma* und *Anthrenus*) ernähren sich (wohl nicht obligatorisch) von Pollen und kommen in jahreszeitlicher Abhängigkeit (in ihrem Entwicklungszyklus) oft auf Blüten von in Siedlungsgebieten häufigen Sträuchern vor, z. B. Spierstraucharten (*Spiraea* sp.). Viele synanthrope Arten sind ursprünglich Bewohner von Vogelnestern (z. T. auch von Taubenschlägen), z. B. heute noch *Dermestes murinus, D. lardarius, D. bicolor* (auch Hühnerställe) und *Anthrenus pimpinellae* (Haussperling, Mehlschwalbe, Tauben). In Nestern von Stadttauben kommt vor allem *Dermestes lardarius* vor. Von den oft reichlich vorhandenen Insektenresten in (verlassenen) Spinnweben, Fensternischen u. Ä. (auch im Freiland) lebt *Trinodes hirtus*.

Aus der Familie Flachkäfer (Trogossitidae) lebt der Kosmopolit *Tenebroides mauritanicus* synanthrop in Vorräten von Getreide, Reis, Mehl und Zucker. Die offenbar sehr nahe verwandte Art *T. fuscus* kommt unter Laubholzrinde, besonders Eiche, vor und gilt sogar als Urwaldrelikt, es scheint kein Übergang von einer holzbewohnenden Art zu einer synanthropen vorzuliegen.

Mit rohem und verarbeitetem Holz sind einige Arten der Splintholzkäfer (Bostrichidae-Lyctinae) in Lager, Tischlereien, Schreinereien und Häuser eingeschleppt worden, z. B. *Lyctus brunneus* (Kosmopolit), *L. africanus* (in Schnitzereien aus Afrika), *L. planicollis* (aus Nordamerika), *L. linearis* und *Minthea rugicollis* (Kosmopolit).

Der Bohrkäfer *Rhyzopertha dominica* (Bostrichidae) lebt synanthrop in Vorräten von Getreide und Getreideprodukten, aber auch in anderen Nahrungsmitteln. Diese Art ist ein Beispiel für die Umstellung eines xylophagen Käfers zu einem Vorratsschädling. Mit Bambus (auch Hölzern und Drogen) wurden verschiedene Arten der Gattung *Dinoderus* vor allem aus Japan, Ost- und Südasien eingeschleppt.

Einige Arten der Pochkäfer (Anobiidae) leben synanthrop in verarbeitetem (oft verpilztem) Holz und können gewaltige Schäden an Dachstühlen, Möbeln, Schnitzereien usw. hervorrufen. Andere schädigen Getreide und Lebensmittel, Tabak und Gewürze. Zu nennen ist *Stegobium paniceum*, ein Kosmopolit, der Brot und andere Backwaren, Getreide, Mehl, Drogen, Gewürze, Herbarien und Bücher befällt. *Lasioderma serricorne* (Kosmopolit) befällt vor allem getrockneten und verarbeiteten Tabak, aber auch Drogen und verschiedene Lebensmittel. Die nahe verwandte Art *L. redtenbacheri* entwickelt sich im Blütenboden der Skabiosen-Flockenblume (*Centaurea scabiosa*), für *L. serricorne* wird eine ähnliche primäre Nahrung angenommen (das bevorzugte Vorkommen in Kamillenblütentee könnte darauf hinweisen). Eine Symbiose ermöglichte dann die Ausnutzung der neuen Nahrungsquelle und damit die weltweite Verbreitung.

Manche Diebkäferarten (Ptinidae) sind Bewohner des Unterdielenraumes in älteren Häusern (z.B. der Messingkäfer *Niptus hololeucus*), viele leben an pflanzlichen und tierischen Lebensmitteln, auch an Wolle, Federn und Kasein, andere sind nidicol in der Umgebung des Menschen. *Ptinus fur* kommt oft in großer Anzahl in Nestern von Stadttauben (*Columba livia* forma *domestica*) und des Haussperlings (*Passer domesticus*) vor, auch *P. raptor, P. tectus* und *P. clavipes*.

Unter den Schwarzkäfern (Tenebrionidae) gibt es eine ganze Anzahl von Arten, die in Gebäuden vor allem an Vorräten leben, gleichzeitig aber auch im Freien in zerfallendem Holz (Mulm) und unter Rinde vorkommen. Beispiele sind in den Gattungen *Alphitophagus, Palorus, Tenebrio* und *Tribolium* zu finden. Es existieren zwischen den Populationen – soweit bekannt – hauptsächlich ökologische, kaum morphologische Unterschiede. Offenbar sind manche dendrophile Arten besonders präadaptiert gewesen für den Übergang zur synanthropen Lebensweise. Einige Arten sind eingeschleppt worden, z.B. *Tribolium destructor* und haben sich oft kosmopolitisch verbreitet. Andere Wege zur Synanthropie ergaben sich vermutlich über das Leben in Nestern von Säugetieren und Vögeln. Einige Arten leben unter altem Laub, Heu und Stroh und wurden so Bewohner von Ställen, auch Kellern. Viele Tenebrionidae sind thermophil und finden deshalb in Siedlungsgebieten günstige Bedingungen. In geeignetem Nahrungssubstrat können große Individuenzahlen zur Entwicklung kommen, z.B. 450.000 *Tribolium castaneum* in 100 Liter Reisfuttermehl.

Einige interessante Käferfamilien

Systematische Einteilung der Käfer

Eines der ältesten Käfersysteme verdanken wir dem Londoner Arzt und Zoologen Martin Lister (1638–1711), der die Sektion der Käfer (gemeint sind nur englische Arten) in die folgenden zwei großen und sieben kleineren Gruppen aufgliedert:

»A. Mit haarförmigen Antennen und vollkommenen Elytren.
Cap. 1. Von den Cerambyciden. Diese haben folgende Eigenschaften. 1. Körper lang und schmal; 2. sehr lange, zarte und geknotete Antennen; 3. finden sich besonders in Nähe von Bächen.
Cap. 2. Von den Käfern mit zangenförmigen Kiefern (Carabidae-Cicindelinae, d. Verf.).
Cap. 3. Von den Springkäfern. Sie springen vermittels der Brust (Elateridae, d. Verf.).
Cap. 4. Von den langsam kriechenden Käfern, die zwar Elytren, aber keine oder nur kleine Flügel besitzen.
Cap. 5. Von den schnell kriechenden Käfern mit Flügeln.

B. Mit haarförmigen Antennen und unvollkommenen Elytren.
Cap. 1. Von den Ohrwürmern (Dermaptera und Staphylinidae, d. Verf.).
Cap. 2. Von etwas verstümmelten Weichkäfern ohne Flügel (*Meloe*, d. Verf.).«

Wir lasen bereits, dass die Käfer die artenreichste Insektenordnung der Welt sind. Seit Carl von Linné ist es üblich, Arten in Gattungen, Gattungen in Familien und Familien in Ordnungen zusammenzufassen – ein hierarchisches Ordnungsprinzip, das bis heute in Gebrauch ist. Linné führt in der 10. Auflage (1758) seines berühmten „Systema Naturae“ 23 Gattungen auf, heute sind es natürlich erheblich mehr. Zwar kann man noch mit einiger Sicherheit die Zahl der beschriebenen Käferarten angeben, über die Zahl der Gattungen gibt es dagegen keine gesicherten Vorstellungen mehr. Das darf uns nicht wundern, ist doch einzig die Art (und eine Riesenzahl höherer Taxa) exakt zu definieren und objektiv vorhanden. Die Kategorien Gattung, Familie, Ordnung usw. sind Kunstgriffe des Systematikers, um der Ordnungsfunktion des Systems gerecht zu werden. Gerade bei den Gattungen ist dem Ermessen der einzelnen Bearbeiter ein so weites Feld gegeben, dass deren Zahl um mehr als 200 % differieren kann. Bei den Familien ist das nicht ganz so ausgeprägt. Zwar macht sich immer mehr die Tendenz bemerkbar, traditionelle Unterfamilien zu Familien zu „befördern“, doch lässt sich die Zahl der in Gebrauch befindlichen Familien mit 185 angeben (siehe Anhang).

Neben der Aufgabe Ordnung in die Mannigfaltigkeit hinein zu bringen, befasst sich die Systematik vor allem damit, die der Mannigfaltigkeit innewohnende Ordnung zu erkunden. Die phylogenetische Systematik erforscht die natürliche Verwandtschaft der einzelnen Arten und der höheren Kategorien. Es geht darum, Gruppen zusammenzufassen, die aus einer einzigen stammesgeschichtlichen Wurzel stammen (monophyletische Gruppen) und jeweils deren Schwestergruppe (Adelphotaxon) zu finden. So entsteht nach und nach ein System, das die Arten in einer großen Zahl übergeordneter Taxa zusammenfasst, für die es größtenteils keine Namen gibt. Zwar sind wir von einem geschlossenen phylogenetischem System der Coleoptera noch weit entfernt, die Unterordnungen und viele Familien sind aber bereits als monophyletische Gruppen gut charakterisiert. Die Verwandtschaftsbeziehungen der Unterordnungen sind auch ± gesichert geklärt (siehe Schema S. 90).

Die Unterordnungen

Die Käfer (Coleoptera) sind eine Ordnung innerhalb der Klasse der Insekten. Ordnungen werden gewöhnlich in Unterordnungen gegliedert. Zum einen sollen damit große stammesgeschichtliche Linien sichtbar gemacht werden, zum anderen ist es Ausdruck für das Bedürfnis eines jeden Systematikers, die Mannigfaltigkeit hierarchisch zu klassifizieren und überschaubarer zu machen.

Die beiden Unterordnungen Adephaga (35.000 Arten) und Polyphaga (346.000 Arten) sind schon lange in Gebrauch. Von den Vorschlägen für weitere Unterordnungen haben die Gründungen der Archostemata und der Myxophaga bleibenden Bestand gefunden. Alle vier genannten Gruppen entstammen wahrscheinlich je einer einzigen stammesgeschichtlichen Wurzel und spiegeln große Entwicklungslinien wider. Die Archostemata sind die Schwestergruppe der übrigen drei Unterordnungen. Als zweite Teilgruppe haben sich im oberen Perm die Adephaga abgespalten. Myxophaga und Polyphaga haben sich zuletzt getrennt. Dem Bedürfnis nach übersichtlicher Untergliederung werden die 4 Unterordnungen jedoch kaum gerecht. Die Archostemata und Myxophaga umfassen jeweils nur vergleichsweise wenige Arten (30 bzw. 95), es bleibt der riesige Block der Polyphaga zurück, dessen weitere Großgliederung sehr problematisch ist. An Versuchen, mit Familienreihen u.Ä. eine Hierarchie zu schaffen, hat es nicht gefehlt, doch hat sich keiner der Vorschläge bisher allgemein durchsetzen können. In der Systemübersicht des Anhangs werden sie in fünf Serien und 17 Überfamilien untergliedert. Die etwa 346.000 Arten verteilen sich auf die 5 Serien wie folgt: Staphyliniformia 66.000, Scarabaeiformia 28.000, Elateriformia 41.000, Bostrichiformia 4.000 und Cucujiformia 207.000. Ein phylogenetisches System der Polyphaga steht größtenteils noch aus.

Cupedidae

Die Cupedidae gelten, vor allem wegen des Baus ihrer Flügeldecken (s. S. 56), als eine sehr ursprüngliche Käferfamilie. Zusammen mit den Micromalthidae und 3 weiteren Familien bilden sie die Unterordnung Archostemata. Vertreter dieser Familie waren in früheren erdgeschichtlichen Epochen bedeutend weiter verbreitet als heute. Rezent kommen die Cupedidae in der östlichen Palaearktis, in Südostasien, Afrika, Madagaskar und Australien vor, insgesamt kennen wir 21 Arten. Die Larven entwickeln sich in zerfallendem Holz und weisen verschiedene Anpassungen an diese spezielle Lebensweise auf, die als ursprünglich bei den Käfern gilt.

Micromalthidae

Die Micromalthidae sind bezüglich ihrer Vermehrungsweise die wohl eigentümlichsten Käfer der Welt (Abb. 139). Es gibt nach unserer bisherigen Kenntnis nur eine einzige Art (*Micromalthus debilis*), die in Nordamerika vorkommt und von da aus mit Holzexporten weltweit verschleppt wurde. Der 1,5–2,5 mm lange *Micromalthus debilis* lebt in von Rotfäulepilzen befallenem Laub- und Nadelholz, auch in Möbeln, Telefonmasten und Grubenholz.

Das erste Larvenstadium (Triungulinus) ist 1,3–2 mm lang und schlank, besitzt gut entwickelte Laufbeine mit langen, schlanken Füßen und 2 Klauen, es sorgt für die Ausbreitung der Art. Zuerst aber verzehren die weiblichen Larven des ersten Stadiums ihre Mutter, anschließend laufen sie auf dem Brutsubstrat einige Tage lang umher und beginnen dann, sich in pilzbefallenes, feuchtes Holz einzunagen. Dort häuten sie sich nach einiger Zeit zu einem beinlosen Larventyp. (Man nennt einen solchen Wechsel des Larventyps Hypermetabolie.)

Diese Larve nagt Gänge in das Holz, nimmt Nahrung auf und häutet sich dreimal. Ein Teil der weiblichen Larven vermehrt sich nicht paedogenetisch, sondern gelangt über eine Vorpuppe ohne Beinstummel direkt aus dem zweiten Larventyp zu einer Puppe, aus der dann schließlich ein diploider weiblicher Käfer schlüpft. Diese Käfer sind nach bisheriger Kenntnis nicht fruchtbar. Eventuell abgelegte, im Übrigen relativ große Eier entwickeln sich nicht weiter.

Aus den anderen Larven entsteht ein dritter Larventyp, der einen verhältnismäßig kleinen Kopf hat und keine Nahrung mehr aufnimmt (Darmtrakt und Mundwerkzeuge sind reduziert bzw. verkleinert). Dieses Larvenstadium ist vermehrungsfähig! Und das ohne Männchen, also parthenogenetisch. (Man nennt eine solche parthenogenetische Fortpflanzung von Larven Paedogenese.) Diese Vermehrung kann auf drei verschiedenen Wegen geschehen:

Es werden weibliche Larven geboren (Triungulinus).

Es wird ein einziges Ei abgelegt, aus dem eine beinlose Larve schlüpft, die sich ausschließlich von ihrer Mutter ernährt. Wenn die Mutter aufgefressen ist, häutet sich die Larve zu einem mit Beinstummeln versehenen Vorpuppenstadium, es folgt eine Puppe, und schließlich schlüpft ein männlicher Käfer, der einen haploiden (einfachen) Chromosomenbestand besitzt.

Es kann sowohl ein solches Ei gelegt oder weibliche Larven geboren werden.

Die Imagines sind bei dieser Art offenbar ein Relikt und haben überhaupt keine Bedeutung mehr für die Arterhaltung. Ein solcher Fall der Fortpflanzung ist ganz einzigartig innerhalb des gesamten Insektenreiches.

139
Micromalthus debilis (Micromalthidae), Entwicklungszyklus, schematisch, Erklärung im Text.

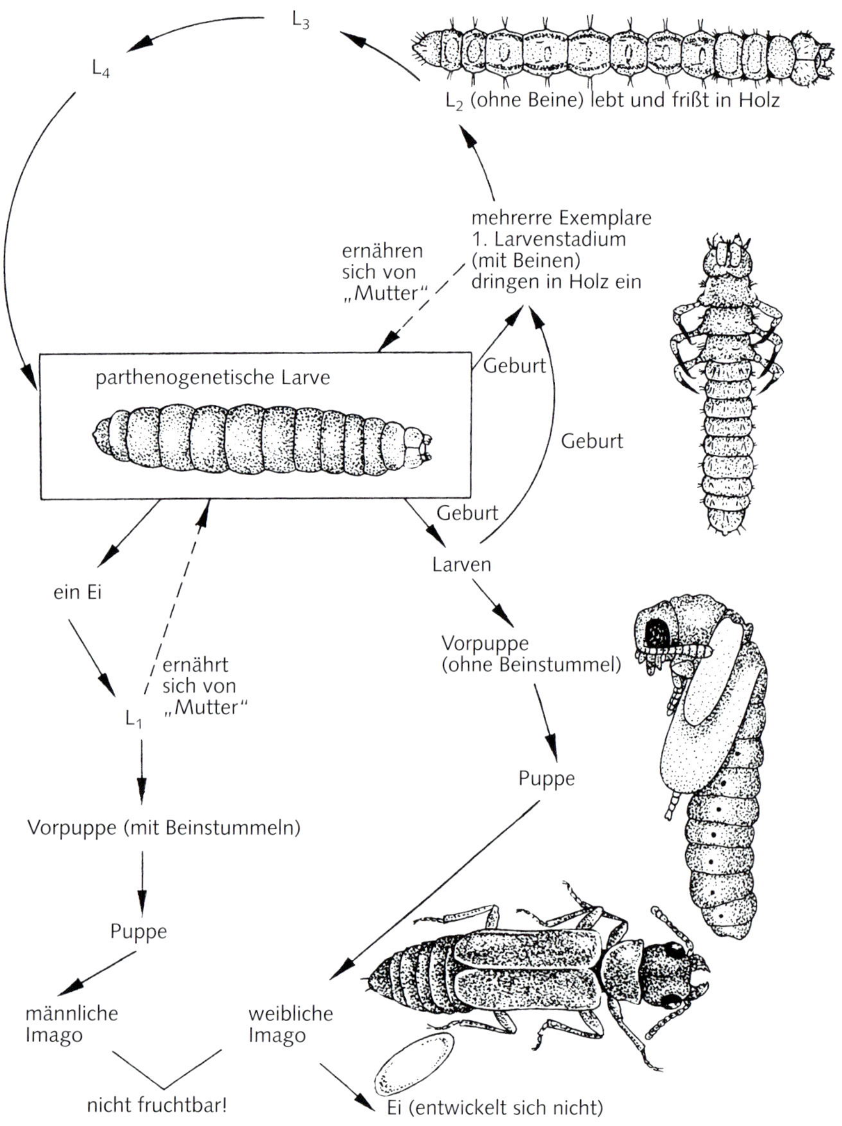

Laufkäfer (Carabidae)

Die Laufkäfer zählen zu den beliebtesten Käferfamilien. Man kennt fast 30.000 Arten, die in unendlicher Vielgestaltigkeit und z. T. auch Farbenfülle das Herz des Liebhabers zu erfreuen

140
Laufkäfer (Carabidae). (Foto Förster, Archiv Staatl. Museum Tierkunde Dresden)

vermögen (Abb. 140, 141, 142, 143, 144, 145), wohl aber auch Objekte für den Forscherdrang vieler Entomologengenerationen waren und immer sein werden, auch deshalb, weil weltweit das Problem der Erhaltung vor allem der größeren Arten steht. Viele sind in ihrem Vorkommen auf recht kleine Areale beschränkt, und die ständige Veränderung auch dieser kleinen Areale lässt sie an den Rand der Existenzmöglichkeit kommen.

Wie groß die Unkenntnis der Lebensweise sogar der großen Laufkäferarten war, führt uns Caspar Schwenckfeld (1603) recht eindrucksvoll vor Augen, wenn er über den Goldlaufkäfer (*Carabus auratus*) (Abb. 146) schreibt: »Er lebt auf der Erde, an denselben Orten, wo es viele Kröten gibt, und das Volk meint, dass er mit diesen kopuliert. Auch ist er giftig.« Die meisten Arten leben wirklich am Boden, wenige unter Rinde, auf Bäumen und anderen Pflanzen. Die überwiegende Zahl ernährt sich räuberisch (Schnecken, Regenwürmer, Insektenlarven) oder auch aasfressend (necrophag), ein andere Teil sind Pflanzenfresser. Charakteristisch ist eine Vorverdauung vor dem Mund (präoral), vor allem bei den Larven. In die Beute wird mit den Oberkiefern ein Loch gebissen, anschließend Verdauungssaft abgegeben und mithilfe der Unterkiefer im Mundvorraum bewegt, bearbeitet und aufgesaugt.

Die wohl eigentümlichsten Vertreter der Laufkäfer sind die Gespenstlaufkäfer (Gattung *Mormolyce*), von denen es fünf Arten auf dem Malaiischen Archipel gibt. Es sind die größten

141
Der Lederlaufkäfer (*Carabus coriaceus*) lebt vor allem in Wäldern, auch Gärten; Körperlänge 34–42 mm. (Foto Gepp)

142
Die Körnerwarze (*Carabus cancellatus*) bevorzugt offene, lichte Lebensräume; Körperlänge 18–32 mm. (Foto Gepp)

143
Der seltene *Carabus nitens* lebt besonders in Sand- und Moorgebieten; Körperlänge 13–18 mm. (Foto Knoflach-Thaler)

144
Poecilus cupreus, ein Bewohner von Äckern und Wiesen; Körperlänge 8–11,5 mm. (Foto Gepp)

145
Prachtvolle Laufkäfer (Carabidae): links: *Carabus rutilans* aus den Pyrenäen; Mitte: *Carabus arcadicus* aus Griechenland; rechts: *Carabus hispanus* aus Südfrankreich. (Foto Förster)

146
Der wärmeliebende Goldlaufkäfer (*Carabus auratus*) besiedelt Äcker und Auen; Körperlänge 20–30 mm. (Foto Förster)

Laufkäfer, die wir kennen (Abb. 11). Ohne die langen Fühler gerechnet, erreichen sie 10 cm Länge. Sie sind nachtaktiv und können sich wegen ihrer flachen Gestalt am Tage unter loser Rinde verbergen.

In einigen Hochgebirgen Europas (Riesengebirge, Tatra) lebt in über 1200 m Höhe an Schneerändern der Laufkäfer *Pterostichus negligens*. Es war überraschend, dass diese Art auch in Mitteldeutschland zu finden ist. Die Tiere leben dort im Spaltensystem Kaltluft erzeigender Blockhalden. In den Tiefen solcher Halden befinden sich Dauerfrostböden. Durch den Luftstrom in den Spalten wird ein kaltes System in Gang gehalten, das *Pterostichus negligens* eine konkurrenzfreie Existenz – wahrscheinlich seit der letzten Eiszeit – ermöglicht.

Fühlerkäfer (Carabidae-Paussinae)

Die Fühlerkäfer tragen ihren Namen zu Recht, sie haben tatsächlich gewaltige Fühler. Diese bestehen aus einem Basisabschnitt, der eine große löffelartig ausgehöhlte Keule trägt (Abb. 77, 78, 79, 80). In die Höhlung münden zahlreiche Drüsen, die ein aromatisches Sekret absondern, das von Ameisen (zum Beispiel *Pheidole*) und Termiten mit besonderer Vorliebe aufgenommen wird. Die Ameisen versuchen, durch Betrillern der Fühlerkäferantennen die Sekretabgabe zu vermehren. Alle Fühlerkäfer leben in den Nestern der beiden genannten Insektengruppen und ernähren sich von den Entwicklungsstadien ihrer Wirte. Es wurde beobachtet, dass ein Fühlerkäfer in fünf Minuten zehn Ameisenlarven ausgesaugt hat. Über dem Genuss der Sekrete und einem Gedränge um den „Rauschgiftlieferanten", ja sogar dem Streit um ihn, der sich in einem Zerren des Tieres durch das Nest äußern kann, scheinen die Reflexe und Instinkte zum Schutz der Brut zeitweilig ganz verloren zu gehen. Hinzu kommt, dass die Käfer die chemischen Signale (Spurpheromone) ihrer Wirtsameisen imitieren können und wie unter einer Tarnkappe unbemerkt bleiben. Ähnliches gibt es auch bei Kurzflüglern (Staphylinidae, *Lomechusa*) und Blatthornkäfern (Scarabaeidae; *Cremastocheilus, Myrmecaphodius*) (s. S. 151).

Insgesamt gibt es etwa 1.000 Arten in dieser Unterfamilie, die meist einen, höchstens zwei Zentimeter lang werden und in ihrer Mehrzahl in tropischen Regionen vorkommen. In Europa leben nur etwa zehn Arten, die alle im Mittelmeergebiet vorkommen.

Sandlaufkäfer (Carabidae-Cicindelinae)

Obwohl die meist tagaktiven Sandlaufkäfer eine verhältnismäßig große Einheitlichkeit in der Körpergestalt zeigen (lange dünne Beine, großer Kopf mit langen spitz gezähnten Oberkiefern), die dazu führt, dass selbst ein Laie nach kurzer Zeit einen Sandlaufkäfer als solchen erkennt, gehören sie zu den farbenprächtigsten, teilweise metallisch glänzenden, meist auffallend gezeichneten Käfern (Abb. 147). Der Bautyp der Sandlaufkäfer wird durch Proportionsverschiebungen mannigfach abgewandelt, wodurch der Eindruck der Vielgestaltigkeit entsteht. Manche Arten haben sehr lange Beine, die ihnen ein bizarres Aussehen verleihen (Abb. 100), zum Beispiel auch *Abroscelis tenuipes* aus Südostasien und die *Collyris*-Arten, die auf den Philippinen, den Sundainseln, in Indien und Sri Lanka vorkommen.

Eine besondere Eigentümlichkeit weisen die Larven der Sandlaufkäfer auf. Sie graben in den Boden (die baumbewohnenden tropischen Collyrinae in die Zweige) senkrechte Röhren, die sie ständig glätten und rein halten. In einer solchen Röhre sitzt die Larve und hält als Lauerjäger Ausschau nach Beute (Abb. 84). Ihre einzelnen Augen sind auf dem großen, annähernd rechtwinklig abgebogenem Kopf so angeordnet und konstruiert, dass sie nach verschiedenen Richtungen schauen und ein großes Blickfeld nach Beutetieren absuchen können. Der Bau der Larve ist streng auf das Kaminklettern ausgerichtet (die 2 oder 3 Paar Haken am 5. Abdominalsegment, das Abdomenende, die Beine). Dadurch ist sie befähigt, je nach Art des Beutetieres blitzschnell in den Gang zurückzuweichen und das hineinfallende Insekt zu ergreifen oder auch herauszuschnellen und die Beute dabei mit ihren großen Mandibeln zu erfassen.

Wir kennen etwa 1.600 Arten Sandlaufkäfer, von denen die Vertreter der südafrikanischen Gattung *Manticbora* bis 7 cm lang werden und durch gewaltige, fast geweihartige Mandibeln auffallen. Diese Riesen leben nächtlich, im Gegensatz zu den meisten anderen Arten der Familie, die ausgesprochen lichtaktiv und wärmeliebend sind.

147
Sandlaufkäfer (*Cicindela hybrida*); Körperlänge 13–17 mm. (Foto Knoflach-Thaler)

Schwimmkäfer (Dytiscidae)

Es war eine kleine Sensation, als 1979 die erste landbewohnende Art der Familie Schwimmkäfer (Dytiscidae) aufgefunden wurde, gilt doch diese Gruppe geradezu als Prototyp wasserbewohnender Käfer. Die erste terrestrische Art, *Geodessus besucheti*, kommt in Nordindien und Nepal vor und lebt im feuchten Urwaldboden bis in 5–7 cm Tiefe. In Anpassung an das Landleben fehlen Schwimmhaare an den Mittel- und Hinterschienen und den Hintertarsen, wie sie bei aquatischen Bidessini ausgebildet sind. Ähnlich gebaut sind weitere landbewohnende Arten aus der Unterfamilie Hydroporinae: *Terradessus caecus* aus Australien und *Typhlodessus monteithi* aus Neukaledonien.

Wenn man aber von diesen wenigen hochspezialisierten Arten absieht, kommen alle anderen Schwimmkäfer (etwa 3.200 Arten) sämtlich in Gewässern verschiedenster Art, in Teichen, Seen, Moorgewässern, Quellen, Bächen, Flüssen, ja sogar in wassergefüllten Pflanzenhöhlungen (Phytotelmen) und im Brackwasser vor.

Die Dytiscidae sind ausgezeichnete Schwimmer und in ihrem Körperbau hervorragend an das Leben im Wasser angepasst. Durch seine Stromlinienform setzt der Körper dem Wasser nur geringen Widerstand entgegen (s. S. 66). Es mag überraschen, dass auch in dieser Familie recht viele Arten ± bunt gezeichnet sind (Abb. 148, 149, 150, 151, 152, 153, 154, 155, 156, 157, 158, 159, 160).

Die Schwimmkäfer müssen immer wieder atmosphärische Luft aufnehmen und sind deshalb gezwungen, in regelmäßigen Abständen die Wasseroberfläche aufzusuchen. Über das Hinterleibsende, das sie dabei aus dem Wasser strecken, wird der Luftvorrat unter den Flügeldecken ergänzt. Als Messorgan zum Bestimmen des richtigen Auftriebs dient ein Blindsack am Enddarm, der über den Druck der darin vorhandenen Luftfüllung diese Orientierung gestattet. Die Ausbreitung der Arten und die Besiedlung neuer Gewässer geschieht vor allem auf dem Luftweg, denn wohl alle Dytiscidae sind gute Flieger und vermögen beachtliche Entfernungen zurückzulegen.

148
Europäische Schwimmkäfer (Dytiscidae) (Abb. 148–160): *Hydrovatus cuspidatus*, eine wärmeliebende seltene Art, Körperlänge knapp 3 mm. (Foto Hebauer)

149
Hygrotus nigrolineatus, ein Pionierbesiedler von Kiesgrubengewässern, Körperlänge 3,5 mm. (Foto Hebauer)

150
Hygrotus quinquelineatus, ein Bewohner von Stillgewässern, Körperlänge 3–3,5 mm. (Foto Hebauer)

151
Deronectes latus bewohnt Bergbäche, Körperlänge 4,5–4,8 mm. (Foto Hebauer)

152
Stictotarsus griseostriatus lebt vor allem in kleinen Alpenseen, Körperlänge 4–4,5 mm. (Foto Hebauer)

153
Nebrioporus elegans, ein Fließwasserbewohner, Körperlänge 4,5 mm. (Foto HEBAUER)

154
Scarodytes halensis besiedelt bevorzugt neu entstandene Kiesgrubengewässer, Körperlänge 4–4,5 mm. (Foto HEBAUER)

155
Laccophilus ponticus lebt speziell in Moorgewässern, Körperlänge 4 mm. (Foto HEBAUER)

156
Rhantus consputus, eine Art der Steppengewässer, Körperlänge 12–13 mm. (Foto HEBAUER)

157
Graphoderus cinereus ist in Stillgewässern weit verbreitet, Körperlänge 14–15 mm. (Foto Hebauer)

158
Graphoderus zonatus bevorzugt Moorgewässer, Körperlänge 14–15 mm. (Foto Hebauer)

159
Hydaticus grammicus lebt in Stillgewässern, Körperlänge 10–11 mm. (Foto Hebauer)

Die Kopulation erfolgt unter Wasser, wobei einige Arten morphologisch in besonderer Weise daran angepasst sind. Bei den Männchen sind die drei ersten Vorderfußglieder zu Saugscheiben mit Saugnapfhärchen umgewandelt und ermöglichen bei der Kopula das Haften auf dem Halsschild des Weibchens. Der Ansaugeffekt wird durch Ausscheiden eines Drüsensekrets noch verstärkt. Die Flügeldecken der Weibchen sind bei manchen Arten mit Längsriefen versehen.

Die Eier werden unter Wasser abgelegt, mitunter in Pflanzenteile eingesenkt. Auch die Larven halten sich im Wasser auf, sind aber wie die Imagines vom Gasaustausch an der Wasseroberfläche abhängig (Abb. 109).

Zur Verpuppung begibt sich die Larve jedoch an Land. Aus diesem Verhalten kann man schließen, dass die Besiedlung des Süßwassers durch die Dytiscidae zwar sehr weitgehend durch Anpassungen gesichert ist, die Arten aber andererseits noch sehr dem Land und dem Luftleben verhaftet sind.

Taumelkäfer (Gyrinidae)

Die weltweit mit etwa 700 Arten verbreiteten, 3–15 mm langen, meist schwarzen und stark glänzenden Taumelkäfer erreichen in ihrem Schwimmvermögen absolute „Spitzenleistungen". Der Wirkungsgrad des Ruderapparates ist so groß, dass dieser nach dem Widerstandsprinzip arbeitende Vortriebsmechanismus als der Beste im ganzen Tierreich bekannt ist. 84 % der dem Wasser mitgeteilten Kraft werden in Vorschub umgesetzt (ein Schaufelrad erreicht nur 55 %). Diese außerordentliche Leistung hat ihre Grundlage im Bau der rudernden Mittel- und Hinterbeine. Diese sind stark abgeflacht und zusätzlich am Rande mit flachen, gelenkig verbundenen Borsten besetzt. Dadurch entsteht eine große Oberfläche beim Schlagen der Beine. Beim Vorziehen der Beine legen sich die Borstenplättchen an die Beinglieder an, sie fallen zusammen wie ein Kartenspiel. Außerdem wird das Bein gedreht und mit der schmalen Kante nach vorn bewegt (s. Abb. 104e). Die Oberfläche eines Hinterbeines verringert sich dabei von 1,625 mm^2 auf 0,1 mm^2, also um 94 %! Die Frequenz der Bewegung der Hinterbeine beim Rudern erreicht ebenfalls Spitzenwerte von 50 bis

160
Stictotarsus duodecimpustulatus ist ein Bewohner von Bergbächen, Körperlänge 5–7 mm. (Foto Hebauer)

60 Schlägen pro Sekunde. Die strömungsmechanisch ideale Körperform und die Unbenetzbarkeit der Oberfläche unterstützen die außerordentliche Leistung bei der Bewegung im Wasser.

Die Taumelkäfer sind die einzigen Käfer, die die Wasseroberfläche besiedeln. Diese stellt einen spezifischen ökologischen Abschnitt eines Gewässers dar, der als Neuston bezeichnet wird. Die Taumelkäfer zeigen einige interessante Anpassungen an das Leben in diesem Biotop. Zuerst sei von den Augen gesprochen. Diese sind in einen Ober- und einen Unterteil getrennt (Abb. 84a). Der Feinbau der Augen ist dem Sehen in dem entsprechenden Medium (Wasser, Luft) optimal angepasst. Vieräugige Käfer kommen verhältnismäßig oft vor (s. S. 50), aber niemals sind die Augen so scharf funktionell getrennt. Allerdings können die Taumelkäfer ihre Beute (auf das Wasser fallende Insekten) nicht sehen, denn die Wasseroberfläche selbst liegt im toten Winkel der Augen. Die potenzielle Beute erzeugt aber kurze Wellen, und diese werden von den Antennen wahrgenommen. Die Antennen haben ein besonders großes zweites Glied, in dem sich ein Sinnesorgan, das Johnstonsche Organ, befindet (Abb. 76c). Mithilfe dieses Organs kann die Richtung von Wellenbewegungen aufgenommen werden, aber noch mehr ist möglich: Schwimmt ein Taumelkäfer auf dem Wasser umher, so erzeugt er selbst Wellen. Treffen diese auf ein Hindernis, so werden sie echoartig zurückgeworfen und können ebenfalls vom Johnstonschen Organ wahrgenommen werden, und das bei einer Geschwindigkeit von maximal immerhin 24 cm/s. Das ist für ein 4 bis 8 mm langes Insekt eine recht beachtliche Geschwindigkeit. Im Experiment schwammen Taumelkäfer, ohne anzustoßen, durch Drahtzäune, deren Abstände gerade ihrer Körperbreite entsprachen. Vielleicht sollte man noch erwähnen, dass die Taumelkäfer nicht nur Spitzenleistungen im Schwimmen vollbringen, sondern auch vorzüglich fliegen können.

Uferkugelkäfer (Microsporidae)

Als einzige Familie der Unterordnung Myxophaga sollen die Uferkugelkäfer (Microsporidae) behandelt werden, die mit 20 Arten in Europa, Kleinasien, Nord- und Mittelamerika, Südostasien, Madagaskar, Afrika und Australien vorkommen. Eine Art, der 0,7 mm lange Uferkugelkäfer (*Microsporus acaroides*) mit milbenartigem, kugeligem Habitus, lebt auch in Mitteleuropa in der obersten Schicht feuchter Böden, besonders in der Nähe von Gewässern an den Uferrändern. Bevorzugt werden sandige und schlammige Böden und der Aufenthalt unter Steinen und Brettern. Die Käfer sind sehr oft mit Schlamm bedeckt.

Femur und Tibia der Vorderbeine des Uferkugelkäfers sind deutlich verbreitert. Die Hinterflügel sind in ihrer Fläche stark reduziert und tragen am Rand lange Wimpern, *Microsporus acaroides* ist flugfähig.

Pelzflohkäfer (Platypsyllidae)

Alle 13 bisher bekannten Arten der Pelzflohkäfer leben in irgendeiner Weise mit Nagetieren zusammen, meist mit Mäusen. Eine Art, der Biberkäfer (*Platypsyllus castoris*), lebt im Fell des Bibers und ist mit diesem über die gesamte Holarktis verbreitet. Diese Käferart ist in ihrem Bau absolut an das Leben im Fell ihres Wirtes angepasst: Der Körper ist dorsoventral abgeplattet (ein Gegensatz zu den teilweise ebenfalls im Fell von Säugetieren lebenden Flöhen, die seitlich zusammengedrückt sind), der Vorderkörper ist schneepflugartig geformt, Beborstung und Bau der Füße unterstützen das Festhalten im Pelz, die kurzen Antennen sind nach hinten gerichtet, die Tiere sind augenlos (Abb. 161). Beim Wasseraufenthalt des Bibers ertrinken die Biberkäfer

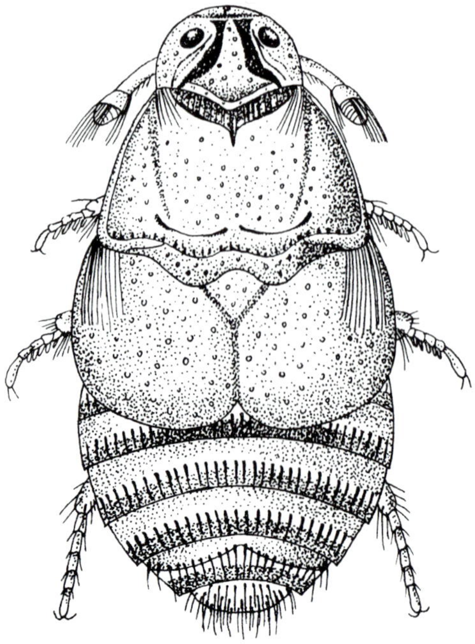

161
Biberkäfer, *Platypsyllus castoris* (Pelzflohkäfer, Platypsyllidae).

keineswegs. Es bleibt stets so viel Luft im Fell vorhanden, dass es für die Atmung der nur 2 bis 3 mm langen Käfer reicht. Auch die Larven leben auf dem Wirt, die Eiablage und die Verpuppung finden jedoch in der Behausung des Wirtes statt. Gelegentlich hat man auf einem einzigen toten Biber 40 und mehr Biberkäfer gefunden. Die Nahrung der Biberkäfer ist wahrscheinlich eine ektoparasitische, vor allem in den Mundwinkeln, den Ohren und der Genitalregion des Wirtes lebende Milbenart. Die eigenartige Körpergestalt war Anlass, diesen Käfer bei seiner Entdeckung 1869 in eine ganz andere Insektenordnung, zu den Tierläusen (Phthiraptera), zu stellen.

Federflügler (Ptiliidae)

Die Federflügler sind eine der seltsamsten Käferfamilien (s. S. 15, 60). Da wäre zunächst die Größe oder besser Kleinheit zu nennen: 0,25–2 mm, meist 0,5–1 mm lang, die größte Art erreicht die „gigantischen" Ausmaße von 2,0 mm. Die Kleinheit der Federflügler hat dazu geführt, dass wir nicht sehr viel über ihre Biologie wissen. Als Nahrung dienen vermutlich Pilzsporen. Deshalb werden vorwiegend Habitate

besiedelt, die eine reiche Pilzflora aufweisen, wie etwa faulende Pflanzenstoffe, Kompost, Baummulm und anderes. Manche interessante Erscheinung im Leben der Federflügler harrt noch der Klärung, zum Beispiel die Ursache für das gleichzeitige Auftreten geflügelter und ungeflügelter, augenloser und sehender Formen bei der gleichen Art.

Leuchtkäfer (Lampyridae)

Hervorragendste Eigenschaft dieser mit reichlich 2.000 Arten über die ganze Erde verbreiteten Käferfamilie ist das Leuchtvermögen (Abb. 162, 163) (s. S. 175). Darüber hinaus sind die Leuchtkäfer aber auch noch deshalb von besonderem Interesse, weil die Weibchen fast aller Arten mehr oder weniger rückgebildete Flügel haben. Vielfach sind überhaupt keine Flügel mehr da, und die Tiere ähneln Käferlarven (deutsche Bezeichnung Glüh„würmchen"). Die Männchen können fliegen, wie man auch in Mitteleuropa im Juni beobachten kann. Beim Gemeinen Leuchtkäfer (*Lamprohiza splendidula*) leuchten auch die Eier und die Larven, ohne dass eine biologische Bedeutung dafür ersichtlich ist. Die Imagines nehmen keine Nahrung auf, sodass die Larven als „Alleinernährer" tätig sind. Die Larven verfolgen auf dem Boden die Schleimspuren von Schnecken, holen diese bald ein und beißen sie ins Vorderende des Körpers, wobei sie durch einen Mandibelkanal lähmendes Gift injizieren. Handelt es sich um eine Gehäuseschnecke, die sich zurückzieht und die Mündung mit einem Schleimdeckel verschließt,

162
Gemeiner Leuchtkäfer (*Lamprohiza splendidula*), Männchen; Körperlänge 8–10 mm; oben: Oberseite, unten: Unterseite mit den Leuchtorganen am Hinterleibsende. (Foto Knoflach-Thaler)

163
Gemeiner Leuchtkäfer (*Lamprohiza splendidula*), Weibchen, leuchtende Oberseite. (Foto Knoflach-Thaler)

so wartet die Larve, bis zu 12 Stunden auf der Schale sitzend, den Kopf der Mündung zugeneigt, auf das Herauskommen der Schnecke, um sie durch neue Bisse zu lähmen. Dann wird in spannerartigem Rückwärtsgang unter Verwendung des Pygopodium die mit den Mandibeln gepackte Schnecke meterweit fortgezerrt und unter Laubhaufen oder Detritus in stundenlangem Kauen aufgefressen.

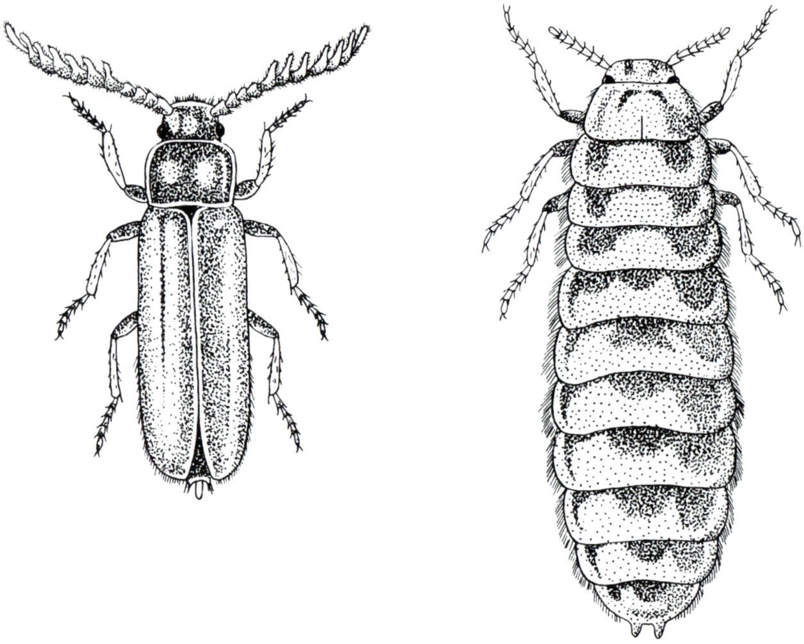

164
Drilus flavescens (Schneckenhauskäfer, Drilidae), links Männchen, rechts Weibchen.

Schneckenhauskäfer (Drilidae)

Ähnlich wie die Leuchtkäfer sind die Schneckenhauskäfer auf die Erbeutung von Schnecken (wohl ausschließlich Gehäuseschnecken) spezialisiert. Die Larven entdecken ihre Beutetiere meist ebenfalls durch die Schleimspur, der sie folgen. Ist die Schnecke erreicht, steigt die Larve auf das Gehäuse, heftet sich mit einem besonderen, vom Körperende gebildeten Organ, dem Pygopodium, an und beißt die Schnecke vor allem in die Fühler. Das mit den Bissen eingespritzte Sekret bewirkt den baldigen Tod der Schnecke. Angeblich soll nun die tote Schnecke transportiert werden, wieder unter Zuhilfenahme des Pygopodiums. Schließlich beginnt die Larve mit dem Verzehren der Schnecke. Dazu kriecht sie in das Haus hinein. Eine dichte Beborstung schützt die Larve vor einem Zuschmieren ihrer Atemlöcher mit dem Schleim der Schnecke. Die dichte Behaarung und auch besondere Körperfortsätze ermöglichen ferner, eine Reinigung des Schneckenhauses vorzunehmen, da die Schneckenhäuser anschließend sowohl für einen kurzzeitigen Aufenthalt während der Aktivitätsperiode als auch zur Überwinterung benutzt werden. Bei der Überwinterung wird das Schneckenhaus mit der Haut der jeweils letzten Larvenhäutung verschlossen. Die Larven der Schneckenhauskäfer zeigen bei ihrer Entwicklung erhebliche Gestaltunterschiede. Auf bewegliche, aktive, nahrungssuchende Sommerformen folgen unbewegliche Ruheformen während der Überwinterung. Beide Morphen wechseln mehrfach, da eine männliche Larve zwei, eine weibliche drei Jahre zu ihrer Entwicklung braucht. Natürlich werden von den Larven mit zunehmender Größe auch immer größere Beutetiere herausgesucht. Bemerkenswert ist vielleicht noch, dass die Weibchen der Schneckenhauskäfer flügellos sind (Abb. 164). Zur Paarungszeit klettern sie von der Bodenoberfläche, wo sie sich in leeren Schneckenhäusern oder unter Steinen aufhalten, auf Grashalme oder Krautpflanzen, von wo sie die Männchen mit einem spezifischen Geruch anlocken.

Sumpfkäfer (Scirtidae)

Die Sumpfkäfer sind eine recht unscheinbare und unbekannte Käferfamilie, und doch bieten sie ungewöhnlich viel Interessantes (vgl. S. 47, 158, 183). Sie besiedeln beispielsweise u. a. obligatorisch die in Pflanzenhöhlungen sich ansammelnden Kleinstgewässer (Phytotelmen). Solche Kleinstgewässer können sich in Baumhöhlungen bilden oder auch in den Blattscheiden von Bromeliengewächsen. In beiden Phytotelmentypen gibt es eine recht große Zahl verschiedener Sumpfkäferarten, die Vielfalt der Familie beruht vor allem in den Tropen auf dem großen Reichtum der Wälder an solchen Phytotelmen. In Mitteleuropa ist nur die Art *Prionocyphon serricornis* ausschließlich auf das Leben in Phytotelmen spezialisiert. Die Larven dieser Art können in keinem anderen Gewässer leben. Auch der Wald der Bernsteinzeit war wahrscheinlich sehr reich an derartigen Kleingewässern (s. S. 92). Das zeigt sich noch heute bei einem Häufigkeitsvergleich der in Bernstein eingeschlossenen Arten (Abb. 128, 129, 130, 131). Die phytotelmenbewohnenden Sumpfkäfer zählen mit zu den häufigsten überhaupt in Bernstein eingeschlossenen Käferarten, auch könnte der Reichtum noch durch Wasseransammlungen in Blattachseln gefördert worden sein.

Interessant ist weiterhin die Nahrungsaufnahme der Sumpfkäferlarven (Abb. 165a). Sie ernähren sich von Sinkstoffen, die sich am Gewässergrund, aber auch auf der Unterwasservegetation absetzen. Diese Sinkstoffe werden von anderen Käferlarven nicht beachtet, die Sumpfkäferlarven nehmen sie aber mit einem Teil der Mundwerkzeuge, den mit verzweigten Fiederborsten besetzten Mandibeln und Maxillen sowie dem Hypopharynx auf. Der Hypopharynx ist in Anpassung an diese Lebensweise sehr eigenartig gebaut (Abb. 165b). Verschiedene

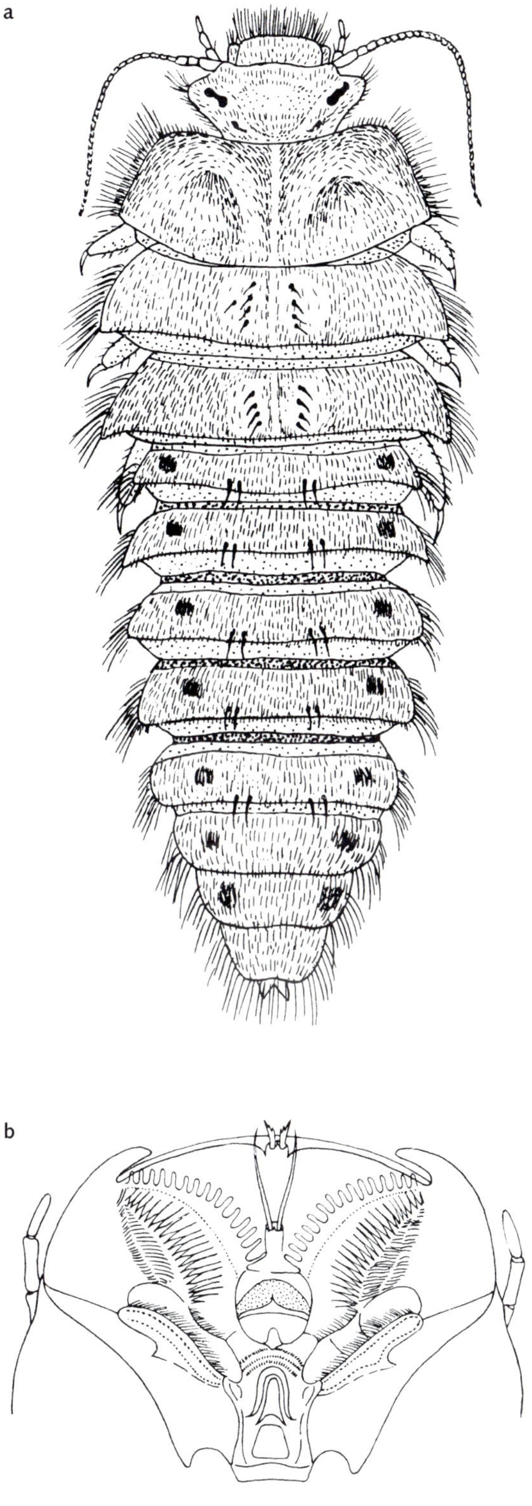

165
Sumpfkäfer (Scirtidae): a) Larve von *Elodes hausmanni*; b) Hypopharynx der Larve von *Hydrocyphon deflexicollis*.

Zähnchen und Borstenreihen sortieren die Sinkstoffe und sind bei den einzelnen Arten in Abhängigkeit von der mittleren Korngröße der Sinkstoffe unterschiedlich gestaltet.

Es ist vielleicht interessant, die Art der Nahrungsaufnahme etwas näher zu betrachten. Sie läuft in vier einander fast automatisch folgenden Phasen ab, von denen die erste und dritte sowie die zweite und vierte zeitlich zusammenfallen, sodass die Nahrungsaufnahme im Zweitaktrhythmus erfolgt.

1. Phase: Die Nahrung wird durch eine weit ausholende Bewegung der Unterkiefer (Maxillen) eingeholt.
2. Phase: Die Nahrungsteilchen werden vom Sammelapparat des Hypopharynx übernommen.
3. Phase: Die Nahrung wird nach hinten in den Mahlraum befördert.
4. Phase: Die Nahrung wird im Mahlraum aufbereitet.

Der Nahrungsbedarf der Sumpfkäferlarven ist sehr groß, weil die Sinkstoffe meist viel unverdaulichen Ballast und nur wenige wertvolle organische Anteile enthalten. Zum anderen erfordert die doch recht große Beweglichkeit und die Größe der Larven eine ausreichende Energiezufuhr. Die Nahrungsaufnahme erfolgt deshalb mit großer Geschwindigkeit. Pro Minute wird etwa 70- bis 80-mal Nahrung eingeholt. Der erste Teil des Darmkanals wirkt wie eine Saugpumpe, die die aufbereitete und eingedickte Nahrung aus der Mundhöhle saugt und über die Speiseröhre in den Mitteldarm befördert, in dem die eigentliche Verdauung erfolgt. Die reichlich vorhandenen Ballaststoffe bedingen eine rasche Passage, sodass von den Sumpfkäferlarven eine beträchtliche Exkrementmenge abgegeben wird.

Die Larven von *Hydrocyphon deflexicollis* verpuppen sich unter Steinen im Wasser ohne Anlage einer Puppenwiege. Diese Puppe dürfte das am weitesten an das Wasserleben angepasste derartige Metamorphosestadium fast aller Wasserkäfer sein. Sie ist von einem hydrophoben, feinem Haarkleid bedeckt, das ein Plastron festhält, auch mit der Osmose wird diese Puppe fertig. Die Puppen der Wasserkäfer lösen sonst diese beiden Probleme nicht, sie sind stets an Land und das am wenigsten an das Wasserleben angepasste Entwicklungsstadium. Die Puppen der Schilfkäfer (Donaciinae) liegen in einem Luftmantel in ihrem Kokon, sie befinden sich zwar submers, aber nicht direkt im Wasser. Die Larven anderer Arten verlassen das Wasser und graben in unmittelbarer Ufernähe an der Oberfläche eine Erdhöhlung, in der sie sich ohne irgendein schützendes Gespinst verpuppen. Die Larven von *Prionocyphon serricornis* kriechen zur Verpuppung in die oberen Teile der bewohnten Baumhöhle. Die Mandibelspitze ist vom 1. bis zum 4. Larvenstadium flach, dünn und breit abgerundet. Das 5. Larvenstadium hat bei den meisten Arten einen derben Zahn an der Mandibelspitze, der das Aushöhlen der Puppenwiege ermöglicht. Das 5. Larvenstadium von *Hydrocyphon deflexicollis* hat keinen solchen Zahn!

Uferschlammkäfer (Georissidae)

Die Uferschlammkäfer fallen ebenfalls durch ihre Ernährungsweise ganz aus dem Rahmen dessen, was man von Käfern im Allgemeinen gewöhnt ist. Larven und Imagines leben im nassen, sandigen Uferschlamm. Sie fressen diesen Schlamm und müssen dabei ähnlich den Sumpfkäfern große Mengen aufnehmen, um sich von der geringen organischen Substanz ernähren zu können. So ähnlich leben auch Regenwürmer, und wie bei diesen wird von den Uferschlammkäfern eine vergleichsweise große Kotmenge ausgeschieden.

Saftkäfer (Nosodendridae)

Es gibt nur 50 Saftkäferarten auf der ganzen Erde, aber sie haben etwas Besonderes an sich. Die Larven sind darauf spezialisiert, in ausfließendem Baumsaft, an Wundstellen meist alter Laubbäume (Pappeln, Ulmen, Eichen, Weiden, Birken, Rosskastanien, Erlen, Obstbäumen), sogar Harz, zu leben und sich von diesem zu ernähren. Dieses Nahrungssubstrat lockt zahlreiche Käfer an, keiner ist aber so an die Lebensweise darin angepasst wie die Saftkäferlarven. Meist wird angenommen, dass sich die Larve von dem ausfließenden Baumsaft ernährt. Im 1. Abdominalsegment liegen paarige Myzetome, die stäbchenförmige Bakterien enthalten und sich während der Metamorphose umbilden. Dies könnte ein Hinweis auf einseitige Ernährung von Baumsäften sein, da bei anderen Pflanzensaftsaugern ebenfalls Symbionten die Regel zu sein scheinen. Es wird aber auch die Ansicht geäußert, dass sie sich von Dipteren-Larven ernähren. Die Stigmen des 1. Hinterleibssegments sind dorsal gestielt, die des 8. an dessen Spitze gelegen. Sie münden eng nebeneinander am Ende eines langen, zugespitzten Terminalfortsatzes, der aus dem Substrat zum Gasaustausch herausgehalten werden kann. An der Basis dieses Fortsatzes befindet sich ein Paar knopfartiger Vorsprünge, dorsal ist es mit Reihen langer Haare bedeckt.

Pochkäfer (Anobiidae)

Wer kennt nicht „Holzwürmer“! Wertvolle Möbelstücke, kostbare Holzplastiken großer Meister sind ihnen schon zum Opfer gefallen. Die Larven haben sie mit ihren Gängen durchzogen und durchlöchert, sodass sie innen einem Schwamm ähneln. Ihre Anwesenheit verraten die Pochkäfer durch das aus den Bohrlöchern herausfallende Holzmehl. Wie kann eine Käferlarve von solch einem doch nährstoffarmen, mitunter jahrhundertealten Substrat wie trockenem Holz überhaupt leben? Das Geheimnis liegt darin, dass sie Gehilfen zur Aufbereitung der Nahrung hat und auch zu deren stofflicher Ergänzung. Es sind hefeartige Mikroorganismen und Bakterien, die bei den Larven und Imagines in Zellen von Ausstülpungen des Mitteldarms leben. Wichtig für die Erhaltung der Art ist die Übertragung der Symbionten auf die Nachkommen. Die Weibchen haben dicht an ihrem Legeapparat lange Schläuche, in die sie gleich nach dem Schlüpfen aus der Puppe Symbionten einbringen. Diese bleiben dort, bis das Tier geschlechtsreif ist. Bei der Eiablage wird nun die Eioberfläche mit Symbionten aus der „Vorratskammer“ beschmiert. Die schlüpfende Larve frisst einen Teil der Eischale und infiziert sich so, ein Vorgang, der für die Junglarve lebenswichtig ist. Verhindert man experimentell die Infektion mit den Symbionten, stirbt die Larve. Die Käfer selbst nehmen keine Nahrung auf, sie leben von den Fettreserven, die die Larven angelegt haben.

Es gibt noch eine zweite Eigenschaft, die die Pochkäfer recht interessant macht, das ist die Lauterzeugung. Viele Namen, außer Pochkäfer, deuten daraufhin: Klopfkäfer, Totenuhr, in Bayern Dengelmann. Das Klopfen wurde in Zusammenhang mit dem Nahen des Todes gebracht und sogar amtlich als Todeszeichen in einer Luzerner Pestverordnung aus dem Jahre 1594 genannt. Vor allem zur Fortpflanzungszeit wird geklopft, dies als Teil eines vermutlichen Balzverhaltens (vielleicht auch Revierabgrenzung). Die Käfer (beide Geschlechter) legen die Fühler an und schlagen mit der Stirn auf den Boden des Bohrganges (Abb. 166a). Sie erzeugen so recht laute Töne. Manche Arten klopfen mehrmals pro Sekunde (Abb. 166b). Auch regen sich die Tiere gegenseitig zum Klopfen an und antworten einander. Man kann sie sogar dazu bringen, auf künstlich erzeugte Laute zu antworten. Es verwundert uns nicht, dass das Klopfen dem Menschen schon lange auffiel, beachtet und gedeutet wurde. So gibt es die Legende vom Seher Melampus, einer Gestalt aus der griechischen Mythologie. Dieser verstand die Sprache vieler Tiere, auch der Larven der Pochkäfer. Einst saß er in Haft und hörte, wie die „Holzwürmer“ in einem Deckenbalken des Zimmers einander erzählten, dass das Dach bald einstürzen werde. Melampus verlangte, in ein anderes Gefängnis überführt zu werden, was auch geschah, und wie er es vorausgesehen hatte, stürzte tatsächlich bald darauf die Decke ein.

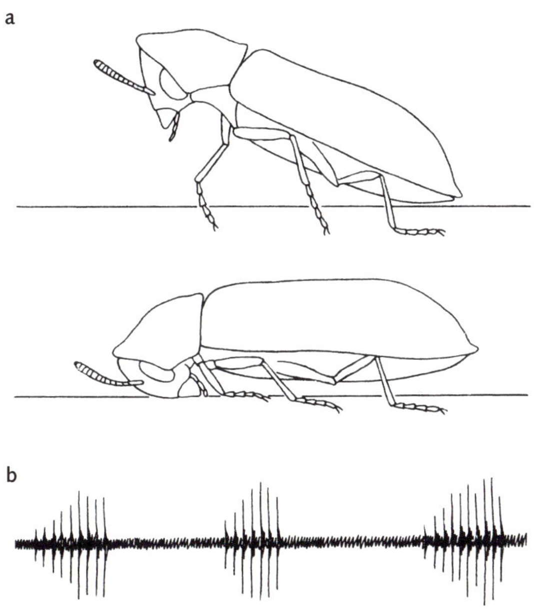

166 Pochkäfer (Anobiidae): a) *Xestobium* sp., Weibchen, Körperlänge etwa 5 mm. Aufstoßen des Kopfes alle 7 bis 8 Sekunden; b) Oszillogramm von drei Schlagserien (Filmgeschwindigkeit 10 mm/s) von der „Totenuhr“ *Xestobium rufovillosum.*

Auch in anderer Beziehung haben die Klopfkäfer das Gemüt des Menschen beschäftigt, wie wir in der „Animalium Historia Sacra" des Wittenberger Theologieprofessors WOLFGANG FRANZ 1612 lesen können: »Teredines oder Scolices sind jene kleinen Tiere, die in Balken entstehen und dort nagen und mit großem Geräusch die Harthölzer durchbohren. Sie entstehen in den Balken aus anderen kleinen Würmchen, wie einige Autoren deutlich zeigen, aber andere meinen, dass sie aus dem Schmutze entstehen. Wenn sie nun auch ohne Unterlass in den Balken bohren, so sterben sie dennoch sofort, sobald sie an das Ende des Balkens gekommen sind. Und diese Insekten sind die Sinnbilder jener Menschen, die all ihr Sinnen und Trachten auf die Vermehrung des Vermögens richten.

Wie nämlich die Bohrwürmer mit großem Eifer in den Balken bohren, so eilen sie durch Gebirge, Hitze, durch Meere und Länder.

Ebenso wie die Bohrwürmer, wenn sie den Balken durchbohrt haben, sterben, so sterben auch jene Menschen, die viele Schätze gesammelt haben, oft plötzlich, ohne eine Frucht ihrer Mühen genossen zu haben. Ein solcher Bohrwurm war ALEXANDER DER GROSSE, der unerhörte Mühsale erduldete, um sich den Erdkreis zu unterwerfen. Aber welchen Nutzen hat er davon gehabt? Nach jenen Mühsalen und vielen Großtaten starb er plötzlich in Babylon. Ein solcher Bohrwurm war auch JULIUS CÄSAR, der die ganze Erde beherrschen wollte, aber bald durch 23 Wunden fiel. NAZIANZENUS vergleicht aus der heiligen Schrift selbst (Proverbia 17; Sprüche Salomos, d. Verf.) den Bohrwurm mit den Sorgen. So wie nämlich die Bohrwürmer die Bäume aushöhlen und zugrunde richten, so zerstören die Sorgen die Gebeine und das Gehirn des Menschen.«

Fächerkäfer (Ripiphoridae)

Die Fächerkäfer gehören zu den eigentümlichsten Käfern, die es überhaupt gibt. Der deutsche Name bezieht sich auf die großen, fächerartig ausgebildeten Fühler der Männchen. Die Flügeldecken der meisten Arten sind mehr oder weniger verkürzt und klaffen auseinander, die Weibchen sind bei vielen Arten ungeflügelt. Die Ripiphoridae sind durch ihre Biologie und die Hypermetamorphose fast ebenso bekannt geworden wie die Ölkäfer (Meloidae). Die wenigen in Mitteleuropa vorkommenden Arten sind im Allgemeinen sehr selten, sodass unsere Kenntnisse über die Lebensweise recht lückenhaft sind (s. S. 96). Die Entwicklung umfasst ecto- und endoparasitische Larvenstadien und beginnt mit einer Triungulinus-Larve (Ausnahme: *Pelecotoma*), weshalb die Familie in enger Beziehung zu den Meloidae gesehen wurde. Heute werden eher Parallelentwicklungen (Konvergenzen) für wahrscheinlich gehalten.

Die Entwicklung erfolgt entweder bei den Larven von Hautflüglern (Hymenoptera), Schaben (Blattariae) oder Klopfkäfern (Anobiidae). Die Triungulinus-Larven halten sich (mit den Mandibeln?) an einer adulten Wespe fest (Unterfamilie Ripiphorinae) und lassen sich in das Nest tragen (Phoresie). Die Triungulinus-Larve von *Ripidius* (Unterfamilie Ripidiinae) sucht Waldschaben-Larven (Gattung *Ectobius*) direkt auf und dringt in den Körper des Wirtes ein. Die späteren Larvenstadien (2. bis 6.) – *Pelecotoma* hat nur 5 Larvenstadien – sind madenartig und umklammern von außen die Larven von Faltenwespen (Vespidae) und Lehmwespen (Eumenidae) bzw. Anobiidae, oder sie leben endoparasitisch in den Larven der Schaben. Sie sind beinlos, später werden Fortsätze ausgebildet (Ausnahme: *Pelecotoma*). Zur Verpuppung verlassen die Larven der Fächerkäfer ihren Wirt.

In Mitteleuropa kommt *Pelecotoma fennica* vor, deren Larven bei *Ptilinus*-Arten (Pochkäfer, Anobiidae) leben. Das Weibchen legt die Eier direkt in das von *Ptilinus* befallene Holz. Im Gegensatz zu den anderen Ripiphoridae sucht die Triungulinus-Larve aktiv die Wirtslarve auf, Phoresie kommt nicht vor. Sie dringt in den Wirt ein und überwintert als Endoparasit. Im folgenden Frühjahr vergrößert sich die Larve enorm und entwickelt eine spezielle sklerotisierte scharfkantige V-förmige Struktur am 9. Tergit, mit der die Haut der Wirtslarve geöffnet werden kann. Auch sonst unterscheidet sich diese Phase vom Beginn der Entwicklung der Triungulinus-Larve erheblich. Anschließend folgen vier ektoparasitisch lebende Larvenstadien. Das 5. Stadium unterscheidet sich vom 2. bis 4. vor allem dadurch, dass es in der Lage ist, im Holz einen Gang zum Schlüpfen des Käfers vorzubereiten.

Schröter (Lucanidae)

Diese Käferfamilie zählt wohl zu den bekanntesten, nicht zuletzt deshalb, weil hierher der größte mitteleuropäische Käfer, der Hirschkäfer

167
Männchen mit stark verlängertem Kopf und Weibchen des blattrollenden Käfers *Trachelophorus giraffa* (Familie Attelabidae) aus Madagaskar; Gesamtlänge des Männchens 2,5 cm. (Foto Förster)

(*Lucanus cervus*), gehört (Abb. 17). Man kann in der gesamten Familie eine Tendenz zur Vergrößerung und besonderen Ausbildung der Mandibeln im männlichen Geschlecht beobachten, auch sind die Männchen fast immer viel größer als die Weibchen (Sexualdimorphismus) (Abb. 168). Wie viele andere holzbewohnende Käfer zeigen auch die Schröter eine beträchtliche Variabilität der Körpergröße.

Es ist wohl typisch für viele Lucaniden-Arten (in Mitteleuropa beobachtet bei *Lucanus cervus*, *Platycerus caprea*, *Sinodendron cylindricum*), dass sie als Imagines Baumsäfte aufnehmen, die aus Wunden vorwiegend von Eichen rinnen. Solche Saftflüsse werden meist durch Frostrisse, Windbruch und Blitzschlag erzeugt. Ihre Existenz reicht von einer Vegetationsperiode bis zu mehreren Jahren. In dem Phloemsaft von Eichen entwickeln sich verschiedene Ascomyzeten-Arten, die seine Eignung als Nährsubstrat wesentlich beeinflussen. Mitunter sammelt sich an solchen Stellen eine mehr oder weniger große Gesellschaft von Hirschkäfern und anderen Insekten an, darunter etliche Spezialisten, die ± nur an Eichensaftflüssen zu finden sind. Die Aufnahme der aus den Rindenwunden fließenden Baumsäfte erfolgt durch Lecken mit den Maxillen unter Hilfe des Labium. Der Nahrungsbedarf beträgt bei *Lucanus cervus* 20 bis 30 mm^3 pro Tag.

Die Larven der meisten Arten leben in vermoderndem Holz und brauchen oft mehrere Jahre zur Entwicklung. Wie alle von Holz lebenden Insekten müssen sie die Zellulose aufschließen. Dies können sie nicht selbst, sie sind auf die Zellulaseproduktion mithilfe symbiontischer Bakterien, Pilze und Flagellaten angewiesen. Diese sind die Nahrung bestimmter Protozoa, die dann wiederum von den Larven verdaut werden.

Die Menschen haben sich zu allen Zeiten viel mit den Hirschkäfern befasst, wovon zahlreiche Angaben in der alten Literatur zeugen. So schreibt Caspar Schwenckfeld (1603): »Der Schröter entsteht aus dem trockenen Holz besonders von Eichen und vermehrt sich teilweise auch durch Befruchtung. Er lebt in Eichen-Wäldern im Mai und Sommer.« Im „Ortus Sanitatis“ (ca. 1480) findet man Folgendes über den Hirschkäfer: »Gegen Abend fliegen sie zahlreich mit großem Geräusch umher. Sie haben große medizinisch benutzte Hörner, die Furchen und Zähne tragen sowie glänzen und die sie wie Zangen benutzen. Ihre Beine sind lang und zurück gebogen und leuchten in der Nacht wie faules Holz. Die Seiten und Hinterteile glänzen oft wie die Farben von Federn und sind zeitweilig dunkel.«
Beide Zitate lassen Beobachtungsgabe erkennen, jedoch findet sich in ihnen auch eine eigenartige Naturbetrachtung. Es steht jeweils geschrieben (auch bei Brückmann): »Wenn man Kopf und Körper trennt, so leben beide Teile weiter, der Kopf länger als der Körper.«

Eine verhältnismäßig genaue Schilderung zur Biologie des Hirschkäfers liefert uns der Wolfenbütteler Arzt FRANZ ERNST BRÜCKMANN (1696–1753): »Sie vermehren sich wie alle Tiere durch Begattung. Männchen und Weibchen sind sich dabei abgewandt ... Einige Zeit nach der Hochzeit legen die Weibchen Eier, die von der Sonnenwärme ausgebrütet werden. Über die Zahl dieser Eier ist nichts Genaues bekannt. ... Die Männchen lieben den Streit und bekämpfen sich oft, wie die Hirsche zur Brunstzeit. Im Herbst, bei Herannahen der Winterkälte, sieht man sie nicht mehr, da sie sich alsdann aus natürlichem Trieb Winterlager bauen. Diese sind runde oder eiförmige Zellen, die sie sich aus feuchter und weicher toniger Erde nicht sehr tief unter Eichen kunstvoll errichten. Das Innere dieser Zelle ist glatt, und der Käfer liegt hierin auf dem Rücken, die Beine oben fest an den Bauch gedrückt, während des ganzen Winters ohne Speise und ohne Lebenszeichen im Schlaf.«

Es scheint ein neues Zeitalter für die Biologie angebrochen zu sein, das auch den Hirschkäfer von Mystischem weitgehend zu befreien sucht. Die Zeit, in der man einen Zaubernagel herstellte, auf dem ein Hirschkäfer dargestellt ist, der mit seinen Kiefern eine Schildkröte packen will; als man in der Türkei die Hirschkäferkiefer zusammen mit getrockneten Wüsteneidechsen als Mittel gegen Zauberei verkaufte oder als man die nächtlich fliegenden Hirschkäfer für Hexen hielt, ist nun wohl vorbei.

Blatthornkäfer (Scarabaeidae)

Die Blatthornkäfer stellen eine sehr vielgestaltige und artenreiche Käferfamilie dar (25.000 Arten). Es gehören hierher so bekannte Tiergestalten wie die Maikäfer, Walker, Rosenkäfer, Pil-

168
Schröter (Lucanidae); *Prosopocoilus giraffa* aus Nepal, Assam, Java. Männchen (12 cm) mit mächtigen Oberkiefern (links) und Weibchen (4,2 cm) (rechts unten) sowie *Aegus platyodon* (Männchen 4,3 cm) aus Indonesien. (Foto FÖRSTER)

169
Ein hornissenähnlicher Blatthornkäfer (*Ancistrostoma vittigerum*) aus Peru (beachte den Bauchstachel!). (Foto Förster)

170
Blatthornkäfer mit Klammerbeinen (*Chrysophora* sp.) aus Südamerika. Er ist hellgrün mit stahlblauen Tarsen. (Foto Förster)

171
Feldmaikäfer (*Melolontha melolontha*), Männchen; Körperlänge 20–30 mm. (Foto FÖRSTER)

lendreher, Goliathkäfer, Herkuleskäfer und Nashornkäfer (Abb. 40, 169, 170). Nicht nur in ihrem Äußeren sind die Vertreter der Blatthornkäfer sehr verschieden, vor allem sind sie es auch in ihrer Lebensweise. Es hat nicht an Versuchen gefehlt, diese vielgestaltige Familie in zahlreiche kleinere Familien aufzuspalten.

Über die Maikäfer (Abb. 171) soll an dieser Stelle noch etwas Näheres gesagt werden. Sie gehören vielerorts heute schon beinahe zu den Raritäten. Viele Kinder haben niemals welche gesehen und kennen sie nur folieverpackt aus Schokolade oder von Bildern. Die Ursache dieses krassen Rückganges dürfte vor allem in der starken Anwendung von Pflanzenschutzmitteln liegen, die meist gar nicht primär gegen die Maikäfer ausgebracht worden waren, sie aber natürlich mit trafen. Die Lehrbücher des landwirtschaftlichen und forstlichen Pflanzenschutzes führen Feld- und Waldmaikäfer als große Schädlinge auf, und das waren sie auch einmal! Noch vor wenigen Jahrzehnten konnten sie ohne Mühe zentnerweise gesammelt werden und fanden als Viehfutter Verwendung. In früheren Jahrhunderten war es aber mit den Maikäfern noch viel schlimmer. Der Mensch stand ihnen ganz ratlos gegenüber. Und so nimmt es nicht wunder, wenn sich sogar kirchliche Gerichte mit den Maikäferplagen befasst haben. Lassen wir dazu einen alten Bericht zu Worte kommen:

> Der erste urkundlich nachweisbare Prozess spielte im Jahre 1320 vor dem geistlichen Gericht zu Avignon gegen die Maikäfer. »Zwei Erzpriester begaben sich in vollem Ornate auf die beschädigten Grundstücke, citierten alle die unmündigen Maikäfer im Namen des geistlichen Gerichts vor den Bischof und drohten ihnen im Falle des Nichterscheinens mit dem Kirchenbann. Zugleich wurden sie durch Anschlagen des Aufrufs auf vier nach allen Himmelsgegenden gerichteten Tafeln benachrichtigt, dass ihnen in der Person des Prokurators ein gerichtlicher Beistand und Verteidiger ordnungsgemäß bestellt sei. Letzterer betonte dann auch im Namen seiner zum Termin nicht erschienenen Klienten bei der gerichtlichen Verhandlung, dass sie gleich jeder anderen gotterschaffenen Kreatur ihr Recht beanspruchen müssten, ihre Nahrung zu suchen, wo dieselbe

zu finden, und entschuldigte ihr Ausbleiben damit, dass man vergessen habe, ihnen, wie üblich, freies Geleit zur Gerichtsstätte und zurück zu sichern. Das Urteil lautete dahin, dass sich die Maikäfer binnen drei Tagen auf ein ihnen durch Tafeln bezeichnetes Feld zurückzuziehen hätten, woselbst Nahrung genug für sie vorhanden sei, und dass die Zuwiderhandelnden als vogelfrei behandelt und ausgerottet werden sollten.«
Später folgten weitere Prozesse gegen Maikäfer, so 1497 vor dem geistlichen Gericht in Lausanne, zuletzt am gleichen Ort 1579. Gelegentlich finden sich in der alten Literatur Bemerkungen über ausgesprochene Massenvermehrungen von Maikäfern. So berichtete Thomas Mouffet (1634): »Nach einer englischen Chronik sollen am 24. Februar 1574 eine so große Menge Maikäfer in den Fluss Sabrina gefallen sein, dass die Räder der Wassermühlen anhielten und sich verstopften, und wenn nicht den Menschen Hühner, Enten, Ziegenmelker, Falken, Fledermäuse u. a. räuberische Vögel geholfen hätten, so stünden sie wohl noch heute still.«
Das Datum erscheint nicht nur wegen der Maikäfer, sondern auch wegen der Ziegenmelker und Fledermäuse etwas eigentümlich.

Bockkäfer (Cerambycidae)

Mit 35.000 Arten zählen die Bockkäfer zu den artenreichsten und vielgestaltigsten Käferfamilien (Abb. 172, 173, 174, 175, 176, 177, 178). Als eine Besonderheit des Körperbaus stechen Modifikationen der Hinterbeine hervor, z. B. blattförmig verbreiterte Hinterschienen bei *Phyllocnema* sp. aus Afrika, die vielleicht eine Steuerfunktion beim Flug haben oder Grabbeine bei *Hypocephalus* sp. (s. S. 63), der heutzutage in eine abgespaltene Familie, die Anoplodermatidae, gehört.

Bockkäfer finden frühzeitig in der Literatur Erwähnung. Aristoteles äußert sich bereits zur Biologie: »Auf gleiche Weise entstehen aus den Würmern in trockenem Holz die Bockkäfer; auch ihr Wurm liegt anfangs eine Zeit lang unbeweglich, durchbricht aber dann seine Hülle und wird zum Käfer.« Eine ausführliche Beschreibung des Moschusbockes (*Aromia moschata*) (?) finden wir wieder bei Thomas Mouffet (1634), die teilweise Fabelzüge trägt: »Der Platyceros oder Holzbock hat einen breiten Kopf und große Ochsenaugen. Er ist fast 3 Querfinger breit. Der Mund ist gegabelt und schrecklich zu sehen, wenn die zwei sehr starken Zähne offen stehen. Mit diesen soll er, nach sachverständigen Angaben, beim Benagen des

172
Olenecamptus bilobus, ein in der orientalischen und australischen Region sowie Madagaskar weit verbreiteter Bockkäfer (Cerambycidae) von den Seychellen. (Foto Förster, Archiv Staatl. Museum Tierkunde Dresden)

173
Der steinbockähnliche Bockkäfer (*Phantasis avernica*) ist ein Erdbock aus Afrika. (Foto Förster)

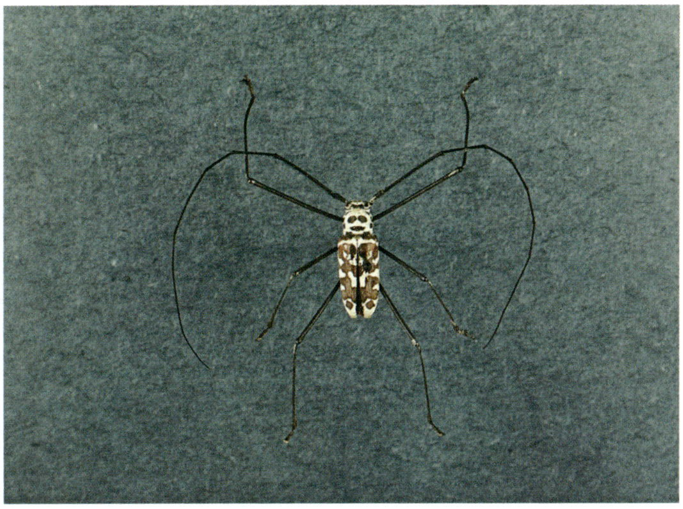

174
Tropische Bockkäfer (Cerambycidae) (Abb. 174–177): Spinnenbock (*Gerania bosci*) aus Java. (Foto Förster)

175
Phantasis avernica aus Afrika. (Foto Förster)

Holzes ein ferkelähnliches Grunzen hervorbringen. Damit haben sie vielleicht auch, an Bäumen angebunden, deren Schädlinge fern gehalten. Die handgriffartigen, elfenbeinernen glatten Schultern mit ihrer Skulptur fallen bald in die Augen. Sie haben 6 Beine mit je 3 Gelenken. Die Beine sind jedoch zum Tragen der großen Körperlast zu schwach und zu schlaff. Ihnen zu Hilfe entspringen zwei Hörner über den Augen, die länger als der Körper sind und aus 9–10 biegsamen Gliedern bestehen. Sie sind nicht ganz glatt, sondern etwas aufgeraut wie Ziegenhorn. Diese dienen ihm beim Flug als Steuer, auf der Erde als Beine. Wie seiner Schwäche bewusst, hängt sich dieser Käfer mit seinen Hörnern an einen Baumzweig und ruht so, wie Bruerus bei Heidelberg beobachtet hat.«
Schon altrömische Autoren schreiben, dass große Bockkäfer (gemeint ist wahrscheinlich *Cerambyx*) von Landleuten an Obstbäumen festgebunden wurden, da sie durch lautes Zirpen schädliche Käfer abhalten sollen. Geholfen wird diese grausame Maßnahme sicherlich nichts haben. Eine der genauesten Schilderungen zur Bockkäferbiologie aus früherer Zeit finden wir bei August Johann Roesel von Rosenhof (1705–1759). Durch seine dreiteiligen „Insecten-Belustigungen" weltberühmt geworden, verdankt er dies sowohl seinen meisterhaften Tierdarstellungen wie auch dem genauen Text. Er ist im übrigen auch für die Geschichte der Biologie von Bedeutung, da er feststellte, dass alle Insekten von ihresgleichen gezeugt werden – eine Aussage zu einer Zeit als Urzeugung aus Fäulnisvorgängen noch für möglich gehalten wurde. Auf etlichen Seiten wird von ihm die Biologie des Haselnussbockes (*Oberea*

176
Prionus bienerti, links Männchen, rechts Weibchen. (Foto Förster)

177
Prionus bienerti, Männchen, Fühler. (Foto Förster)

178
Hummelbock (*Callisphyris macropus*) aus Chile; Körperlänge 2 cm. (Foto Förster)

linearis) geschildert. Davon eine kleine Kostprobe: »Ein anderer vornehmer Gönner und Liebhaber meiner Arbeit, der mich im vergangenen Mai mit seinem Zuspruch beehrte, brachte mir zur gleichen Zeit ein paar dürre Zweiglein von einer Haselnuss-Staude, in deren einem ein oranien-gelber Wurm stak, den uns die III. Tafel, Fig. l., zeigt und welcher den Kern des Reises durchlöchert und seinen Kopf unterwärts gerichtet hatte, dabei aber noch nicht ausgewachsen zu sein schien. Das andere, dickere Zweiglein war ebenfalls stark durchbohrt, statt des Wurmes aber zeigte sich im selbigen eine gelbe Puppe, deren Kopf in die Höhe stand. Beide Zweiglein waren mit aller Sorgfalt soweit gespalten und geöffnet, dass man sowohl die Puppe als auch den Wurm in ihnen sehen und die gemachte Öffnung mit dem abgenommenen Teil wieder bedecken konnte, sodass also die zwei Insekten bis zu ihrer Verwandlung sicher und wohl verwahrt werden konnten.«

Rüsselkäfer (Curculionidae) und verwandte Familien

Im Namen steckt schon eines der wichtigsten Kennzeichen dieser Gruppe: Alle Arten haben einen Rüssel, der im Einzelnen äußerst vielfältig gebaut sein kann und zum Schneiden, Nahrung aufnehmen, Bohren, Stopfen oder Sondieren verwendet werden kann. Rüsselkäfer sind mit 58.000 Arten die größte Käferfamilie. Es gibt demnach mehr Rüsselkäferarten als Wirbeltierarten auf der Welt! In solch einer artenreichen Gruppe kann es nicht ausbleiben, dass viele bizarre und bunte Gestalten vorhanden sind, von denen eine Auswahl auf den Abbildungen zu sehen ist (Abb. 179, 180, 181, 182, 183, 184, 185, 186, 187). Für einen Rüsselkäfer ist es normal, sich von lebenden Pflanzen zu ernähren. Es findet sich praktisch kein Pflanzenorgan, das nicht bestimmten Rüsselkäfern als Nähr- oder Brut-

179
Rhabdorhynchus seriegranosus auf Natterkopf (Echium). (Foto Gepp)

180
Tropische Rüsselkäfer (Curculionidae und Brachyceridae) (Abb. 180–187)
Entimus imperialis, Weibchen, aus Brasilien. (Foto FÖRSTER)

181
Ozopherus muricatus aus Peru. (Foto FÖRSTER)

substrat dient. Ob Samen, Früchte, Blüten, Knospen, Blätter, Zweige, Äste, Stämme, Rinde, Bast, Wurzeln, ob totes Holz oder lebendes Pflanzengewebe, die Rüsselkäfer haben alles, was Blütenpflanzen nur bieten können, erobert, sogar die Wasserpflanzen. Mitunter sind besonders interessante Anpassungen an die Zubereitung einer spezifischen Larvennahrung vorhanden. Die Rüsselkäfer gelten deshalb als klassisches Beispiel einer sich ausschließlich phytophag ernährenden Käfergruppe.

Es gibt aber unter den Rüsselkäfern einige Arten, die sich in ihrer Lebensweise abweichend verhalten. Nur in Australien lebt eine dungfressende Rüsselkäfergattung (*Tentegia*). Die Entdeckung der Lebensweise von *Tentegia* war für Coleopterologen in aller Welt eine Sensation. Die wenigen bisher bekannten Arten sammeln Kotteile von Beuteltieren (Kängurus, Kletterbeutler), die sie in kleine Erdhöhlen stopfen, wo

182
Wie eine Bürste wirkt *Brachycerus fascicularis* (Brachyceridae) aus Südafrika. Seine „Farbe" besteht aus Grautönen von weiß bis schwarz. (Foto Förster)

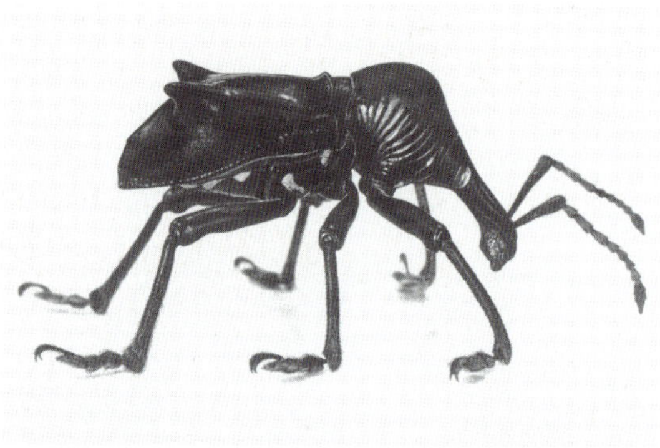

183
Gymnopholus weiskei, Männchen, aus Neuguinea. (Foto FÖRSTER)

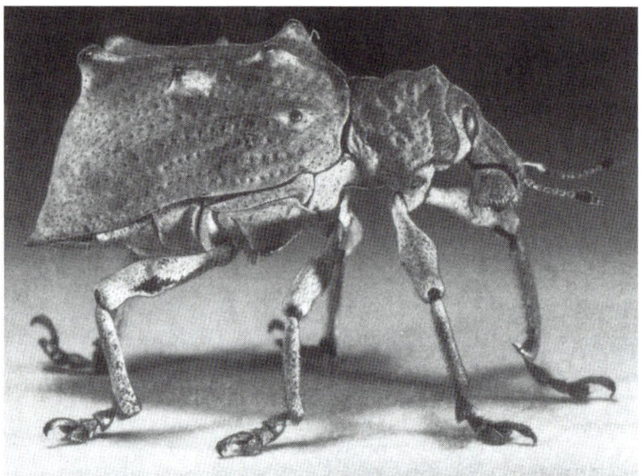

184
Rhigus schueppeli aus Brasilien. (Foto FÖRSTER)

185
Rhinastus sternicornis aus Argentinien. (Foto FÖRSTER)

sich dann die Larven entwickeln. Diese Lebensweise ist der vieler Mistkäfer recht ähnlich.

Einige amerikanische Rüsselkäferarten sind aus den Bauten verschiedener Nagetiere bekannt. Bisher ist aber ihre Biologie noch nicht geklärt. Es gibt auch Rüsselkäfer, die bei Ameisen leben und sekretabsondernde Haarbüschel tragen. Andere Rüsselkäfer haben das Einmietertum entwickelt (Inquilinen). Diese Arten legen in die von ganz anderen Insektenarten (zum Beispiel Gallwespen, Blattwespen) hervorgerufenen Pflanzengallen ihre Eier ab. Die Rüsselkäferlarven fressen als Einmieter das für die Larven der Gallerzeuger bestimmte Pflanzengewebe auf. Sie greifen die Larven nicht direkt an, bewirken aber ihren Untergang durch die Nahrungs- und Raumkonkurrenz.

Eine besondere Entwicklung hat das Einmietertum bei den Triebstechern und Blattrollern erfahren. Es gibt mehrere Arten, die ihre Eier in die fertigen Brutsubstrate anderer Rüsselkäfer legen und richtige „Kuckucksrüsselkäfer" sind. So legt *Lasiorhynchites sericeus* (Familie Rhynchitidae) seine Eier in die kunstvollen

186
Phaedropus togatus aus Brasilien. (Foto Förster)

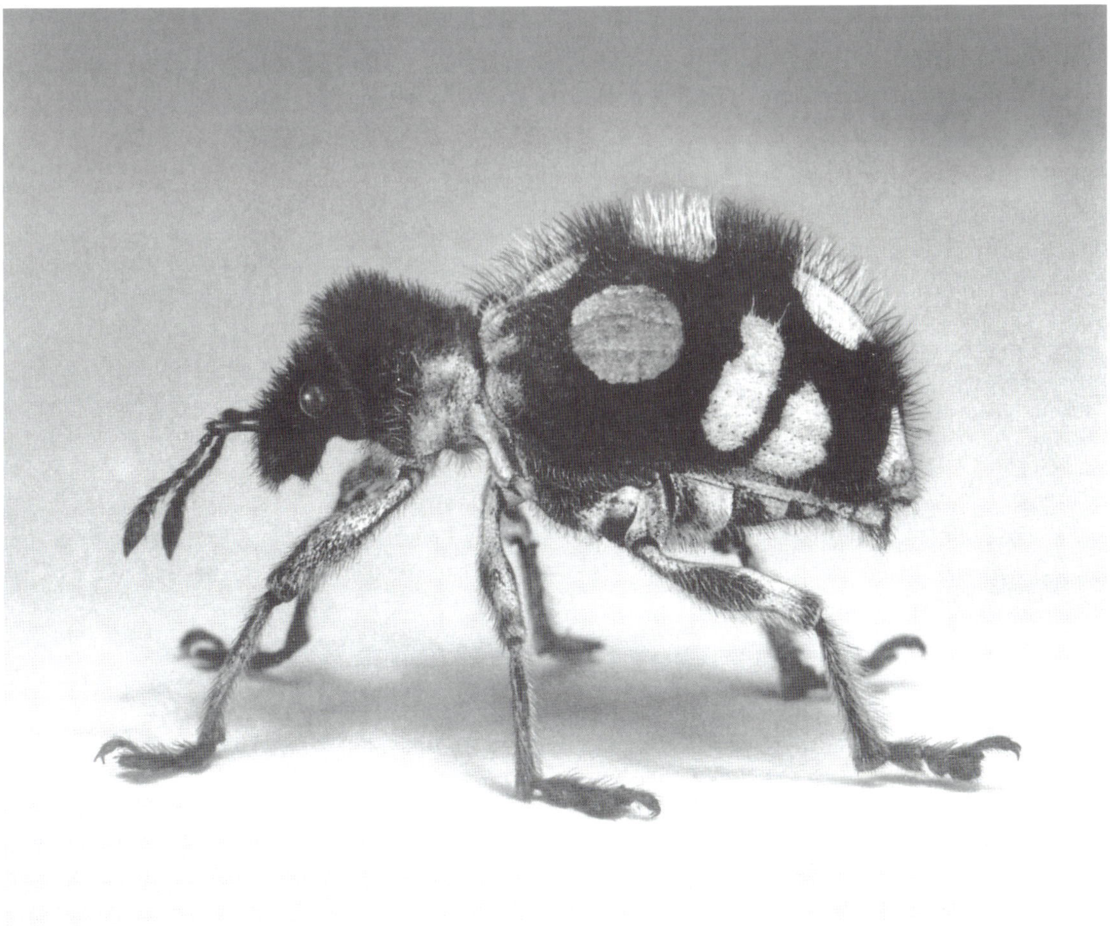

187
Trichaptus myrmosarius aus Brasilien mutet wie ein Plüschtier an. Er ist mattschwarz mit acht großen, cremeweißen und zwei leuchtend orangefarbenen Flecken. (Foto Förster)

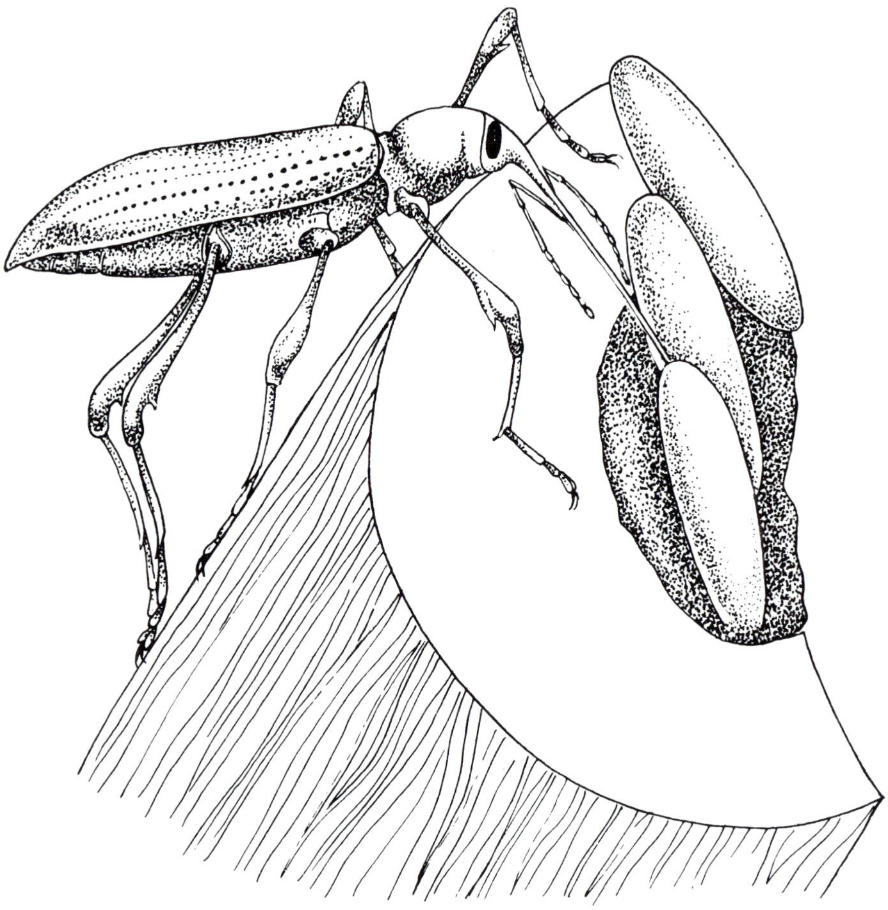

188
Ludovix fasciatus (Rüsselkäfer, Curculionidae) beim Aussaugen von Heuschreckeneiern (künstlich freigelegt).

Blattrollen des Rüsselkäfers *Attelabus nitens* (Familie Attelabidae). Die *Lasiorhynchites*-Larven entwickeln sich dann gemeinsam mit den *Attelabus*-Larven. Andere Kuckucksrüsselkäfer leben nicht so friedlich beieinander. Dort zerstören die Weibchen mit ihrem Rüssel das Ei des Wirtes, und die Larve des Kuckucksrüsselkäfers ist allein im „Nest".

Im Amazonasgebiet gibt es eine Rüsselkäferart (*Ludovix fasciatus*), die sich ausschließlich von Insekteneiern ernährt, also rein entomophag ist (Abb. 188). Dieser Rüsselkäfer lebt von den Eigelegen einer Heuschrecke (*Cornops longicorne*), die diese in die Stängel der Wasserhyazinthe (*Eichhornia crassipes*) in Gruppen zu etwa 20 Stück einlegt. *Ludovix* lebt nun als Imago und Larve von diesen Eiern, die er mit seinem langen Rüssel von außen anschneidet und im Laufe etwa einer Stunde aufnimmt (die Eier sind verhältnismäßig groß). Das Weibchen legt ein einzelnes Ei in das Gelege von *Cornops*, die Larve verbraucht dann in wenigen Tagen das gesamte Gelege und verpuppt sich in der von *Cornops* geschaffenen Höhlung in der Wasserhyazinthe. Die Entwicklung muss schnell gehen, da sonst die Heuschreckeneier schlüpfen würden und die Rüsselkäferlarve verhungern müsste; vom Ei bis zur Puppe dauert es auch tatsächlich nur 11 bis 13 Tage.

In den nebelreichen Bergwäldern Neuguineas leben 25 Arten etwa 30 mm langer Rüsselkäfer, deren Oberseite mit einem Bewuchs aus Pilzen, Algen, Flechten, Leber- und Laubmoosen bedeckt ist. Darin leben Einzeller, Rädertiere (Rotatoria), Fadenwürmer (Nematoda), Rindenläuse (Psocoptera) und Moosmilben (Oribatida). Diese Käfer werden drei bis fünf Jahre alt und können eine beachtliche Ansammlung verschiedener Organismen auf sich vereinigen.

Rüsselkäfer fanden schon in der frühen entomologischen Literatur vor allem wegen ihres gelegentlichen Schadauftretens vielfach Beachtung. So gibt beispielsweise der Rektor des Gymnasiums zum grauen Kloster in Berlin Johann Leonhard Frisch (1666–1743) in der „Beschreibung von allerley Insecten in Teutschland" eine ausführliche Beschreibung der Lebensweise und der Schäden des Apfelblütenstechers (*Anthonomus pomorum*). Zur gleichen Zeit (1724) wird auch in der schlesischen heimatkundlichen Zeitschrift über diesen Schädling berichtet. Maria Sibylla Merian schreibt Näheres über den Palmrüssler, dessen Larven wir schon erwähnt haben: »Ein weißlicher Wurm kriecht in der Mitte der Tafel auf einem grünen Blatt. Die Holländer nennen ihn Palmyt-Worm, d.h. Palmwurm, da er sich von diesem Baume nährt. Ich habe ihn hier auf einem Blatt dargestellt, weil ein Palmwedel zu groß für eine Zeichnung ist. Er ist kurz und weich ... Die Eingeborenen behaupten, dass er 50 Jahr wächst, bevor er vollendet ist. Sie schneiden ihn aus der Blattbasis oder aus dem Stamm der Palme in Menschenhöhe heraus und kochen ihn, wie wir Blumenkohl kochen. Der Geschmack ist besser als der des Bodens einer Artischocke. Er lebt im Stamm der Palme und nährt sich von ihrem Mark. Anfangs ist er nicht größer als eine Käsemilbe, wird dann aber später so groß wie der hier abgebildete Wurm ... Aus dem Wurm schlüpft der schwarze Käfer, den ich hier abgebildet habe, die Mutter des Palm-Wurmes.«
Der Prediger Johann Colerus († 1639) zeigt uns in seinem 1590 erschienenen „Haushaltsbuch", dass die Rüsselkäfer auch „sozialökonomische" Bedeutung haben: »Würmer in Eicheln bedeuten ein unfruchtbares Jahr und Teuerung.« Mit den Eichelwürmern sind höchstwahrscheinlich die Larven des Eichelrüsselkäfers (*Curculio glandium*) gemeint.

Ernährung, Nutzen und Schaden der Käfer

Ernährungsorgane und Nahrungsquellen

Mundwerkzeuge und deren Sonderformen

Typisch für alle Käfer sind beißend-kauende Mundwerkzeuge. Es gibt von diesem Grundtyp nur ganz wenige Ausnahmen. So haben die Angehörigen der in Südamerika vorkommenden Honigkäfer (*Nemognatha*) der Familie Ölkäfer (Meloidae) einen Saugrüssel (Abb. 189). Dieser Saugrüssel wird von den Unterkiefern (Maxillen) gebildet und befähigt die Käfer, Nektar und Pollen aus der Tiefe von Blüten hervorzuholen, auch Baumsäfte aufzunehmen. Eine zweite Gattung (*Leptopalpus*) hat ebenfalls einen Saugrüssel entwickelt, jedoch sind andere Bauelemente verwendet worden. Auch bei Prachtkäfern (Buprestidae) gibt es ähnliches.

Alle Teile der Mundwerkzeuge sind bei den einzelnen Käferfamilien mehr oder weniger stark modifiziert, am auffälligsten vielleicht die Oberkiefer (Mandibeln). Oft fallen diese durch ihre besondere Größe auf, die mitunter sogar zu einem Funktionswandel geführt hat. Besonders große Mandibeln kommen bei den Gattungen *Chiasognathus*, *Neolamprima* und *Lamprima* aus der Familie Schröter (Lucanidae) vor (Abb. 99). Aber auch bei anderen Käferfamilien gibt es gewaltige Oberkiefer. So finden wir bei den Stutzkäfern (Histeridae) afrikanische Arten, deren Oberkiefer fast körperlang sind. Unter den Mistkäfern (Geotrupidae) haben die Männchen der Rebenschneider (*Lethrus*) besonders große Mandibeln, die zusätzlich je einen langen, nach unten gerichteten Dornfortsatz tragen. Mächtige zangenartige Oberkiefer kommen bei den Männchen der Langkäfer (Brentidae) vor. Bei den Bockkäfern (Cerambycidae) fallen die Angehörigen der Gattungen *Prionocalus*, *Macrodontia* und *Callipogon* durch besonders lange Mandibeln auf (Abb. 190, 191).

Verdauungssystem und Symbiose

Das Verdauungssystem der Käfer weist nur wenige Besonderheiten gegenüber anderen Insekten auf, wie beispielsweise die extraintestinale Verdauung. Eine weitere Besonderheit ist der zum Beispiel bei Borkenkäfern (Curculionidae-Scolytinae) vorhandene Kaumagen, der am Ende des Vorderdarmes liegt und imstande ist, Nahrungsbrocken fein zu zerreiben. Er ist mit Chitinleisten und -zähnchen ausgestattet, die vor allem im mikroskopischen Bild eine interes-

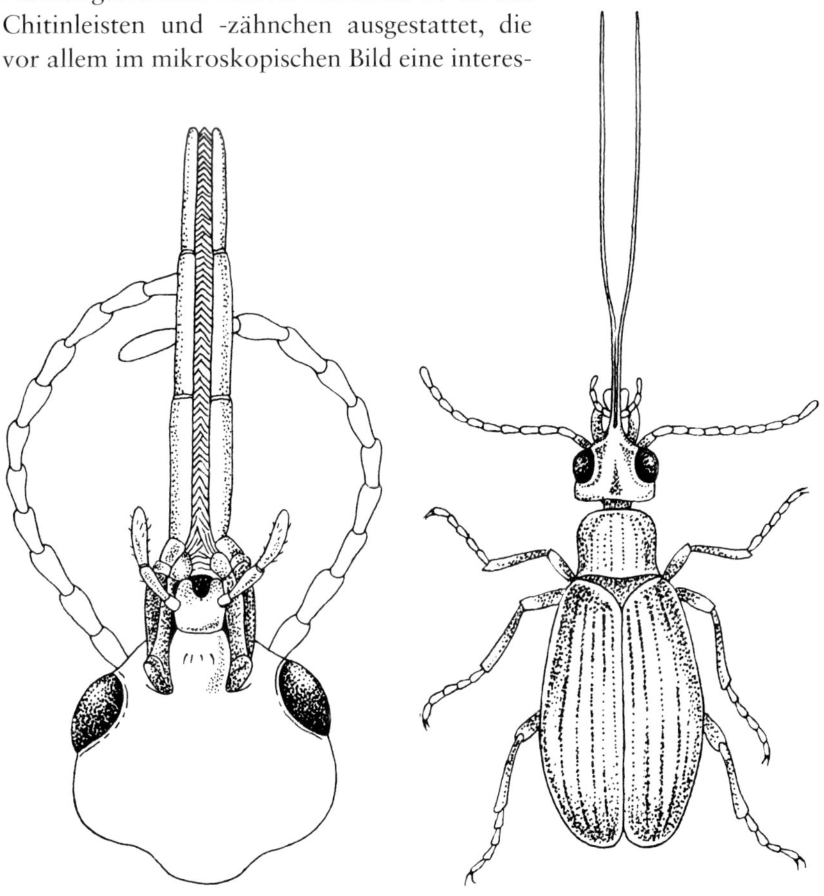

189
Aberrante Mundwerkzeuge bei Ölkäfern (Meloidae): links: Mundwerkzeuge des nektarsaugenden *Leptopalpus rostratus*; rechts: *Nemognatha bicolor* mit Saugrüssel aus den verlängerten Galeae.

190
Tropische Bockkäfer (Cerambycidae)
links: *Macrodontia cervicornis* aus Brasilien; Körperlänge 15 cm. Er soll gelegentlich *Titanus giganteus*, der als der größte Käfer gilt, in der Länge überbieten; Mitte: *Prionocalus atys* aus Ecuador; Körperlänge 5,7 cm; rechts: *Macrophysis luzona* von den Philippinen; Körperlänge 10 cm. (Foto Förster)

191
Prionocalus atys aus Ecuador von vorn; die großen Oberkiefer täuschen beim ersten Blick einen Hirschkäfer (Lucanidae) vor. Es handelt sich aber um einen Bockkäfer (Cerambycidae), wie man leicht an den Fühlern erkennen kann. (Foto Förster)

sante Struktur zeigen. Verschiedene Borkenkäferarten unterscheiden sich sogar durch den Feinbau ihrer Kaumägen.

Viele Käfer leben von Holz und Mulm, ihre Nahrung besteht somit hauptsächlich aus Zellulose, die für die meisten Arten jedoch gar nicht verdaulich ist. Nur einige Bockkäfer (Cerambycidae) und Pochkäfer (Anobiidae) können eigene Zellulase (zellulosespaltendes Enzym) produzieren. Deshalb ist die Symbiose mit zellulosespaltenden Mikroorganismen, zum Beispiel Bakterien und hefeähnlichen Organismen, weit verbreitet. Symbiotische Bakterien erzeugen bei den Larven von Blatthornkäfern (Scarabaeidae) und Schrötern (Lucanidae) Zellulase. Die Symbionten werden bei den Blatthornkäfern in einer Aussackung des Enddarms kultiviert, der eine Gärkammer darstellt, in der die Nahrung aufgespalten wird. Anschließend wird sie in den Mitteldarm zurückgebracht, wo auch die zahlreich an ihr haftenden Bakterien verdaut werden. Auch die Pochkäfer (Anobiidae) sind reichlich mit Symbionten ausgestattet. Hefen kommen zum Beispiel beim Brotkäfer (*Stegobium paniceum*) in speziellen Myzetomen vor. Außer bei den eben erwähnten Familien kommen Symbionten noch in anderen Gruppen vor, zum Beispiel bei Bockkäfern (Cerambycidae) und Rüsselkäfern (Curculionidae). Die zu den Blattkäfern (Chrysomelidae) gehörigen Schilfkäfer (Donaciinae) (Abb. 192) haben symbiotische Bakterien in ihren Exkretionsorganen (Malpighischen Gefäßen).

Der Wert der Symbiose liegt einerseits in der Zellulosespaltung, andererseits liefern die Mikroorganismen (Bakterien, Actinomyceten, Pilze, Protozoen) sonst fehlende Nährstoffe, Vitamine, Steroide und Aminosäuren. Die symbiotischen, intrazellulär in großen Darmblindsäcken aufbewahrten Hefezellen stellen dem Brotkäfer folgende „Vitamine" bereit: B_1, Riboflavin, Nicotinsäure, Pyritoxin, Pantothensäure, Folsäure und Biotin. Ein spezifisches Vitamin ist für manche Käfer (*Tenebrio molitor*, *Tribolium confusum*) das Carnitin. Der ebenfalls zu den Schwarzkäfern (Tenebrionidae) zählende Vierhornkäfer (*Gnatocerus*) ist hingegen unabhängig von einer Carnitinzufuhr mit der Nahrung.

Die Symbiose ist wohl immer obligatorisch. Ein Verlust der Symbionten führt zum Tod des Käfers. Die Übertragung muss deshalb sehr gut abgesichert sein. Die Symbionten gelangen über den Darm nach außen, die Eier werden mit ihnen beschmiert, und die Larven fressen stets einen Teil der Eihülle. Bei manchen Rüsselkäfern (Curculionidae), Splintholzkäfern (Bostrichidae-Lyctinae) und Silvanidae, zum Beispiel *Oryzaephilus*, dringen die Symbionten schon im Eierstock des Muttertiers in die reifen Eier ein. Die Weibchen der Schilfkäfer (Donaciinae) umgeben die Eier mit einem Sekret, das die Symbionten enthält und das von der Larve teilweise aufgenommen wird, jedenfalls die Stelle, an der die Symbiontenkonzentration liegt (Abb. 193).

192
Schilfkäfer (*Donacia*) leben als Larve unter Wasser von Sumpfpflanzen. (Foto Förster)

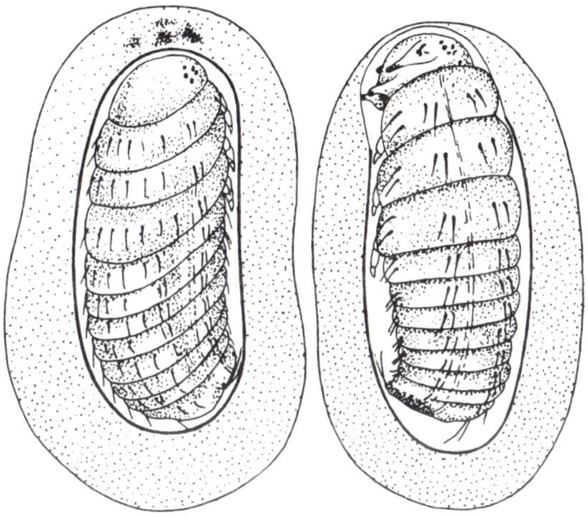

193
Bakterien-Symbiose bei der Schilfkäferart *Donacia semicuprea* (Chrysomelidae): links: die vollentwickelte Larve im Ei, der Symbiontenhaufen liegt über dem Kopf der Larve; rechts: die Larve während des Durchfressens der Eiumhüllung, der Symbiontenhaufen ist verzehrt.

Allesfresser

Käfer haben sich alle nur denkbaren Nahrungsquellen zunutze gemacht. Wir finden neben extremen Spezialisten auch solche Arten, die ein außerordentlich breites Nahrungsspektrum haben. Als Beispiel für letztere soll uns der Messingkäfer (*Niptus hololeucus*) (Ptinidae) dienen (Abb. 194). Er kann sich von stärkehaltigen Nahrungsmitteln aller Art, besonders Getreide, dessen Produkten und Abfällen, ernähren. Aber auch die verschiedensten Textilien werden von ihm befallen, außerdem Haare und Federn, Pelze, Knochen, Lederwaren, Tabakwaren, Tee,

194
Messingkäfer (*Niptus hololeucus*); Körperlänge 2,5–4,5 mm. (Foto Knoflach-Thaler)

sogar giftige pflanzliche Drogen. Die Art kam aus Kleinasien nach Europa. In den Zwanzigerjahren kam es einige Male zu einem Massenauftreten. In einer Zeitung war damals zu lesen: »Wo der Messingkäfer sich einmal eingenistet hat, gibt es keine Rettung mehr. Er vernichtet, wenn man ihn ungestört arbeiten lässt, das Haus bis auf die Grundmauern. Er setzt nun in Europa seine Zerstörungsarbeit fort, die ihn in Asien zum Schrecken der Eingeborenen und Europäer macht. Er frisst ganze Häuser auf!« Hier ist natürlich die Fantasie mit dem Unkundigen durchgegangen.

Als zweites Beispiel für einen außerordentlich vielseitigen Käfer sei der Brotkäfer (*Stegobium paniceum*) genannt. Er frisst wirklich alles. Lediglich Stein, Glas, Porzellan, Plaste, Gusseisen und andere harte Metalle sind vor ihm sicher. Blei und Stanniol kann er durchbohren bzw. sich hineinfressen.

Pflanzenspezialisten

Nahezu jede Pflanzenart wird von den Larven oder Imagines irgendwelcher Käfer befallen. Dabei gibt es neben Generalisten, die ein großes Spektrum verschiedener Nahrung aufnehmen können, extreme Spezialisten. So lebt der Prachtkäfer *Agrilus integerrimus* (Buprestidae) ausschließlich am Seidelbast (*Daphne mezereum*). Der Erlenblattkäfer *Agelastica alni* kommt nur auf Erlen (*Alnus*) vor, und so ließe sich eine sehr lange Reihe von Spezialisten aufzählen. Gewöhnlich wird die Spezialisierung noch dadurch erhöht, dass die betreffende Käferart gar nicht die gesamte Pflanze befällt, sondern sich auf ein bestimmtes Pflanzenorgan (Blüte, Pollen, Nektar, Baumsaft, Frucht, Samen, Stängel, Holz, Rinde, Blatt, Wurzel) beschränkt. Dies trifft zum Beispiel für zwei Borkenkäferarten zu (*Xylocleptes bispinus* bzw. *Thamnurgus varipes*), die auf Gemeine Waldrebe (*Clematis vitalba*) bzw. Mandel-Wolfsmilch (*Euphorbia amygdaloides*) spezialisiert sind, aber nur im Stängelmark ihrer Wirtspflanze vorkommen. Im Holz leben verschiedene Bohrkäfer (Bostrichidae), Pochkäfer (Anobiidae), Bockkäfer (Cerambycidae), Rüsselkäfer (Curculionidae), Eichenkernholzkäfer (Platypodidae) und Borkenkäfer (Curculionidae-Scolytinae). Viele monophage (auf bestimmte Nahrung spezialisierte) Rüsselkäfer sind nur auf die Samen ihrer Wirtspflanzen angewiesen. Das trifft für viele Arten der Gattung *Apion* s.l. (Spitzmausrüssler) zu (Familie Apionidae), aber auch für die Haselnüsse bzw. Eicheln befallenden Angehörigen der Gattung *Curculio* (Familie Curculionidae) (Abb. 195). Spezialisten sind vielfach auch in der Lage, chemische Abwehrsysteme der Pflanzen zu durchbrechen, z.B. durch Entgiftung speziell der Alkaloide oder den Einbau der betreffenden Stoffe in den eigenen Körper, wodurch die eigene Abwehrkraft erhöht wird.

195
Eichenrüsselkäfer (*Curculio elephas*), Weibchen. (Foto Gepp)

Hohe Spezialisierung sowohl hinsichtlich der ausgewählten Pflanzenarten wie auch der Pflanzenorgane zeigen die minenerzeugenden Käfer. Als Minen werden von außen erkennbare Hohlräume bezeichnet, die durch den Fraß der Käferlarven (auch anderer Insektenlarven) im Pflanzengewebe erzeugt werden. Am häufigsten bekommt man sie an Blättern zu sehen. Die Anlage der Mine ist artlich so konstant, dass man den Erreger allein danach bestimmen kann, ohne ihn je gesehen zu haben. Minen werden von Rüsselkäfern, Prachtkäfern und Blattkäfern erzeugt. Bekannte Beispiele sind die Springrüssler der Gattungen *Rhynchaenus* und *Rhamphus*, deren verschiedene Arten Buchen, Eichen, Birken, Weiden, Pappeln und andere Laubbäume befallen können (Abb. 196b). Die Larven des weniger als 2 mm großen Wasserlinsenrüsslers *Tanysphyrus lemnae* (Erirhinidae) minieren in den winzigen Blättern von Wasserlinsen (Lem-

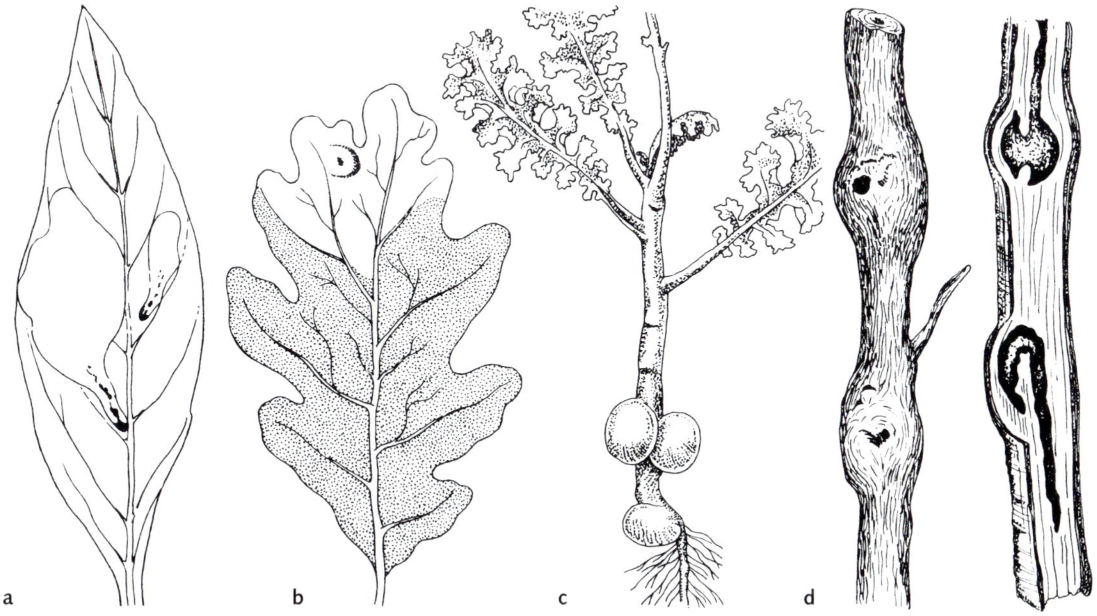

196
Pflanzen fressende Käfer: a) Blatt des Teufelsabbiss (*Succisa pratensis*) mit zwei Minen des Prachtkäfers *Trachys troglodytes* (Buprestidae); b) Eichenblatt mit Blasenmine der Larve des Eichenspringrüsslers *Rhynchaenus quercus* (Rüsselkäfer, Curculionidae); c) Von den Larven des Kohlgallenrüsslers *Ceutorhynchus pleurostigma* (Rüsselkäfer, Curculionidae) hervorgerufene Gallen; d) Gallen des Kleinen Pappelbockes *Saperda populnea* (Bockkäfer, Cerambycidae) rechts aufgeschnitten.

naceae). Unter den Prachtkäfern ist als Minenerzeuger vor allem die Gattung *Trachys* bekannt, die Platzminen an verschiedenen Pflanzen erzeugt (Abb. 196a), wobei teilweise eine strenge Spezialisierung zu beobachten ist. Eine andere Prachtkäferart (*Habroloma nana*) miniert ausschließlich in den Blättern des Blut-Storchschnabels (*Geranium sanguineum*). Unter den Blattkäfern i. w. S. erzeugen zum Beispiel die Arten der Gattung *Zeugophora* (Familie Megalopodidae) Minen an Pappeln (*Populus*), außerdem verschiedene Flohkäfer. Der Igelkäfer *Hispa atra* miniert als Larve in den Blättern verschiedener Gräser (Poaceae).

Als Gallen bezeichnet man bestimmte Bildungsabweichungen des Pflanzenkörpers, die durch den Reiz fremder Organismen hervorgerufen werden. Gallbildungen entstehen immer aus dem Zusammenwirken von Erregern und Wirtspflanzen und sind von so charakteristischer Gestalt, dass man den Erreger allein nach der Galle bestimmen kann. In deren Innerem findet man die Larve des Insekts. Unter den Käfern erzeugen vor allem Rüsselkäfer und Spitzmausrüssler Gallen. Zahlreiche Arten der Gattungen *Apion*, *Ceutorhynchus* und *Gymnetron* können als Beispiel dienen. Sie bilden Gallen an der Sprossachse, den Wurzeln (Abb. 196c) und den Blüten. Die 1,5 bis 2,5 mm langen *Smicronyx*-Arten erzeugen an den Stängeln von *Cuscuta*-Arten längliche, 12 mm x 6 mm große Gallen. Außer den Rüsselkäfern bilden Blattkäfer Gallen aus, z. B. die eigentümlichen *Sagra*-Arten. Manche Arten der Borkenkäfer, zum Beispiel *Tamnurgus kaltenbachi*, können Sprossachsenschwellungen an Taubnessel (*Lamium*), Dost (*Origanum*), Ziest (*Stachys*) und Gamander (*Teucrium*) erzeugen. Eine besonders interessante Galle an Espe (*Populus tremula*) liefert der Kleine Pappelbock *Saperda populnea* (Abb. 196d).

Nicht nur „höhere" Pflanzen werden von Käfern befallen, es gibt auch Spezialisten für die so genannten „niederen" Pflanzen. Die Larven mancher Wassertreter (Haliplidae) ernähren sich z. B. von Grünalgen. Die Federflügler sind auf das Verzehren von Pilzsporen spezialisiert. Pilze sind überhaupt eine Nahrungsquelle für sehr viele verschiedene Käfer. Umfangreiche Bücher sind geschrieben worden, die sich ausschließlich mit Pilzkäfern befassen. Als Beispiel sei der Trüffelkäfer *Leiodes cinnamomea* (Leiodidae) angeführt, der ausschließlich an unterirdisch wachsenden Trüffeln lebt, vor allem an der Schwarzen Trüffel. Die zur Familie Stäublingskäfer (Endomychidae) gehörenden *Lycoperdina*-Arten leben nur in Stäublingen (Lycoperdaceae). Angemerkt sei, dass die *Lycoperdina*-Arten zur Verbreitung der Pilzsporen beitragen. Pilze gelten als eine stammesgeschichtlich sehr alte – vielleicht die älteste – Nahrung der Käfer.

Auch tote Pflanzen, verarbeitete Pflanzenprodukte und pflanzliche Vorräte werden von Käfern befallen, worunter manche schädliche

197
Schnellkäfer (*Ampedus sanguineus*); Körperlänge ca. 10 mm. (Foto Förster, Archiv Staatl. Museum Tierkunde Dresden)

Art zu finden ist. Als ein Beispiel soll uns der Tabakkäfer *Lasioderma serricorne* (Anobiidae) dienen, dessen Larven in Tabakballen, aber auch in verarbeitetem Tabak, besonders Zigarren, leben können. Adolf Horion (1949) schreibt dazu: »Es soll gerade kein Hochgenuss sein, in einer feinen Zigarre eine bratende *Lasioderma*-Larve zu rauchen; die Wirkungen sollen denen der ersten Rauchversuche ähnlich sein.«

Der bei der Zersetzung von Bäumen entstehende Mulm ist ein Eldorado für die verschiedensten Käferarten (Abb. 197), zum Beispiel Bockkäfer (Cerambycidae), Schnellkäfer (Elateridae), Feuerkäfer (Pyrochroidae), Blatthornkäfer (Scarabaeidae), Schröter (Lucanidae), Prachtkäfer (Buprestidae) und andere Familien. Die größten Käfer der Welt entwickeln sich in diesem Substrat.

Käfer als Parasiten

Innerhalb der Insektenordnungen der Hautflügler (Hymenoptera) und Zweiflügler (Diptera) kommen viele Parasitoide vor. Darunter versteht man Insekten, die in oder an anderen Insekten leben und ihren Wirt (im Gegensatz zu echten Parasiten) nach einer gewissen Zeit töten. Bei Käfern ist diese Erscheinung selten. Einen Grenzfall solchen Parasitoidentums stellen verschiedene Breitrüssler (Anthribidae) dar. Die Larven einiger Arten fressen unter dem Schild weiblicher Deckelschildläuse (Diaspididae) deren Eier auf. Manche Breitrüsslerarten scheinen sogar auf bestimmte Schildläuse spezialisiert zu

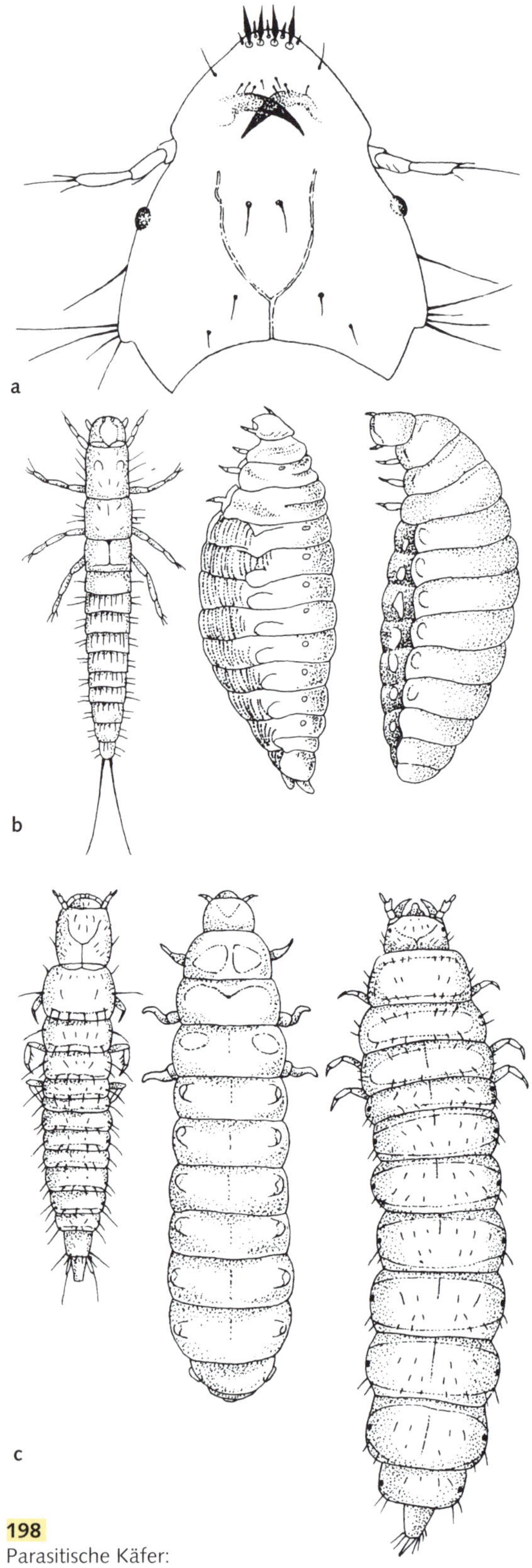

198
Parasitische Käfer:
a) Kopf der Triungulinus-Larve von *Meloe cavensis* (Ölkäfer, Meloidae) mit Stachelreihen am Vorderrand;
b) Die drei Larvenformen eines Ölkäfers (*Meloe* sp.): links Triungulinus, Mitte 2. Larvenform, rechts 3. Larvenform;
c) Die drei Larvenstadien des Kurzflüglers *Aleochara curtula* (Staphylinidae).

sein. So kommt zum Beispiel *Brachytarsus nebulosus* offenbar nur in Fichtenquirlschildläusen (*Physokermes* sp.) vor.

Andere Parasitoide sind die Kurzflügler (Staphylinidae) der Gattung *Aleochara* (Abb. 198c). Das erste Larvenstadium dieser Käfergattung ist sehr beweglich und hat gut ausgebildete Augen. Es sucht die Tönnchenpuppen von Fliegen auf. Dabei wird die Larve offenbar von einem Duftstoff der Fliegenpuppe angelockt und dringt in das Hinterende der Wirtspuppe ein. Dort häutet sie sich zum zweiten Larvenstadium, das madenartig und augenlos ist. Es frisst die Fliegenpuppe auf und häutet sich zum dritten Larvenstadium. Dieses hat wieder wohlausgebildete Beine und Augen, verlässt das Tönnchen und verpuppt sich in der Erde.

Die Angehörigen der Familie Ölkäfer (Meloidae) scheinen durchweg parasitisch zu leben (Abb. 198b). Aus den Eiern schlüpfen die Triungulinus-Larven, deren letztes Fußglied außer der Klaue noch je zwei klauenartige Borsten hat (Abb. 104d). Diese Larven (Beispiel Gattung *Meloe*) klettern auf Blüten, nehmen dort aber keine Nahrung zu sich, sondern warten auf Bienen. In deren Pelz klammern sie sich mit ihren eigentümlichen Klauen fest, außerdem werden Stachelreihen am Vorderrand des Kopfes (Abb. 198a) in die Intersegmentalhäute der „Tragbienen" eingebohrt. Mit diesen Transportwirten lassen sich die Triungulinus-Larven in deren Nester tragen. Im Nest des Wirtes häuten sie sich zu einem madenartigen zweiten Stadium, das sich beim Wirt ernährt. Es folgt nach mehreren Häutungen im Allgemeinen ein larvales Ruhestadium, das als Scheinpuppe bezeichnet wird. An dieses schließt sich das echte Puppenstadium an, das oft in der letzten Larvenhaut eingeschlossen bleibt. Im Einzelnen ist dieser Entwicklungsgang bei den verschiedenen Arten der Ölkäfer modifiziert. Die Wirte der Gattung *Meloe* sind solitäre Bienen der Gattungen *Anthophora* und *Andrena*. Die Triungulinus-Larve gelangt nur dann zur Entwicklung, wenn sie in die Nester dieser Arten gelangt. Es treten starke Verluste auf, die durch die außerordentliche Eizahl der Weibchen (Abb. 199) ausgeglichen werden. Ein Weibchen legt fünf- bis sechsmal je 3.000–9.500 Eier ab, die stets etwa die Hälfte des Gewichtes ausmachen. Die Triungulinus-Larve muss in der Honigzelle auf das dort schwimmende Ei gelangen. Fällt sie beim Absprung vom Transportwirt in den Honig, ist es um die Larve geschehen. Ist das Wirtsei erreicht, wird es von der Triungulinus-Larve aufgefressen, und es erfolgt die Häutung zu einer kurzbeinigen, blinden, madenartigen Larve. Diese frisst den Honigpollenbrei auf und wandert später aus dem Nest in den Erdboden. Dort erfolgt die Häutung zur Scheinpuppe, die wahrscheinlich überwintert. Im Frühjahr schlüpft aus dieser eine madenartige Larve, die keine Nahrung aufnimmt und sich bald verpuppt. In Mitteleuropa schlüpfen die Imagines der meisten Arten im März bis Mai. Bei manchen *Meloe*-Arten kann das Scheinpuppenstadium wegfallen, bei anderen doppelt auftreten. Die Triungulinus-Larven anderer Arten dringen aktiv in das Wirtsnest ein. Die Weibchen der Gattung *Sitaris* legen ihre Eier

199
Europäischer Ölkäfer (*Meloe proscarabaeus*), Weibchen mit eigefülltem Hinterleib (bis 10000 Eier!). (Foto Förster)

gleich am Eingang der Pelzbienennester (*Anthophora*) ab. Die Triungulinus-Larven klammern sich an die zuerst schlüpfenden Männchen der Pelzbienen an. Sie wechseln bei der Begattung auf das Weibchen über, mit dem sie dann in die Nester gelangen. Die Triungulinus-Larven der Spanischen Fliege (*Lytta vesicatoria*) dringen ohne Phoresie aktiv in die Nester ihrer Wirtsbienen ein (Seidenbienen-*Colletes*, Blattschneiderbienen-*Megachile*, Furchenbienen-*Halictus*). Die Larven der *Cerocoma*-Arten lassen sich von Grabwespen (*Tachytes*, *Tachysphex*) in deren Nester tragen. Diese Grabwespen haben in ihre Nester Heuschrecken eingetragen, die durch Giftstiche gelähmt sind und von denen sich die Grabwespenlarven ernähren. Die *Cerocoma*-Larve tötet zuerst die Grabwespenlarve und ernährt sich dann von der konservierten Nahrung. Die *Epicauta*- und *Mylabris*-Arten leben als Larven von den in die Erde abgelegten Eipaketen von Heuschrecken.

Gelegentlich wurde ein massenhaftes Auftreten von Triungulinus-Larven von *Meloe proscarabaeus* beobachtet (2.500–3.000 Individuen), die zu gelblichen Klumpen geballt an Grashalmen und anderen Pflanzenteilen – nicht auf Blüten – saßen. Der Gedanke an eine „Blütenimitation" lag nahe, zumal die Larven im Experiment Bienen sofort bestiegen. Die einzelnen Individuen zeigten tagsüber (zwischen 8 bis 18 Uhr MESZ) eine außerordentliche Beweglichkeit, die mit solch unangemessenen Wörtern wie „hektisch, ekstatisch, rastlos" umschrieben werden könnte. Erst gegen Abend wurden die Larven ruhiger und zogen sich (meist der gesamte Klumpen) zurück. Unwillkürlich drängt sich die Frage auf, wie eine derartige lokomotorische Aktivität ohne Nahrungsaufnahme (die man in dieser Phase allgemein verneint) über mehrere Tage überhaupt geleistet werden kann.

Es wird auch über Ansammlungen (mehrere hundert Individuen) der Triungulinus-Larven von *Meloe franciscanus* in Kalifornien (USA) berichtet. Die Aggregationen befanden sich auf Grashalmen oder Zweigen, nie auf Blüten. Sie hatten eine entfernte Ähnlichkeit mit weiblichen Exemplaren einer Bienenart (*Habropoda pallida*). Die Männchen »zeigten ein auffälliges Interesse für die Triungulinus-Häufchen« und erweckten durch ihr Verhalten den Anschein, als wollten sie mit diesen kopulieren. Jedenfalls berührten sie die Triungulinus-Larven, worauf sie sofort mit einigen Larven besetzt waren. Die Beobachter ziehen die Schlussfolgerung, dass bei der Kopulation die *Meloe*-Larven auf die Weibchen übertragen werden und so schließlich in das Nest kommen, wodurch der Zyklus geschlossen wäre.

Die Fächerkäfer (Ripiphoridae) leben ebenfalls parasitisch bei anderen Insektenarten. Die Weibchen des Wespenkäfers (*Metoecus paradoxus*) legen ihre Eier in den Boden ab. Daraus schlüpfen Triungulinus-Larven, ähnlich wie wir sie bei den Ölkäfern kennen gelernt haben. Wahrscheinlich dringen diese Larven aktiv in ein Erdwespennest ein. Dort bohren sie sich in je eine Wespenlarve ein, an der sie fressen, ohne sie zu töten. Dann erfolgt die Häutung der Triungulinus-Larve zu einem madenartigen zweiten Stadium, das außen an der Larve (Ektoparasit) frisst und sie dabei schließlich tötet. Wenn die Wespenlarve völlig verzehrt ist, verpuppt sich die *Metoecus*-Larve in der leer gewordenen Wespenzelle, die nach einiger Zeit den Käfer entlässt. Gelegentlich wurden über 100 Käfer in einem Wespennest gefunden. Eine andere Fächerkäfergattung (*Macrosiagon*) parasitiert Lehmwespen der Gattung *Odynerus*. Die Triungulinus-Larve lässt sich vom Wirt ins Nest tragen und lebt hier so ähnlich wie die *Metoecus*-Larve von der Wespenlarve. Ganz anders erfolgt die Entwicklung der Schabenfächerkäfer (*Ripidius*) (s. S. 126). Das Weibchen legt über 2.000 Eier ab, aus denen Triungulinus-Larven schlüpfen, die an junge Schabenlarven (*Blattella*, *Ectobius*) gelangen müssen. Sie beißen sich dort an einer Gelenkhaut fest und dringen zunächst nur mit dem Kopf in den Wirt ein, später aber völlig. Sie häuten sich darin zu einem madenähnlichen zweiten Stadium, das auch im Wirt überwintert. Im Frühjahr häutet sich die Parasitenlarve noch zweimal und wächst dabei stark heran. Das letzte Stadium hat wieder Beine und verlässt den Wirt an seinem Hinterleibsende, verpuppt sich schließlich am Boden und entwickelt sich zum Käfer.

Es kommen bei den Käfern noch weitere interessante Sonderfälle des Parasitismus vor. So gibt es unter den Borkenkäfern (Curculionidae-Scolytinae) sehr kleine (1,1–1,8 mm) Arten in der Gattung *Crypturgus*. Diese sind nicht imstande, selbst die Borke zu durchdringen. Einige Arten (zum Beispiel *Crypturgus pusillus*) dringen deshalb über die Bohrlöcher in die Brutbilder anderer, größerer Borkenkäferarten (beispielsweise des Kleinen Waldgärtners *Tomicus minor*) ein und legen von einem Muttergang des Wirtes ausgehend ihr eigenes Fraßbild an (Brutraumparasitismus). Brutparasiten anderer Art sind manche Dungkäfer der Gattung *Aphodius*. Diese tragen nicht selbst Dung ein, sondern legen ihre Eier an die Brutpillen größerer Mistkäfer ab.

Einige bei Wirbeltieren, vor allem Säugetieren lebende Käferarten wurden lange als Parasiten angesehen. Auf dem Biber (*Castor fiber*) lebt der Biberkäfer (s. S. 120). Ebenfalls zur Familie der Pelzflohkäfer (Platypsyllidae) gehört der Mäusekäfer (*Leptinus testaceus*), den man in Nestern von Mäusen, Maulwurf, Hamster und Kaninchen findet. Diese Arten nehmen im Haarkleid ihrer Wirte lebende parasitische Milben oder abgestoßene Hautpartikel und ähnliches auf.

Mitunter ist die Parasitierung durch Käfer nicht obligatorisch. So soll der Speckkäfer *Dermestes lardarius* an frisch geschlüpften Küken von Huhn, Ente und Taube fressen. Die Larven und Imagines nagen Gänge in die Haut, selbst in das Fleisch und dringen sogar in die Eier ein, wenn diese vom noch nicht geschlüpften Küken bereits etwas geöffnet wurden. Im Enddarm bestimmter Känguruarten lebt ein kotfressender Mistkäfer (*Macropocopris symbioticus*) (s. S. 167).

Sehr auffällig, vor allem in Mitteleuropa, ist die Gewohnheit vieler Marienkäferarten, in die menschliche Haut, besonders an dünnen Partien, zu beißen.

Räuberische Käfer

Die Vertreter mancher Käferfamilien leben im Wesentlichen räuberisch von anderen Insekten, so viele Laufkäfer (Carabidae) und Kurzflügler (Staphylinidae) (zum Beispiel die mit einer wie bei einem Chamäleon ausschleuderbaren „Klebzunge“ (= Unterlippe) versehenen *Stenus*-Arten; Abb. 200), Schwimmkäfer (Dytiscidae), Taumelkäfer (Gyrinidae), Marienkäfer (Coccinellidae) (Abb. 201) und andere. Wir wollen hier auf eine besondere Nahrungsquelle, das Fressen von Schnecken, etwas näher hinweisen. Verschiedene Käfer haben sich auf Schnecken spezialisiert, so zum Beispiel die Laufkäfer der Gattung *Cychrus*. Kopf und Halsschild sind schmal und lang und ermöglichen das Eindringen in Schneckenhäuser. Der Kopf ist gut beweglich, die Mundwerkzeuge entsprechend spezialisiert, sogar enge Gehäusewindungen sind für diese Käfer zugänglich. Eine weitere Anpassung besteht darin, dass unter den Flügeldecken ein Luftreservoir mitgenommen wird, das inmitten des vielen von den Schnecken ausgestoßenen Schleims lebensnotwendig werden kann. Spezialisierte Schneckenfresser finden wir auch bei Aaskäfern (Silphidae), vor allem bei *Ablattaria laevigata* und *Phosphuga atrata*, die ähnliche Bauanpassungen zeigen wie *Cychrus*. Auch die Larven dieser Käfer ernähren sich von Schnecken. Verschiedenen Wasserschneckenarten stellen die Larven einiger Wasserkäfer (Hydrophilidae), zum Beispiel des Kolbenwasserkäfers (*Hydrophilus*), nach. Die Larven dringen beim Fressen tief in das Gehäuse ein. Bei den Schneckenhauskäfern (Drilidae), aber auch bei anderen räuberischen Käfern, ist diese Lebensweise mit extraintestinaler Verdauung (außerhalb des Darmes) gekoppelt. Sie kommt bei vielen Käfern vor, zum Beispiel den Larven von Schwimmkäfern (Dytiscidae), Leuchtkäfern (Lampyridae), Laufkäfern (Carabidae) und Sandlaufkäfern (Carabidae-Cicindelinae). Der Verdauungssaft wird durch die meist von einem Kanal durchzogenen Oberkiefer in das Beutetier gebracht. Das injizierte Enzymgemisch stammt aus dem Mitteldarm und verflüssigt die Nahrung nahezu vollständig. Der Brei wird z. B. von den Gelbrandkäferlarven wieder durch die Mandibeln aufgesaugt, bei anderen Arten von der Mundöffnung aufgenommen.

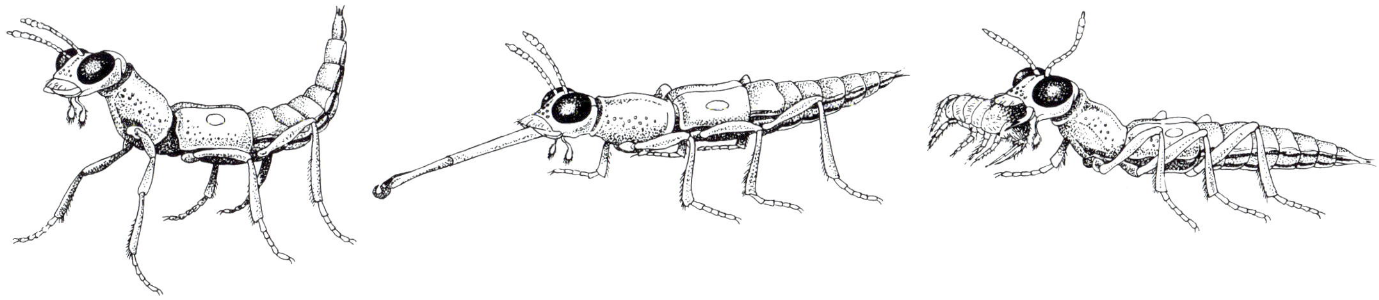

200 *Stenus bipunctatus* (Kurzflügler, Staphylinidae) beim Beutefang, man beachte die ausschleuderbare „Klebzunge“!

201
Augenfleck-Marienkäfer (*Anatis ocellata*); Körperlänge 8–9 mm. (Foto Förster)

Tote Tiere als Nahrungsquelle

Auch tote tierische Substanz stellt eine wichtige Nahrungsquelle für einige Käfer dar. So werden tote Insekten beispielsweise von verschiedenen Arten der Familie Speckkäfer (Dermestidae) als Nahrung verwendet. Jeder Insektensammler kann davon ein Lied singen, ist doch der Befall mit Kabinettkäfern (*Anthrenus*) eines der schlimmsten Dinge, die einer Insektensammlung passieren können. Die in freier Natur vorhandenen toten Insekten und deren Reste werden ebenfalls von Speckkäfern verzehrt. Bestimmte Arten (*Trinodes hirtus* und andere) haben sich sogar darauf spezialisiert, die regelmäßig als Nahrungsreste der Spinnen in deren Netzen zu findenden Chitinteile zu fressen. Andere Arten konzentrieren sich an solchen Stellen, wo Massenvermehrungen von Schmetterlingen stattfinden und verzehren die Häutungsreste der Raupen. Der Schimmelkäfer *Micrambe abietis* (Cryptophagidae) ernährt sich von den Larvenhäuten des Prozessionsspinners.

Andere Käferarten sind auf Aas (tote Wirbeltiere) spezialisiert. Sehr bekannt ist dies von den Totengräbern (*Nicrophorus*). Auch die meisten anderen Arten der Familie Aaskäfer (Silphidae) leben von toten Wirbeltieren (Abb. 202). Dazu kommen noch verschiedene Arten der Kurzflügler (Staphylinidae) und Stutzkäfer (Histeridae). Wenn das Aas trocken wird, stellen sich zusätzlich noch Buntkäfer und Speckkäfer ein, letztere sind als einzige Käfer zum Keratinabbau in der Lage. Sie besitzen ein Enzym, das die Disulfidbrücken des Keratins bricht und dadurch die Eiweißketten für andere Enzyme angreifbar macht. Allen aasfressenden (necrophagen) Käfern gemeinsam ist ein sehr rascher Ablauf ihrer Entwicklung, der eine Anpassung an die meist nur kurze Existenzzeit dieses spezifischen Nahrungssubstrates darstellt. Bemerkenswert ist weiterhin, dass die einzelnen Arten stets an einen bestimmten Zustand ihrer Nahrung gebunden sind, sodass in ihrem Auftreten gewöhnlich eine deutliche Sukzession zu verzeichnen ist. Die genannten Kurzflügler, Stutzkäfer und Buntkäfer leben fast alle räuberisch von anderen necrophagen Insektenlarven. Erwähnt sei ferner, dass es Spezialisten gibt, die beispielsweise nur tote Fische oder andere spezifische Substrate besiedeln. Bestimmte Arten sollen nur Aas einer bestimmten Größe als Entwicklungssubstrat annehmen. Dies wird der größten mitteleuropäischen Totengräberart (*Nicrophorus germanicus*) wahrscheinlich zu Unrecht nachgesagt, obwohl sie mehrfach an Rehkadavern gefunden wurde.

202
Aaskäfer (*Oiceoptoma thoracica*) an totem Frosch; Körperlänge 11–16 mm. (Foto Förster)

Dungkäfer

Insbesondere der Säugetierkot ist das spezifische Nahrungssubstrat vieler Käferarten. Dazu zählen die Mistkäfer (Geotrupidae) und verschiedene Unterfamilien der Blatthornkäfer (Scarabaeidae): Dungkäfer (Aphodiinae) und Pillendreher (Coprinae) (s. S. 207f). Auch verschiedene

Wasserkäfer (Hydrophilidae) (Gattungen *Sphaeridium* und *Cercyon*) leben im Dung. Zahlreiche Stutzkäfer (Histeridae) und Kurzflügler (Staphylinidae) leben räuberisch von den Larven der eigentlichen Dunginsekten. Die dungfressende (coprophage) Lebensweise lässt sich wahrscheinlich von der Pflanzen fressenden (phytophagen) ableiten. Vertilgt werden fast ausschließlich die zellulosereichen Exkremente von großen Huftieren. Der Schritt von den Verwertern toter Pflanzensubstanz (Saprophage) zu den Dungfressern ist sicher kein besonders großer gewesen. Interessanterweise sind alle diese Ernährungsformen bei den Blatthornkäfern vorhanden.

Für den Menschen sind die dungfressenden Käfer sehr bedeutsam. Sie kommen oftmals in großen Mengen vor, wandeln die Exkremente der Weidetiere wieder in Humus um und fördern außerdem durch ihre grabende Tätigkeit die Bodenfruchtbarkeit. Ein Kothaufen des Afrikanischen Elefanten war bereits nach einer halben Stunde von 4.000 Käfern aufgesucht worden.

Ähnlich wie die Aaskäfer sind auch die Dungkäfer darauf angewiesen, ihr Nahrungssubstrat rasch zu verbrauchen. Zahlreiche Anpassungen ermöglichen dies. In erster Linie wäre die Brutfürsorge und die Brutpflege zu nennen, die in mehr oder minder großem Ausmaß fast alle Arten haben. Die einzelnen Dungkäferarten besiedeln ihr Nahrungssubstrat in einer festgelegten Reihenfolge. Der ganz frische Kuhmist beispielsweise wird zuerst von den Wasserkäfern der beiden oben erwähnten Gattungen besetzt. Sie schwimmen tatsächlich darin mehr als dass sie laufen. Mit zunehmender Austrocknung kommen dann in einer gewissen Reihenfolge (Sukzession) verschiedene andere Dungkäferarten hinzu. Es gibt unter den dungbewohnenden Käfern mancherlei Spezialisten: bestimmte *Aphodius*-Arten sind beispielsweise auf Kot von Rehen und Hirschen spezialisiert.

Gäste bei Ameisen und Termiten

Die oft großen und volkreichen Nester von Ameisen und Termiten sind recht stabile und geschützte Lebensräume mit einem Mosaik unterschiedlicher Kleinlebensräume und einem vielfältigen Nahrungsangebot. Es verwundert deshalb nicht, dass sich sehr viele Gliederfüßer, auch Käfer, diesen Lebensraum erschlossen haben. Es gibt Käferarten, die in ihrer Ernährungsweise und natürlich auch in ihrem gesamten Lebenszyklus darauf spezialisiert sind, in den Nestern solcher Staaten bildender Insekten zu leben (Abb. 203). Es besteht bei diesen Staaten bildenden Insekten primär immer die Tendenz, Eindringlinge zu töten oder aus dem Nest zu entfernen. Die Ameisen- und Termitengäste haben deshalb verschiedene Verfahren entwickelt, um diesem Schicksal zu entgehen.

Die etwa 3.000 Ameisengastarten lassen sich in drei ökologische Gruppen untergliedern, die verschiedene Stufen der Beziehungen zwischen den Käfern und Ameisen bezeichnen, aber nicht scharf voneinander abzugrenzen sind.

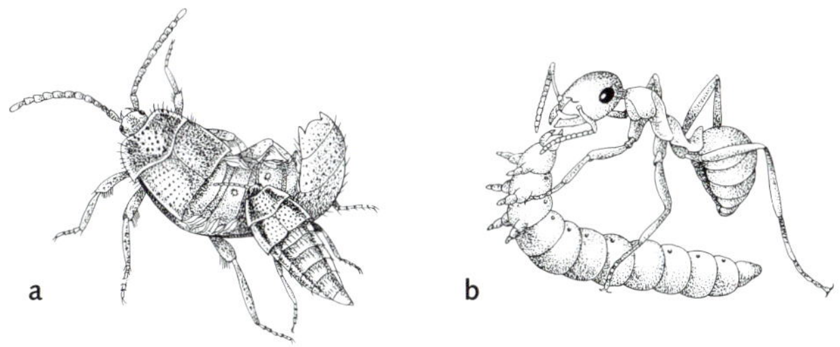

203
Ameisengäste: a) Der Ameisen-Kurzflügler *Dinarda dentata* frisst dem Büschelkäfer *Lomechusoides strumosa* die parasitischen Milben fort; b) Waldameisenarbeiterin beim Füttern einer *Lomechusa*-Larve (Kurzflügler, Staphylinidae); c) Szene aus der Adoption von *Lomechusa pubicollis* in einer *Myrmica*-Kolonie. Der Käfer wird von einer *Myrmica*-Arbeiterin an den Borstenbüscheln geleckt, die mit „Adoptionsdrüsen" in Verbindung stehen (Kurzflügler, Staphylinidae); d) Eine *Lomechusa* verlangt Futter von einer *Myrmica*; e) Bei Termiten lebender hochspezialisierter Kurzflügler (*Thyreoxenus antuorii*, Staphylinidae) mit stark entwickeltem Hinterleib; f) Der bei Wanderameisen lebende *Myrmeciton antennarum* (Kurzflügler, Staphylinidae) fällt durch seine ameisenähnliche Gestalt auf.

1. Synechthrie

Der Ameisengast lebt räuberisch von den Wirten bzw. deren Brut. Er wird als Feind durchaus erkannt und entsprechend behandelt. Als Beispiel wäre die Kurzflüglergattung *Myrmedonia* zu nennen. Die Käfer bespritzen die Ameisen mit einem Analdrüsensekret und betäuben sie damit. Anschließend werden die Ameisen bis auf den Kopf aufgefressen. In zwei Tagen kann eine große *Myrmedonia* 25 Ameisen töten. Synechthren schützen sich chemisch durch Wehrstoffe, chemische oder taktile Täuschung, feste Panzer oder große Schnelligkeit.

2. Synökie

Die Ameisengäste werden als Fremdlinge meist nicht erkannt und demzufolge auch nicht feindlich behandelt. Viele Arten schädigen die Ameisen nicht, da sie organische Abfälle und Nestmaterial fressen, manche Arten auch andere Ameisengäste. Andere beeinträchtigen ihre Wirte wenig, da sie von der mitgebrachten Nahrung leben. Synöken sind vor allem kleine Arten, die durch ihre Kleinheit vor den Ameisen geschützt sind. Als Beispiel sei der Kurzflügler *Dinarda dentata* angeführt, der außerdem noch einen harten Chitinpanzer hat und schnell laufen kann. Er lebt von ameisenparasitischen Milben. Synök leben oft auch Käfer, die eine ameisenähnliche Gestalt haben und deshalb offenbar nicht immer als Fremdelemente erkannt werden. So sehen die Arten der Gattung *Mimanomma* ihren Wirten, den afrikanischen Wanderameisen der Gattung *Dorylus*, sehr ähnlich. Auch die amerikanischen Wanderameisen der Gattung *Eciton* haben täuschend ähnliche Kurzflüglergäste (*Myrmeciton*). Diese Kurzflügler (Staphylinidae) haben sogar die für die betreffenden Ameisen charakteristischen Knoten in der Körpermitte ausgebildet. Die Wanderameisen führen lange Jagdzüge durch. Die mitunter sekretspendenden symphilen (s. unten) Kurzflügler sitzen dabei auf dem Kopf oder dem Rücken der Ameisen. Die „Reiter“ aus den Gattungen *Dorylomimus* und *Dorylogaster* haben sogar spezielle Haftapparate an den Füßen entwickelt. Zu den Synöken zählt man auch Rosenkäferlarven (*Protaetia cuprea*), die in den Randbezirken von Ameisennestern, vor allem der Roten Waldameisen (*Formica*), leben und sich vom Abfall der Kolonie ernähren. Die Blattkäfer der Gattung *Clytra* legen ihre von einer Kothülle umgebenen Eier (Abb. 238b) auf Ameisennester (s. S. 189), z. B. *Clytra quadripunctata* bei den Roten Waldameisen (*Formica rufa*-Gruppe) ab. Die Larven leben in ihren schützenden Hüllen (Abb. 119b) innerhalb des Nestes, ernähren sich von Abfällen und sollen wohl auch Ameiseneier vertilgen. Werden sie angegriffen, ziehen sie sich in ihr hartes Gehäuse zurück, das sie mit der festen Kopfkapsel verschließen, die von den Ameisen nicht zerbissen werden kann.

3. Symphilie

Die Gäste werden von den Ameisen durchaus als Fremdelemente erkannt, können aber die Fremderkennungssysteme der Ameisen unwirksam machen und mit diesen über mechanische und chemische Signale kommunizieren. Sie bieten ihren Wirten Drüsensekrete an, die ein Pflegeverhalten gegenüber den Ameisengästen auslösen. Die Ameisen schützen diese Arten und ernähren sie sogar zuweilen. Der Glanzkäfer *Amphotis marginata* betrillert beispielsweise Arbeiterinnen von *Lasius fuliginosus*, die mit gefülltem Kropf nach Hause eilen und er wird sofort gefüttert. Seine schildförmige flache Gestalt schützt ihn anschließend, denn die Ameisen merken den „Betrug“ durchaus. Er bettelt sogar außerhalb des Nestes die Ameisen an. Andererseits können sich die Symphilen im Nest überall frei bewegen und sogar Ameisenbrut fressen.

Die zu den Kurzflüglern (Staphylinidae) gehörigen Büschelkäfer der Gattungen *Lomechusa*, *Lomechusoides* (Europa) und *Xenodusa* (Nordamerika) leben in besonders engen Beziehungen zu ihren Wirten. Sie tragen auf dem Rücken der vorderen Hinterleibssegmente seitlich gelbliche Haarbüschel, die von Drüsen unterlagert sind. Diese Drüsen erzeugen äußerst attraktive und beruhigende Sekrete, die von den Ameisen begierig aufgenommen werden, auch die Larven werden abgeleckt. Die Sekrete ähneln entweder den Pheromonen der Ameisenlarven oder enthalten Substanzen, nach denen die Wirte „süchtig“ sind. Die Büschelkäfer werden von den Ameisen gefüttert, betteln sie sogar an. Sie ernähren sich aber auch von deren Eiern und Larven. *Lomechusoides strumosa* lebt bei der Waldameise *Formica sanguinea*. Er kann bereits als Larve mit seinen Wirten chemisch und mechanisch kommunizieren., sein Bettelverhalten ist sehr wirkungsvoll, sodass er meist besser ernährt wird als die Ameisenlarven.

Die *Lomechusa*-Arten haben einen interessanten Wirtswechsel. Die Weibchen leben zunächst in Waldameisennestern der Gattung *Formica*. Dort gebären sie kleine Larven (Viviparie) oder legen Eier, die sofort schlüpfen (Ovoviviparie). Viviparie und Ovoviviparie sind bei Ameisengästen weit verbreitet, weil die Gefahr für ihre Eigelege recht groß wäre. Nach Beendigung der Fortpflanzung verlässt der Büschelkäfer das Nest und sucht ein Nest der Ameisengattung *Myrmica* auf. Geleitet wird er dabei von seinem Geruchssinn. Vor dem Nesteingang bleibt der Käfer sitzen. Die Ameisen untersuchen ihn und finden dabei das Sekret so genannter „Adoptionsdrüsen", die ebenfalls an den Haarbüscheln des Hinterleibs münden, aber nur von den *Myrmica* als attraktiv empfunden werden. Zusätzlich hat der Käfer Pygidialdrüsen zur Verfügung, die allgemein besänftigend auf Ameisen wirken. Wird er trotz allem angegriffen, kann er sich noch mit Wehrdrüsen verteidigen, die ebenfalls am Hinterleib entspringen. Normalerweise wird die *Lomechusa* aber von den Ameisen adoptiert und ins Nest getragen. Die Ameisen der Gattung *Myrmica* überwintern im Gegensatz zu den *Formica*-Arten mit Brut. Bis zum Eintritt der Winterruhe hat der Büschelkäfer demzufolge optimale Nahrungsbedingungen. Für die Entwicklung der Larven ist aber das *Formica*-Nest geeigneter. Die *Lomechusa* verlässt im Frühjahr die *Myrmica*-Kolonie und sucht ein Waldameisennest auf, wiederum von seinem Geruchssinn geleitet. In dieses dringt der Käfer aktiv ein und bringt seine Larven zur Welt. Die *Lomechusa*-Larven werden von den Ameisen gut gepflegt und gefüttert, besser noch als die eigenen. Angeregt werden die Ameisen durch ein intensives Imitieren der Bettelbewegungen, außerdem scheiden die *Lomechusa*-Larven ein Pheromon ab, das Brutpflegeverhalten auslöst. Für den Wirtswechsel der *Lomechusa*-Arten scheint noch ein anderer Grund denkbar: die *Formica*-Arbeiterinnen sind außerordentlich exsudatsüchtig, die im Herbst schlüpfenden Jungkäfer aber zunächst noch sehr weich und nicht in der Lage, die Bedrängung durch die Ameisen auszuhalten. Sie verlassen deshalb ihre Wirte und überwintern bei den „ruhigeren" *Myrmica*. Beim Überwechseln müssen jeweils einige Tage Zwischenraum sein, damit sich der alte Nestgeruch verliert.

Besonders gut angepasst sind die blinden Keulenkäfer (*Claviger*) aus der Unterfamilie Palpenkäfer (Staphylinidae-Pselaphinae), die ohne Ameisen gar nicht mehr existieren können. Ihre Lebensweise wurde zuerst von P. W. J. Müller 1818 in seiner Abhandlung über die „Ameisenkuh" genau dargestellt. Die Keulenkäfer haben rückgebildete Mundwerkzeuge und sind zur selbstständigen Nahrungsaufnahme kaum noch befähigt. Sie werden von den Ameisen von Mund zu Mund mit Nahrungstropfen gefüttert, die sie mit Fühlertrillern erbetteln. In Stunden der Gefahr für das Ameisennest werden zuerst die Keulenkäfer gerettet, erst danach wird die eigene Brut fortgeschafft. Die Käfer haben vorn am Hinterleib Drüsen, die jederseits unter einem gelben Haarbüschel münden. Das Drüsensekret sammelt sich in einer Grube auf dem Hinterleibsrücken und wird von den Wirtsameisen (Gattung *Lasius*) gierig aufgenommen. Sicher stellen alle diese Sekrete „Genussmittel" bzw. „Narkotika" dar. Ihre überstarke Aufnahme soll zu „Degenerationserscheinungen" bei den Wirten führen. – Bekannte Symphile sind auch die Fühlerkäfer (Carabidae-Paussinae) (s. S. 114).

Ameisengäste finden wir auch unter den Nestkäfern (Leiodidae-Cholevinae), den Federflüglern (Ptiliidae) und den Stutzkäfern (Histeridae). Bei letzteren ist es besonders der durch seine kompakte Gestalt und den festen Chitinpanzer gut vor den Ameisen geschützte Ameisenstutzkäfer *Hetaerius ferrugineus*, der auch die Sekrete des Kurzflüglers *Lomechusoides* aufnimmt. Tropische Stutzkäferarten haben auch Exsudatbüschel ausgebildet. Die Schimmelkäfer (Cryptophagidae) liefern ebenso Ameisengäste wie die Blumenkäfer (Anthicidae), unter denen es viele ameisenähnliche Vertreter gibt. Auch unter den Schwarzkäfern (Tenebrionidae) begegnen uns myrmecophile Arten. Die zu den Blatthornkäfern (Scarabaeidae) gehörigen Rosenkäfer wurden als Ameisengäste bereits erwähnt. Es gibt aber in dieser Familie noch andere enge Anpassungen an Ameisen. So lebt der Dungkäfer *Choeridium granigerum* in den Nestern der brasilianischen Blattschneiderameisen. Die Ameisenglattkäfer der Gattung *Thorictus* (Familie Dermestidae) klammern sich an die Ameisenfühler an und lassen sich umhertragen. Sie werden von den Ameisen gefüttert.

Auch die Termiten haben eine reichhaltige Gastfauna (Laufkäfer, Carabidae; Kurzflügler, Staphylinidae; Stutzkäfer, Histeridae; Moderkäfer, Latridiidae; Schwarzkäfer, Tenebrionidae; Blatthornkäfer, Scarabaeidae). In vielen Dingen, zum Beispiel in den unterschiedlichen Anpassungsgraden und -verfahren, ähneln sich Ameisen- und Termitengäste. So gibt es unter den Termitengästen ebenfalls zahlreiche Arten, die aus besonderen Drüsen beliebte Sekrete („Rauschgifte") ausscheiden. Als Beispiel dafür soll uns der südamerikanische Kurzflügler *Thyreoxenus antuorii* dienen. Unter den Termitengästen gibt es verschiedentlich Arten mit einem stark aufgetriebenen Hinterleib (Physogastrie). Manche Autoren sind der Meinung, dass diese Physogastrie mit dem Futter zusammenhängen könnte, das die Käfer von den Termiten gereicht bekommen, da das gleiche Futter bei den Termitenköniginnen ebenfalls Physogastrie bewirkt. Manche Arten schlagen ihren ballonartigen Hinterleib über den Rücken nach vorn. Eine zweite Parallele zu den Ameisengästen zeigen die Termitengäste *Doryloxenus* (Indien) und *Pygostenus* (Afrika) aus der Familie der Kurzflügler (Staphylinidae). Sie haben Kletterfüße, die sie aber wahrscheinlich gar nicht benutzen. Andere Kurzflügler (Gattungen *Discoxenus* und *Termitodiscus*) haben einen scheibenförmigen Vorderkörper, unter dem die übrigen Körperteile verborgen werden können.

„Ambrosiapilze"

Höchste Spezialisierung in ihrer Nahrung haben wohl jene Käfer erreicht, die in ihren in das Holz genagten Gängen einen Pilzrasen (so genannte „Ambrosiapilze") züchten, der der Ernährung der Larven dient (Ambrosia heißt die Speise, der nach der griechischen Mythologie die Götter ihre Unsterblichkeit verdanken). Die Arten mehrerer Käferfamilien kultivieren solche Pilze. Als ein Beispiel sollen uns die Werftkäfer (Lymexylidae) dienen, von denen der Buchenwerftkäfer (*Hylecoetus dermestoides*) Ambrosiapilze kultiviert. Die Bohrkäferlarven bohren horizontale Gänge in das Holz, auf deren Oberfläche ein sehr glykogenreicher Pilzrasen (*Endomyces hylecoeti*) wächst, wenn der Wassergehalt des Holzes ausreichend ist. Die Infektion der Gänge erfolgt durch das Weibchen. Dieses hat neben dem Eiablageapparat zwei mit Pilzsporen gefüllte Taschen. Beim Ablegen werden die Eier an der Oberfläche mit den Pilzsporen versehen und zusätzlich noch mit einer schleimigen Masse umhüllt. Die Junglarven beschmieren sich intensiv mit diesem Sporenschleim und nagen sich anschließend in das Holz. Nun kann der Pilz auf der Gangwand wachsen. Die Larven sorgen auch späterhin für eine weitere Verbreitung der Sporen in den Fraßgängen. Schließlich gelangen die Sporen über die Larve in die Puppe und anschließend in die Infektionstaschen des Weibchens. Die Ambrosiapilze schwärzen die Wand des Bohrganges und lassen so den Befall erkennen. Mit dem besonderes gestalteten Abdomenende (Abb. 204a) entfernen die Larven das Bohrmehl aus ihren Gängen. Die weißlichen Pilze sind recht schnellwüchsig. Die Larven halten die Kultur durch ständiges Abweiden der Konidien (Pilzsporen) in Ordnung. Das Mikroklima in den Gängen, insbesondere die Feuchtigkeit, kann von den Larven durch zeitweiliges Verstopfen der 18 bis 26 cm langen Gänge mit Bohrmehl reguliert werden.

Die Eichenkernholzkäfer (Platypodidae) sind ebenfalls Pilzzüchter. Bei diesen Käfern legt das Weibchen Bohrgänge an, die von ihm und auch dem Männchen sorgfältig von Bohrmehl gereinigt werden. Die Larven leben in diesen Muttergängen und ernähren sich vom Pilzrasen, der auf der Gangwand wächst. Die Infektion erfolgt durch die Weibchen. Es gibt tropische Ar-

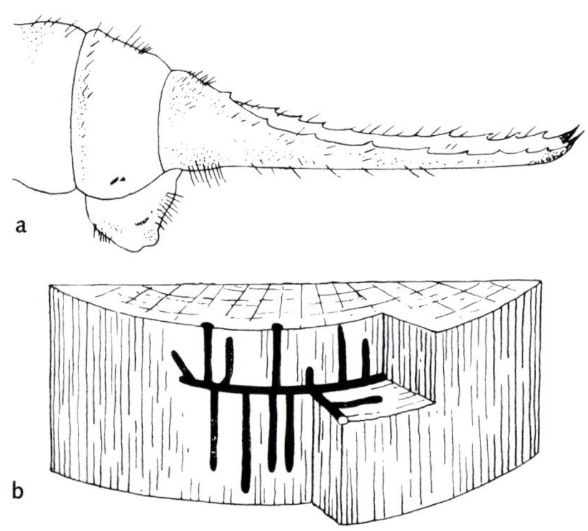

204
Ambrosiapilzzüchter
a) 9. Abdominalsegment der Larve des Werftkäfers *Hylecoetus dermestoides* (Lymexylidae); b) Schematische Darstellung des Fraßbildes (Brutsystems) eines holzbrütenden Borkenkäfers (Curculionidae-Scolytinae).

ten, die am Kopf Vertiefungen zum Transport der Pilzsporen haben. Möglicherweise hat jede ambrosiapilzzüchtende Art (von den Platypodidae gibt es 1.500 Arten) einen spezifischen Pilz.

Einige Borkenkäfer (Curculionidae-Scolytinae) züchten ebenfalls Ambrosiapilze (Abb. 204b). Es handelt sich um die wenigen Holzbrüter, zu denen zum Beispiel der Gestreifte Nadelholzbrüter (*Xyloterus lineatus*) gehört. Das Weibchen dieses Borkenkäfers legt von der Eingangsröhre aus rechts und links je einen Brutgang an. In die Wände der Brutgänge werden Eigruben genagt. Die Mutter infiziert das Gangsystem mit Sporen, die sie im Kaumagen aufbewahrt und die auch bei langem Hunger nicht verdaut werden. Die Sporen erhalten möglicherweise erst durch den Aufenthalt im Verdauungskanal des Käfers ihre Keimfähigkeit. Das Weibchen „jätet“ die Kulturen und merzt fremde Pilze, auch Hefen und Bakterien aus. Außerdem reinigt es die Gänge von Bohrmehl und Larvenkot und reguliert die Luftzufuhr und die Feuchtigkeit durch zeitweiliges Verstopfen der Gänge. Die Wichtigkeit des mütterlichen Wirkens wird dann offenbar, wenn das Weibchen aus irgendeinem Grunde verloren geht. Die Kultur der Ambrosiapilze bricht dann sehr schnell zusammen, und die Larven sterben ab. Nur bei wenigen Arten beteiligt sich das Männchen an der Brutpflege durch Reinhalten der Gänge.

Kannibalismus

Vor allem unter den räuberischen Käfern gibt es viele Arten, die die eigenen Artgenossen verzehren. Auffällig ist dies zum Beispiel bei den Marienkäfern (Coccinellidae). Gelegentlich fressen sogar Weibchen soeben von ihnen gelegte Eier auf. Die Larven können übereinander herfallen, und vielfach werden auch die Puppen von den Larven der eigenen Art verzehrt. Im Experiment und bei Massenzuchten kann der Kannibalismus bei den Coccinellidae einen hohen Anteil der aufgenommenen Nahrung betragen, kommt aber auch unter Freilandbedingungen vor. Betroffen sind davon alle Entwicklungsstadien, besonders häufig aber wohl das Ei (Abb. 205) und niedrigere Larvenstadien. Es scheint ± gesetzmäßig zu sein, dass die zuerst schlüpfenden Larven die Geschwistereier des gleichen Geleges

205
Larve des Vierpunktigen Marienkäfers *Harmonia quadripunctata* auf einer Kiefernnadel, ein Eigelege der gleichen Art verzehrend. (Foto Förster)

verzehren. Bei *Harmonia axyridis* endeten von allen abgelegten Eiern 24,8 % durch Zwillings-Kannibalismus und 36,1 % durch Nicht-Zwillings-Kannibalismus, insgesamt also mehr als die Hälfte.

Wieviel Nahrung nehmen Käfer auf?

Nur für wenige Käfer ist Näheres über die Nahrungsmenge bekannt. Marienkäfer der Art *Coccinella septempunctata* (Siebenpunkt) brauchen je Larve für ihre Entwicklung ca. 420 Blattläuse. Die Nachkommen eines einzigen Weibchens sollen in einer Vegetationsperiode 230.000 Blattläuse verzehren. Die Larven des Rosenkäfers *Protaetia cuprea* vermehren in 15 Tagen bei 30 °C ihr Körpergewicht um 178,4 %. Das dritte (letzte) Larvenstadium des Hirschkäfers frisst pro Monat etwa 250 cm^3 morsches Wurzelholz.

Es gibt auch Käfer, die als Imagines überhaupt keine Nahrung zu sich nehmen. Als Beispiel seien manche Blatthornkäfer und der Gelbhals-Leuchtkäfer (*Lampyris noctiluca*) genannt. Bei diesen Arten hat die Larve so viele Nährstoffe angesammelt, dass noch die Käfer davon leben und auch Eier produzieren können, eine Erscheinung, die auch bei anderen Insektenordnungen vorkommt, zum Beispiel den Eintagsfliegen (Ephemeroptera).

Atmung unter Wasser

Mit der Entwicklung der frühesten Insektenvorfahren auf dem Lande musste auch die Kiemenatmung aufgegeben werden, die für die Vorfahren der Insekten angenommen wird. Das Landleben wurde unter anderem gerade durch die Ausbildung der Tracheenatmung ermöglicht. Bei der erneuten Besiedlung des Wassers wurde bei keiner einzigen Insektenordnung, also auch nicht bei den Käfern, die Tracheenatmung wieder aufgegeben. Alle heutigen Wasserkäfer stammen von landbewohnenden Vorfahren ab. Zahlreiche Anpassungen waren nötig, um den Gasaustausch unter Wasser zu gewährleisten.

Einige im Wasser lebende Käfer besitzen ein so genanntes Plastron (= inkompressible Gaskieme). Das ist eine Lufthülle („Luftfilm"), die den gesamten Körper überzieht und mit den Atemöffnungen in Verbindung steht. Sie wird gewöhnlich von einem Haarfilz gehalten. Die Haare stehen meist außerordentlich dicht und können zum besseren Festhalten der Luft an der Spitze umgebogen oder pilzartig verdickt sein, pro Quadratzentimeter sind es 800.000 bis 250 Millionen. Eier können durch Kutikularstrukturen oder gesponnene Umhüllungen (Hydraenidae, Hydrophilidae) ebenfalls einen Luftmantel halten. Das Plastron ist gegenüber dem Wasserdruck sehr widerstandsfähig und hält einen Überdruck von l bis 2 atm aus. Es wirkt wie eine physikalische Kieme, d. h., es findet ein Gasaustausch durch Diffusion mit dem umgebenden Wasser statt, die Tiere müssen nicht zur Wasseroberfläche gelangen. Für schnelle Schwimmbewegungen ist das Plastron hinderlich, sodass es im Allgemeinen nur solche Arten haben, die an Pflanzen oder ähnlichem Substrat herumklettern. Beispiele sind die Klauenkäfer (Dryopidae), Hakenkäfer (Elmidae) und verschiedene Schilfkäfer (zum Beispiel Gattung *Macroplea*, Chrysomelidae). Das Plastron wird bei diesen durch Unterwasserluftblasen (Assimilationsblasen) von Pflanzen ergänzt. Bei Fließwasserbewohnern wird es im Unterdruckbereich ergänzt, der um sie herum in Abhängigkeit von der Strömungsgeschwindigkeit entsteht. Theoretisch ermöglicht das Plastron einen ständigen Aufenthalt unter Wasser, da der Stickstoff nicht in das Wasser diffundieren kann.

Eine zweite, grundsätzlich andere Möglichkeit, unter Wasser zu atmen, besteht in der Mitführung einer Luftblase, die auf einen bestimmten Körperbezirk beschränkt ist und die regelmäßig an der Wasseroberfläche erneuert werden muss. Auch diese Luftblase dient als physikalische Kieme. Bei den Schwimmkäfern (Dytiscidae) wird an der Wasseroberfläche Luft in die Tracheenstämme gebracht, nachdem vorher die verbrauchte Luft durch Pumpbewegungen ausgeschieden und zusätzlich der wasserdicht verschließbare Raum unter den Flügeldecken, in den acht abdominale und zwei thorakale Stigmenpaare münden, mit Luft gefüllt wurde (Abb. 206a). Die Hinterleibsspitze durchstößt die Oberfläche des Wasserspiegels, und es erfolgt der Gasaustausch über den Unterflügeldeckenraum. Eine zusätzliche Möglichkeit, die Atmung unter Wasser zu unterstützen, besteht in der Mitführung einer auf einen bestimmten Körperbezirk beschränkten Luftblase, die als physikalische Kieme (kompressible Gaskieme zur O_2-Aufnahme aus dem umgebenden Wasser) wirkt. Die Abgabe von N_2 in das Wasser bewirkt eine ständige Abnahme des Volumens der Luftblase bei der Atmung, bis das Volumen nicht mehr zur Sauerstoffversorgung ausreicht, und die Erneuerung an der Wasseroberfläche oder an Unterwasserluftblasen notwendig wird. Bei vielen kleineren Arten (*Hyphydrus, Agabus*) wird das Haften der Luftblase am Abdomenende durch besondere Chitinleisten an den Flügeldeckenspitzen oder am Hinterleibsende ermöglicht. Die Luftvorräte haben außerdem wegen der Herabsetzung des spezifischen Gewichtes für das Schwimmen Bedeutung, da sie die Bewegung im Raum erleichtern (hydrostatische Funktion).

Auch die Wassertreter (Haliplidae) haben einen Luftvorrat unter den Flügeldecken, den sie mit dem Hinterleibsende an der Wasseroberfläche erneuern. Zusätzlich speichern sie noch Luft unter den mächtigen plattenförmigen Hinterhüften. Dieser Luftvorrat steht über eine schmale Verbindung mit dem Raum unter den Flügeldecken in Kontakt. Die Luftblase hinter den Hüftplatten spielt als physikalische Kieme eine Rolle, zumal die Käfer mit den Hinterbeinen frisches Wasser heranführen.

Eine interessante Anpassung zeigen die Wasserkäfer (Hydrophilidae) (ähnlich die Hydraenidae, Hydrochinae und Spercheinae), die unter den Flügeldecken nur einen geringen Luftvorrat haben und jedoch auf der Bauchseite ein Luftkissen mit sich führen, das vom Kopf über das Bruststück bis zum vorderen Teil des Hinterleibes reicht und die Stigmen bedeckt. Eine feine, Wasser abweisende Behaarung der Ventralseite des Körpers hält die Luft fest (vielfach bewegen sich die Käfer deshalb in Rückenlage). Der Sauerstoff diffundiert aus dem umgebenden Wasser (kompressible Gaskieme, physikalische Kieme). Der Gasaustausch erfolgt mithilfe der Fühler. Sie sind 9-gliedrig, zwischen dem 6. und 7. Glied

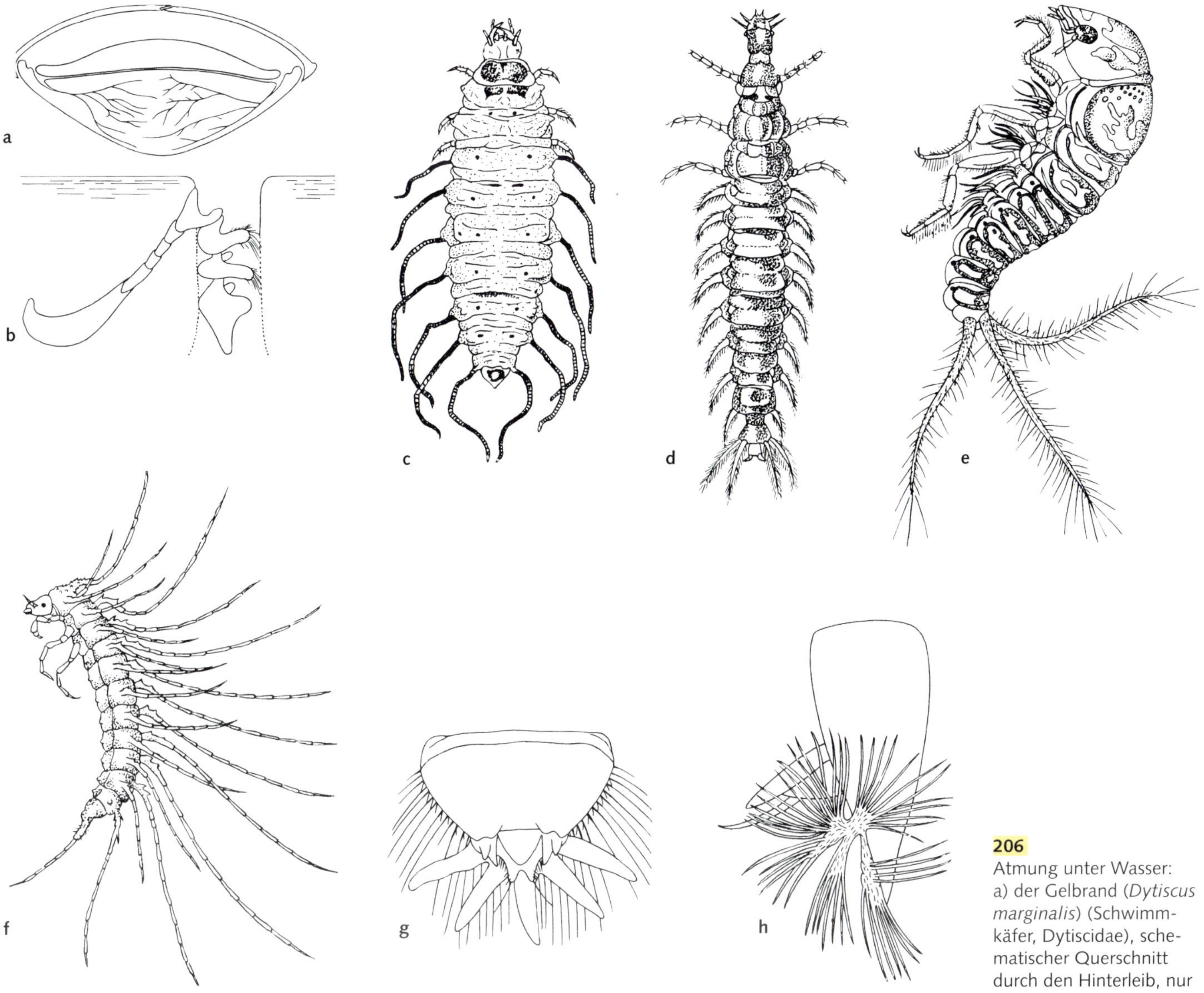

206
Atmung unter Wasser: a) der Gelbrand (*Dytiscus marginalis*) (Schwimmkäfer, Dytiscidae), schematischer Querschnitt durch den Hinterleib, nur Tracheen und der Luftraum unter den Flügeldecken eingezeichnet; b) Kolbenwasserkäfer *Hydrophilus piceus* (Hydrophilidae), linker Fühler, Luft schöpfend; c) Larve von *Berosus spinosus* (Wasserkäfer, Hydrophilidae); d) Larve von *Gyrinus* sp. (Taumelkäfer, Gyrinidae); e) Larve von *Hygrobia hermanni* (Schlammschwimmer, Hygrobiidae); f) Larve von *Peltodytes* sp. (Wassertreter, Haliplidae); g) Branchialorgan der Larve von *Elodes hausmanni* (Sumpfkäfer, Scirtidae); h) Abdominalkiemen der Larve von *Potamophilus acuminatus* (Hakenkäfer, Elmidae).

einknickbar und stehen ganz in der Funktion der Atmung. Der Käfer muss zur Erneuerung des Luftvorrates mit dem Kopfende an die Wasseroberfläche kommen. Die Wasseroberfläche wird mit der linken oder rechten Kopfseite berührt und der betreffende Fühler an die Oberfläche gelegt, wobei die Antenne am Ende des 6. Gliedes geknickt wird und die Keulenglieder der Wasseroberfläche anliegen. Die Luft wird durch ein Vibrieren der durch Behaarung unbenetzbaren Antennenkeule über eine mit einem dichten Haarsaum versehene hydrophobe Rinne bis zur Vorderbrust geleitet, wo sie von der Vorratsschicht aus in die Atemöffnungen (Stigmen) eintritt (Abb. 206b).

Die Larven der Schwimmkäfer (Dytiscidae) und vieler Wasserkäfer (Hydrophilidae) atmen wie die Imagines atmosphärische Luft. Bei ihnen ist nur das am Hinterleibsende gelegene Stigmenpaar funktionsfähig. Die Hinterleibsspitze durchstößt deshalb die Wasseroberfläche, und es erfolgt der Gasaustausch. Die gegliederten Hinterleibsanhänge (Urogomphi) haben dabei eine Stützfunktion. Kleinere Arten kommen wahrscheinlich mit Hautatmung aus. Einige Wasserkäferlarven mit geschlossenem Tracheensystem haben Kiemen, zum Beispiel die Larven der Gattungen *Berosus* (Abb. 206c), *Hydrochara* und *Hydrophilus*. Diese Kiemen sind fadenförmige Fortsätze, die geschlossene Tracheen enthalten. Ähnliche Organe findet man auch bei den Taumelkäfern (Gyrinidae), wo die Tracheenkiemen durch dichte Behaarung ihre Oberfläche vergrößern (Abb. 206d). Bemerkenswert sind auch die Tracheenkiemen von *Peltodytes* (Wassertreter, Haliplidae) (Abb. 206f) sowie die Mikroschlauchkiemen der Gattung *Haliplus*. Die Larven der Schlammschwimmer (Hygrobiidae) verfügen ebenfalls über Tracheenkiemen auf der Bauchseite des Bruststücks und der ersten drei Hinterleibssegmente (Abb. 206e). Bei den Hakenkäferlarven (Elmidae) befinden sie sich in einem um den After herum gelegenen Hohlraum, der durch einen Deckel (Operculum, Analklappe) geschlossen werden kann. Die darin liegenden Tracheenkiemen sind büschelförmig und bestehen aus vielen Fäden, die zur Atmung hervorgestoßen werden (Abb. 206h). Die Sumpfkäferlarven (Scirtidae; s. S. 123) nehmen den Sauerstoff an der Wasseroberfläche auf, können aber am Hinterleibsende Schläuche ausstülpen, die als Branchialorgan bezeichnet werden und möglicherweise besonders der CO_2-Abgabe dienen (Abb. 206g). Ein besonderes Verfahren zur Luftversorgung haben die Schilfkäferlarven (Donaciinae) entwickelt. Neben dem Stigmenpaar des achten Hinterleibssegmentes entspringen ein Paar hornartige Fortsätze, die in die luftgefüllten Räume von Wasserpflanzen gestoßen werden können. Die Luft gelangt über Kanäle innerhalb dieser Hörner in die Atemöffnungen. Dieses Verfahren ermöglicht den Larven, ihre gesamte Entwicklung im Innern der Wasserpflanzen absolvieren zu können, ohne je an die Oberfläche kommen zu müssen. Auch verschiedene Rüsselkäfer (Curculionidae), die ähnlich leben, beziehen ihre Luft sämtlich aus der Pflanze.

Käfer zum Nutzen des Menschen

An mehreren Stellen dieses Buches wird gezeigt, dass Käfer räuberisch von zahlreichen anderen Insekten – auch „schädlichen“ – leben (s. S. 149). Andere Arten ernähren sich von „Unkräutern“, beseitigen Aas oder Dung. Sie alle sind für den Menschen wertvolle und unentbehrliche Glieder von Lebensgemeinschaften. Es sei auch daran erinnert, dass sehr viele Käferarten wichtige Bestandteile der Nahrung von Vögeln, Fledermäusen, Spitzmäusen, Fischen und anderen Wirbeltieren sind, die ihrerseits dem Menschen mancherlei „Nutzen“ bringen. Oft handelt es sich dabei um geschützte Arten.

Im Nordwesten der USA wurden z. B. fast eine Million Hektar Weideland von aus Europa eingeschlepptem Johanniskraut (*Hypericum*) überwachsen. Man importierte monophage Blattkäfer (Chrysomelidae) nach, die nach wenigen Jahren ein akzeptableres Verhältnis herstellten. *Cyrtobagous salviniae* (Erirhinidae) wurde in Australien zur Bekämpfung von Wasserpflanzen (*Salvinia molesta*) eingeführt, die überhand nahmen.

Biologische Schädlingsbekämpfung

Die Wurzeln einer biologischen Bekämpfung von Schadinsekten mit Käfern sind offenbar sehr alt. René Antoine Ferchauld de Réaumur empfahl, den Puppenräuber (*Calosoma sycophanta*) (Abb. 207) gegen Raupen auszusetzen, da er unter diesen wie ein Wolf unter Schafen grausame Verwüstungen anstelle.

Carl von Linné hat sich um die Anwendung dieses Vorschlages bemüht und schreibt: »Ich habe versucht, Samen von diesen zu erhalten, um ihn unter die Bäume zu streuen, aber als ich die größeren Carabos gefangen und in Schachteln gesteckt habe, in der Meinung, von ihnen Samen zu erhalten, haben sie einander aufgefressen. Geht man zur Sommerszeit in dichte Wälder, wo Stämme und Stümpfe fast verfault herumliegen, und reißt man diese entzwei, so findet man eine Menge von größeren Carabis, die hier hausen und ihre Eier legen. Diese soll man behutsam und, so ganze Stücke man erhalten kann, nehmen, und sie in den Garten legen, nahe der Bäume, am liebsten auf die Nordseite, sodass das verfaulte Holz zur Hälfte in der Erde, zur Hälfte darüber zu liegen käme. Auf diese Art erhält man die Carabos in den Garten, die keinen Schaden den Pflanzen antun, aber jede Nacht auf die Bäume klettern und dort grausam mit den Raupen hantieren und sie dort in kurzer Zeit vertilgen. Das ist eines der vornehmsten Mittel, welches wo nicht im ersten Jahre, so doch im zweiten und dritten hilft; aber nach einigen Jahren soll es erneuert werden.«

207
Puppenräuber (*Calosoma sycophanta*); Körperlänge 24–30 mm. (Foto Gepp)

Welch gewaltiger Fortschritt der Kenntnis wird sichtbar, wenn man vergleicht, was der durch seine Vielseitigkeit und sein universelles Wissen („De animalibus", „Liber de natura rerum") berühmte und von seinen Zeitgenossen ehrfurchtsvoll als „doctor universalis" bezeichnete Naturforscher, Philosoph und Theologe Albertus Magnus (um 1200–1280) über einen Laufkäfer, den er *Spoliator colubri* nennt, schreibt: »Dieser grünlichgolden schimmernde Laufkäfer rennt im Staub der Feldwege und raubt Käfer, die er aussaugt. Sein Name kommt daher, dass er das Gehirn der Nattern auffrisst. Man erzählt, dass er zuerst von seinen Eltern ernährt wird und später lange ohne Speise unbeweglich liegt, bis er sich selbst mit Nahrung versorgt.«

Der von René Antoine Ferchauld de Réaumur stammende Gedanke einer biologischen Bekämpfung hat sich später verwirklichen lassen. So wurden in den Jahren 1905 bis 1910 etwa 6.000 Puppenräuber aus Europa nach Amerika gebracht, um dort insbesondere gegen den Schwammspinner (*Lymantria dispar*) und den Goldafter (*Euproctis chrysorrhoea*) ausgesetzt zu werden. Man hatte die importierten Puppenräuber vorher weiter vermehrt. Bei den Erfolgserwartungen ging man davon aus, dass ein einziger Käfer in seiner zwei- bis dreijährigen Lebenszeit 1.000 Raupen vertilgt. Die ausgesetzten Tiere haben sich rasch ausgebreitet.

Die 1889 erfolgte Einbürgerung des aus Australien stammenden und dort seltenen Marienkäfers *Rodolia cardinalis* in Kalifornien gilt als erster großer Erfolg der biologischen Schädlingsbekämpfung überhaupt. Da dieser Import für die Geschichte der angewandten Entomologie so bedeutsam ist und den Marienkäfern so viel internationales Ansehen brachte, soll in Form einer Zeittafel die Geschichte der Entdeckung und des Einsatzes von *Rodolia cardinalis* zur biologischen Bekämpfung von *Pericerya purchasi* dargestellt werden.

Jahreszahl	Ereignisse
1869?	Einschleppung der Schildlaus *Pericerya purchasi* von Australien nach Kalifornien
1872	Erstes Auftreten auf Orangenbäumen
1881	Vorschlag, nützliche Insekten zur Bekämpfung dieser Schildlaus einzuführen
1883	*Pericerya purchasi* wird ein ernster Schädling der Citrus-Kulturen, der Anbau ist infrage gestellt
1888	Im Auftrag des Bureau of Entomology reist ALBERT KOEBELE nach Australien
15.10.1888	KOEBELE stellte in einem Garten in Nordadelaide *Rodolia cardinalis* als Feind von *Pericerya purchasi* fest
30.11.1888	Erste Sendung von *Rodolia cardinalis* (28 Stück) nach Kalifornien, der weitere (44 und 57 Exemplare) folgten
1889	Die importierten Exemplare wurden unter einem Zelt auf einen mit *Pericerya purchasi* besetzten Baum gebracht. Anfang April waren alle Schildläuse aufgefressen. Danach künstliche Ausbreitung von *Rodolia cardinalis* in Kalifornien. Die Ansiedlung gelang in fast allen Fällen
1890	Erfolgreiche Einbürgerung von *Rodolia cardinalis* auf Hawaii durch KOEBELE
1891–92	Zweite Reise KOEBELES nach Australien. Er fand eine weitere *Rodolia*-Art als Feind von *Pericerya purchasi: Rodolia koebelei*. Des Weiteren entdeckte er als Schildlausfeind den Marienkäfer *Cryptolaemus montrouzieri* und sandte Material nach Kalifornien
1892	Einführung von *Rodolia koebelei* in Kalifornien. Diese Art erwies sich ebenfalls als sehr wirksam zur biologischen Bekämpfung der Schildlaus
1892	Die Citrus-Kulturen in Kalifornien waren praktisch von ihrem Schädling frei, insbesondere durch die Einwirkung von *Rodolia cardinalis*
1936	*Rodolia cardinalis* ist in 40 Länder (unter anderem Neuseeland, Kuba, Guatemala, Peru, Brasilien, Uruguay, Argentinien, Chile, Hawaii, Japan, Südafrika, Ägypten, Algerien, Marokko, Türkei, Griechenland, Italien, Schweiz, Südfrankreich, Spanien) eingeführt worden, in 32 hat sie sich eingebürgert

Blütenbestäuber

Viele Käferarten besuchen Blüten, vor allem Bockkäfer (Cerambycidae; Abb. 208, 209, 210, 211, 212, 213), Glanzkäfer (Nitidulidae), Weichkäfer (Cantharidae), Rosenkäfer (Cetoniinae) (Abb. 214, 215, 215, 217, 218), selbst Rüsselkäfer (Curculionidae) (Abb. 219) und andere. Spezialisierte Blütenbestäuber findet man in Mitteleuropa unter den Käfern selten, trotzdem dürften die zahlreichen Blütenbesucher auch zur Bestäubung merkbar beitragen, wenngleich ihr Beitrag sicher geringer ist als der vieler Hautflügler (Hymenoptera) und Zweiflügler (Diptera). Einige Käferarten verfügen jedoch sogar über spezielle Sammeleinrichtungen (Pollenbürsten), z. B. die Pinselkäfer (Scarabaeidae, *Trichius*). Manche pollenfressende Blatthornkäfer knacken die harten Pollenkörner mit Steinzellen, die sie aus anderen Pflanzen gewonnen haben; man wird an die Magensteine bei körnerfressenden Vögeln erinnert. Andere blütenbesuchende Arten zerstören die Blüten und gelten deshalb als Pflanzenschädlinge, z. B. die Rapsglanzkäfer (*Meligethes*; Nitidulidae).

Beseitigung von Dung, Aas und anderem organischen Abfall

Viele Käferarten beteiligen sich an der Entfernung von Abfallstoffen aus dem Naturhaushalt (Dung, Aas, Laub, Zweige, totes Holz), auch bei der Kompostierung von organischen Abfällen spielen sie eine ± große Rolle. Zahlreiche Bockkäferarten, aber auch Vertreter anderer Familien, tragen entscheidend zur natürlichen Zersetzung toten Holzes bei. Andere Käfer können

208
Blaubock (*Gaurotes virginea*) (unten); Körperlänge 9–12 mm und *Pachytodes cerambyciformis*; Körperlänge 7–11 mm. (Foto Gepp)

209
Chlorophorus varius; Körperlänge 8–14 mm. (Foto Gepp)

210
Leptura maculata; Körperlänge 14–20 mm. (Foto Gepp)

211
Corymbia rubra, Weibchen; Körperlänge 12–20 mm. (Foto Gepp)

212
Corymbia rubra, Männchen; Körperlänge 10–16 mm. (Foto Gepp)

213
Purpurbock (*Purpuricenus kaehleri*) auf einer Distelblüte; Körperlänge 10–20 mm. (Foto Förster)

214
Blütenkäfer (*Oxythyrea funesta*), Körperlänge 8–12 mm. (Foto Förster)

215
Großer Goldkäfer (*Protaetia aeruginosa*), eine sehr seltene, an alte Eichen gebundene Art, Körperlänge 22–28 mm. (Foto Förster, Archiv Staatl. Museum Tierkunde Dresden)

Aas sehr schnell wahrnehmen und vernichten (Abb. 202), und die große und unbezahlbare Schar der Dungfresser (ihr Wirken allein in den USA wird mit einem jährlichen Wert von 2 Milliarden $ geschätzt) wird eigentlich erst dann so richtig beachtet, wenn sie nicht vorhanden ist, wie es vor gar nicht langer Zeit in Australien geschah. Die dort einheimischen Mistkäfer sind an den relativ trockenen Kot der Beuteltiere angepasst und wussten mit den riesigen Mengen (12 Millionen Kuhfladen pro Stunde; 300 Millionen pro Tag) der weichen Exkrementen der eingeführten Rinder nicht viel anzufangen. Deshalb gingen in Australien jährlich je Rind 400 m^2 Weidefläche verloren. Außer diesem Weidelandverlust war ein zweiter Schaden zu beklagen, weil sich verschiedene Blut saugende Fliegenarten in den nicht verarbeiteten Kuhfladen hervorragend entwickeln konnten. Man hat daraufhin nach intensiver Prüfung afrikanische Dungkäfer eingeführt, die das Problem größtenteils gelöst haben. Besonders bewährt hat sich *Onthophagus gazella*, der Kuhfladen in zwei bis drei Tagen vergräbt und die Populationsdichte der „Büffelfliegen“ in seinen Siedlungsgebieten um 80 bis 100 % gesenkt hat. Keratin (Haare, Federn, Nägel, Krallen) kann fast nur von Speckkäfern (Dermestidae) abgebaut werden, die über das Enzym Keratinase verfügen.

216
Marmorierter Goldkäfer (*Protaetia lugubris*), entwickelt sich ebenfalls im Mulm alter Bäume wie auch die vorigen Arten, Körperlänge 19–25 mm. (Foto Gepp)

217
Europäischer Rosenkäfer (*Cetonia aurata*) auf einer Rosenblüte. (Foto Förster)

218
Pinselkäfer (*Trichius fasciatus*) auf einer Blüte; Körperlänge 9–12 mm. (Foto Förster, Archiv Staatl. Museum Tierkunde Dresden)

219 *Stephanocleonus flaviceps* (Rüsselkäfer, Curculionidae) auf Blüte. (Foto Förster, Archiv Staatl. Museum Tierkunde Dresden)

Forensische Käferkunde

Tote Organismen, auch menschliche Leichen, zerfallen – wie es bei Tötungsdelikten vorkommen kann – wenn sie in freier Natur liegen, unter Ablauf einer gesetzmäßigen Reihenfolge (Sukzession) aasabbauender Organismen. Auch Käfer begleiten diesen Prozess und können unter Umständen Aussagen zum Todeszeitpunkt, zur Liegezeit des Toten, zur Herkunft des Leichnams und anderer für die Aufklärung wichtigen Tatsachen gestatten. Bereits unmittelbar nach Eintritt des Todes können erste Käfer angelockt werden, z.B. Kurzflügler (Staphylinidae, z.B. *Omalium, Proteinus*) und Laufkäfer (Carabidae). In einem späteren Stadium kommen vor allem die Larven von Aaskäfern (Silphidae, *Nicrophorus* und andere), anderen Kurzflüglern (Staphylinidae, z.B. *Tachinus, Philonthus*) und Stutzkäfern (Histeridae), die sich z.T. von Fliegenlarven ernähren, die in oft großen Massen vorhanden sind. Es folgen Nestkäfer (Leiodidae-Cholevinae), auch Mistkäfer (Geotrupidae). Die schließlich mitunter eintretende Austrocknung und Mumifizierung wird von Speckkäfern (Dermestidae), verschiedenen Buntkäfern (Cleridae) und anderen begleitet.

Versuchstiere

Manche Käferarten, vor allem verschiedene Vorratsschädlinge, werden als Versuchstiere verwendet. Man nutzt sie zur Testung von insektizidverdächtigen Chemikalien, aber auch zur Prüfung anderer Substanzen. Käfer sind Versuchsobjekte bei Arbeiten über die Hormonregulation und für genetische Experimente. Oft verwendete Arten entstammen gewöhnlich der Familie Schwarzkäfer (Tenebrionidae), wobei besonders der Mehlkäfer (*Tenebrio molitor*) und verschiedene Reismehlkäfer-Arten (*Tribolium* sp.) gezüchtet werden. Es kommt darauf an, dass die als Versuchstiere benutzten Arten möglichst leicht und unter klar definierbaren Bedingungen vermehrt werden können.

Produzenten von Naturstoffen

Ölkäfer (Meloidae), in geringerem Maße auch Scheinbockkäfer (Oedemeridae), produzieren Cantharidin, das lange Zeit eine pharmazeutische Bedeutung hatte (s. S. 84). Nicht ganz so bedeutsam, aber dennoch erwähnenswert sind die Coccinelline der Marienkäfer (s. S. 70). Auch das von Kurzflüglern (Staphylinidae) der Gattung *Paederus* oder in deren Darm lebenden Mikroorganismen produzierte Pederin (s. S. 89), ein giftiges Amid, könnte große Bedeutung erlangen, wenn sich dessen Eigenschaft, das Wachstum von Tumorzellen drastisch zu hemmen, für medizinische Zwecke erschließen ließe. Bedenkt man die große Zahl symbiotischer Bakterien und Pilze, die in Käfern vorkommen, so könnte sich in Zukunft ein ganzes Arsenal neuartiger Wirkstoffe für die Human-, Veterinär- und Phytomedizin erschließen.

Käfer zum Schaden des Menschen

Manche Käferarten sind wegen ihrer Neigung zu Massenvermehrungen als Konkurrenten (Schädlinge) für den Menschen recht bedeutsam geworden und haben praktisch alle Bereiche erobert. Sowohl in der Landwirtschaft wie im Gartenbau und in der Forstwirtschaft, aber auch durch die Schädigung von Holz und anderen Materialien und insbesondere von Vorräten sind sie unangenehm hervorgetreten.

Wichtige Materialschädlinge finden sich bei den Klopfkäfern (Anobiidae), z. B. *Anobium punctatum* als Zerstörer von Holzschnitzereien, Möbeln und Holzfußböden oder der Hausbock (*Hylotrupes bajulus*), der Balken und Holzkonstruktionen von Dachstühlen zum Einsturz bringen kann.

Allein als Pflanzenschädlinge sind weltweit etwa 3.000 Arten hervorgetreten. Natürlich ist der Begriff „Schädling“ ausgesprochen anthropozentrisch. In den natürlichen Ökosystemen ist jede einzelne Art wertneutral, alle haben ihre Lebensberechtigung. Wir empfinden jedoch manche Arten als Konkurrenten, wenn sie z. B. unsere ± hochgezüchteten Kulturpflanzen vernichten oder den erhofften Ertrag merklich schmälern. Mitunter vergessen wir wohl auch, dass viele so genannte Großschädlinge erst durch unser Wirken (Monokulturen und andere naturferne Kulturverfahren; Streben nach höchsten Erträgen, dem die Zuchtziele untergeordnet werden; einförmige Gestaltung der Landschaft, die kaum noch Raum für die Entwicklung natürlicher Gegenspieler lässt) zu Massenvermehrungen befähigt werden.

Pflanzenschädlinge

Das klassische Beispiel eines Schädlings ist der Kartoffelkäfer (*Leptinotarsa decemlineata*) (Abb. 113). Dieser Käfer wurde 1824 von dem amerikanischen Entomologen Thomas Say (1787–1834) in den Rocky Mountains des Staates Colorado auf dem wild wachsenden Nachtschattengewächs *Solanum rostratum* entdeckt. Zunächst war dieser hübsche Käfer eine ausgesprochene Rarität. Mit der Anlage der Pazifikbahn kam etwa 1850 auch der Kartoffelanbau (*Solanum tuberosum*) in jene Gegenden, und der „Coloradokäfer“ wechselte seine Wirtspflanze. Es begann nun eine geradezu explosionsartige Entwicklung der Art, die mit einer zunehmenden Ausbreitung nach Osten gekoppelt war. Schon 1859 wurde der erste große Schaden aus dem Staate Nebraska gemeldet. Unaufhaltsam ging der Zug durch die mittleren und nördlichen Staaten der USA weiter. Im Jahre 1874 erreichte der Kartoffelkäfer die Küste des Atlantischen Ozeans. Vorläufig schien seine Ausbreitung zu Ende zu sein. Obwohl strengste Kontrollen ausgeübt wurden, war der Käfer bereits 1877 in den Hafenanlagen von Liverpool und Rotterdam zu finden. Im gleichen Jahre meldete man ihn auch aus Mühlheim am Rhein (gegenüber von Köln) und bei Torgau in Sachsen. Mit großen Mühen und Kosten gelang es, die beiden Herde zu vernichten, obwohl das sächsische Vorkommen bereits aus 16 einzelnen Infektionsstellen bestand.

> Adolf Horion schrieb über diese Zeit: »Der Kartoffelkäfer war in jenen Jahren die europäische Sensation, über den die Zeitungen andauernd berichteten und gegen den die Behörden immer neue Verfügungen erließen. Die Industrie machte sich die Popularität des Käfers zunutze; die Firma Stollwerck gab Schokoladenpackungen mit guten Bildern des Schädlings heraus, von denen in kurzer Zeit 135.000 Stück verkauft waren. Man konnte Manschettenknöpfe und andere Schmucksachen mit ‚Coloradokäfern‘ kaufen, ja, in Mühlheim gab es sogar einen ‚Colorado-Bittern‘ zu trinken.«

1887, 1914 und 1934 gab es dann wieder neue Befallsherde, die aber jeweils wieder ausgemerzt werden konnten. Das Auslöschen des Befalls von 1914 bei Stade an der Unterelbe hatte 60.000 Goldmark gekostet. Der 1. Weltkrieg ließ Maßnahmen gegen den Kartoffelkäfer kaum noch zu, und man nimmt an, dass mit

Transportschiffen neue Einschleppungen in Westfrankreich erfolgten. Bereits 1922 waren bei Bordeaux etwa 250 km^2 besiedelt. Nun drang der Käfer von Westen her in breiter Front vor. In manchem Jahr legte der Käfer 200 bis 300 km nach Osten zurück. Nachdem 1936 die Überschreitung des Rheins erfolgt war, erreichte er 1945 die Elbe, 1950 die Oder und hatte 1960 bereits Polen durchquert. Heute ist der Kartoffelkäfer bis in weite Teile der Ukraine und Belorusslands, wohl auch Russlands, vorgedrungen. Die Schäden sind unerhört groß gewesen, obwohl heute durch die Entwicklung der chemischen Bekämpfungsmittel Erntekatastrophen kaum noch auftreten.

Auch andere Schädiger lebender Pflanzen beschäftigen uns stark, neben dem Kartoffelkäfer und anderen Blattkäfern (vor allem Flohkäfer, Alticinae) beispielsweise die Rapsglanzkäfer, verschiedene Schnellkäfer und Bockkäfer, der Japankäfer, zahlreiche Rüsselkäfer, ganz voran verschiedene Borkenkäfer, nicht zuletzt durch die Übertragung von Pilzen und Viren (Ulmensplintkäfer – Ulmensterben).

Eine Lesung in alten Büchern kann uns nicht nur das vergebliche Bemühen, einer Plage Herr zu werden, offenbaren, sondern sie kann auch märchenhafte Züge annehmen. Dies beispielsweise dann, wenn man Quellen über den Maikäfer zitiert (s. S. 130). Heute ist dieses sehr volkstümliche und allbekannte Tier vielerorts nahezu völlig verschwunden. Vorläufig lebt er noch in der Erinnerung an jene Zeit fort, wo man die Tiere in Berlin in den so genannten zoologischen Handlungen kaufen konnte und nicht zuletzt als Schädling der Land- und Forstwirtschaft in allen einschlägigen Lehr- und Handbüchern. In alten Büchern steht geschrieben, dass im Jahre 1911 in der Rheinpfalz auf einer Fläche von 1750 ha 22 Millionen Maikäfer gesammelt wurden. An der gleichen Stelle wurden 1915 14 Millionen Tiere gefangen. An der Bergstraße in Hessen sammelte man 1939 etwa 150 dt Maikäfer, was etwa 18 Millionen Tieren entspricht. An der Ostseeküste bei Boltenhagen wurde 1938 ein Spülsaum von Maikäfern angetrieben, der etwa 26 Millionen Tiere umfasste. Diesen unerhörten Mengen entsprachen natürlich auch unerhörte Schäden. Der jährliche Schaden wird für die damalige Zeit für Frankreich auf 250 Millionen bis 1 Milliarde Goldfranken geschätzt.

Vorratsschädlinge

Schon in vergangenen Jahrhunderten – sogar Jahrtausenden – haben vor allem die Vorratsschädlinge, besonders Speckkäfer (Dermestidae), Schwarzkäfer (Tenebrionidae), Diebkäfer (Ptinidae), Samenkäfer (Bruchidae), Getreideplattkäfer (*Oryzaephilus surinamensis*; Silvanidae) und andere (s. S. 106) an getrockneten Lebensmitteln, an Textilien oder Lederprodukten das Interesse des Menschen geweckt. Vorräte wurden bereits vor über 5.000 Jahren gelagert, zu einer Zeit also, als die Entwicklung von Schädlingen durch die Monokulturen des Pflanzenbaues noch gar keine nennenswerte Rolle spielte.

Für die Bewohner der ersten Städte (Jericho, Akkad, Babylon und andere Städte Mesopotamiens, Altägyptische Städte) wurde das Anlegen von Vorräten (Gerste, Emmer, Weizen, Dinkel) zur Ernährung und für den Handel viel bedeutsamer als je zuvor. Damit wurden Voraussetzungen für das Entstehen von Vorratsschädlingen geschaffen. Die Vorräte boten günstige Bedingungen durch relativ gleich bleibende Temperatur und Luftfeuchtigkeit, den Schutz vor Witterungseinflüssen und die Unabhängigkeit vom Jahreszyklus. Die durch Zucht entstandenen Getreidekörner waren größer und nährstoffreicher als die Körner der Wildformen, wodurch sich ein weiterer Vorteil für die Vorratsinsekten ergab. Mit dem Handel wurden solche Arten schon frühzeitig weit verbreitet.

In Mesopotamien kannte man bereits Keilschriftworte für Mehl-, Getreide und Dattelfresser (3000 v. Chr.). Grabbeigaben im alten Ägypten enthielten Vorratsschädlinge, z. B. fand man *Dermestes frischii* oder *D. maculatus* in den Resten ehemaliger Biervorräte aus dem Jahre 2600 v. Chr. Aus der Zeit der 3. Dynastie (um 2649–2575 v. Chr.) kennen wir den Kornkäfer (*Sitophilus granarius*). Der Diebkäfer *Gibbium psylloides*, Reismehlkäfer (*Tribolium castaneum* und *T. confusum*) und der Kornkäfer (*Sitophilus granarius*) waren in Grabbeigaben (Getreide) aus der Zeit der 6. Dynastie (um 2323–2150 v. Chr.) enthalten. Reichhaltige Funde ergaben sich durch die Ausgrabungen im Grab des 1337 v. Chr. ermordeten Pharaos TUTANCHAMUN, unter anderem den Tabakkäfer (*Lasioderma serricorne*) (die Art ist heute ein Tabakschädling, es hat offenbar eine Nahrungsumstellung stattge-

funden), den Brotkäfer (*Stegobium paniceum*), den Diebkäfer *Gibbium psylloides*, den Getreidekapuziner (*Rhyzopertha dominica*), den Getreideplattkäfer (*Oryzaephilus surinamensis*) und den Reismehlkäfer *Tribolium castaneum*.

Auch die sehr gut geschützten ägyptischen Mumien wurden von Käfern befallen. Verschiedene *Dermestes*- und *Necrobia*-Arten (Speckkäfer, Dermestidae; Buntkäfer, Cleridae) wurden z. B. in Theben in der Mumie des Pharao RAMSES II. (um 1290–1224 v. Chr.) gefunden.

Aus dem alten Griechenland datiert der erste Nachweis des Reiskäfers (*Sitophilus oryzae*). Mit Getreideschiffen sind wohl alle Vorratsschädlinge aus Ägypten nach Rom gekommen. Römische Verpflegungstransporte für die Besatzungstruppen brachten diese Insekten im 1. und 2. Jh. auch nach Mitteleuropa. Wie Funde im verfestigten Bodensatz einer Glasvase in Mainz zeigen, gab es damals dort den Messingkäfer (*Niptus hololeucus*). Diese Art scheint später wieder verschwunden zu sein und ist möglicherweise erst vor reichlich 100 Jahren erneut eingeschleppt worden, worauf nach langer Nachweispause die Funde in England (1837) und Dresden (1840) hinweisen, es gibt jedoch auch Funde im 15.-16. Jahrhundert in Neuss (das ehemalige Legionärslager Novaesium).

Mit welchen Mitteln man früher, als es noch keine Gifte gab und auch mechanische Verfahren erst in den Anfängen steckten, gegen einen der bedeutendsten Schädlinge des lagernden Getreides, den Kornkäfer (*Sitophilus granarius*), einen Vertreter der Dryophoridae, vorging, sollen uns im Folgenden einige historische Quellen nahe bringen (die sich allerdings auch auf die Larven von Kleinschmetterlingen beziehen könnten).

Der durch sein Drängen auf die Zerstörung Karthagos bekannte römische Staatsmann und Schriftsteller MARCUS PORCIUS CATO (234–149 v. Chr.) empfiehlt in seinem Werk „De agricultura“: »Soll der Korn-Wurm dem Getreide nicht schaden, und sollen die Mäuse es nicht anrühren, so knetet man Lehm und etwas Spreu recht innig mit der Flüssigkeit, die beim Ölpressen abgeht, bestreicht den Kornboden dick damit und bespritzt dann das Ganze noch mit jener Flüssigkeit. Das Getreide legt man auf diesen Boden erst, wenn er wieder ganz trocken ist.«

Eine andere Empfehlung gibt der überaus vielseitige und produktive römische Gelehrte und Schriftsteller MARCUS TERENTIUS VARRO (116–27 v. Chr.) in seinem „De re rustica“ betitelten Werk: „In einigen Ländern bewahrt man das Getreide in Erdgruben auf. Der Weizen hält sich da an 50, die Hirse über 100 Jahre. Der Korn-Wurm kommt nie in solches Getreide. – Ist auf gewöhnlichen Kornböden Getreide von Korn-Würmern angegangen, so bringt man es ins Freie an die Sonne, setzt daneben Gefäße voll Wasser, in welches die Korn-Würmer dann von selbst gehen und ersaufen.«

Wir wollen die Reihe der Rezepturen noch um eine weitere vermehren, die aus dem „Haushaltsbuch“ des JOHANN COLERUS (1590) stammt: »Um diese Würmer zu vertreiben, nimm ein gut Teil Wermut, gieß Wasser drauf und lass es in einem Kessel wohl sieden. Dann tu das Wasser heraus und gieße Heringslake darein und lass es noch einmal aufsieden, und wenn viele Würmer im Korn oder anderem Getreide sind, so sprenge um den Boden mit etwas Wasser und stoß das Getreide darauf, spreng's danach aufs Getreide und rühre es durcheinander.«

CONRAD TIBURTIUS RANGONI, ein Greifswalder Theologieprofessor, befasst sich in einem großen Buch 1665 ebenfalls mit der Bekämpfung der Kornschädlinge. Als Ursachen sieht er an: Sünde im Getreidehandel, Undankbarkeit des Landmannes gegen Gott usw.

Krankheitserreger und -überträger

In Südostasien wurden Dungkäfer der Gattung *Aphodius* im Enddarm von Kindern gefunden, in den sie möglicherweise während des Schlafes eindringen. Es wird berichtet, dass auch in Sri Lanka Larven eines kleinen Dungkäfers (*Onthophagus bifasciatus*), auch aus der Gattung *Caccobius*, ebenfalls im Darm von Kindern gefunden wurden.

Die Larven von Blatthornkäfern (Scarabaeidae) und Bockkäfern (Cerambycidae) können Entwicklungsstadien von humanparasitischen Kratzern (Acanthocephala) enthalten, z. B. *Macroacanthorhynchus hirudinaceus*, der hauptsächlich beim Hausschwein vorkommt. Bei einer anderen Art, *Moniliformis moniliformis* ist *Blaps mucronata* (Schwarzkäfer (Tenebrionidae) Zwischenwirt. Da die Larven großer Arten aus diesen Familien in verschiedenen tropischen Ländern ± regelmäßig, auch roh, gegessen werden ist eine Übertragung der Parasiten auf den Menschen möglich. Verschiedene Blatthornkäfer (Scarabaeidae) sind Zwischenwirte parasitischer Nematoden, z. B. in Australien *Gongylonema, Ascarops, Physocephalus* und *Spirocerca*, die bei Ratten, Schweinen, Hunden und anderen, aber auch beim Menschen vorkommen können. Der Bandwurm *Hymenolepis diminuta* ist ein seltener Humanparasit, als Zwischenwirt fungieren auch die Larven des Mehlkäfers (*Tenebrio molitor*).

Laufkäfer (Carabidae, *Amara* sp.) können bei schlafenden Personen in seltenen Fällen in den Gehörgang eindringen und dort und in das Trommelfell heftig schmerzend beißen, eine nicht ungefährliche Angelegenheit. Natürlich können auch andere Käfer, besonders große Arten bei Berührung recht schmerzhaft beißen. Gelegentlich wird dabei Verdauungssaft abgegeben, der auch zu Entzündungen der Wunde führen kann (auch Wehrdrüsensekrete können in die Wunde gelangen). Marienkäfer (Coccinellidae) sind dafür bekannt, dass sie in die Haut eißen, wohl um ein Flüssigkeitsdefizit auszugleichen. Bockkäfer (Cerambycidae) aus der Gattung *Phoracantha* können sich mit ihren bedornten Antennen verteidigen. Erinnert sei auch an die *Hydrophilus*-Arten (Wasserkäfer, Hydrophilidae), die mit ihrem auf der Bauchseite befindlichen kräftigem Dorn empfindlich stechen können, wenn man sie ungeschickt in die Hand nimmt. Aus Australien wird berichtet, dass die winzigen Angehörigen der Gattung *Orthoperus* (Faulholzkäfer, Corylophidae) Verletzungen der Hornhaut des Auges hervorrufen können.

Die zu den Kurzflüglern (Staphylinidae) gehörige Gattung *Paederus* (Abb. 126) sondert ein Gift ab, das auf der Haut Entzündungen und schwer heilende Geschwüre erzeugen kann. Das zeigt sich auch an Krankheitsbildern bei Schweinen und Hühnern.

Die Pfeilhaare der Speckkäferlarven (Dermestidae) können Hautreizungen, auch Reizungen der Atemwege, eventuell Allergien, hervorrufen. Allergien können übrigens möglicherweise auch durch den Staub fein zerbrochener Chitinteile von Käfern ausgelöst werden.

Feinde der Käfer

Wie alle Insekten haben auch die Käfer zahlreiche natürliche Feinde. Das können insektenessende Säugetiere sein, wie beispielsweise Maulwurf, Igel oder Spitzmäuse. Nachts fliegende Käfer werden sehr oft von Fledermäusen und Nachtschwalben erbeutet. Allbekannte Käferfeinde sind entomophage Vögel, wie Spechte, Meisen, Neuntöter, Blauracken, Bienenfresser, sogar Falken. Manche Eidechsen und andere Reptilien ernähren sich von Käfern. Frösche und auch Fische fangen Käfer, letztere besonders die Larven der wasserbewohnenden Arten. Viele Käfer beenden ihr Leben im Netz von Spinnen, und es gibt zahlreiche räuberische Insekten, die Käfer fressen, wie zum Beispiel Fangheuschrecken, Raubfliegen und Käfer!

Spitzmäuse und Eidechsen verzehren gelegentlich Marienkäfer (Coccinellidae). Auch Frösche scheinen sie oft zu verschlingen, wie Analysen des Inhalts von Froschmägen beweisen. Als besonders attraktive Nahrungsquelle für verschiedene Tiere könnte man die großen Aggregationen der Coccinelliden in den Winterquartieren ansehen (s. S. 59), die jedoch vermutlich kaum genutzt werden. Lediglich Grislibären wurden in Nordamerika mehrfach beim Verzehren solcher Marienkäfermassen beobachtet.

Für die Imagines der Hirschkäfer werden Spechte (Picidae), Eichelhäher (*Garrulus glandarius*), Eulen (Strigidae), Drosseln (Turdidae), Krähen (*Corvus* sp.), Blauracken (*Coracias garrulus*) und Kernbeißer (*Coccothraustes coccothraustes*) als Feinde genannt. Raubwürger (*Lanius excubitor*) und Krähen erbeuten die Käfer als Jungvogelnahrung und entfernen vor dem Verfüttern die Köpfe, eine Erklärung für die oft übrig bleibenden und am Fuße alter Eichen zu findenden Köpfe. Wildschweine (*Sus scrofa*) wühlen den Boden um die Brutbäume auf und sind ein wesentlicher Feind der Hirschkäfer. Hermann Löns berichtet in „Der Zaunigel“: »Wütend dreht er (der Hirschkäfer) sich um und spreizt die scharfbewehrten Zangen. Aber schon hat der Igel ihn gefasst, ihm den Leib abgerissen, und während der Kopf des Käfers im Grase liegt und mechanisch die Zangen öffnet und schließt, knabbert der Igel den dicken Hinterleib vollends auf.« Weitere Feinde sind Fuchs (*Vulpes vulpes*), Dachs (*Meles meles*), Eichhörnchen (*Sciurus vul-*

garis) und Spitzmäuse (Soricidae) Die Spitzmäuse sollen den Käfern die Beine abfressen. Als eine Besonderheit soll erwähnt werden, dass sich in den hohlen Mandibeln toter Hirschkäfermännchen bestimmte Ameisen ansiedeln können.

Räuberische Gliederfüßer kommen natürlich auch als Feinde von Marienkäfern (Coccinellidae) und deren Entwicklungsstadien in Betracht. Die vorliegenden Beobachtungen betreffen vor allem Laufkäfer (Carabidae), Schwebfliegenlarven (Syrphidae), Florfliegenlarven (Chrysopidae), Raubwanzen (Reduviidae) und Baumwanzen (Pentatomidae). Darüber hinaus werden Coccinelliden gelegentlich die Beute anderer räuberisch lebender Insekten, z. B. Libellen (Odonata) oder Raubfliegen (Asilidae). Relativ oft fallen Marienkäfer Webespinnen (Araneae) zum Opfer. Für den Siebenpunkt (*Coccinella septempunctata*) werden z. B. *Araneus marmoreus* und *Xysticus* sp. genannt, in deren Netzen die Käfer häufig gefangen werden.

Die Hirschkäfer-Larven werden durch die im gleichen Substrat lebenden Larven vom Balkenschröter (*Dorcus parallelepipedus*) und verschiedener Schnellkäfer (*Lacon punctatus, Ampedus* sp.) angegriffen, auch durch Ameisen. Als Räuber kommen auch Maulwurf (*Talpa europaea*) und Waldspitzmaus infrage.

Außer diesen räuberischen Feinden haben die Käfer zahlreiche Parasitoide und Parasiten. Kein Entwicklungsstadium, ob Ei, Larve, Puppe oder Imago, ist vor der Belegung durch parasitoide Insekten sicher. Nur die kleinsten Eier werden im Allgemeinen nicht von den winzigen eiparasitischen Hautflüglern befallen. Überhaupt sind die Hautflügler in großer Artenfülle daran beteiligt, die Populationsdichte der Käfer einzuschränken. Außer den Hautflüglern sind es verschiedene Fliegen, vor allem Raupenfliegen, die als Käferfeinde eine Rolle spielen. Raupenfliegen befallen vor allem die Imagines. Neben den Insektenparasiten (Parasitoide) leben an Käfern auch Milben, die vor allem im Tracheensystem für die Käfer tödlich werden können. Der Darm und auch die Leibeshöhle werden von verschiedenen Fadenwürmern (Nemathelminthes) besiedelt.

Wie die meisten anderen Insekten haben auch Marienkäfer (Coccinellidae) spezifische Parasitoide (Hymenoptera: Erzwespen-Chalcidoidea, Brackwespen-Braconidae und Diptera: Buckelfliegen-Phoridae, Raupenfliegen-Tachinidae), deren Spezialisierung in zwei Richtungen geht. Erstens gibt es Anpassungen an systematische Gruppen (Unterfamilien, Tribus, sogar einzelne Arten) und zweitens an das Entwicklungsstadium (Larven, Puppen, Imagines), wobei ein Parasitierungsgrad von 10 bis 30 % keineswegs ungewöhnlich ist. Ein Befall von Eiern der carnivoren paläarktischen Arten durch Hymenopteren ist bisher trotz intensiver Untersuchungen nicht bekannt geworden. Die Eier vieler anderer Käferarten werden von Hautflüglern aus mehreren Familien belegt (z. B. Trichogrammatidae, Mymaridae und Encyrtidae).

Es sind noch direkte Parasiten von Marienkäfern (Coccinellidae) bekannt, z. B. finden sich oft Milben, die die Käfer entweder als Transportwirte benutzen (*Pediculoides* sp.) oder parasitisch an der Unterseite der Flügeldecken zu finden sind (*Podapolipus* sp.), ohne dass sie ihre Wirte abtöten. Andere Arten (z. B. *Coccipolipus hippodamiae*), verringern die Reproduktionsfähigkeit der Weibchen und werden bei der Kopulation übertragen. Deren lange Dauer und der häufige Partnerwechsel der Weibchen erhöht die Befallsmöglichkeiten. Im Darmkanal und in der Leibeshöhle der Imagines leben Fadenwürmer (Nematoda) verschiedener Gattungen (z. B. die Mermithoidea *Mermis* sp. und *Hexamermis* sp. sowie als Vertreter der Tylenchida *Parasitylenchus coccinellae*). Über ihre Häufigkeit, ihre Bedeutung für den Wirt und den Entwicklungszyklus der Parasiten ist nur wenig bekannt. Die Art *P. coccinellae* ist vorwiegend aus dem Schachbrett-Marienkäfer (*Propylea quatuordecimpunctata*) beschrieben, und es können bis 70 % der Käfer parasitiert sein.

Auch Käfer können krank werden. Zahlreiche Viren, Bakterien, Pilze und Sporentierchen („Sporozoa") vermögen sich in Käfern zu entwickeln. Die Krankheitsbilder sind sehr verschieden und nur wenig erforscht. Manche dieser Krankheiten nutzt der Mensch bei der biologischen Schädlingsbekämpfung für sich aus, indem er die Krankheitserreger unter den Käfern verbreitet.

Wie vermehren sich Käfer?

Geschlechtsmerkmale

Äußere Geschlechtsmerkmale und Sexualdimorphismus

Wohl die meisten Käfer sind äußerlich nach Geschlechtern unterscheidbar. Sehr oft sind es allerdings nur minutiöse Unterschiede, die Männchen und Weibchen trennen. Mitunter aber sind die äußeren Unterschiede zwischen den Geschlechtern sehr groß (Abb. 14). Solche Fälle werden als Sexualdimorphismus bezeichnet. Bei den einzelnen Käfergruppen sind es sehr viele verschiedene Merkmale, die als sekundäre Geschlechtsmerkmale in Erscheinung treten. Verallgemeinerungen sind schwierig, gewöhnlich ist es aber so, dass alle möglichen Hornbildungen, Mandibelvergrößerungen (neben den von den Hirschkäfern bekannten Beispielen in der Horizontalebene kommen auch nach unten gerichtete große Mandibeln vor, die dem Festhalten des Weibchens bei der Begattung dienen, z. B. bei dem Bockkäfer *Baladeva walkeri* aus Thailand) und Fühlerverlängerungen für das männliche Geschlecht typisch sind. Gelegentlich ist auch eine Vergrößerung des gesamten Körpers bei den Männchen zu beobachten, bei sehr vielen Arten sind aber die Weibchen entschieden größer als die Männchen. Hinzu kommen Saugnäpfe und andere Haftorgane an den Vorderfüßen der Schwimmkäfer (Dytiscidae), Laufkäfer (Carabidae) und anderen (s. S. 64).

220
Sogenannte „Trilobitenlarve" aus Thailand. (Foto Förster)

Den wohl krassesten Fall von Geschlechtsdimorphismus finden wir in der Familie Rotdeckenkäfer (Lycidae). Schon seit 1830 kannte man „Käferlarven", die bis zu 8 cm lang werden und die wegen ihrer eigentümlichen Gestalt „Trilobitenlarven" genannt wurden (Abb. 220). Niemandem glückte es aber, aus diesen Larven Imagines zu erzielen. Erst 1924 gelang der Nachweis, dass die aus Indonesien stammenden Tiere die Weibchen eines Rotdeckenkäfers (*Duliticola paradoxa*) sind. Man entdeckte schließlich auch die Männchen, die nur etwa 1 cm lang und geflügelt sind. Wie Zwerge turnen sie auf den Weibchen umher (Abb. 221a), und kaum jemand würde die Tiere als Paar ansehen.

Mit Flügelreduktion bei den Weibchen einhergehender Sexualdimorphismus kommt nicht nur bei dieser Familie recht oft vor, sondern auch bei den Leuchtkäfern (Lampyridae) (Abb. 162, 163), Schneckenhauskäfern (Drilidae) und sogar bei dem in Schaben parasitierenden Speckkäfer *Thylodrias contractus* (Dermestidae).

Bei den Scheinbockkäfern (Oedemeridae), vor allem in der Gattung *Oedemera*, haben die

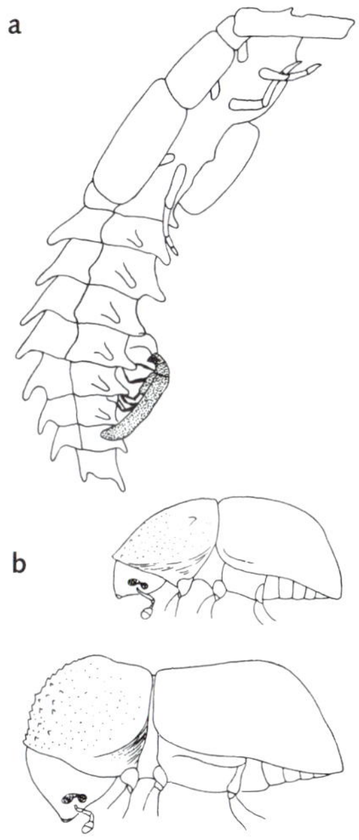

221
Sexualdimorphismus: a) „Trilobitenlarve"; das flügellose Weibchen des indonesischen Rotdeckenkäfers (Lycidae) *Duliticola paradoxa*, von der Seite mit dem kleinen Männchen (punktiert) bei der Kopula; b) Der Ungleiche Holzbohrer (*Anisandrus dispar*) in Seitenansicht. Unten Weibchen, oben Männchen (Borkenkäfer, Curculionidae-Scolytinae).

222
Langkäfer (Brentidae), Männchen von *Brentus anchorago* aus Brasilien. (Foto Förster)

Männchen auffällig verdickte Hinterschenkel, können aber nicht springen. Die auffällige Vergrößerung der Oberkiefer bei den Schrötern (Lucanidae) ist auf die Männchen beschränkt. Auch die zahlreichen hornartigen Bildungen der Blatthornkäfer (Scarabaeidae) sind dem männlichen Geschlecht vorbehalten. Die Weibchen der Langkäfer (Brentidae) haben einen schlanken Kopf mit einem oft sehr langen Rüssel (Abb. 16, 222). Der Rüssel der Männchen ist meist verhältnismäßig kurz, dafür sind die Oberkiefer auffallend zangenartig vergrößert. Bei den Rüsselkäfern (Curculionidae) haben die Weibchen gewöhnlich längere Rüssel als die Männchen, was mit ihrer Lebensweise zusammenhängt. Einen sehr auffälligen Sexualdimorphismus finden wir bei einigen Borkenkäfern (Curculionidae-Scolytinae). Der Ungleiche Holzbohrer (*Xyleborus dispar*) ist im männlichen Geschlecht 2 mm lang und flach, das Weibchen ist 3 bis 3,5 mm lang und gewölbt (Abb. 221b).

Viele weitere Unterschiede zwischen den Geschlechtern kommen vor. Bei den Bockkäfern (Cerambycidae) haben die Männchen meist längere Antennen (Abb. 223), mitunter sogar ein Fühlerglied mehr, auch die Farben sind oft geschlechtsverschieden. In der Gattung *Acanthocinus* haben die Weibchen eine vorgestreckte Legeröhre, die im Übrigen bei Käfern nur selten auftritt. Die Laufkäfermännchen (Carabidae) tragen auf der Unterseite der Vorderfußglieder Hafthaare (1.000 bis 4.000 Stück je Glied), die dem Festhalten bei der Kopula dienen. Saugnapfartige Verbreiterungen an den gleichen Beinteilen sind für Männchen mancher Schwimmkäferarten (Dytiscidae) (s. Abb. 104b) und Taumelkäfer (Gyrinidae) charakteristisch. Die Saugnäpfe ermöglichen ebenfalls, wahrscheinlich mit Unterstützung durch Drüsensekrete, das Haften des Männchens bei der Kopulation auf dem Halsschild des Weibchens. Auffällig gesägte Fühler haben die Männchen mancher Schnellkäfer (Elateridae). Bei den Ölkäfern (Meloidae) sind beachtliche Geschlechtsunterschiede im Bau der Fühler bei bestimmten Arten gegeben. Der in Spanien beheimatete Prachtkäfer *Buprestis* (*Yamina*) *sanguinea* (Buprestidae) hat im männlichen Geschlecht dunkelblaue Flügeldecken mit großen gelben Flecken, das Weibchen hat dunkelrote Flügeldecken mit blauen Flecken. Natürlich sind das nur wenige ausgewählte Beispiele zum Sexualdimorphismus. Es wäre möglich, ein ganzes Buch allein über dieses Thema zu schreiben. Erwähnt werden sollte natürlich, dass die auffälligen Geschlechtsunterschiede schon bei den Puppen zu sehen sind. Eine männliche Hirschkäferpuppe hat bereits die großen Mandibeln ausgebildet. Bei der männlichen Puppe des Zimmerbockes sind die extrem langen Fühler in kunstvollen Schleifen in der Puppenwiege untergebracht. Auch bei den Larven lassen sich mitunter Geschlechtsunterschiede erkennen (z. B. bei den Schneckenhauskäfern, Drilidae). Die männlichen Larven des Blattkäfers *Gonioctena quinquepunctata* (Chrysomelidae) haben eine wasserhelle Hämolymphe, bei den weiblichen Larven sieht diese trüb aus.

Zwitter

Gelegentlich kommen bei Käfern so genannte Halbseitenzwitter vor. Zu erkennen sind sie eigentlich nur bei solchen Arten, die einen Sexualdimorphismus zeigen. So wurde ein Gynander des Mulmbocks (*Ergates faber*), der links männliche und rechts weibliche Merkmale zeigt, beschrieben. Physiologisch war das abgebildete Exemplar wahrscheinlich ein Männchen, da der Penis normal ausgebildet war, sich allerdings in abnormer Position befand.

Als ganz große Besonderheit werden gelegentlich Halbseitenzwitter von Hirschkäfern beschrieben. Die meisten Exemplare sind links männlich, rechts weiblich. Die anatomische Untersuchung ergab in einem Beispiel, dass die Geschlechtsorgane wie die eines normalen Männchens ausgebildet waren, also offenbar kein echter Zwitter vorliegt. Alle Feinheiten der

223
Der Bockkäfer *Petrognatha gigas*, rechts Männchen, links Weibchen, aus Mittelafrika. (Foto Förster)

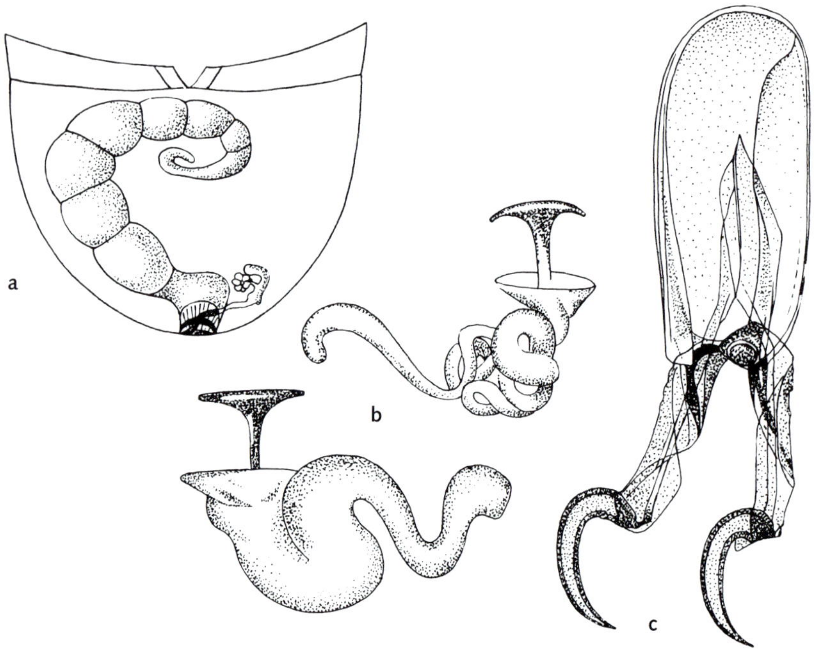

224
Geschlechtsorgane:
a) Das Weibchen von *Onthophagus fracticornis* besitzt nur eine einzige Ovariole. Decke des Abdomens abgetragen (Blatthornkäfer, Scarabaeidae); b) Die weiblichen Sexualorgane von zwei Federflüglern (Ptiliidae) der Gattung *Acrotrichis*, die äußerlich kaum zu unterscheiden sind; c) *Cyphon coarctatus*, Penis (Sumpfkäfer, Scirtidae).

Geschlechtsunterschiede spiegeln sich bei diesem Tier auf den jeweiligen Seiten wider. Hervorzuheben sind die deutlichen Unterschiede der Vorderbeine (links Laufbein, rechts Grabbein). Gelegentlich wird die Entstehung solcher Exemplare mit einer Doppelbefruchtung des Eies durch Spermien mit verschiedenen Geschlechtschromosomen erklärt.

Innere männliche und weibliche Geschlechtsorgane

ANTONY VAN LEEUWENHOEK war wohl der erste, der die Spermien von Käfern untersuchte. Lassen wir ihn selbst zu Wort kommen: »Ein Bekannter, der sich manche Merkwürdigkeiten aus dem Auslande kommen ließ, erhielt einst ein bei uns unbekanntes Insekt, das Kevers oder Molenaars genannt wird (vielleicht eine *Melolontha*, d. Verf.). Als er sie mir brachte, sah ich ein Pärchen in Kopula, das er mir liebenswürdigerweise überließ, um den männlichen Samen auf das Vorhandensein von Samen-Tierchen zu untersuchen. Ich glaubte auch, solche von rundlicher Gestalt mit einem langen Schwanz zu entdecken, die aber in einer flüssigen Materie mit vielen anderen Partikelchen vermischt lagen.«

Die inneren Geschlechtsorgane der Käfer sind gegenüber anderen Insekten kaum besonders abweichend gebaut, sodass hier nicht weiter auf sie eingegangen werden soll. Nur wenige Besonderheiten sollen erwähnt werden. Die Weibchen aller Käfer haben auf jeder Körperseite einen büschelförmigen Eierstock (Ovarium), der aus mehreren Eiröhren (Ovariolen) besteht. Bei verschiedenen, Brutpflege betreibenden, dungfressenden Blatthornkäfern (Scarabaeidae) reicht für die Produktion der wenigen Eier offenbar eine einzige Eiröhre! (Abb. 224a) Das andere Ovarium mit seinen Eiröhren (Ovariolen) ist reduziert. Auch die übrigen Ovariolen des intakt gebliebenen Ovars sind rückgebildet. Derartige Verhältnisse scheinen bei den allermeisten Arten der Unterfamilie Coprinae vorzuliegen, zu der vor allem die oft erwähnten Pillendreher gehören.

Eine außerordentliche Variabilität zeigt der Penis mit seinen Hilfseinrichtungen. Als ein Beispiel sei dafür die Familie Sumpfkäfer (Scirtidae) angeführt (Abb. 224c). Doch auch bei den weiblichen Geschlechtsorganen finden sich chitinisierte Teile. Die winzigen Federflügler haben einen chitinisierten Samenbehälter (Receptaculum seminis) von recht eigentümlicher Gestalt (Abb. 224b). Der Bau der chitinisierten Teile der männlichen und weiblichen Geschlechtsorgane spielt für die Charakterisierung von Arten eine sehr große Rolle, in zahlreichen Fällen sind diese lediglich an deren Struktur zu erkennen.

Partnerfindung

Für Käfer wie auch andere Insekten ist das Auffinden der Geschlechtspartner eine der wesentlichsten Leistungen der Sinnesorgane. Bei vielen Arten geschieht dies so unauffällig, dass es vom Menschen kaum beachtet wird und die Art und Weise der Partnerfindung im Einzelnen gar nicht bekannt ist. Wir registrieren im Allgemeinen nur die offensichtlicheren Erscheinungen, wie zum Beispiel das Aussenden von Licht oder das Erzeugen von Tönen. In den allermeisten Fällen dürften sich die Partner aber mithilfe ihrer chemischen Sinnesorgane wahrnehmen.

Doch auch die optischen Sinnesorgane spielen bei der Partnerfindung eine große Rolle. Recht oft konzentrieren sich Käfer einer Art an besonderen Geländepunkten, wodurch die Wahrscheinlichkeit des Zusammentreffens erheblich erhöht wird. Solche markanten Geländepunkte können beispielsweise Doldenblüten sein. Diese üben auf viele Bockkäfer (Ceramby-

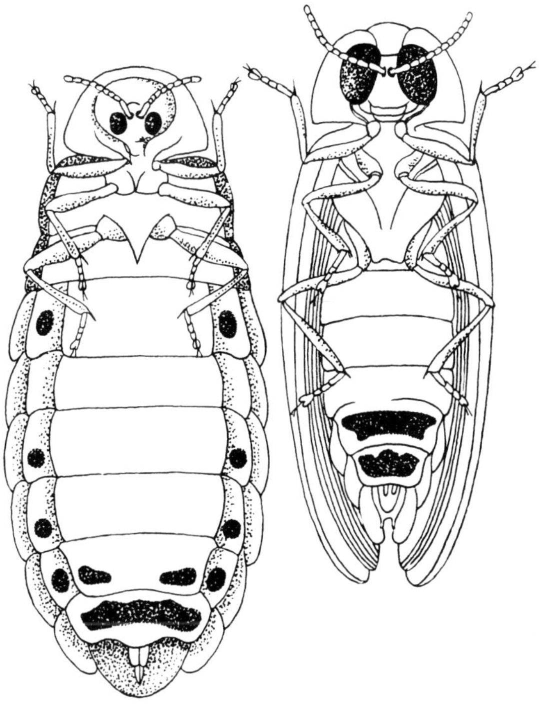

225
Leuchtkäfer (Lampyridae):
Lamprohiza splendidula, Gemeiner Leuchtkäfer, links Weibchen, rechts Männchen, Unterseite, Leuchtorgane dunkel punktiert.

cidae) und Weichkäfer (Cantharidae) große Anziehungskraft aus, die dort sicherlich Pollen und andere Blütenbestandteile aufnehmen, vor allem aber ihre Partner finden. Ein anderes Verfahren wird als Silhouettenorientierung (Hypsotaxis) bezeichnet. Anziehungspunkt ist eine möglichst hoch herausragende Horizontsilhouette, zum Beispiel ein Hügel, eine Baumgruppe o. a. Maikäfer orientieren sich beispielsweise so. Die Silhouette wird angepeilt und die einmal festgelegte Richtung dann beibehalten. Die Maikäfer gelangen auf diese Weise zu ihren Futterplätzen, andererseits konzentrieren sich verhältnismäßig viele Exemplare, sodass die Wahrscheinlichkeit, einen Partner zu finden, erheblich steigt. Beim Rückflug zu den Eiablageorten orientieren sich die Maikäfer übrigens am Magnetfeld der Erde. Sie reagieren im Experiment auch auf elektrische Felder. Außerdem wurde ihre Orientierung angeblich durch 40 kg schwere Bleiklötze beeinflusst, woraus man die Schlussfolgerung ziehen will, dass sie auch Gravitationskräfte wahrnehmen können. Im Folgenden sei auf das Leuchten und die Lauterzeugung noch etwas näher eingegangen.

Leuchten

Die auffälligen Lichtsignale der Leuchtkäfer (Lampyridae) (Abb. 162, 163, 225) haben den Menschen wohl schon immer interessiert und zur Beobachtung veranlasst (s. S. 9). Schon in den ältesten Schriften finden wir Bemerkungen über die Leuchtkäfer.

So ist aus dem alten China eine illustrierte Enzyklopädie, das „Erh-ya", erhalten geblieben, die dem Konfuzius-Schüler Pu Shang (* 507 v. Chr.) zugeschrieben wird. Dieses Werk enthält auch Angaben über die Leuchtkäfer: »Sie haben Flügel und der Bauch gibt Feuer. Ende Sommer, wenn das Gras feucht und nass ist, wächst der Wurm; während des Herbstes fliegt das Glühwürmchen aus.« Auch Aristoteles erwähnt die Leuchtkäfer unter dem Namen Pygolampis (d.h. mit dem Hinterteil leuchtend, d. Verf.). Gaius Plinius Secundus schildert sie ebenfalls, nennt sie Lampyrides und schreibt: »Wenn sich im Sommer das abendliche Leuchten der Johanniswürmchen einstellt, so ist das für den römischen Landmann ein wichtiges Signal. Es zeigt ihm an, dass die Gerste reif ist und die Zeit gekommen, gewöhnliche und Kolbenhirse zu säen.« Plinius preist bei dieser Gelegenheit die wunderbare Güte der Natur, die uns Menschen solche wichtigen Winke gibt.
In den Schriften des arabischen Kulturkreises sind Leuchtkäfer mehrfach erwähnt, zum Beispiel im „Tractatus de simplicibus", einer alphabetisch geordneten Enzyklopädie der arabischen Arzneimittelkunde des Botanikers und Pharmakognosten Ibn al-Baitar (um 1197–1248). Dort steht geschrieben: »Der Leuchtkäfer hat Flügel wie eine Fliege und leuchtet während der Nacht. Mit Rosen-Öl zerrieben und ins Ohr geträufelt, soll er Eiterungen der Ohren heilen. Nach Massih Ibn al Hakam ähnelt er den Canthariden, aber er ist aktiver und (macht) heißer.« In dem 1595 erschienenen Werk „Tausend bemerkenswerte Sachen" versucht der Engländer Lupton die Leuchtkäfer für das praktische Leben nutzbar zu machen: »Die Kunst, ein nie versagendes Licht herzustellen. Nimm von den nächtlich leuchtenden Glühwürmchen, zerquetsche sie und lasse sie stehen, bis die leuchtende Materie oben ist. Dann nimm etwas davon auf mit einer Feder und mische es mit Quecksilber. Diese Mischung tue in ein Glas und hänge dies an einem dunklen Ort auf, so wird es leuchten. Dies entnehme ich einem alten Buche, das den Beschreibungen des Mizaldus ähnelt.«
In den Schriften des in Bologna wirkenden italienischen Arztes und Naturwissenschaftlers Ulysse Aldrovandi (1522–1605) finden wir

schon Ergebnisse aus den Entdeckungsreisen nach Amerika. In seiner umfassenden Naturgeschichte der Insekten („De Animalibus Insectis libri VII", 1602) gibt es ein recht interessantes Kapitel über einen mittelamerikanischen leuchtenden Käfer, der zur Familie der Schnellkäfer gehört: »Die Indianer haben vielfache Verwendung für ihn. Sie fangen ihn, indem sie, wie PETRUS der Martyr (PETRUS MARTYR ANGLERIUS, italienischer Historiograph in Amerika in spanischen Diensten, 1457–1526; d. Verf.) beschreibt, bei Anbruch der Dämmerung einen Hügel ersteigen, eine Laterne schwingen und nach allen Himmelsrichtungen ‚Coccojus' rufen. Diese fliegen auf das Rufen hin heran. Ich glaube aber, dass sie durch das Licht angezogen werden, weil sie hier viele Mücken finden, die sie im Fluge fangen und verzehren. Wenn man mit der Laterne weggeht, so folgen sie, fallen dabei zu Boden und werden dann leicht mit der Hand gefangen. Andere fangen sie mit Leinentüchern. Er bietet den Indianern zu Hause zwei Annehmlichkeiten: Er fängt Stechmücken und ersetzt eine Kerze. Man lässt sie bei verschlossener Tür im Hause frei fliegen, und ihr Licht ist nicht geringer als das einer Kerze. Die Indianer lesen, schreiben und beschäftigen sich sonst bei ihrem Schein. In den Wäldern leuchten sie so, dass man den Weg nicht verfehlen kann. Sie binden sich oft 3–4 Coccoji an Bindfäden um den Hals und können mit dieser Beleuchtung bis drei Meilen zurücklegen. Dies Licht wird auch durch den Wind nicht ausgelöscht. Das Licht geht teils von den Augen, teils von den Achseln aus. Deshalb leuchten sie auch im Fluge mehr als in der Ruhe. Erschöpfte Tiere leuchten nicht; so eng ist das Leuchtvermögen mit der Lebenskraft verbunden.«

ALDROVANDI hat sich auch mit den europäischen Leuchtkäfern beschäftigt und recht genaue eigene Beobachtungen angestellt. Im Folgenden sind einige seiner Ausführungen zur Lebensweise der Leuchtkäfer angeführt: »Ich selbst habe ein Glühwürmchen mit seinem Mann in Kopula gefunden und aufbewahrt. Das Männchen verließ das Weibchen sogar bei Berührung nicht. Am nächsten Tag waren sie noch zusammen und lösten sich erst am Mittag. Bis zum Abend legte das Weibchen viele Eier, aus denen die Larven schon nach 20 Stunden schlüpften. Das Männchen ist geflügelt und leuchtet nicht. Sonderbarerweise verbrennt man sich nicht, wenn man die Tiere anrührt.«

THOMAS MOUFFET schreibt in seinem Werk 1634 viel über Leuchtkäfer, und wir finden unter anderem eine recht genaue Beschreibung des Weibchens: »Das Weibchen ist ein langsames, flügelloses Tier und fingerbreit lang. Es ist so groß wie eine mittelgroße Raupe, der es auch sonst ähnlich sieht. Der kleine abgeplattete Kopf ist hart, schwarz, länglich und gegen den Mund hin zugespitzt. Vorne entspringen zwei kurze schwarze Antennen. Die 6 kurzen Füße sind schwarz und dreiteilig, sie entspringen wie bei den Raupen nahe dem Kopf. Der längliche und dickliche Körper ist beinahe wie der eines Bandwurms abgeplattet, mit 12 deutlichen Einschnitten außer dem Hals, den es nach Belieben vorstrecken und zurückziehen kann ... Die weißen Teile leuchten wundervoll in der Nacht und sehen wie Erdsterne aus, sodass sie mit dem Licht der Lampen oder des Mondes zu wetteifern scheinen.«

In der „Sylva sylvarum" des Wegbereiters der Naturwissenschaften, des englischen Philosophen und Staatsmannes FRANCIS BACON VON VERULAM (1561–1626) lesen wir: »Die Glühwürmchen leben nur im Sommer, und sie bevorzugen Finsternis, Landgüter und Brombeeren.«

Einer der bedeutendsten Entomologen aller Zeiten war zweifellos der päpstliche Leibarzt und italienische Anatom MARCELLO MALPIGHI (1628–1694), der mit außerordentlichem Geschick anatomische Untersuchungen an Insekten vornahm, die in ihrer Genauigkeit beispielhaft sind („Opera omnia"). MALPIGHI befasste sich auch mit den Ursachen des Leuchtens der Glühwürmchen. Wir können bei ihm Folgendes lesen: »Das äußerste Ende der Leibeshöhle, an den beiden letzten Segmenten, enthält einen Saft, der die Quelle ihres Lichtes ist. Im Licht sieht er blassgelblich aus und zwischendurch schimmert eine milchige Substanz; im Dunkeln leuchtet er schwefelgelb. Dieser Saft scheint eine Masse von kleinen gelben Kugeln in einer ähnlichen schleimigen Substanz zu enthalten, sodass das Ganze halb flüssig erscheint. Jetzt kann man einiges über das Licht aussagen, das der Käfer nachts und bei Tage im Dunkeln ausstrahlt. Es sind die beiden hintersten Segmente, die das Licht ausstrahlen. Einmal erscheint es als kontinuierliches Leuchten, häufig aber dem Herzschlag ähnlich als rhythmisches Aufblitzen. Dieses periodische Aufleuchten hört auf, wenn man dem Insekt die letzten Hinterleibsringe abreißt; in den angerissenen Segmenten bleibt dann ein kontinuierliches weißliches Leuchten, das ähnlich flimmert, wie auch das kontinuierliche Leuchten des unverletzten Tieres. Der Körper des unverletzten lebenden Tieres leuchtet aber nicht, sondern in dem erwähnten Safte entstehen rundliche Blasen, die aus der Tiefe hervorleuchten und bisweilen verschwinden. Wenn diese sich wieder vermehren, so erfolgt ein neues Aufleuchten. Dieses entsteht also, wenn nach einer Bewegung der Eingeweide in dem Saft gleichzeitig zahlreiche Bläschen nach außen gepresst werden. Während des Leuchtens ist das Zittern dieser kleinen Bläs-

chen dann gut zu beobachten. Auch außerhalb des Körpers leuchtet der Saft, aber ohne rhythmisches Aufleuchten ... und er leuchtet so lange, wie der Saft flüssig bleibt. Bei seiner Austrocknung verschwindet auch er. Im Wasser, Essig und Alkohol behält der Saft sein Leuchten, ja er leuchtet sogar länger und intensiver als in der Luft. Dieses Leuchten dauert vom Mai bis Mitte Juni und verliert sich dann.«
In den Reisebeschreibungen Carl von Linnés finden wir auch eine recht nette Bemerkung über Leuchtkäfer: »Unser großer Insektenkenner, der Herr Hofmarschall De Geer, hat gefunden, dass sich diese Weibchen häuten und verwandeln, auch dass sie vor wie nach der Verwandlung als Raupe, Puppe und Insekt leuchten; daher muss man schließen, dass dies Licht kein Liebesfeuer sein kann, denn desgleichen brennt niemals bei Kindern, denen es noch am Öle dazu fehlt.«

Wir stellten fest, dass das Leuchten der Käfer schon von alters her die Menschen beschäftigt hat. Außer den Leuchtkäfern und den Phengodidae leuchten auch noch andere Käfer. Erwähnt haben wir den als „Coccojus" bezeichneten 2 bis 6 cm langen südamerikanischen Schnellkäfer (Elateridae) *Pyrophorus noctilucus*. Seine Leuchtflecken liegen auf dem Halsschild vor den Hinterecken und an der Basis des Hinterleibs. Diese Käfer wurden auch, in kleine Holzkäfige gesperrt, als Laternen benutzt. Es gibt aber auch ein Leuchten unter Wasser! Verantwortlich dafür sind die Larven der Leuchtkäfergattung *Luciola*, die in Indien, Indonesien und Japan in Bächen und stehenden Gewässern leben und nachts in schönstem blauen Licht strahlen. Möglicherweise sind es – neben einer Schneckenart – die einzigen leuchtenden Süßwassertiere.

Die Hauptbedeutung des Leuchtens liegt wohl im Auffinden der Geschlechter. Die Leuchtorgane sind bei den einzelnen Arten in charakteristischer Weise angeordnet. Manche Arten leuchten kontinuierlich, bei anderen Arten werden die Lichter in bestimmtem Rhythmus an- und ausgeschaltet. Die Männchen suchen die Weibchen aktiv auf und sprechen auf das artspezifische, räumliche und zeitliche Leuchtmuster an. Man kann sich davon durch Versuche mit Leuchtattrappen überzeugen. Die Weibchen mancher Arten unterstützen ihr Gefundenwerden oftmals dadurch, dass sie den Hinterleib emporstrecken, um dadurch die Leuchtorgane besser sichtbar zu machen. Besonders auffällig sind natürlich die rhythmischen Leuchterscheinungen, vor allem deshalb, weil mitunter eine ganze Wiese zu gleicher Zeit aufleuchten und wieder erlöschen kann. Andere Arten erheben sich beim Aufleuchten senkrecht in die Luft und sinken beim Erlöschen wieder abwärts. Die so entstehenden Naturerscheinungen können auf den Menschen eine märchenhafte Wirkung entfalten. Manche tropische Arten versammeln sich auf bestimmten Bäumen. Viele tausend Tiere laufen dann durcheinander blitzend hin und her. Der Baum steht weithin sichtbar in einem kalten, hell flimmernden Licht. Es gibt auch Gesellschaften der Männchen tropischer Leuchtkäfer, die sich ebenfalls auf bestimmten Bäumen versammeln. Ihre Lichter blitzen vollständig synchron auf und werden gleichzeitig wieder ausgeschaltet. Aus der schwarzen Tropennacht erscheinen kurzzeitig, wie von einem unsichtbaren Dirigenten gesteuert, hell leuchtend die Bäume für kurze Zeit, um dann wieder im Schwarz der Nacht zu versinken. *Photinus pallens* lässt sein Licht zweimal pro Sekunde aufblitzen. *Pteroptyx*, dessen Männchen sich zu Millionen an bestimmten Stellen der Mangrovenstreifen ansammeln, blitzt synchron dreimal in zwei Sekunden. Die kopulationsbereiten, nicht leuchtenden Weibchen werden dadurch angelockt. Vor allem diejenigen Leuchtkäfer, die als Männchen die Weibchen fliegend suchen, haben sehr gut ausgebildete Augen mit 3.400 Ommatidien! Die Augen stoßen fast aneinander und haben einen binokularen Sehraum von 70 Grad. Bei manchen Arten, zum Beispiel *Luciola lusitanica*, antworten die Weibchen auf die Lichtblitze der Männchen mit einem eigenen Aufleuchten. Die starke Prägung auf die Länge von Lichtsignalen hat auch zu interessantem „Missbrauch" geführt. Die Weibchen einiger Leuchtkäferarten, zum Beispiel *Photuris versicolor*, erzeugen die Liebeslichtsignale anderer Leuchtkäferarten und beantworten die Blinksignale der fremden Männchen genau. Auf diese Weise werden diese angelockt und gefressen. Die Weibchen erhalten auf diese Weise Hämolymphgifte, die sie im Gegensatz zu anderen Leuchtkäfer-Arten nicht synthetisieren können. Bemerkenswert ist, dass die fremdleuchtenden Weibchen angeblich sogar die Signalrhythmen verschiedener Arten nachahmen können und mit ihrem Liebesblitz zahlreiche Männchen in den Tod locken.

Lassen wir noch einen Augenzeugen der Leuchtkäferpracht der Tropen (brasilianischer Urwald) zu Wort kommen: »Die unvergesslichen Abende! Mit Einbruch der Nacht beleben den Urwald, namentlich aber die freien Plätze unweit der Siedlungen, tausende von Lampyriden mit weißgelben Lichtern: schwarzbraune, breite *Lamprocera* (von ihnen leuchten nur die Männchen), schildförmige *Hyas*, beide mit gefiederten Fühlern, die schlankeren *Aethra*, und vor allem die artenreiche *Ludicota*, unserem Johanniskäfer ähnelnd. Alle überstrahlt *Photinus*, ein rein amerikanisches Geschlecht. Wie Irrlichter gaukelt die tagsüber versteckte unscheinbare Gesellschaft umher, am regsten in den ersten Abendstunden, von 18.30 bis 20.30 Uhr, dann auch dem Erdboden nahe, an Sträuchern und Gräsern. Später steigt sie viel höher empor und ist gegen 22 Uhr verschwunden. Gleich Raketen schnellen dagegen die leuchtenden Elateriden „Cocuyos“ (*Pyrophorus*) in die Lüfte, oft von der Erde bis in die Wipfel der Urwaldriesen. Die beiden Feuer am Halsschild glühen so intensiv und die Bewegung ist so heftig, dass sie eine gelbrote Linie beschreiben.« (BÜRGER, in: „Reisen eines Naturforschers im tropischen Südamerika“)

Im Folgenden sei etwas zur Entstehung des Leuchtens gesagt. An der Licht produzierenden Reaktion sind zwei Substanzen beteiligt, das organische Substrat Luciferin und das Enzym Luziferase. Das Licht wird mit hoher Ausbeute erzeugt, indem das Luziferin mithilfe der Luciferase und Sauerstoff in eine oxidierte Form (Oxyluciferin) übergeführt wird. An der Reaktion sind Adenosintriphosphat (ATP) und Magnesiumionen (Mg^{2+}) als Energielieferanten beteiligt. Das Leuchtkäferlicht umfasst ein Wellenspektrum von 500 bis 650 nm. Die NASA hat versucht, die Leuchtsubstanzen der Leuchtkäfer zum Nachweis eventuellen Lebens auf anderen Planeten auszunutzen. Automatisch entnommene Materialproben würden dann, wenn sie Lebewesen enthielten, in denen sich ATP befindet, einen Lichtblitz erzeugen, der registrierbar wäre (die Lichtreaktion läuft nur in Anwesenheit von ATP ab).

Die Lichtausscheidung durch Leuchtkäfer geschieht mit einer sehr hohen Quantenausbeute. Leuchtkäfer wandeln 98 % der verbrauchten Energie in Licht um (eine Glühbirne nur 3 %). Die Wärmeentwicklung ist sehr gering. Man bezeichnet die erzeugte Strahlung deshalb auch als kaltes Licht (es wird nur 1/80.000 der Hitze produziert, wie eine Kerze bei entsprechender Helligkeit erzeugen würde). Die Biolumineszenz der Leuchtkäfer wird als primäres Leuchten bezeichnet, d. h., sie wird vom Tier selbst ohne Symbionten im Inneren dreischichtiger Leuchtorgane („Reflektor, Leuchtzellen, Fenster“) hervorgerufen, die vom Fettkörper abstammen. Das Licht wird im Innern der Zellen erzeugt (intrazelluläre Lumineszenz). Ausgelöst wird das Leuchten durch Impulssalven des Bauchmarks.

Lauterzeugung

Viele Käferarten erzeugen Töne. Die biologische Bedeutung der Stridulation ist aber nur in wenigen Fällen genauer geklärt. Außer der Partnerfindung, die für einzelne Arten zweifelsfrei nachgewiesen wurde, scheint die Lauterzeugung auch noch bei Rivalenkämpfen, zur Revierabgrenzung und als „Abwehrlaut“ eine gewisse Rolle zu spielen. Lange Zeit war man der Meinung, dass die Käfer nicht hören können. Heute wissen wir, dass die erzeugten Laute mithilfe des Erschütterungssinnes wahrgenommen werden können. Zwei Sinnesorgane sind dafür verantwortlich: Töne mit Frequenzen über 300 Hz werden mit einem Skolopalorgan am äußeren Ende der Schiene wahrgenommen. Tiefere Töne können mit Sinneshaaren an den Füßen gespürt werden. Mistkäfer der Gattung *Geotrupes* nehmen Töne zwischen 600 und 1.500 Hz wahr.

Käfer erzeugen eine breite Palette verschiedenartiger Töne, wie zum Beispiel die Fluggeräusche oder die Nagetöne holzfressender Larven. Die Weibchen der Totengräber (*Nicrophorus*, Silphidae) zirpen leise während der Brutpflege. Hervorgerufen werden diese Töne durch das Reiben der Flügeldeckenhinterkante (Schrillkante) auf Schrillleisten der Oberseite eines Hinterleibssegments (Abb. 226a). Die Zuckerkäfer (Passalidae) erzeugen laute Töne, indem sie die Hinterflügelbasis gegen die Oberseite des Hinterleibes reiben.

Die Lauterzeugung bei Bockkäfern (Cerambycidae) war schon ALDROVANDI bekannt. Er schreibt, dass sie ein „zirpendes, leises Geräusch“ hervorbringen; es wurde sogar praktisch verwendet (s. S. 133). Wie bei den meisten anderen Käfern wird auch hier eine Schrillkante (Plectrum) gegen eine Schrillleiste (Pars stridens), die aus mehreren Zähnchen oder Leisten besteht, gerieben (Abb. 226b). Die scharfe Kante des Halsschildes wirkt als Plectrum, vorn oben auf der Mittelbrust ist die Pars stridens. Beim Heldbock (*Cerambyx cerdo*) ist die Lauterzeugung mit der Tagesaktivitätsperiode gekoppelt und liegt im Wesentlichen in der Nachtzeit. Auch stridulieren die Männchen bei ihren Kämpfen. Eine völlig andere Form der Lauterzeugung finden wir bei dem Bockkäfer *Nothorhina punctata*. Diese Käfer klemmen sich in eine Kiefernrindenritze geeigneter Breite und führen rüttelnde Bewegungen mit dem Körper aus. Dabei schlägt dieser in einem bestimmten Rhythmus gegen die Rinde und erzeugt ein schnurrendes Geräusch. Man hat sogar beobachtet, dass sich die Käfer auf diese Weise antworten.

Das wesentlichste familientypische Kennzeichen der Larven der Lucanidae ist das Vorhandensein eines Stridulationsorgans auf der Rückseite der Hüften der Mittelbeine (Pars stridens) und der Vorderseite der Trochanteren der Hinterbeine (Plectrum). Durch Reiben der beiden Teile gegeneinander können Töne erzeugt werden, von denen Friedrich Ohaus (1864–1946) für *Dorcus parallelipipedus* annimmt (1912), dass sie Warnzeichen sind. Möglicherweise dienen sie dazu, dass die im gleichen Substrat gesellig lebenden Larven einander akustisch erkennen und direkte Berührung, Beschädigung und Konkurrenz vermeiden können. Es erhebt sich natürlich die Frage nach einer genaueren Erforschung des biologischen Sinns dieser Lauterzeugung, bisher sind auch noch keine Gehörorgane bei den Larven beschrieben. Auffällig ist, dass auch andere in ähnlichem Brutsubstrat lebende Käferlarven Lauterzeugungsorgane aufweisen. Aus der Überfamilie Scarabaeoidea haben die Passalidae, verschiedene Geotrupidae und die Pleocomidae ähnliche Stridulationsorgane. Bei den Passalidae und den Dynastinae, Cetoniinae und Rutelinae aus der Familie Scarabaeidae sind Mandibeln und Maxillen mit einem Lauterzeugungsorgan versehen. Eine exakte Klärung der Funktion aller dieser Organe steht noch aus.

Die zu den Blattkäfern (Chrysomelidae) gehörigen Blatthähnchen, beispielsweise die Lilienhähnchen (*Lilioceris lilii*), fallen durch ihre lauten Zirptöne auf. In der Mitte des letzten Hinterleibssegmentes befindet sich eine Schrill-

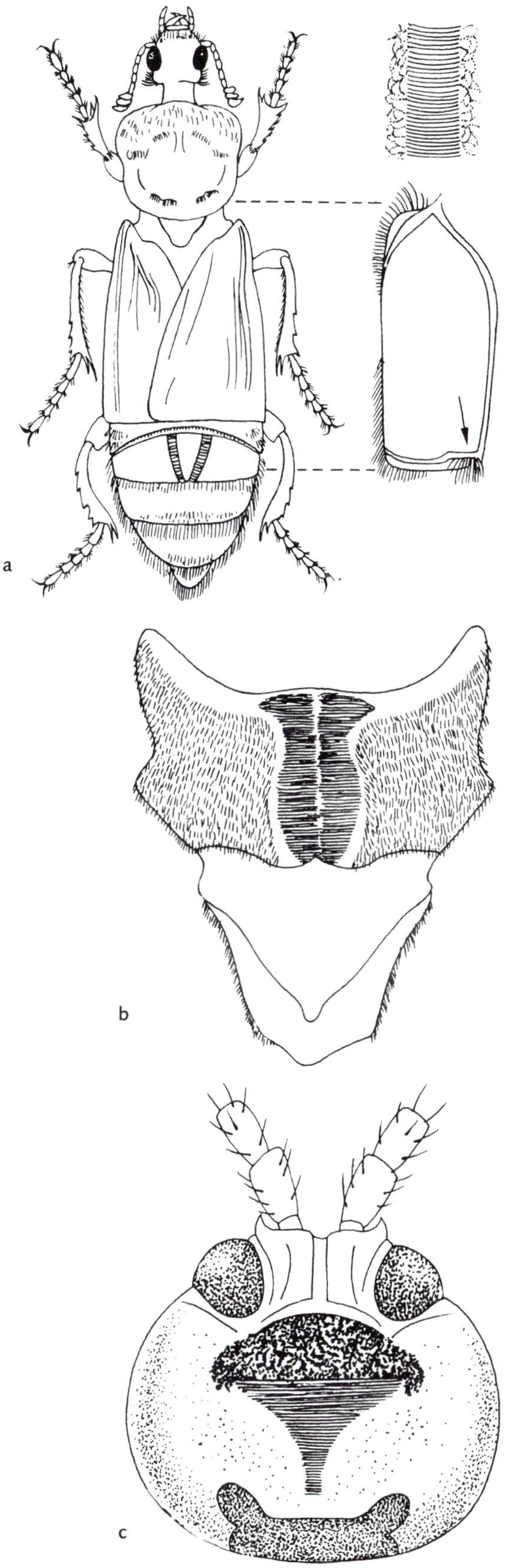

226 Lauterzeugung: a) Lautapparat des Totengräbers *Nicrophorus vespillo* (Aaskäfer, Silphidae); links: Käfer mit entfernten Flügeldecken, um die Schrillleisten auf dem Hinterleib zu zeigen; rechts oben: Schrillleiste stark vergrößert; rechts unten: Schrillkante an der Flügeldeckeninnenseite; b) Mesonotum mit Schrillplatte bei *Rhagium inquisitor* (Bockkäfer, Cerambycidae); c) Kopf der südeuropäischen *Hispa testacea* (Blattkäfer, Chrysomelidae) mit Stridulationsorgan.

leiste, auf der Flügeldeckenunterseite die Schrillkante. Der Name „Hähnchen“ soll auf das „Krähen“ der kleinen Käfer zurückgehen, der Name also von der Lauterzeugung abgeleitet sein. Auch die Igelkäfer (*Hispa atra*) können stridulieren. Die Schrillleiste befindet sich auf dem Scheitel, die Schrillkante am Vorderrand des Halsschildes (Abb. 226c). Diese Käfer brauchen nur mit dem Kopf zu nicken, um Töne zu erzeugen. Tropische *Hispa*-Arten können sogar Töne verschiedener Höhe hervorrufen, wie aus dem Bau ihres Stridulationsorgans geschlossen werden kann. Der Walker (*Polyphylla fullo*) kann ein so lautes Zirpen erzeugen, vor allem dann, wenn man an die Kiefernstämme klopft, auf denen die Tiere sitzen, dass man an das Gezwitscher von Jungvögeln erinnert wird. Dass auch Laufkäfer (Carabidae), zum Beispiel die Schaufelkäfer der Gattung *Cychrus*, Töne erzeugen können, ist weniger bekannt. Mit der Seitenkante des letzten Hinterleibssegmentes wird zur Lauterzeugung an der Flügeldeckenspitze hin- und hergerieben.

Lauterzeugung ist bei Wasserkäfern erstaunlich verbreitet und offenbar mehrfach unabhängig voneinander entstanden (Wassertreter, Haliplidae; Schlammschwimmer, Hygrobiidae; einige Schwimmkäfer, Dytiscidae; Langtasterwasserkäfer, Hydraenidae; Buckelwasserkäfer, Spercheinae und verschiedene andere Wasserkäfer, Hydrophilidae). Manche Arten aus den Gattungen *Hydrophilus* und *Berosus* stridulieren in beiden Geschlechtern durch Reiben einer Stridulationsfläche auf der Unterseite der Flügeldecken an den Seiten des ersten vollständigen Tergits. Die Lauterzeugung geschieht bei Beunruhigung, meist steht sie aber in Zusammenhang mit der Fortpflanzung. Die Männchen der Haliplidae vermögen durch Reiben einer Zähnchenreihe am Seitenrand der Elytren gegen Zähnchen in der Pleuralfalte des 2.-4. Abdominalsegmentes Töne zu erzeugen. Das Geräusch wird durch Streckung des Abdomens erreicht. Vielleicht hängt die Stridulation mit dem Fortpflanzungsverhalten zusammen.

Durch das Reiben der Spitze der Flügeldeckenunterseite, die Schrillleisten (Pars stridens) trägt, gegen die Hinterkante des letzten Hinterleibssegmentes (Plectrum) werden von beiden Geschlechtern der Hygrobiidae auffällige Töne erzeugt. Der Ton besteht aus einer etwa 0,5 s dauernden Silbe, die aus zwei Signalen besteht, von denen das erste eine größere Lautstärke hat und aus einzelnen Impulsen besteht. Die Stridulation erfolgt bei Beunruhigung und soll der Abwehr von Feinden dienen. Nach Angabe von C. Wesenberg-Lund (1943) wurde die Art in London Ende des 19. Jahrhunderts wegen des Stridulationsgeräusches als Kinderspielzeug („squeak beetle“) verkauft.

Auffällig ist das Stridulationsorgan, das beide Geschlechter der Buckelwasserkäfer (Spercheinae) haben. Bei Beunruhigung und zur Fortpflanzungszeit wird mit dem 1. Tergit gegen die Flügeldeckenunterseite gestrichen und so ein Ton erzeugt. Auf dem 1. Tergit befinden sich 2 Rillenfelder an den Seiten, die Unterseite der Flügeldecken enthält je ein Höckerfeld.

Die Beispiele sind damit noch längst nicht erschöpft. Erinnert sei daran, dass auch viele Borkenkäfer (Curculionidae-Scolytinae) stridulieren können. *Tomicus* zum Beispiel zirpt so laut, dass man den Ton noch aus 2 m Entfernung hören kann. Die Borkenkäfer stridulieren im Allgemeinen in den Brutgängen. Herkuleskäfer erzeugen Töne beim Anblick von Rivalen. Glanzkäfer und Schwarzkäfer vollenden die Reihe der Lauterzeuger, zu denen auch die Schnellkäfer durch ihre Knipsgeräusche gehören. So verschieden im Einzelnen auch der Mechanismus der Tonerzeugung sein mag, so variabel auch die als Tonverstärker genutzten gewölbten Chitinpartien sein mögen, es wird sehr unterschiedlich und oft recht laut gezirpt, gequietscht, gepfiffen, geknirscht, geraspelt und geknarrt. Wir verstehen die „Sprache“ der Käfer nur in wenigen Fällen. Meist wird sie aber mit der Partnerfindung in Zusammenhang stehen. Auch die Rivalenkämpfe wären hier einzuordnen. Offen bleibt hauptsächlich der Sinn der Lauterzeugung bei Larven. Ob nun mit Maxillen und Mandibeln erzeugt oder – wie bei *Geotrupes* – mit dem hinteren Beinpaar, bleibt es doch vorerst unerfindlich, wer die Töne, die in einer tiefen, verstopften Erdröhre, noch dazu eingeschlossen in der Futtermasse, von den Larven erzeugt werden, eigentlich hören soll.

Balz und Rivalenkämpfe

Von vielen Käferarten sind Balz und Kämpfe der Männchen untereinander bekannt geworden. Der Ölkäfer *Cerocoma schaefferi* (Meloidae)

führt eine so genannte „Fächelbalz“ durch. Begegnen sich Männchen und Weibchen, so bleiben sie zunächst voreinander stehen. Anschließend steigt das Männchen auf das Weibchen und bewegt die Vorderbeine sehr schnell fächelnd auf und ab. Es werden kleine Pausen eingelegt, wobei ein Vorderbein an dem mit Drüsen versehenen eigenen Fühler- oder Tasterglied entlangstreift. Dabei werden den Weibchen Duftstoffe zugefächelt. Anschließend wird wieder gefächelt, wobei die Duftstoffe das Weibchen offenbar in eine die Kopulationsbereitschaft fördernde Stimmung versetzen.

Die oft sehr bunten Malachitkäfer (Melyridae-Malachiinae) besitzen im männlichen Geschlecht so genannte Excitatoren. Das sind Organe, in die Drüsen münden und die artspezifisch an verschiedenen Stellen des Körpers sitzen können, so zum Beispiel an bestimmten Fühler- oder Tastergliedern, auf der Vorder- oder Mittelbrust, an den Mittel- oder Hinterschienen, am häufigsten aber an der Stirn oder am Ende der Flügeldecken. Bei der Balz werden diese sonst versteckt liegenden Organe den Weibchen dargeboten. Diese beißen in die Excitatoren hinein und werden dadurch offenbar stimuliert. (Vielleicht wird ein Sekret abgegeben.) Doch auch die Männchen scheinen durch das Gebissenwerden noch weiter erregt zu werden. In einem bestimmten Stadium der unter Umständen recht lange dauernden Balz erfolgt die Kopulation.

Die Art der Balz wird durch die Lage der Excitatoren bestimmt. Bei *Troglops albicans* liegen diese an der Stirn. Ist ein Paar zusammengekommen, so bietet das Männchen dem Weibchen die Stirnorgane zum Hineinbeißen an. Ist das geschehen, läuft das Männchen zum Hinterende des Weibchens und prüft dessen Paarungsbereitschaft. Ist diese noch nicht gegeben, bietet es erneut die Stirnorgane an. So geht das hin und her, bis die Begattung erfolgt. Bei einer anderen Art, *Axinotarsus pulicarius*, liegen die Excitatoren am Ende der Flügeldecken. Nachdem sich die beiden Partner getroffen haben, wendet sich das Männchen um 180 Grad, das Weibchen beißt in die ausgestülpten Excitatoren am Ende der Flügeldecken. Anschließend wendet sich das Männchen wieder um 180 Grad, und so geht das eine Zeit lang weiter. Schließlich wenden sich beide Partner um 180 Grad, sodass sich jetzt die Hinterleibsenden berühren, und es kommt zur Kopulation. Die Arten der Gattung *Malachius* stülpen bei Beunruhigung an den Körperseiten zwischen Kopf und Bruststück und zwischen Brust und Hinterleib relativ lange rote Hautzipfel hervor. Diese können oft schlauchartig geformt sein und die Länge der Fühler erreichen. Zahlreiche einzellige Drüsen besetzen diese Organe. Man deutet diese Verhaltensweise als eine Abwehrreaktion und meint, dass sowohl die auffallende Farbe der Schläuche wie auch ein eventuell abgeschiedener Duft irgendwelche Feinde abschrecken sollen. Das ist aber bisher lediglich eine Vermutung.

Die Männchen mancher Blumenkäfer (Anthicidae) und Feuerkäfer (Pyrochroidae) übertragen bei der Kopula Cantharidin, als „Hochzeitsgeschenk“, an das Weibchen, welches das Gift in die Eier einlagert, von denen es an Larven und Puppen weitergegeben wird, wodurch der Schutz vor Fressfeinden erhöht wird. Das Cantharidin wird von Ölkäfern gewonnen (s. S. 20) und von den „Drogenfressern“ (Pharmakophage) in Elytrenkerben eingelagert. Die Weibchen prüfen bei der Balz die Größe des männlichen Geschenks durch Biss in eine männliche Drüse. Wird zu wenig angeboten, kommt es zum Abweisen des Männchens.

Das Fortpflanzungsverhalten des Hirschkäfers (*Lucanus cervus*) wird dadurch eingeleitet, dass das Weibchen einen Saftfluss besonders an Eiche oder Buche aufsucht, evtl. selbst eröffnet. Dort trifft es mit Männchen zusammen. Die Männchen fliegen in der Abenddämmerung (sogar aus Entfernungen bis zu 5 km) an, mitunter sogar mehrere bei einem Weibchen. Jean Henri Fabre lockte mit Weibchen unter einer Drahtgazeglocke die Männchen an. Inwieweit dabei Lockstoffe (Pheromone) eine Rolle spielen, ist noch weitgehend unbekannt. Sehr wahrscheinlich spielen Inhaltsstoffe des Eichensaftes (Eichengerbsäuren) eine Rolle. Es wird auch angegeben, dass das Weibchen beim Lecken Kot abspritzt, der über Duftstoffe möglicherweise für die Männchen eine anlockende Wirkung haben könnte. Die Fähigkeit beider Geschlechter zur Lauterzeugung dürfte die gleiche Funktion haben (das im 1. Antennenglied gelegene Gehörorgan dürfte auch der rechtzeitigen Wahrnehmung von Feinden, z. B. Spechten, dienen).

Nach Friedrich F. Tippmann (1894–1974) findet man »In den slawonischen Alteichenwäldern ... nicht selten so genannte Hirschkäfer-Rammelbäume, an welchen man mitunter über 100 Männchen aller Größen, aber nur ganz wenige Weibchen zählen kann« (1954). Es kann zum Kampf der Männchen untereinander kommen, an dem sich oft viele Exemplare beteiligen. Bevorteilt sind sicher die großen Exemplare mit großen Mandibeln. Die Weibchen kämpfen nicht, höchstens in ganz geringem Maße untereinander um eine Leckstelle. Die Kämpfe der männlichen Hirschkäfer sind oft beschrieben und abgebildet worden. Alfred Kaestner schildert einen solchen Kampf wie folgt (1973): »Die an einem ‚blutenden' Baumstamm sitzenden Männchen des Hirschkäfers fahren mit den Mandibeln aufeinander los. Sie versuchen damit, wie Ringkämpfer den Rivalen mit den Armen zu umschlingen. Gelingt das einem der beiden, so hebt er den sich heftig sträubenden Gegner so hoch, dass er sich nicht mehr mit seinen Tarsen an der Unterlage festhalten kann; er wird vom Baum hinabgeworfen. Dabei kann es freilich geschehen, dass der Sieger dem sich verzweifelt wehrenden Gegner, der sich mit den Krallen der Hinterbeine festhält, einen Tarsus abreißt oder eine Elytre durchbohrt, nie aber wird einer gefährlich verletzt.« Etwas anders äußert sich Friedrich F. Tippmann (1954): »Das Krachen und Knacken kämpfender Männchen hört man im stillen Walde schon oft auf 15 Meter Entfernung; meist wird das besiegte Männchen nur vom Stamm herabgeschleudert, ohne einen sichtbaren Schaden zu erleiden und bleibt weiter lebens- und kampffähig; nicht selten werden aber die sehr harten Flügeldecken des Gegners von den Mandibelzähnen des Siegers 1- bis 4fach glatt und tief durchbohrt und solche Männchen sterben merkwürdigerweise unbedingt und sehr rasch ab.«

Der Sieger stellt sich über das Weibchen, die Köpfe zeigen in die gleiche Richtung, die Mandibeln des Männchens hindern das Weibchen am Fortlaufen. Das Männchen bleibt in dieser Stellung unter Umständen mehrere Tage und verteidigt die Leckstelle und das Weibchen gegen andere Männchen und Weibchen. Es nimmt in dieser Zeit auch selbst Nahrung auf, indem es seine Maxillen und das Labium zwischen den bogenförmigen weiblichen Mandibeln hindurchführt. Schließlich erfolgt die Kopula, die bis 100-mal wiederholt wird.

Auch die größten unter den Blatthornkäfern (Scarabaeidae) führen Kämpfe aus, so zum Beispiel die Männchen des Gabelhornkäfers (*Megasoma elephas*) (Abb. 14). Mit den Tarsen der langen Vorderbeine versuchen sie sich zunächst zu zerren. Sie lassen sich dabei viel Zeit und bleiben lange voreinander stehen. Gelegentlich versuchen sie, mit den Vorderbeinen den Gegner zu ergreifen und umzuwerfen. Mitunter gelingt das, dann rollt der Besiegte auf den Boden. Gelegentlich versucht einer der beiden Rivalen, den Vorderkörper mit den Hörnern unter den Gegner zu schieben und unter großer Kraftanstrengung diesen immer höher zu stemmen. Hat er Erfolg, so muss der andere zuerst die Vorder- und später die Mittelbeine von der Unterlage lösen, schließlich fällt er rücklings vom Baum. Besonders kampflustig sind auch die Männchen der Goliathkäfer. Mit überraschender Schnelligkeit versuchen sie einander auf das Gabelhorn der Stirn zu nehmen und mit kräftigen Kopfbewegungen hochzuschleudern. Zwischen Halsschild und Flügeldecken haben die Goliathkäfer eine scharfrandige Fuge, die sie bei Bedrohung weit auseinander spreizen. Greift nun ein Gegner an dieser Stelle an, so wird er sehr rasch eingeklemmt. Eigenartigerweise wird dieses Verfahren aber nicht bei den Kämpfen untereinander verwendet.

Die gewaltigen Herkuleskäfer (Abb. 13) führen ebenfalls recht beachtliche Kämpfe aus. Über die in Venezuela vorkommende Art *Dynastes hercules* schreibt Alfred Kaestner (1973): »Ein *Dynastes hercules*-Männchen frisst, den Kopf tief ins Fruchtfleisch geschoben, an einer Banane, als ein zweites Männchen ankommt und mit wippenden Bewegungen des Thorax rhythmisch striduliert. Sofort hält der andere mit Fressen inne und wendet sich dem Angekommenen zu. Im Gegensatz zu ihren sonst so trägen Bewegungen fahren die beiden Käfer jetzt schnell aufeinander los und packen sich bei den Hörnern des Kopfes und des Thorax, die miteinander eine Zange bilden. Immer wieder loslassend, schnell einige Schritte zurückweichend, greifen sie von neuem an. Schließlich tritt einer etwas zur Seite und versucht, das Abdomen des Gegners mit der Schere zu packen. Gelingt das, so drängt er die Schere immer weiter über dessen Hinterleib, sodass nun die mehr basal stehenden Zähne ins Spiel kommen. Dann richtet er sich plötzlich fast vertikal hoch empor und wirft den hilflos in der Luft zappelnden Körper mit Schwung vom Baum herab, oder er trägt ihn erst ein Stück fort, um ihn dann hinab zu schleudern.«

Auch andere Käfermännchen kämpfen miteinander, beispielsweise die des Zimmerbockes (*Acanthocinus aedilis*). Sie stemmen sich Kopf an Kopf gegeneinander, die langen Fühler weit abgespreizt und versuchen, sich gegenseitig wegzudrücken. Die Männchen der Laufkäfergattung *Carabus* beißen sich heftig. Auch Pillendrehermännchen (*Scarabaeus*) kämpfen oft untereinander. Es kann dabei um eine Dungkugel gehen, die der „Besitzer" zu verteidigen hat. Er schiebt dem Angreifer die Vorderbeine unter den Körper und wirft ihn mit einem Ruck weg. Mitunter ringen die Pillendreher hoch auf den Hinterbeinen aufgerichtet miteinander. Dabei versuchen sie, sich mit den besonders kräftigen Vorderbeinen zu umfassen. Schließlich fällt einer der beiden auf den Rücken. Der auf ihm sitzende Sieger presst ihn zusammen, dass man das Chitin knacken hört. Auch Totengräber (*Nicrophorus*) und Rebenschneider (*Lethrus*) führen sehr heftige Kämpfe untereinander. Die Männchen des Birkenblattrollers *Deporaus betulae* versuchen, sich gegenseitig mit den Hinterbeinen von den Blättern herunterzuwerfen. Dabei richten sie sich hinten aneinander auf (Abb. 227). Borkenkäfer vertreiben unerwünscht hinzustoßende Männchen, indem sie erregt zirpen und sich mit zitternden Fühlern Kopf gegen Kopf stemmen, bis einer der beiden Rivalen weicht. Der Sieger läuft anschließend zu dem betreffenden Weibchen, um dessentwillen der Kampf stattgefunden hat und reibt seine Fühler immer noch zirpend an ihrem Bauch.

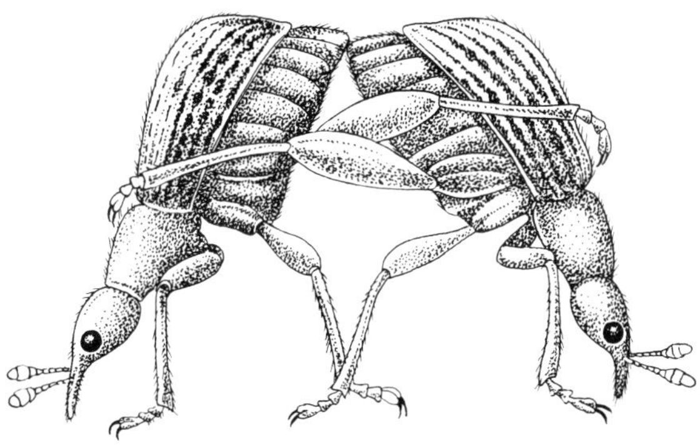

227
Kampf der Männchen des Birkenblattrollers *Deporaus betulae* (Rhynchitidae), Umarmung mit den Hinterbeinen.

Kopulation

Die Vorstellungen über die Kopulation der Käfer waren in früheren Zeiten recht konfus. So schreibt ARISTOTELES (nach BODENHEIMER 1928), »dass das Weibchen sein Organ in das Männchen steckt und sie lange Zeit vereinigt bleiben. Nur die Zikaden verhalten sich umgekehrt. Daher sieht man, dass manche Männchen bei der Paarung mit dem Weibchen gar keinen Teil in das Weibchen hineingeben, sondern umgekehrt das Weibchen in das Männchen, wie das bei einigen Insekten der Fall ist. Denn, was bei denen, die einen Teil hineingeben, der Samen in dem Weibchen bewerkstelligt, bewerkstelligt bei diesen die in dem Tiere selbst vorhandene Wärme und Kraft, indem das Weibchen den zur Aufnahme und zur Ausscheidung geeigneten Teil in das Männchen hineinträgt. Und deswegen haften diese Tiere lange Zeit aneinander, sobald sie aber sich getrennt haben, zeugen sie alsbald; sie bleiben also so lange gepaart, bis sie den Keim gebildet haben, wie dies sonst der Samen tut; haben sie sich aber getrennt, so fördern sie alsbald den Keim hervor; denn sie erzeugen ein Unvollkommenes: alle dergleichen erzeugen nämlich Würmer.«

Zur Zeit des ARISTOTELES war es unbekannt, dass es tatsächlich eine Käferfamilie gibt, in der Arten existieren, deren Weibchen einen penisartigen Kopulationsapparat haben, damit in das Männchen eindringen und sich dort die Spermatophore abholen. Das findet man bei einigen Vertretern der Gattung *Cyphon*, die zur Familie Sumpfkäfer (Scirtidae) gehört. Das ist aber die ganz große Ausnahme. Im Normalfall erfolgt die Kopulation immer mit einem in das Weibchen eingeführten männlichen Penis.

Die überwiegende Zahl der Käfer kopuliert, indem das Männchen das Weibchen von hinten her besteigt und sich mit seinen Vorder- und Mittelbeinen an ihm festhält (Abb. 228, 229, 230, 231, 232, 233). Mitunter sind an den Beinen besondere Hafteinrichtungen ausgebildet. Die männlichen Kopulationsorgane werden in das Weibchen eingeführt und das Sperma, gelegentlich konzentriert in einer Samenkapsel (Spermatophore), übertragen. Die Kopulationsorgane sind meist recht fest miteinander verbunden, zum Beispiel beim Maikäfer, wo die Spitze des Begattungsorgans kugelförmig anschwillt und ein Herausgleiten aus dem Weibchen verhindert. Das Männchen kann so nach

228
Käfer während der Paarung (Abb. 228–233): Ampferblattkäfer (*Gastrophysa viridula*); Körperlänge 4–5 mm. Zwei Männchen ziehen einen bereits kopulierenden Konkurrenten vom Weibchen herab. Dessen Hinterleib ist durch die Fülle der weit entwickelten Eier mächtig angeschwollen. (Foto Förster, Archiv Staatl. Museum Tierkunde Dresden)

229
Der Rüsselkäfer *Phyllobius pomaceus* lebt monophag auf Brennnessel; Körperlänge 8–10 mm. (Foto Förster)

230
Der Stubbenbock (*Stenocorus meridianus*) entwickelt sich in abgestorbenem Laubholz; Körperlänge 15–25 mm. (Foto Förster)

hinten zurückfallen und wird von dem Weibchen umhergeschleppt (zum Beispiel auch bei den Wollhaarkäfern, Melyridae). Die Kopulation dauert lange, und die Weibchen nehmen während dieser Zeit Nahrung auf.

Einige Besonderheiten der Kopulation seien noch erwähnt. Bei den Aaskäfern (Silphidae) der Gattung *Silpha* ergreifen die Männchen mit den Oberkiefern einen oder beide Fühler des Weibchens und halten dieses wie an Zügeln fest. Eine völlig abweichende Kopulationsstellung haben die zu den Weichkäfern (Cantharidae) gehörigen Arten der Gattung *Malthinus*. Diese Tiere kopulieren kopfabgewandt, wobei sie sich nur mit den Hinterleibsenden berühren. Die Männchen haben am Hinterleibsende greifzangenartige Vorrichtungen, die das Festhalten des Weibchens ermöglichen. Die meisten Arten der Borkenkäfer (Curculionidae-Scolytinae) kopulieren innerhalb des Gangsystems. Von den Männchen wird dafür ein besonderer Raum, die so genannte Rammelkammer, angelegt. Der Ungleiche Holzbohrer (*Xyleborus dispar*) ist dank seines auffallenden Sexualdimorphismus (Abb. 221 b) in der Lage, innerhalb des Brutganges ohne Vorhandensein einer Rammelkammer zu kopulieren. Durch die Kleinheit und flache Gestalt erscheint der Körper des Männchens fast nur als rückwärtige Verlängerung des Weibchens und ragt kaum über dessen Rückenlinie hervor. Bei manchen Käferarten dauert die Kopula sehr lange, viele Stunden bis Tage. Besonders auffällig ist dies bei den Weichkäfern, zum Beispiel bei der sehr häufigen Art *Rhagonycha fulva*.

Sehr charakteristisch für die gesamte Familie Coccinellidae sind die männlichen Geschlechts-

231
Weichkäfer (*Cantharis fusca*); Körperlänge 11–15 mm. (Foto Förster)

232
Brachyta interrogationis kommt hauptsächlich im Gebirge vor; Körperlänge 9–18 mm. Die Larven entwickeln sich in *Geranium sylvaticum*. (Foto Gepp)

233
Der Distelbock (*Agapanthia villosoviridescens*) entwickelt sich in den Stängeln verschiedener krautiger Pflanzen, besonders Disteln; Körperlänge 10–22 mm. (Foto FÖRSTER)

organe durch die Ausbildung eines Sipho. Der bedeutende Arthropodenforscher KARL WILHELM VERHOEFF (1867–1945) war sogar der Meinung, dass die Coccinellidae insbesondere wegen der Siphobildung allen anderen Käfern als eigene Unterordnung gegenübergestellt werden müssen. Der Sipho ist ein enges Rohr, das den Ductus ejaculatorius einschließt und im Aedoeagus gleitet. In Ruhe liegt das Genitale flach im Hinterleib, die Parameren befinden sich rechts. Bei der Kopulation wird das Organ um 90 Grad aufgestellt, der Aedoeagus dringt in die weibliche Geschlechtsöffnung ein, ebenfalls der Sipho, während die Parameren außerhalb bleiben.

Unmittelbar nach Beendigung der Überwinterung, mitunter sogar schon vor Beginn der Diapause, finden die ersten Kopulationen der Marienkäfer statt, die bis zu mehreren Stunden dauern können. Ein besonderes Vorspiel scheint zu fehlen. Das Männchen ergreift die Flügeldecken des Weibchens mit den Vorderbeinen und bringt sich in Kopulationsstellung. Die Spitze der Penis-Führungsrinne wird zwischen das 8. und 9. Sternit des Weibchens gehakt und spreizt die letzten Sternite, wodurch das Eindringen des Penis ermöglicht wird. Durch Heben des Abdomens, Streifen mit den Hinterbeinen, sogar seitliches Abrollen wird das Männchen nach Beendigung der Paarung abgedrängt. Eine einzige Kopulation (meist finden mehrere statt – bis zu 20, mit verschiedenen Partnern) reicht aus, um einem Weibchen dauernde Fruchtbarkeit zu geben. Es werden bis zu 3 Spermatophoren übertragen (ein Sonderfall unter den Käfern). Die leeren Spermatophoren werden ausgestoßen, sogar gefressen. Die meisten Arten besitzen eine Spermatheka, in der die Spermien aufbewahrt werden. Die kleinste einheimische Art, *Stethorus punctillum*, hat kein Receptaculum seminis, sodass mehrfache Kopulationen über die gesamte Fortpflanzungszeit unerlässlich sind.

In der Literatur wird gelegentlich davon berichtet, dass auch Kopulationen von Männchen beobachtet wurden. Als Beispiel wird der in Bolivien vorkommende Blatthornkäfer *Golofa pelagon* genannt (Abb. 27). Dessen Männchen scheinen tatsächlich gelegentlich miteinander zu kopulieren.

„Ehe"

Natürlich kommt bei Käfern keine echte Ehe vor. Wohl aber bleiben bei manchen Gruppen die Paare über eine gesamte Saison beisammen. In der Ethologie wird ein solcher Sachverhalt als Saisonehe bezeichnet. Als Beispiel kann uns der zu den Mistkäfern (Geotrupidae) gehörige Rebenschneider *Lethrus apterus* dienen. Auch die Totengräber (*Nicrophorus*) (Silphidae) und die Borkenkäfer (Curculionidae-Scolytinae) leben vielfach in Saisonehe, letztere oft mit mehreren Weibchen. Ein längeres Zusammenbleiben des Paares gibt es auch bei manchen dungfressenden Mist- und Blatthornkäfern, wie zum Beispiel *Geotrupes*-Arten, dem Pillenwälzer *Sisyphus schaefferi* und verschiedenen Pillendrehern.

Entwicklungsstadien und Metamorphose

Das Ei

Auf die Kopulation folgt in einem mehr oder minder kurzen Zeitabstand die Eiablage. Wir finden bei den Käfern die allerverschiedensten Methoden für diesen Vorgang. Bei manchen Ar-

ten werden die Eier einzeln abgelegt, bei anderen in Gelegen, die oft bis zu 100 Eier enthalten (Abb. 237). Bei sehr vielen Arten werden sie bereits an das Brutsubstrat der Larven gebracht. Viele Rüsselkäfer (Curculionidae) graben mit ihren Rüsseln Kanäle, in die dann mit einer teleskopartig ausschiebbaren Legeröhre Eier gelegt werden können. Auch manche Wasserkäfer, zum Beispiel der Gelbrandkäfer (*Dytiscus*), legen ihre Eier mit einer Legescheide in Pflanzengewebe (Abb. 238a).

234
Zaunrüben-Marienkäfer (*Epilachna argus*), Larve. (Foto Förster)

235
Zaunrüben-Marienkäfer (*Epilachna argus*), Puppe. (Foto Förster)

Ebenso vielgestaltig wie die Verfahren der Eiablage sind Gestalt und Farbe der Eier. Von der Kugelform bis zu langovalen, bei den Splintholzkäfern (Lyctinae) sogar stabförmigen Gebilden kommen alle nur denkbaren Variationen vor, meist sind sie mäßig lang gestreckt und oval. Die Eier mancher Arten sind fast durchsichtig, andere weiß, frei abgelegte Eier oft gelb, orange, rot, selbst rot gefleckt. Die Oberfläche („Eischale“ = Chorion) kann glatt, mit Sekrettröpfchen bedeckt oder aber mit einem wabenförmigen Muster versehen sein. Eine feine Öffnung (Micropyle) ermöglicht das Eindringen der Spermien zur Befruchtung. Bei den meisten Gruppen fehlen jedoch sowohl netzartiges Chorion als auch Micropyle. Die Größe ist unter anderem abhängig von der Größe des Muttertieres und schon deshalb recht variabel. Die Eier des Lederlaufkäfers *Carabus coriaceus* sind 8 mm lang, die der Gelbrandkäfer (*Dytiscus*) 7 mm, der Mulmbock *Ergates faber* und der Heldbock *Cerambyx cerdo* haben 5 mm lange Eier.

Ebenso unterschiedlich wie die Eigröße ist auch die Zahl der Eier. Die Spitze halten die Ölkäfer (Meloidae), die bis zu 10.000 Eier (nach anderen Autoren 40.000) legen. Der Gelbrandkäfer produziert bis 1.000 Eier, für den Kartoffelkäfer werden 2.500 Eier angegeben. Pochkäfer sollen 20 bis 40 Eier ablegen, Waldmaikäfer 60 bis 80, Speckkäfer 100 bis 120, Kornkäfer bis 250 und der Siebenpunkt bis 800. Die geringsten Eizahlen finden wir bei denjenigen Arten, die Brutpflege betreiben.

236
Zaunrüben-Marienkäfer (*Epilachna argus*), Imago; Körperlänge 6–8 mm. (Foto Förster)

237
Eigelege des Siebenpunkt (*Coccinella septempunctata*) auf einem Distelblatt. (Foto FÖRSTER)

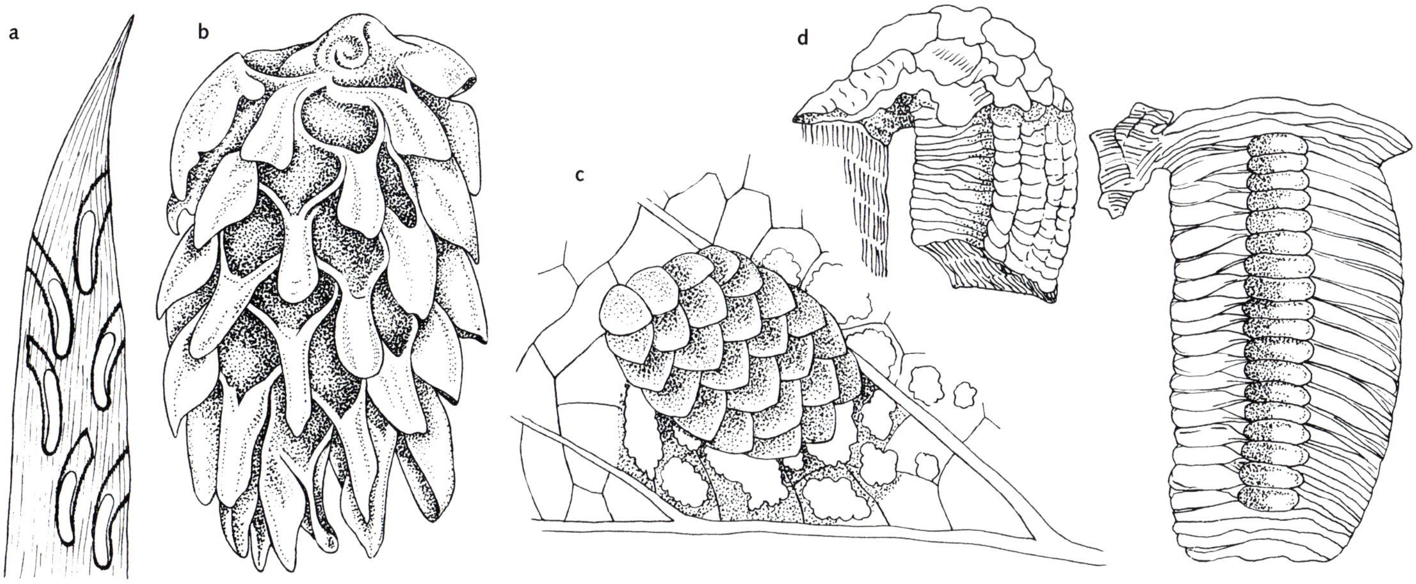

238
Eier von Käfern: a) Vom Gelbrandweibchen *Dytiscus marginalis* (Schwimmkäfer, Dytiscidae) mit Eitaschen versehenes Blatt einer Wasserpflanze; b) Eihülle von *Clytra quadripunctata* (Blattkäfer, Chrysomelidae); c) Eigelege von *Polychalma* sp. (Blattkäfer, Chrysomelidae). Jedes Ei ist mit einer Schuppe aus erhärtetem Sekret bedeckt; d) Oothek von *Aspidimorpha puncticosta* (Blattkäfer, Chrysomelidae), links: auf einer Unterlage befestigt, rechts: im Längsschnitt, vergrößert.

Eine Besonderheit im Bau der Eier begegnet uns bei den Blattkäfern (Chrysomelidae) der Unterfamilien Clytrinae und Cryptocephalinae. Bei diesen Tieren umgibt das Weibchen die Eier mit einer Kothülle (Scatoconche) (Abb. 238b). Nach der Ablage nimmt das Weibchen das längliche Ei zwischen die Hinterfüße. Ein Pol wird in eine Vertiefung am Hinterleibsende gedrückt. Das Weibchen klebt unter Drehen des Eies mehrere Kotballen mit einem besonderen Drüsensekret daran fest. Auf diese Weise entsteht eine tannenzapfenartige Kothülle, die vor allem für die Symbiontenübertragung Bedeutung hat. Zur Herstellung des Kotmantels für ein einziges Ei braucht das Weibchen etwa drei Stunden. Die Eizahl ist bei diesen Arten wegen dieser Fürsorgemaßnahme recht gering und beträgt – soweit untersucht – nur etwa 30. Blattkäfer der Gattung *Phratora* legen ihre Eier auf Blätter und bedecken jedes einzelne Ei mit schuppenartigen Sekretgebilden. Der Blattkäfer *Altica oleracea* gibt auf die ebenfalls frei abgelegten Eier Kot ab. Eine dichte Sekretbedeckung weisen auch die Eier der Blattkäfergattung *Polychalma* auf (Abb. 238c), regelrechte Ootheken (ähnlich wie bei Fangheuschrecken, Mantodea) fertigt das Weibchen von *Aspidimorpha puncticosta* an (Abb. 238d).

Bei den meisten Käferarten vergrößert sich der Hinterleib der Weibchen mit dem Wachstum des Eivorrates. Die Intersegmentalhäute dehnen sich, doch nur in wenigen Fällen wird der weibliche Hinterleib sehr auffällig verdickt (Physogastrie). Eine solche Physogastrie begegnet uns beim Ampferblattkäfer *Gastrophysa viridula* (Abb. 228). Der Hinterleib des Weibchens erreicht das Mehrfache des normalen Volumens. Eine ähnliche Erscheinung findet sich beim Rainfarnblattkäfer *Galeruca tanaceti*. Besonders bekannt und auffällig ist die Physogastrie bei den Weibchen der Ölkäfergattung *Meloe* (Abb. 199).

Die Dauer der Eientwicklung ist abhängig von Umweltfaktoren, wie der Temperatur und Luftfeuchtigkeit und ist natürlich auch artverschieden. Allgemeine Regeln lassen sich nicht geben. Manche Arten überwintern im Eistadium und erreichen dadurch natürlich eine bedeutende Länge dieses Entwicklungsabschnitts. Vielfach geschieht aber die Eireifung sehr rasch, und die Larve schlüpft bereits nach wenigen Tagen oder Stunden.

Für die Käferlarve kann es ein großes Problem darstellen, aus der Eischale herauszukommen. Man findet deshalb bei den Larven vieler Käferarten so genannte Eizähne, Hilfsorgane, mit denen die Larven die Eischale aufsprengen oder aufschlitzen können. Die Eizähne befinden sich auf dem Kopf (z. B. Laufkäfer, Carabidae; Schwimmkäfer, Dytiscidae; Überfamilie Hydrophiloidea) oder am Bruststück und/oder Hinterleib (z. B. Stutzkäfer; Histeridae; Blatthornkäfer, Scarabaeidae). Viele Laufkäferlarven (Carabidae) haben solche Eizähne auf der Stirn. Bei Marienkäfern (Coccinellidae) und verschiedenen Blatthornkäfern (Scarabaeidae) befinden sie sich auf der Oberseite des Bruststückes. Die Larven des Spargelhähnchens (*Crioceris asparagi*) besitzen Eizähne auf dem ersten Hinterleibssegment. Aaskäferlarven (Silphidae) haben paarige Eisprenger auf der Unterlippe. Alle diese Bildungen sind dazu geeignet, der Larve das Schlüpfen zu erleichtern. Eizähne finden sich nur im ersten Larvenstadium. Da sie später nicht mehr gebraucht werden, verschwinden sie bei der ersten Häutung.

Die Larve

Wie bei allen Insekten mit vollkommener Verwandlung (Holometabola) sind auch bei den Käfern die Larven von den Imagines sehr verschieden. Beim Studium der Larven erschließt sich uns eine ebenso große Wunderwelt wie bei der Untersuchung der Käfer selbst (Abb. 239, 240, 241, 242, 243, 244, 245, 246). Nur ist die Welt der Larven viel weniger bekannt als die der Imagines. Man schätzt, dass nur von einem Zehntel aller Käferarten bisher Larvenstadien untersucht wurden.

Will man den Typus einer Käferlarve beschreiben, so stößt man bereits auf Schwierigkeiten. Die Kopfkapsel ist meist härter als der übrige Körper, jederseits befinden sich 1 bis 6 Einzelaugen (Stemmata), oder die Larven sind blind. Normalerweise hat eine Käferlarve sechs Beine, mit denen sie recht behände umherlaufen, aber auch zum Schwimmen oder Graben befähigt sein kann. Ausgesprochene Schwimmbeine finden wir beispielsweise bei den Larven der Schwimmkäfer (Dytiscidae), Grabbeine zum Beispiel bei den Larven der Sägekäfer (Heteroceridae). Zahlreiche Larven müssen gut auf Pflanzen klettern können. Die Beine solcher Arten tragen oft zusätzliche Haftapparate, wie beispielsweise bei den Marienkäferlarven in Gestalt von Borstenbüscheln. Das Klettern wird noch unterstützt durch ein vom Enddarm gebildetes Organ, das so genannte Pygopodium, das wie ein Saugnapf wirken kann. Wenige Käferlarven haben sogar zusätzlich noch Abdominalbeine, wie sie von Schmetterlingsraupen allgemein bekannt sind. Als Beispiel seien die Larven mancher Gattungen der Wasserkäfer (Hydrophilidae) (zum Beispiel *Enochrus*) (Abb. 247a) und Scheinbockkäfer (Oedemeridae) genannt. Spezialbildungen der Beine zum Festhalten an lebenden Insekten lernten wir bereits bei den

239
Käferlarven (Abb. 239–246): Larve des Licht-Marienkäfers *Calvia decemguttata*. (Foto Förster)

240
Feuerkäfer (*Pyrochroa coccinea*) (Pyrochroidae). (Foto Förster)

241
Kurzflügler (Staphylinidae). (Foto Gepp)

242
Brauner Rübenaaskäfer (*Blitophaga opaca*). (Foto Gepp)

Triungulinus-Larven kennen. Eine ganze Reihe Käferlarven haben aber ihre Beine mehr oder weniger vollständig reduziert. Das sind solche Gruppen, die in engen Gangsystemen innerhalb von Pflanzen leben, wie zum Beispiel die Blattminen erzeugenden Blattkäfer, viele Bockkäfer, Borkenkäfer, Prachtkäfer (Buprestidae) und Eucnemidae. Die Bewegungsfähigkeit dieser Larven in ihren Bohrgängen wird durch Kriechwülste auf der Bauch- und Rückenseite gewährleistet. Ähnlich vielfältig wie die Fortbewegungsorgane sind auch die Organe der Nahrungsaufnahme gestaltet. Die Mundwerkzeuge sind meist beißend-kauend, ihr Feinbau ist jedoch äußerst verschieden und sehr wichtig für die Unterscheidung der einzelnen Arten. Andererseits sind aber die Mundwerkzeuge in ihrem Grundtypus überraschend einheitlich. Extraintestinal verdauen die Larven der Schwimmkäfer (Dytiscidae), Weichkäfer (Cantharidae), Leuchtkäfer (Lampyridae) und Schneckenhauskäfer (Drilidae). Bei allen diesen Gruppen sind die Oberkiefer von einem Kanal ± durchbohrt, durch den Verdauungssekret abgegeben und anschließend die Nahrung aufgesaugt werden kann (Abb. 247d). Die Mandibeln sind überhaupt sehr vielfältig, entsprechend dem bevorzugten Nährsubstrat. Manche Gruppen zeigen eine Asymmetrie der Mandibeln, zum Beispiel einige Gattungen der Wasserkäfer (Hydrophilidae). Viele Käferlarven haben auf dem 9. Abdominalsegment paarige Anhänge, die als Urogomphi bezeichnet werden (Abb. 247b). Sie sind sehr vielgestaltig und ein wichtiges Bestimmungsmerkmal.

Erwähnt werden soll hier die eigenartige Larvenentwicklung der zu den Laufkäfern (Cara-

243
Rosenkäfer (*Cetonia aurata*). (Foto Kutzscher)

244
Kartoffelkäfer (*Leptinotarsa decemlineata*). (Foto Förster)

245
Lederlaufkäfer (*Carabus coriaceus*). (Foto Förster, Archiv Staatl. Museum Tierkunde Dresden)

246
Gelbrandkäfer (*Dytiscus marginalis*). (Foto Förster, Archiv Staatl. Museum Tierkunde Dresden)

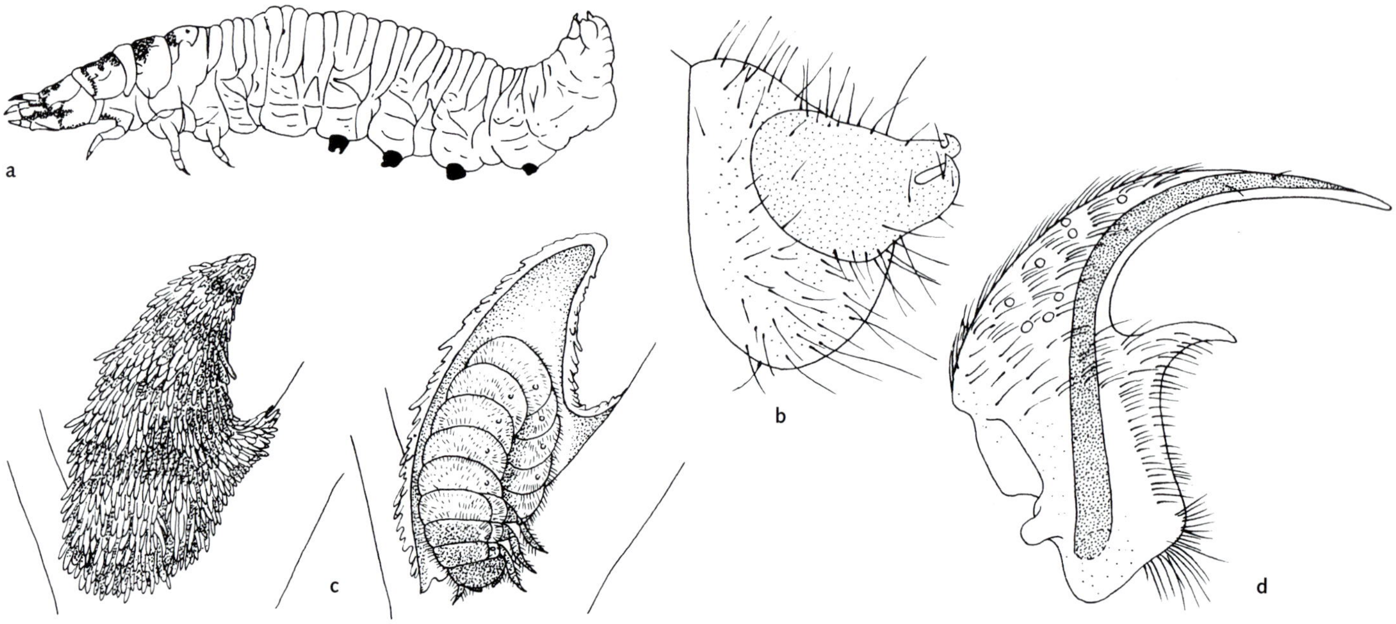

247
Käferlarven
a) *Enochrus bicolor* (Wasserkäfer, Hydrophilidae), mit Bauchfüßen (schwarz gekennzeichnet); b) Urogomphi von einem Buntkäfer (Cleridae) auf dem 9. Abdominalsegment; c) Larve von *Oomorphus* sp. (Blattkäfer, Chrysomelidae) innerhalb ihres mützenförmigen Gehäuses, das mit seiner Öffnung einem Zweig anliegt. Aus diesem Gehäuse heraus frisst die Larve Rinde (rechts); d) Durchbohrte Mandibel des Gelbhals-Leuchtkäfers, *Lampyris noctiluca* (Leuchtkäfer, Lampyridae).

bidae) gehörigen Gattung der Prunkkäfer (*Lebia*). Diese Käfer leben im Frühjahr von den Eiern und Larven des Ulmenblattkäfers. Ihre Eier legen sie ebenfalls an die Ulmen ab, und die Larven suchen Ulmenblattkäferlarven und -puppen, die sie verzehren. Nach der ersten Häutung ist ihre Beweglichkeit weit eingeschränkt. Die Prunkkäferlarve spinnt einen Kokon, in den sie eine Ulmenblattkäferpuppe mit einschließt, mitunter legen sie diesen Kokon auch neben einer solchen Puppe an. Wie auch immer im Einzelnen die Sache ablaufen mag, die eingesponnene Prunkkäferlarve verzehrt in jedem Falle eine Ulmenblattkäferpuppe, dann häutet sie sich. Das dritte Larvenstadium hat stark verkümmerte Mundwerkzeuge und Beine. Es bleibt unbeweglich in dem noch vom zweiten Stadium völlig verschlossenen Kokon liegen. Nach einiger Zeit wandelt sich dieses Larvenstadium zu einer Puppe um, aus der schließlich der Käfer schlüpft (Hypermetabolie).

Manche Larven sind imstande, spezielle Gehäuse anzufertigen. Aus Holz- und Rindenspänen bauen die Larven der Blattkäfergattung *Oomorphus* mützenförmige Gehäuse (Abb. 247c). Das Gehäuse liegt mit seiner Öffnung einem Zweig an. Die darin befindliche Larve frisst die Rinde. Hingewiesen sei auch auf die C-förmig gekrümmten Larven der Blatthornkäfer und anderer Familien, zum Beispiel mancher Blattkäfer (Chrysomelidae), Wiesenkäfer (Dascillidae), Schröter (Lucanidae), Pillenkäfer (Byrrhidae), Samenkäfer (Bruchidae), Splintholzkäfer (Lyctinae), Bohrkäfer (Bostrichidae), Pochkäfer (Anobiidae), Diebkäfer (Ptinidae). Markante Gestalten sehen wir auch in den hart sklerotisierten, als „Drahtwürmer“ bezeichneten Larven der Schnellkäfer (Elateridae) und vieler Schwarzkäfer (Tenebrionidae). Besonders bemerkenswert sind vielleicht auch die asselförmigen Larven mancher Aaskäfer (Silphidae) und einiger anderer Familien, zum Beispiel einiger Ameisenkäfer (Scydmaenidae).

Das Wachstum der Käferlarven erfolgt über Häutungen, die zwischen den einzelnen Stadien liegen und bei denen die Kutikula entlang der Kopfnähte aufgespalten wird. Die Zahl der Häutungen ist sehr verschieden. Ein einziges Stadium finden wir bei der Familie Trachypachidae in der Gattung *Systolosoma*, nur zwei Larvenstadien haben einige Stutzkäfer (Histeridae). Recht viele Käferarten haben drei Larvenstadien (diese Zahl wird als ursprünglich angenommen), zum Beispiel alle Adephaga wie die Laufkäfer (Carabidae) und die Schwimmkäfer (Dytiscidae), außerdem Kurzflügler (Staphylinidae), Aaskäfer (Silphidae), Blatthornkäfer (Scarabaeidae) und Rüsselkäfer (Curculionidae). Das Maximum dürften Larven von Schwarzkäfern (Tenebrionidae) und Schnellkäfern (Elateridae) mit 10 bis 14 Larvenstadien erreichen. Jedes Larvenstadium übertrifft das andere an Größe. Das erste Stadium zeigt oft ± auffällige Besonderheiten gegenüber den folgenden Stadien, außer den

Eizähnen oft auch eine veränderte Borstenanordnung (Chaetotaxie). Doch treten auch mehr oder minder auffällige Proportionsänderungen auf.

Die Dauer der Larvenentwicklung ist sehr verschieden. Manche Käfer haben sehr kurze Larvenzeiten, zum Beispiel die Aaskäfer, viele Blattkäferarten und Marienkäfer. Die längste Zeit benötigen holzbewohnende Käferlarven zu ihrer Entwicklung. So brauchen Hirschkäfer vier bis sechs (maximal acht) Jahre Zeit. Auch Pochkäferlarven benötigen oft mehrere Jahre. Unter sehr schlechten Lebensbedingungen sollen Bockkäferlarven sogar 25 bis 45 Jahre für ihre Entwicklung gebraucht haben, jedoch dürfte das unter Freilandbedingungen kaum auftreten. Die längste im Freiland beobachtete Entwicklungszeit betrug in Sonderfällen (extrem trockenes Holz und gleichzeitige Nährstoffarmut) beim Mulmbock (*Ergates faber*) 12 Jahre und beim Hausbock (*Hylotrupes bajulus*) 11 bis 12 Jahre.

Die Puppe

Am Ende der Larvenentwicklung steht das Puppenstadium (Abb. 248, 249), in dem die Umgestaltung zum fertigen Käfer erfolgt – eine Phase gewaltigen biochemischen Geschehens. Der Begriff Puppen„ruhe" sollte sich deshalb nur auf die fehlende Möglichkeit zur Fortbewegung beziehen. Das Puppenstadium ist sicher für die meisten Arten ein besonders gefährdetes Stadium. Es gibt aber auch Schutzeinrichtungen durch die Ausscheidung abweisender und giftiger Sekrete oder die Behandlung der Körperoberfläche mit pilztötenden Substanzen (Fungizide), die z. B. bei Arten, die sich im Boden verpuppen, vorkommen. Für die Käfer typisch ist eine frei gegliederte Puppe, bei der die Extremitäten, die Fühler und Mundwerkzeuge bereits von außen sichtbar sind (Abb. 250b). So kann man bereits an der Puppe des Zimmerbocks die langen Fühler in kunstvollen Schleifen finden, die Puppe des männlichen Hirschkäfers lässt schon die geweihartig entwickelten Oberkiefer erkennen. Von dieser bei den Käfern als „normal" anzusehenden Puppenform weichen einige Familien ab, die eine Mumienpuppe anlegen. Bei diesen Puppen sind ähnlich wie bei den Schmetterlingspuppen Fühler- und Beinanlagen von außen nicht weiter zu erkennen. Als Prototyp einer solchen Puppe kann uns die Marienkäferpuppe (Coccinellidae) dienen (Abb. 248, 235). Aber auch andere Familien haben eine Mumienpuppe, zum Beispiel die Stäublingskäfer (Endomychidae), die Faulholzkäfer (Corylophidae) und einige Blattkäfer (Chrysomelidae). Manche solcher Mumienpuppen werden sogar im Inneren der alten Larvenhaut angelegt, zum Beispiel bei den Marienkäfern der Gattung *Exochomus*. Auch die Puppen der Speckkäfer (Dermestidae) bleiben in der letzten Larvenhaut stecken, wenngleich die Puppe selbst keine Mumienpuppe ist.

248
Puppen von Marienkäfern an Kiefernnadeln. Links: Augenfleck-Marienkäfer (*Anatis ocellata*), Mitte: Vierpunktiger Marienkäfer (*Harmonia quadripunctata*), rechts: Vierfleckiger Schildlaus-Marienkäfer (*Exochomus quadripustulatus*). (Foto Förster)

249
Lederlaufkäfer (*Carabus coriaceus*), Puppe. (Foto Förster, Archiv Staatl. Museum Tierkunde Dresden)

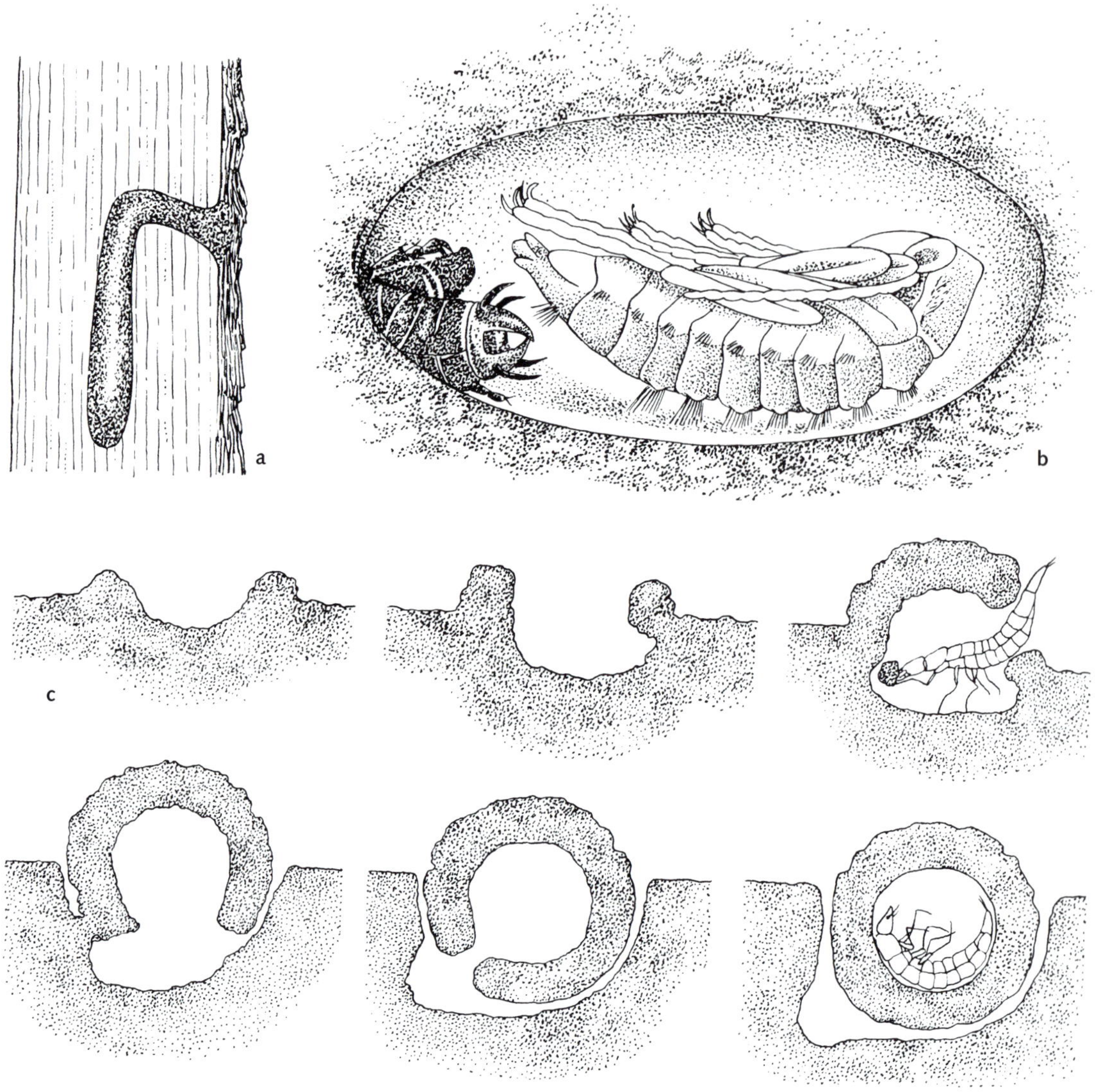

250
Käferpuppen
a) Hakengang mit Puppenwiege von *Tetropium castaneum* (Bockkäfer, Cerambycidae); b) Puppe eines Laufkäfers (Carabidae) in ihrer Erdhöhle. Die Puppe liegt auf den Borstenbüscheln der Rückenseite. Links ist die abgestreifte Larvenhaut zu sehen; c) Die Larve des Schwimmkäfers *Agabus bipustulatus* (Dytiscidae) baut ihr Puppenlager.

Die Vertreter der Myxophaga verpuppen sich ebenfalls in der letzten Larvenhaut.

Viele Larven legen besondere Puppenwiegen in Pflanzen oder im Erdboden an. Sehr bekannt sind diese von den Bockkäfern (Cerambycidae), die beispielsweise unter der Rinde eine teller- oder schüsselförmige Nische formen, die von einem Kranz von Holzspänen eingefasst ist (Gattungen *Rhagium* und *Acanthocinus*). Zahlreiche andere Arten verfertigen im Holz eine besondere Wiege, die am Ende eines geraden oder hakenförmigen Ganges liegen kann (Abb. 250a). Immer ist die Puppenwiege so angelegt, dass sie der Larve die nötige Ruhe zur Verpuppung und der Puppe die nötige Ruhe für ihre Umwandlung bietet. Stets ist bei der Anlage einer Puppenwiege aber auch vorgesehen, dass der Käfer gut herauskommen kann. Das ist bei holzbewohnenden Arten oft sehr wichtig, weil manchmal die Imagines gar nicht in der Lage wären, einen Gang durch das Holz zu nagen. Die Larve muss deshalb diesen Ausführgang bereits vorbereiten und lässt am Ende oftmals nur eine ganz dünne Membran zur Außenwelt übrig. Puppenwiegen werden nicht nur in Holz angelegt, sondern auch im Boden. Die Abbildung 250c zeigt uns, wie kunstvoll eine Schwimmkäferlarve (Dytiscidae) dabei vorgeht. Sie baut zunächst einen kreisförmigen Ringwall, dessen eine Wand sie zu einem kuppelförmigen Dach wölbt. Während zunächst von außen an der Kuppel gearbeitet wird, geschieht ihre Vollendung schließlich von innen. Es entsteht am Ende eine Erdkugel, in deren Innerem ein glatter Hohlraum die Larve und später die Puppe beherbergt. Ein spezielles Mikroklima, das die Art zu ihrer Entwicklung benötigt, ist auf diese Weise gewährleistet. Die Puppen, die im Inneren von Erdhöhlen liegen, sind meist durch Höcker, Leisten, Haarbüschel o. a. an einer allzu direkten Verbindung mit der Erde gehindert. Die Springrüssler der Gattung *Rhynchaenus* minieren in Blättern. Die Larven schneiden, nachdem sie die Ober- und Unterhaut des Blattes miteinander versponnen haben, oben und unten eine kleine Scheibe aus dem Blatt, mit der sie zu Boden fallen und sich darin verpuppen. Das Blatt sieht aus, wie mit einem Locher bearbeitet. Manche Larven sind imstande, zur Verpuppung in ganz harte Substrate einzudringen, beispielsweise in Blei. Beobachtet wurde, dass sich die Larven von Speckkäfern (Dermestidae) in Blei und Zinn verpuppen können. Auch Bohrkäfer (Bostrichidae), zum Beispiel der Kapuzinerkäfer (*Bostrichus capucinus*), sind als Larve zur Verpuppung in den Bleimantel elektrischer Leitungskabel eingedrungen. Die Larven des Brotkäfers (*Stegobium paniceum*) vermögen sich ebenfalls in Blei zu verpuppen.

Bei manchen Arten werden von der Larve mithilfe besonderer Spinndrüsen spezielle Kokons gefertigt. Rüsselkäfer der Tribus Cionini stellen Sekretkokons her, die pergamentartig dünn sind. Diese werden an der Nährpflanze oder auch am Boden befestigt. Kokons aus Seide finden sich außer bei Rüsselkäfern (Curculionidae) auch bei Arten der Familien Brachypsectridae, Bothrideridae und Tenebrionidae (Schwarzkäfer). Auch Blattkäfer (Chrysomelidae) der Unterfamilien Donaciinae und Criocerinae, Laufkäfer (Carabidae) der Gattung *Lebia* und verschiedene Bockkäfer (Cerambycidae) der Unterfamilie Prioninae, die sich in der Erde verpuppen, stellen Kokons her. Der Sekretkokon kann netzartig und mehr oder weniger weitmaschig sein. Kokons bilden auch die Arten der Unterfamilie Aleocharinae der Raubkäfer (Staphylinidae). Rosenkäfer (Scarabaeidae-Cetoniinae) verpuppen sich in einem Kokon, in dessen Oberfläche Substratteile eingebaut werden.

Die Dauer der Puppenzeit ist sehr unterschiedlich, artspezifisch und abhängig von Umweltfaktoren. Die kürzeste Zeit wurde mit drei Tagen bei einem Wasserkäfer (*Paracymus aeneus*) festgestellt. Viele frei lebende Blattkäfer (Chrysomelidae) und Marienkäfer (Coccinellidae) brauchen ebenfalls nur wenige Tage bis zum Schlüpfen des Käfers. Oftmals kann aber die Puppenzeit mehrere Wochen und Monate betragen. Bei vielen Arten überwintert das Puppenstadium, und es entstehen dann, bedingt durch die Diapause, Puppenzeiten von einem halben Jahr. Gelegentlich kommt es auch vor, dass eine Puppe ein ganzes Jahr überliegt.

Das Schlüpfen der Käfer

Das Schlüpfen der Käfer geht gewöhnlich recht schnell und ist meist nach 15 bis 30 Minuten beendet. Viele Arten bleiben noch Stunden, Tage oder Monate nach dem Schlüpfen in der Puppenwiege. Für das Aushärten und Ausfärben des zunächst weichen und farblosen Chitinskeletts (Abb. 251, 252) bietet die Puppenwiege oftmals beste Bedingungen. Der Hirschkäfer bleibt nach dem Schlüpfen noch mehrere Monate im Boden. Die Bildung und Einlagerung der Pigmente in das Chitin kann bei manchen Arten recht schnell

251
Kongo-Rosenkäfer (*Pachnoda marginata*), links Puppe, rechts frisch geschlüpfter Käfer mit noch weißen Flügeldecken. (Foto Förster)

252
Kongo-Rosenkäfer (*Pachnoda marginata*), ausgefärbte Käfer. (Foto Förster)

beendet sein, bei anderen Arten dauert sie länger. Der Schöne Marienkäfer (*Sospita vigintiguttata*) ist nach dem Schlüpfen aus der Puppe im Sommer braun und hat weißliche Punkte. Erst nach der Überwinterung im Frühjahr ist er völlig ausgefärbt und nun schwarz mit gelb-weißen Flecken. Für den Vierfleckigen Schildlaus-Marienkäfer (*Exochomus quadripustulatus*) wurde nachgewiesen, dass die Ausfärbung des zunächst hell gefärbten Käfers zum schwarzen Individuum vor allem von der Temperatur (20 °C und weniger) abhängig ist, auch von der Luftfeuchtigkeit (Erhöhung) und dem Licht (Verminderung).

Außergewöhnliche Vermehrungsweisen

Die normale Entwicklung beginnt mit einem Ei, aus dem nach einer bestimmten Zeit das erste Larvenstadium schlüpft. Unter Zwischenschaltung mehrerer Häutungen wächst diese Larve heran und verpuppt sich. Aus der Puppe schlüpft ein Käfer. Männliche und weibliche Käfer kopulieren, und das Weibchen legt befruchtete Eier ab. Von diesem „normalen" Zyklus gibt es verschiedene seltene Ausnahmen, die erste davon ist die Viviparie bzw. Ovoviviparie. Man versteht darunter das Lebendgebären bzw. das Ablegen von Eiern, die sofort schlüpfen. Ovoviviparie ist von bestimmten im Hochgebirge oder im äußersten Norden (subarktisch) lebenden Blattkäfern (Chrysomelidae) bekannt. Die Larven des in Höhen von 800 bis 1.000 m lebenden Alpenblattkäfers (*Oreina alpestris*) schlüpfen sofort nach dem Ablegen der Eier und sind bereits recht groß. Die Eientwicklung ist im Hinterleib der Mutter erfolgt. Offenbar ist Ovoviviparie eine Anpassung an die im Gebirge verkürzte Vegetationsperiode. (Ähnliche Erscheinungen gibt es auch bei anderen Tiergruppen.) Die Nachkommenzahl ist bei dieser Blattkäferart außergewöhnlich gering. Es werden nur 10 bis 11 Larven von einem Weibchen erzeugt. Doch auch manche Blattkäfer der Ebene sind ovovivipar, wie beispielsweise *Chrysolina varians*, deren Eier nach zwei bis drei Minuten schlüpfen. Vivipar sind verschiedene Termitengäste (z. B. Gattung *Corotoca*) und der Ameisengast *Lomechusa* aus der Unterfamilie Aleocharinae der Kurzflügler (Staphylinidae) (s. S. 146); Larven bringen auch Blattkäfer der Gattung *Eugonycha* zur Welt.

Eine zweite Ausnahmeerscheinung in der Individualentwicklung der Käfer stellt die Hypermetamorphose bzw. Hypermetabolie dar. Man versteht darunter die Erscheinung, dass einzelne Larvenstadien eine sehr unterschiedliche Lebensweise haben und sich demzufolge auch in der Körpergestalt ganz deutlich unterscheiden (s. S. 146).

Eine dritte wesentliche Abweichung von der Normalentwicklung ist die Jungfernzeugung (Parthenogenese). Von den Weibchen werden unbefruchtete Eier abgegeben, die entwicklungsfähig sind und aus denen Larven schlüpfen. Ein solcher Vorgang ist bei Rüsselkäfern (Curculionidae) aus der großen Gattung *Otiorhynchus* bekannt. Außer bei der Gattung *Otiorhynchus* ist obligatorische Parthenogenese auch bei *Trachyphloeus* beobachtet worden. Diese Rüsselkäfer legen unbefruchtete Eier ab, aus denen wieder Weibchen werden. Man nennt eine solche Parthenogenese Thelytokie. Männchen kommen nicht vor oder sind sehr selten. Diese ist wahrscheinlich im Käferreich auch noch bei anderen Familien verbreitet, möglicherweise bei bestimmten Blattkäfern (Chrysomelidae), Speckkäfern (Dermestidae), Schwarzkäfern (Tenebrionidae) und Kurzflüglern (Staphylinidae). Eine zweite Form der Parthenogenese, die Arrhenotokie, bei der aus unbefruchteten Eiern Männchen entstehen, aus befruchteten hingegen Weibchen, lernen wir bei einem Borkenkäfer (Curculionidae-Scolytinae) kennen (s. S. 201). Die besonders interessante Pädogenese bei der Gattung *Micromalthus* wurde schon dargestellt und abgebildet (s. S. 110).

Lebensdauer und Altersmerkmale

Mancher wird sich schon gefragt haben, wie alt eigentlich Käfer werden können. Wenn man den gesamten Zyklus in die Beantwortung einer solchen Frage einbezieht, so ergibt sich besonders bei holzbewohnenden Arten vielfach eine Lebensdauer von sechs bis acht Jahren. Gemeint ist bei einer solchen Frage aber wohl eher die Dauer des Imaginalstadiums. Käfer werden im Allgemeinen nicht besonders alt. Die meisten Arten leben als Imago nur einige Wochen oder Monate. Es sind nur wenige Ausnahmen bekannt. So kann man beobachten, dass Schwarzkäfer (Tenebrionidae) und verschiedene Blatthornkä-

fer (Scarabaeidae) mehrere Jahre alt werden können. Dafür finden sich schon in der alten Literatur Belege. So schreibt der Schweizer Arzt und Botaniker Johannes Bauhin (1541–1613) im Jahre 1598 („Historiae fontis et Balnei admirabilis Bollensis Liber Quartus") über einen Rosenkäfer (*Cetonia aurata*) (Abb. 217): »Ich fing einen solchen bei Kirchen am 24. September 1596 und verschloss ihn. Er lebte bis zum 15.1.1597.« Und das wahrscheinlich ohne jede Nahrung. Henry Baker teilte 1739 mit, dass er einen Käfer, offenbar *Blaps mortisaga* (zur Familie Schwarzkäfer gehörig) (Abb. 111), drei Jahre ohne Nahrung hielt.

Auch in der neueren Literatur finden sich Angaben zum Alter von Käfern. Der Fichtenrüsselkäfer (*Hylobius abietis*) kann drei Jahre alt werden, der Kleine Ameisenstutzkäfer (*Hetaerius ferrugineus*) vier Jahre. Unter Laborbedingungen kann man das Lebensalter recht stark verlängern, vor allem, wenn die Tiere nicht zur Fortpflanzung kommen. Ein Laufkäfer (*Carabus auronitens*) lebte sechs Jahre, ein Gaukler (*Cybister lateralimarginalis*) fünfeinhalb Jahre und ein Gelbrandkäfer (*Dytiscus*) fünf Jahre. Gelbrandkäfer können sogar mehrfach Eier bilden. Bei sehr alten Käfern treten selbstverständlich Abnutzungserscheinungen auf. Die Kaufläche der Oberkiefer beispielsweise verändert sich mit zunehmendem Alter. Vor allem bei den Schwarzkäfern ist zu beobachten, dass einzelne Fußglieder abfallen, und ganz alte Tenebrioniden laufen wohl nur noch auf ihren Schienen. Auch der fettige Glanz, der manche Käfer auszeichnet, lässt mit dem Alter nach, weil die Tätigkeit der Hautdrüsen eingeschränkt wird.

Käferzuchten

Insektarien

Im Vergleich zur großen Zahl der Liebhaber von Amphibien und Reptilien, die in Aquarien und Terrarien gehalten werden, ist die Menge der Personen, die aus Liebhaberei lebende Käfer halten und züchten, verschwindend gering. Dies zeigt sich auch an den wenigen öffentlichen Insektarien. Nur selten unterhalten Zoologische Gärten derartige Einrichtungen, z. B. Budapest, London und Prag.

Andererseits eignen sich verhältnismäßig viele große und schöne Arten durchaus als Heimtiere, besonders aus der Familie Blatthornkäfer (Scarabaeidae). Selbst solche markante und seltene Tiergestalten wie der Herkuleskäfer (*Dynastes hercules*), Atlaskäfer (*Chalcosoma atlas*), die bizarren *Golofa*-Arten, Actaeon-Käfer (*Megasoma actaeon*), Goliathkäfer (Tribus Goliathini) und zahlreiche Rosenkäfer (Tribus Cetoniini) können über viele Generationen daheim gezüchtet werden. Es sind durchweg Arten, deren Larven sich von toter Pflanzensubstanz ernähren (Holzmulm, Laubstreu und Ähnliches). Die Käfer selbst nehmen Früchte zu sich, falls sie überhaupt Nahrung aufnehmen – verhältnismäßig einfache Bedingungen also. Natürlich können auch Arten mit einer komplizierteren Lebensweise in Insektarien gehalten werden, man denke an große Laufkäfer (Carabidae), an Schwarzkäfer (Tenebrionidae) oder wasserbewohnende Arten. Immer müssen aber die Bestimmungen des internationalen Naturschutzes eingehalten werden.

Futtertiere

Züchter von Ziervögeln, Terrarianer und Aquarianer benutzen eine ganze Reihe von Käferarten als Futtertiere. Besonders beliebt ist der „Mehlwurm", die Larve des Mehlkäfers (*Tenebrio molitor*). Er wird in großen Mengen gezüchtet – in Farmen fast schon industriell produziert und verkauft. Auch andere Schwarzkäfer (Tenebrionidae) werden zu gleichem Zweck gezüchtet, z. B. der Riesenmehlkäfer (*Zophobas*). – Die Zucht von Nützlingen, vorwiegend Marienkäfern (Coccinellidae) hat sich zu einem eigenen Erwerbszweig entwickelt. Ihre Ausbringung außerhalb von Glashäusern (für die sie hauptsächlich produziert werden) ist sehr umstritten.

Brutfürsorge und Brutpflege

Die auffälligen Brutfürsorgemaßnahmen mancher Käferarten konnten auch den alten Autoren nicht verborgen bleiben. So beschreibt schon ULYSSE ALDROVANDI die Brutfürsorge der Mistkäfer (*Geotrupes*) und eines Blattrollers (*Byctiscus betulae*) (vgl. Abb. 253): »Aber von einer anderen Art erhielt ich zwei Nester durch den Kapuziner-Mönch GREGORIUS. Sie bestanden beide aus einer kotigen und zerbrechlichen Masse, wohl Tierkot mit Erde vermischt. Ich vermute, dass dies Nester von Käfern waren, weil ich einen beinahe toten *Scarabaeus* in einem derselben auffand. Sie bestehen aus einer langen Röhre mit zwei oder drei Nestern an ihrem Ende, in denen die Käfer ihre Nachkommen gegen die Unbilden des Winters schützen und erziehen.« »Er (*Byctiscus betulae*, d. Verf.) wird an Weinblättern gefunden. Er entsteht aus rötlichen Eiern, die an Größe den Eiern der Seidenraupe ähnlich sind. Er ist zu seiner Vermehrungszeit sehr zahlreich und rollt die Blätter ein und legt hier seine Eier ab.«

Versuch einer systematischen Gliederung

Brutfürsorge betreiben die meisten Käferarten. Schon das Unterbringen eines Eies an der geeigneten Nahrung ist eine Brutfürsorgemaßnahme. Brutpflege treiben hingegen nur sehr wenige Käferarten. Die Brutpflege schließt ein Bewachen und Pflegen der Eier, mitunter sogar ein Füttern der Larven ein. Der in Halle/Saale wirkende bedeutende Zoologe HANNS VON LENGERKEN (1889–1966) hat versucht, die Brutfürsorge- und Brutpflegeformen zu systematisieren.

253
Der Blattroller *Byctiscus populi* (Familie Rhynchitidae) legt seine Blattrollen nur auf Pappeln an; Körperlänge 4,0–5,5 mm. (Foto FÖRSTER)

Im Folgenden sei seine Übersicht gekürzt wiedergegeben:

I. Brutfürsorge

1.1. Schutz der Eier

1.1.1. Die Eier werden an günstigen Orten abgelegt, zum Beispiel in Rindenritzen (Bockkäfer, Cerambycidae; Prachtkäfer, Buprestidae), in kleine Erdhöhlen (Ölkäfer, Meloidae; Laufkäfer, Carabidae) (Abb. 254a) oder auch in besondere Eitaschen, die in Pflanzengewebe eingegraben werden (Abb. 238a).

1.1.2. Das Weibchen fertigt für die Eier besondere Schutzhüllen an. Diese können aus besonderem Sekret bestehen, zum Beispiel bei Blattkäfern der Gattung *Phratora* (Abb. 254b), oder es wird eine Kotkapsel (Scatoconche) gebildet. Dabei kommt es zum Beispiel bei dem Blattkäfer *Aspidimorpha puncticosta* aus Natal zur Herstellung so genannter Eikapseln (Ootheken). Die Schildkäfer hüllen mit einem Sekret ein ganzes Eipaket ein, auch der Rainfarnblattkäfer *Galeruca tanaceti* tut dies. Besondere Nestdeckel aus Kot, Drüsensekret und Holzfäserchen fertigt der Schneeballblattkäfer (*Pyrrhalta viburni*) an (Abb. 254c). Das Weibchen nagt in dünne Zweige der Wirtspflanze ein längs-ovales Loch, in das 4 bis 12 Eier abgegeben werden, die dann mit einem Deckel zugedeckt werden. Zur Herstellung eines so geschützten Geleges werden zwei bis vier Stunden benötigt. Im Durchschnitt stellt ein Weibchen 50 Gelege her, die, durch den Deckel geschützt, überwintern. Die Schutzhüllen der Eier können auch aus Rindenspänchen bestehen (manche *Oomorphus*-Arten). Viele Wasserkäfer (Hydrophilidae) hüllen ihre Eier in eine besondere Kapsel aus Spinnstoff.

1.2. Brutfürsorge im Hinblick auf die Nahrung der zukünftigen Larven
Hierher gehört die Unterbringung der Eier auf oder in unmittelbare Nähe des Nährsubstrates. Viele Käfer verfahren so. Eine Erweiterung dieser Brutfürsorgemaßnahmen besteht bei jenen Käfern, die Ambrosiapilze züchten und die Eier mit den Sporen versehen.

1.3. Brutfürsorgemaßnahmen, die sowohl einen Schutz der Eier wie auch eine Fürsorge für die

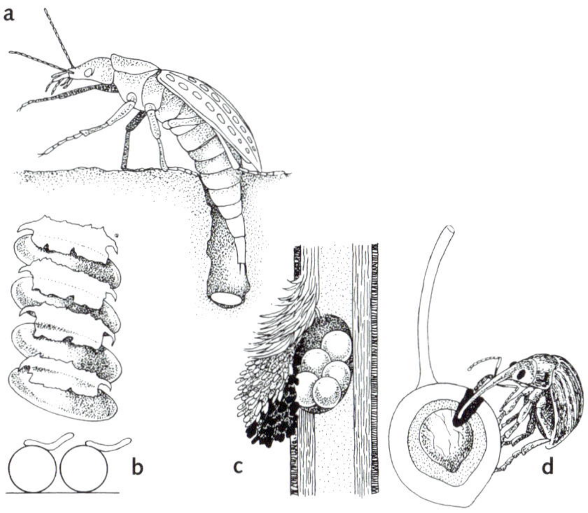

254
Brutfürsorge I:
a) *Carabus cancellatus* (Laufkäfer, Carabidae) - Weibchen bei der Unterbringung eines Eies im Erdboden; b) Teil eines Eigeleges von *Phratora laticollis* in Aufsicht. Darunter Querschnitt durch zwei Eier, jedes mit einer erhärteten Sekretschuppe (Blattkäfer, Chrysomelidae); c) Einest des Schneeballblattkäfers *Pyrrhalta viburni* (Blattkäfer, Chrysomelidae); d) Weibchen des Steinfruchtstechers bei der Vorbereitung der Eiblage in einen unreifen Kirschkern.

künftige Nahrung der Larven beinhalten. Innerhalb dieser Brutfürsorgemaßnahmen lassen sich zwei große Gruppen unterscheiden:

1.3.1. Die Nahrung für die Larven wird vom Käfer nicht zubereitet. Viele Bockkäfer (Cerambycidae) und Rüsselkäfer (Curculionidae) bringen ihre Eier in dem Gewebe der Nährpflanze unter. Meist werden einfache Höhlungen angefertigt, in die die Eier abgelegt werden. Bei den Rüsselkäfern dient der Rüssel als wesentliches Arbeitsinstrument (Abb. 254d). Die Weibchen der rindenbrütenden Borkenkäferarten nagen die so genannten Muttergänge (Abb. 255, 256a). In den Muttergängen werden Einischen seitlich angelegt (Abb. 256b), von denen aus die Larven dann selbstständig ihre Larvengänge fressen. Manche Arten fressen gemeinschaftlich platzartige Fraßbilder (Abb. 256c).

1.3.2. Für die Larven wird die Nahrung vom Käfer zubereitet. Hierher gehören vier große Gruppen, zunächst die Holz- und Krautstecher sowie Blattroller, zweitens Arten, die Äste und Stämme ringeln. Als Beispiel für letztere können die afrikanischen Rüsselkäfer der Gattung *Alcides* dienen (Abb. 256d). Diese Arten bringen einen Trieb zum Absterben. Die Larve ist auf das absterbende Holz spezialisiert und lebt in dem vom Weibchen so vorbereiteten Pflanzengewebe. Ähnlich handeln Bockkäfer (Cerambycidae) der südamerikanischen Gattung *Oncideres*, die Zweige und sogar starke Äste (bis zu 12 cm Durchmesser) ringeln und so ebenfalls die Nahrung für ihre Brut in spezifischer Weise vorbereiten. Der Haselnussbock (*Oberea linearis*) nagt zwischen Holz und Rinde eines noch grünen Triebes ein kleines Loch. Nachdem in diese Öffnung ein Ei abgelegt wurde, wird der Zweig einige Zentimeter oberhalb der Eiablagestelle geringelt, sodass der Trieb welkt und schließlich abbricht. Fast unmittelbar nach der Eiablage entstehen pflanzliche Gewebewucherungen, von denen die Larve anfangs lebt. Nach einiger Zeit frisst sie im Mark des Zweiges bis zu der Stelle,

255
Fraßbild des Kleinen Waldgärtners *(Tomicus minor)* an Kiefer *(Pinus)*, eines Borkenkäfers (Curculionidae-Scolytinae). (Foto Gepp)

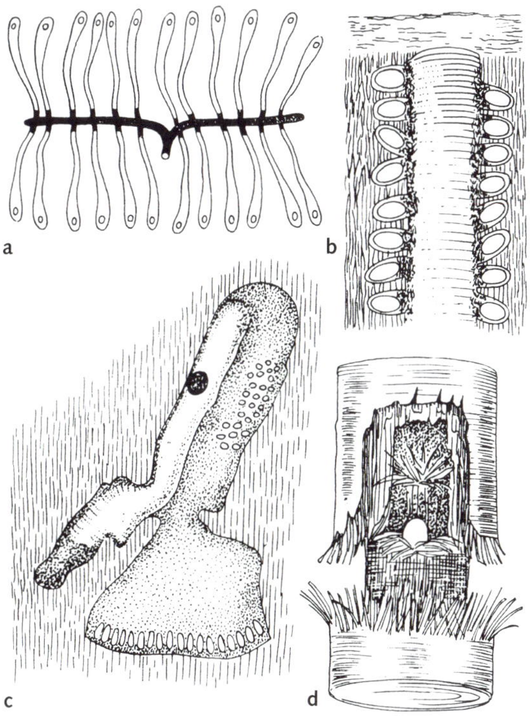

256
Brutfürsorge II:
a) Schematisierter Brutbau eines Borkenkäfers (Scolytinae), schwarz Muttergänge, weiß Larvengänge mit Puppenwiege und Schlupfloch; b) Teil des Mutterganges eines Rindenbrüters (Curculionidae-Scolytinae) mit seitlich in Eigruben untergebrachten Eiern. Jede Nische mit Nagsel verdeckelt; c) Platzfraß von *Dendroctonus micans* (Borkenkäfer, Curculionidae-Scolytinae); d) Brutfürsorgemaßnahme des Baumwollringlers *Alcides brevirostris* (Rüsselkäfer, Curculionidae).

wo der Trieb abgebrochen ist. Von dort aus nagt sie in Richtung Zweigbasis weiter. Wahrscheinlich ist die Larve auf einen spezifischen, durch die Ringelung entstandenen physiologischen Zustand des Zweiges angewiesen. Eine dritte Art der Nahrungszubereitung führt uns der Kleine Pappelbock vor (s. S. 205). Die vierte Form der Nahrungsvorbereitung ist außerordentlich umfangreich und umfasst das Einlagern von Larvennahrung (Pflanzen, Dung) in Erdstollen oder -gruben.

2. Brutpflege

Innerhalb der Brutpflegemaßnahmen lassen sich zwei große Gruppen unterscheiden:

2.1. Die Larvennahrung wird nicht vom Käfer zubereitet.

Hierher gehört beispielsweise die Bewachung der Eier durch das Weibchen des Dornschildkäfers (*Acromis spinifex*, Chrysomelidae) aus Südamerika. Diese Art befestigt ihre etwa 30 Eier an einem aus Sekret gefertigten Stiel wie Samenkörner (Abb. 257a). Der Stiel mit den Eiern hängt von der Blattunterseite herab, das Weibchen sitzt an der Spitze des Stiels, bis die Larven geschlüpft sind. Das Weibchen des einheimischen Blattkäfers *Gonioctena decemnotata* legt seine Eier an ein Blatt. Die Larven bleiben auf diesem Blatt zusammen (Abb. 257b). Die Mutter sitzt kopfabwärts am Zweig und soll Ameisen und anderen Insekten den Zutritt verwehren. Bewacht werden nur die jüngeren Larvenstadien. Einige Schildkäferarten beherbergen tagsüber die Larven unter ihrem Schild, nur nachts zerstreuen sich diese auf der Pflanze, um zu fressen. Der südamerikanische Schildkäfer *Omaspides pallidipennis* (auch *Stolas*) hat breit ausgerandete Flügeldecken, unter die etwa 20 Larven passen. Die Larven stecken ihren Vorderkörper unter die mütterlichen Elytren (Abb. 257c). Natürlich bewachen die Weibchen bereits das Eigelege.

Die Weibchen verschiedener Wasserkäferarten pflegen ihre Eier durch Umhertragen bis zum Schlüpfen der Junglarven. Als Beispiel kann uns der einheimische *Spercheus emarginatus* (Buckelwasserkäfer, Spercheinae) dienen. Das Weibchen hat unter dem Hinterleib einen Gespinstsack mit etwa 60 Eiern. Das körbchenartige Gespinst ist am Hinterrand der Hinterschenkel befestigt (Abb. 258a). Bei Beunruhigung wird der Eisack durch Druck der Hinterschienen hochgezogen. Er hat einen festen Boden, auf dem, in lockeres Gespinst eingebettet, die Eier liegen. Wenn das Weibchen nicht gestört wird, lässt es den Eibehälter nach hinten unten hängen, sodass die Versorgung mit Sauerstoff optimal ist. Das Weibchen von *Spercheus* legt nacheinander mehrere Eibehälter an. Eine ähnliche Brutpflege finden wir bei der Wasserkäfergattung *Helochares* (Hydrophilidae). Das Weibchen spinnt einen Eisack für 60 bis 70 Eier, die in strenger Ordnung liegen (Abb. 258 b).

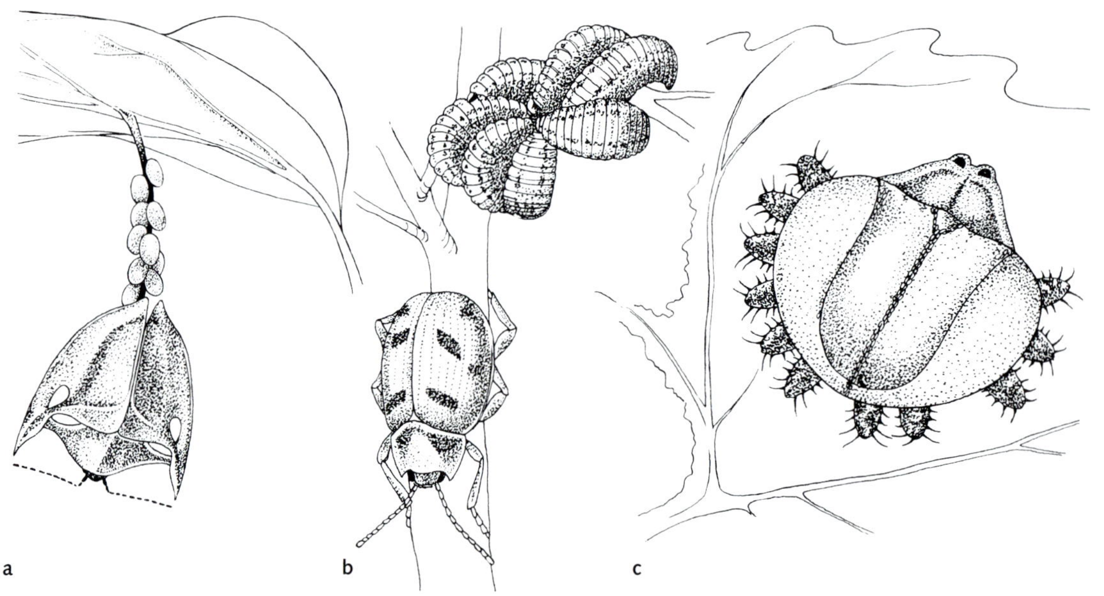

257
Brutfürsorge bei Blattkäfern (Chrysomelidae): a) Weibchen von *Acromis spinifex*, sein Eigelege bewachend; b) Unterhalb der zu einem Klumpen zusammengedrängten Junglarven hält der Mutterkäfer von *Gonioctena decemnotata* Wache; c) Weibchen von *Omaspides pallidipennis* mit seinen Larven, die unter den breiten Seitenrändern der mütterlichen Elytren mit dem Vorderkörper verborgen tagsüber ruhen.

2.2. Brutpflegemaßnahmen, bei denen der Käfer die Nahrung der Larven zubereitet.

Hierher gehören die wohl bedeutendsten Brutpflegeformen. Genannt sei zuerst der Steinnussborkenkäfer (*Coccotrypes tanganus*). Diese Art lebt in Afrika im harten Kern der Palmennüsse (auch in daraus hergestellten Kleiderknöpfen). In einer einzigen Nuss können sich als Nachkommen eines einzigen Weibchens bis zu 4.400 Individuen entwickeln. Das Weibchen bohrt einen Gang in die Nuss, an dessen Ende die Eier abgelegt werden, und bleibt in dem Bohrgang sitzen. Die Larven fressen einen Platzgang. Das Weibchen entfernt den Kot und die Häutungsreste der Larven. Auf diese Weise wird Schimmelbildung verhindert. Nach etwa drei Wochen schlüpfen die Käfer der neuen Generation. Alle diese sind Weibchen, die neue Brutgänge anlegen und unbefruchtete Eier ablegen, aus denen nur Männchen schlüpfen. Mit einem solchen „Enkel“ kopuliert nun das Muttertier und nagt einen zweiten Muttergang, in den nur befruchtete Eier abgelegt werden, aus denen sich wieder nur Weibchen entwickeln. Es ist dies wohl der einzige von Käfern bekannte Fall, dass aus unbefruchteten Eiern Männchen und aus befruchteten Weibchen entstehen. Für die Hautflügler ist dies typisch (zum Beispiel bei der Honigbiene). Auf diese Weise wird die Nuss mehr und mehr von Gängen durchzogen, doch auch bei größter Übervölkerung bleibt stets eine sehr dünne äußere Wand der Hüllen stehen. Die Zahl von 4.400 Individuen kommt so im Laufe vieler Generationen zustande. Zu Ende ist die Generationsfolge erst dann, wenn die Palmennuss als Nährsubstrat völlig aufgebraucht ist. Die Muttertiere fressen übrigens die überzähligen Männchen, sofern diese nicht rechtzeitig den Bau verlassen haben. Die Ambrosiapilze züchtenden Käfer müssen auch zu diesem Typ der Brutpflege gerechnet werden. Die Weibchen der Mondhornkäfer (*Copris lunaris*) pflegen die Eier und die Larven bis zum Schlüpfen der Jungkäfer. Ein direktes Füttern der Larven durch die Mutter ist von den Totengräberarten (*Nicrophorus*) bekannt (s. S. 210).

Im Folgenden sind nun einige besonders wichtige Beispiele für Brutfürsorge und Brutpflege etwas näher abgehandelt.

Eigespinste der Wasserkäfer (Hydrophilidae)

Das Weibchen des Großen Kolbenwasserkäfers (*Hydrophilus piceus*) hat (wie auch andere Arten der Hydrophilidae) am Hinterleibsende einen besonderen Spinnapparat. Anhangsdrüsen der Geschlechtsorgane bilden das Spinnsekret, das als klebriger Faden aus der Vagina austritt. Am Hinterleibsende befinden sich zwei dünne Fortsätze, die so genannten „Spinnstäbchen“, die den Spinnfaden durch ihre Bewegung führen können (vgl. Abb. 258c). Mit diesem Spinnapparat stellt nun der Kolbenwasserkäfer einen Eikokon her, der etwa 2 cm lang und 1 cm hoch und breit ist. An einem Ende des Eibehälters befindet sich ein 3 cm langer, in die Luft ragender Mast, der so genannte „Schornstein“ (Abb. 258d). Dieser hat eine luftgefüllte Längsrinne und ist für die Luftzufuhr zum Eigelege wichtig. Zuerst fertigt das Weibchen die Deckplatte an, unter die Luft gebracht wird. Anschließend werden der Boden und die Seiten gesponnen. Schließlich stellt das Weibchen etwa 50 Eier senkrecht nebeneinander in die untere Kokonhälfte. Die obere Hälfte wird mit lockerem Gespinst gefüllt. Der Eikokon erhält so eine stabile Schwimmlage, weil der Schwerpunkt unten liegt. Er wird gewöhnlich unter einem Schwimmblatt angebracht, mitunter mit Wasserlinsen (Lemnaceae) bedeckt oder auch mit längeren Spinnfäden an einer Wasserpflanze verankert. Jedes Weibchen kann mehrere solcher Kokons herstellen. Ein anderer Wasserkäfer, der Stachelwasserkäfer (*Hydrochara caraboides*), baut einen ähnlichen, jedoch frei schwimmenden Eikokon (Abb. 258e). Fast immer wird ein Blatt fest eingearbeitet, z. B. von Gilbweiderich (*Lysimachia*) (mit einem Blatt wird auch der Kokon von *Hydrophilus aterrimus* versehen).

Die Wasserkäfer der Gattung *Enochrus* stellen einen napfförmigen Eikokon her, der 2–4 mm breit und tief ist und an der Wasseroberfläche an einem Teppich miteinander versponnener Wasserpflanzen hängt (Wasserlinsenwurzeln, Algenfäden). Die Tiere beginnen unter Einbeziehung von Algenfäden und Pflanzenteilen mit einer Grundplatte. Nach Spinnen des Napfes und Ablage der etwa 30 Eier wird lockeres Gespinst abgegeben und der Napf mit einem überstehenden Deckel verschlossen (Abb. 258f). Die *Laccobius*-Weibchen fertigen einen

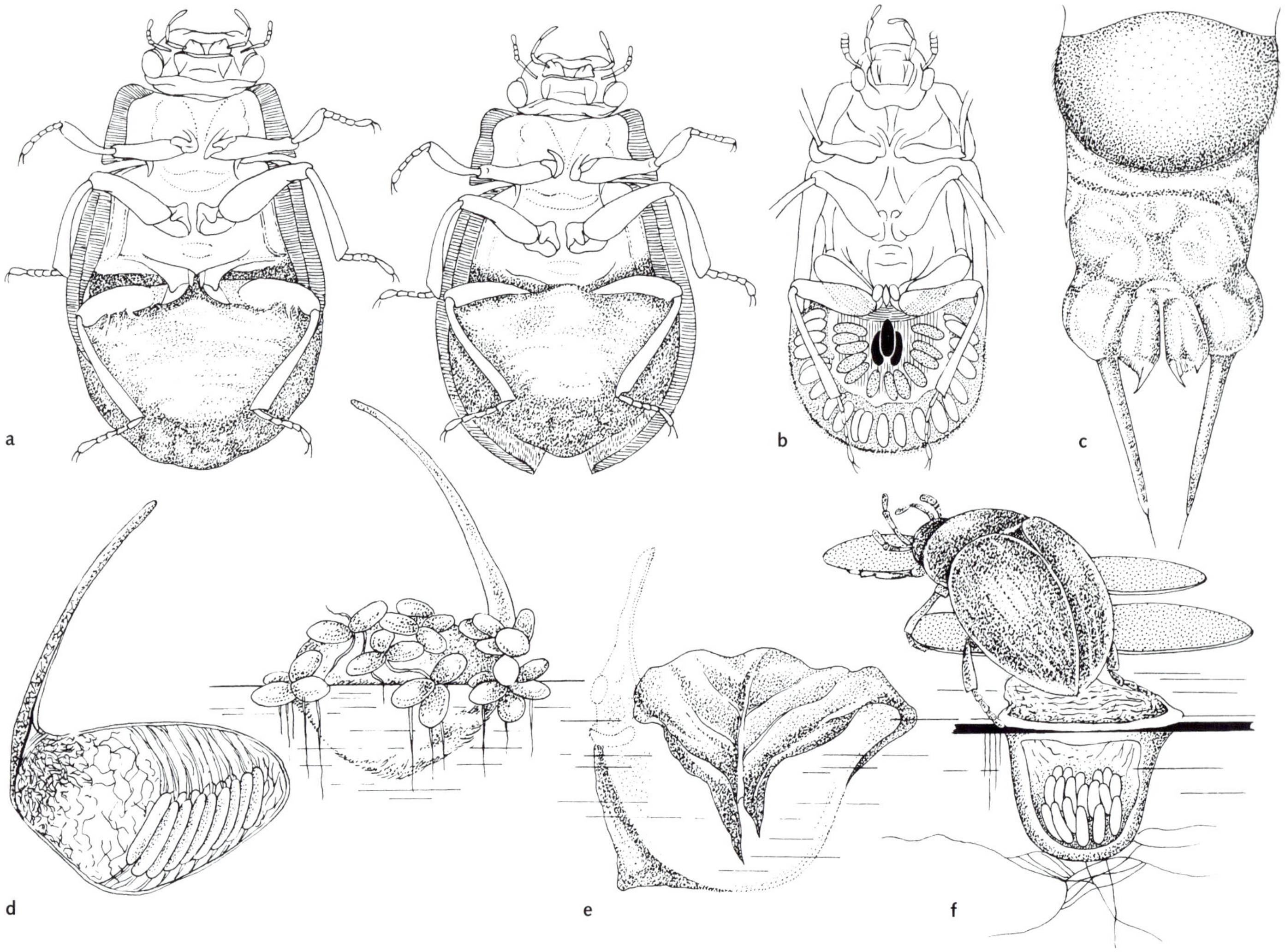

258
Eigespinste von Wasserkäfern:
a) Weibchen von *Spercheus emarginatus* mit ventral angesponnenem Eibehälter (Spercheinae), links vor einer Störung, rechts während einer Beunruhigung; b) *Helochares griseus*, Weibchen (Wasserkäfer, Hydrophilidae) mit Eiern. Schwarz Zentraleier, punktiert mittlere Eier, unpunktiert Hauptreihe, wird später übersponnen; c) Weibchen des Stachelwasserkäfers *Hydrochara caraboides* (Wasserkäfer, Hydrophilidae), Spinnapparat; d) *Hydrophilus aterrimus* (Wasserkäfer, Hydrophilidae), Eigespinst, links aufgeschnitten; e) Eierschiff des Stachelwasserkäfers *Hydrochara caraboides* (Wasserkäfer, Hydrophilidae) in *Lysimachia*-Blatt; f) Bau des Einapfes von *Enochrus quadripunctatus* (Wasserkäfer, Hydrophilidae).

runden Eibehälter an, der eine Gespinstfahne trägt. Die Weibchen von *Paracymus* bedecken die Eier nur mit einem lockeren Gespinst.

Die Eier von *Helophorus* werden in seidige, flaschenförmige Kokons abgelegt, die aus einer Eitasche und einem Mast bestehen, der fadenförmig, verbreitert oder von anderer Gestalt sein kann. Meist wird der Kokon im Schlamm des Ufers platziert, auch im Moos und unter Algen. Als Ausnahme sei die Gattung *Berosus* erwähnt, bei deren Arten die Eier einzeln oder in kleinen Gruppen (2 bis 3 Stück) nahezu ohne Gespinstumhüllung an Steine, Holz oder Blätter abgelegt werden, die vorher mit einem feinen Gespinst überzogen werden. Anschließend werden auch die Eier mit einem dünnen Gespinst bedeckt.

Bei einigen Hydrophiliden ist die Brutfürsorge in Brutpflege übergegangen, und zwar dadurch, dass die Weibchen den Gespinstsack, in den sie ihre Eier ablegen, bis zum Ausschlüpfen der Larven auf der Unterseite ihres Abdomens mit sich herumtragen. z. B. tragen die Weibchen der Gattung *Helochares* ihre Eier in einem an den Hinterbeinen (Teil der Schenkel, Hüften) festgesponnenen Eisack, bis die Larven schlüpfen (Abb. 258b). Die Herstellung des Eisackes geschieht in mehreren Schritten. Zunächst wird die Unterseite des Hinterleibes mit einem Gespinst bedeckt, auf dem die Eier in bestimmter Reihenfolge abgelegt werden, sodass auch der Eisack nach und nach entsteht, bis das gesamte

Gelege schließlich mit einer dichten Gespinstdecke abgeschlossen wird. Insgesamt werden auf diese Weise 60 bis 70 Eier abgelegt.

Rüsselkäfer als Stecher

Unter den Rhynchitidae, die als Brutfürsorgemaßnahmen ihre Eier schützen und gleichzeitig die Nahrung für die Larven vorbereiten, gibt es zwei biologische Gruppen: die Stecher und die Roller. Innerhalb der Stecher werden Holz- und Krautstecher unterschieden. Zu den Holzstechern gehört beispielsweise der Eichenzweigstecher (*Lasiorhynchites cavifrons*). Das Weibchen dieses Käfers nagt eine ovale Eihöhle in das Innere verholzter Eichentriebe. In die etwa 1,5 mm tiefe Höhle wird ein Ei gelegt. Die Larven minieren im Mark des absterbenden Zweiges.

Die Krautstecher kann man nach ihrem biologischen Verhalten wiederum in vier Gruppen unterteilen.

Zunächst wären die Knospenstecher zu nennen, zu denen der Eichenknospenstecher (*Caenorhinus aeneovirens*) zählt (Abb. 259d). Das Weibchen dieser Art führt zunächst einen Schnitt an der Knospenbasis, der die Gefäßbündel der Knospenachse durchtrennt. Nun kann sich die Knospe nicht entfalten. Anschließend wird in der Mitte der Knospe ein Bohrloch angelegt, in das das Ei gelegt wird. Die Larve entwickelt sich in der langsam vertrocknenden, jedoch nicht abfallenden Eichenknospe.

Eine zweite Untergruppe repräsentieren die Blattrippenstecher, zu denen der Obstbaumblattrippenstecher (*Caenorhinus pauxillus*) gehört (vgl. Abb. 259a). Das Weibchen verändert den physiologischen Zustand des Blattes dadurch, dass es in die Mittelrippe eines Apfel-, Birnen- oder Erdbeerblattes eine Eihöhle nagt. Die Eiablagestelle verdickt sich, die Larve miniert in der Mittelrippe. Schließlich fällt das Blatt ab.

Die dritte Gruppe der Krautstecher sind die Triebstecher, zu denen beispielsweise der Obstbaumzweigstecher (*Rhynchites caeruleus*) gehört (Abb. 259b). Diese Käfer legen ihre Eier an junge Triebe ihrer Wirtspflanzen ab und nagen diese dann unterhalb der Eiablagestelle an. Im Mark der welkenden Triebe entwickelt sich die Larve.

Eine vierte und letzte Gruppe der Krautstecher sind die Fruchtstecher, von denen als Beispiel der Kupferrote Pflaumenstecher (*Rhynchites cupreus*) angeführt sei (Abb. 259c). Das Weibchen legt in junge, noch grüne Früchte ein Ei ab. Anschließend durchnagt das Weibchen den Fruchtstiel. Die Frucht fällt schließlich ab, und in der auf der Erde liegenden Frucht erfolgt die Entwicklung der Larve.

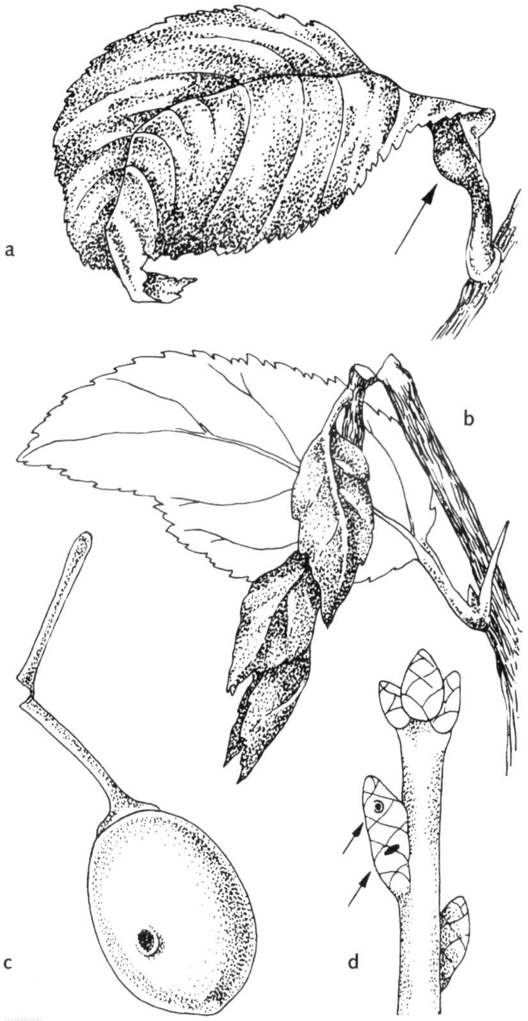

259
Rhynchitidae als Stecher:
a) Birnblatt mit der Eiablage von *Caenorhinus interpunctatus*; b) Von *Rhynchites caeruleus* abgeschnittener Spitzenteil des Verlängerungstriebes eines Obstbaumes; c) Grüne, junge Pflaume, zur Eiablage von *Rhynchites cupreus* angebohrt und im Stiel angeschnitten; d) Knospenstich von *Caenorhinus aeneovirens*.

Rüsselkäfer als Blattroller

Die Blattroller werden nach der Methodik des Rollens in Längs- und Querroller unterteilt. Bei beiden Gruppen gibt es Arten, die einen Blatt-

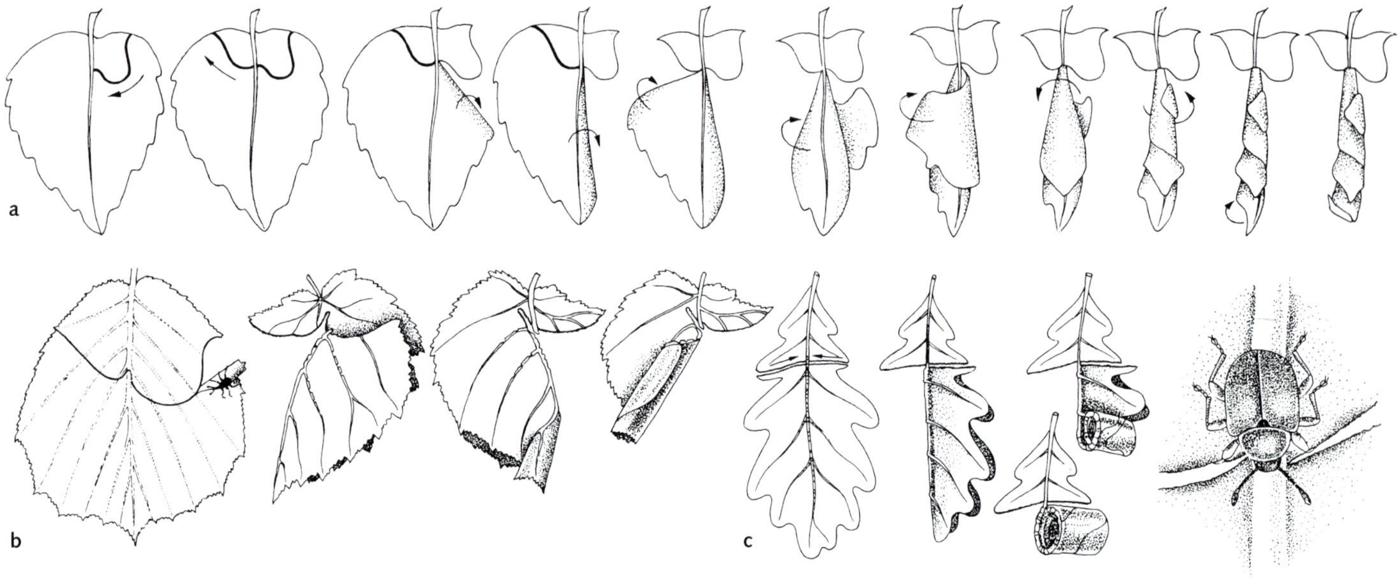

260
Blattrollende Rhynchitidae (a) und Attelabidae (b, c): a) Birkenblattroller *Deporaus betulae*; b) Haselblattroller *Apoderus coryli*; c) Eichenblattroller *Attelabus nitens*.

schnitt durchführen und Arten ohne Blattschnitt. Allen Blattrollern gemeinsam ist, dass sie Blätter zu einem Behälter zusammenrollen, in dem die Eier untergebracht werden (Abb. 260). Das vertrocknende Blatt dient den Larven als Nahrung.

Bei den Längsrollern lassen sich Zapfen- und Trichterroller voneinander unterscheiden. Als Beispiel für einen Zapfenroller soll uns der Rebenstecher (*Byctiscus betulae*) (Rhynchitidae) dienen, der an verschiedenen Laubbäumen vorkommt. Das Weibchen dieses Käfers bohrt den Blattstiel an und höhlt ihn aus. Dadurch beginnt das Blatt zu welken. Von der Seite beginnt nun der Käfer oftmals mithilfe des Männchens das Blatt zu einer zigarrenförmigen Längsrolle zusammenzuwickeln, wobei die Blattunterseite nach außen gelangt. Während des Wickelns werden vier bis sechs Eier zwischen die Umgänge gelegt. Der Zusammenhalt des Blattwickels wird durch Analdrüsensekrete gefördert. An einem Tag werden zwei solcher Blattwickel hergestellt. Insgesamt schafft ein Weibchen 20 bis 30 Stück. Das zusammengerollte Blatt fällt früher oder später zu Boden, wo sich dann auch die Entwicklung des Käfers vollzieht. Unter den Längsrollern gibt es aber auch Arten, die einen Blattschnitt durchführen und die man als Trichterroller bezeichnet. Ein Beispiel für einen Trichterroller ist der Birkenblattroller (*Deporaus betulae*) (Abb. 260a). Das Weibchen führt, am Rande der Blattoberseite beginnend, in einer flachen S-Kurve einen Schnitt bis zur Mittelrippe. Die Mittelrippe wird eingekerbt, und es schließt sich ein weiterer Blattschnitt bis zum anderen Rand an. Ist der Schnitt vollendet, so geht das Weibchen bis zum Schnittbeginn zurück. Von der Blattunterseite her beginnt es mit dem Einrollen zunächst bis zur Mittelrippe (Innentrichter). Um diesen Innentrichter wird die andere Blatthälfte als Außentrichter herumgewickelt. Der Trichterwickel wird durch Umklappen der Blattspitze und durch „Nähen" mit Rüsseleinstichen an den äußeren Umgängen befestigt. In das Blattgewebe werden ein bis sechs Eier abgegeben. Es entsteht auf diese Weise eine mittelständige Trichterrolle. Ähnliche Wickel verfertigt der Ahornblattroller (*Deporaus tristis*), doch ist bei diesem die Rolle seitenständig.

Wir wollen uns nun den Querrollern zuwenden. In Japan gibt es eine Art (*Taiwanobyctiscus pavici*), die eine Querrolle von der Spitze des Blattes her anfertigt, ohne einen Schnitt durchzuführen. Dieses Prinzip wird als Walzenrollen bezeichnet. Die einheimischen querrollenden Rüsselkäferarten führen alle einen Blattschnitt durch und werden als Büchsenroller bezeichnet. Als Beispiel kann uns der Haselblattroller (*Apoderus coryli*) (Attelabidae) dienen (Abb. 260b). Das Weibchen schneidet vom Seitenrand des Blattes bis etwas über die Mittelrippe hinaus. Bei manchen Blättern wird auch vom Blattrand bis zur Mittelrippe getrennt, diese zunächst ausgelassen und dann von der Mittelrippe zum Blattrand geschnitten. Erst am Schluss wird die Mittelrippe tief eingekerbt. Unabhängig davon, welchen Anfang der Schnitt genommen hat, werden anschließend die Seitenrippen eingekerbt und die eine Blatthälfte um die Mittelrippe als Scharnier auf die andere Blatthälfte geklappt, wobei Oberseite auf Oberseite zu liegen kommt. Von der Blattspitze her wird nun die Blattrolle hergestellt, wobei mit Rüsselstichen eine Befestigung erfolgt. Während bei dem Haselblattroller eine seitenständige Büchse entsteht, fertigt der Eichenblattroller (*Attelabus nitens*) (vgl. Abb. 261) eine mittelständige Büchse an. Sechs bis sieben Zentimeter von der Blattspitze entfernt führt das Weibchen einen Schnitt vom Rand bis zur Mittelrippe und anschließend vom gegenüberliegenden Rand bis ebenfalls zur Mittelrippe (Abb. 260c, Pfeile). Nun wird die Mittelrippe selbst angenagt. Durch Einkerben der Haupt- und Nebenrippen und das anschließende Welken wird das Blatt geschmeidig. Schließlich werden die beiden Blatthälften mit den Oberseiten aufeinander liegend über die Mittelrippe zusammengeklappt. Von der Spitze her wird die Rolle angefertigt, wobei mit der Rüsselspitze Befestigungen vorgenommen werden. Auch die Seitenlappen werden eingeklappt und befestigt. Während der Rollarbeit legt das Weibchen ein bis drei Eier in die Blattrolle. Die fertige Rolle wird vom Weibchen abgeschnitten. Die Entwicklung erfolgt auf dem Boden, wo die Larven innerhalb des Wickels überwintern.

Rindenschnitt

Die Zubereitung der Larvennahrung kann auch durch einen Rindenschnitt erfolgen, wofür der Kleine Pappelbock (*Saperda populnea*) ein Beispiel ist (Abb. 262). Zunächst nagt das Weibchen mit nach unten gerichtetem Kopf in die Rinde eines von ihm ausgewählten Zweiges flache Querfurchen. Anschließend wird unterhalb dieser Furchen ein Loch in die Rinde genagt, das bis in den Splint reicht. Nun werden, von diesem Loch ausgehend, zwei bogenförmige Rindeneinschnitte nach oben gezogen, wobei sich das Weibchen links und rechts in einem Winkel von 90 Grad von der ursprünglichen Stelle ausgehend dreht. Hat das Weibchen nun den hufeisenförmigen Schnitt vollendet, dreht es sich um 180 Grad und legt ein Ei unter die Rindenhalbinsel. Nun verlässt das Weibchen die Eiablagestelle. Das Pflanzengewebe reagiert um die sich schwarz färbende Eiinsel mit Zellwucherungen. Diese Wucherungen rücken von allen Seiten auf das Ei zu und treiben die Rindenhalbinsel etwas in die Höhe. Die so entstehende gallenartige Wucherung dient der inzwischen geschlüpften Larve als erste Nahrung. Später dringt die Larve in das Mark des Zweiges ein, und es kommt zu auffälligen Zweigverdickungen (Gallen) (Abb. 196).

261
Der Haselnuss-Dickkopfroller *Attelabus coryli* (Familie Attelabidae) legt seine zylindrischen Blattrollen meist auf Haselnuss an; Körperlänge 6–8 mm. (Foto Gepp)

Eintragen von Pflanzen

Eine Reihe von Blatthornkäfern (Scarabaeidae) und Mistkäfern (Geotrupidae) trägt frisches oder faulendes Pflanzengewebe ein, zum Beispiel der Rebenschneider (*Lethrus apterus*) (Abb. 263c). Die Käfer schneiden mit den sehr kräftigen Mandibeln lebende Pflanzenteile ab, die in Erdröhren gebracht werden. Die Pflanzenteile dienen teils als Eigennahrung, teils sind sie für die Nachkommen bestimmt. Männchen und Weibchen arbeiten als Paar zusammen. Das

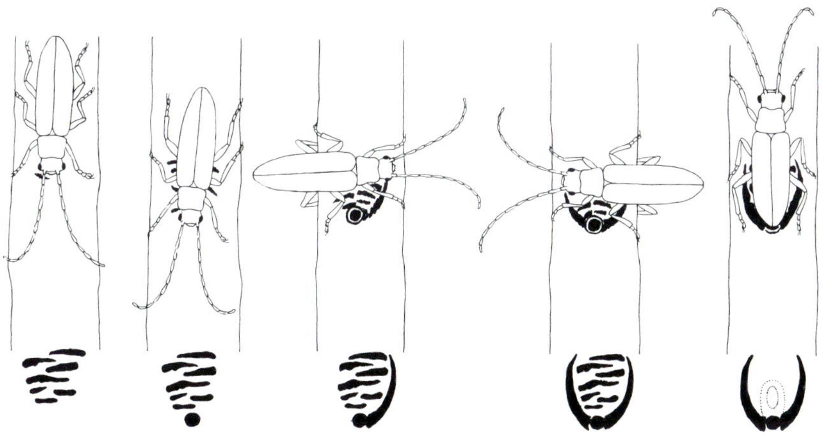

262
Brutfürsorge (Rindenschnitt) von *Saperda populnea* (Bockkäfer, Cerambycidae), unten ist jeweils das Fraßbild dargestellt.

Weibchen gräbt einen Seitenstollen, der mit einer taubeneigroßen Höhle endigt. Dort hinein wird ein Ei gelegt. Anschließend werden grüne Pflanzenteile in die Höhle gebracht. Diese Pflanzenteile werden vom Männchen rückwärts gehend herbei getragen und vom Weibchen abgenommen und in die Eihöhle gestampft. Dann wird der Seitenstollen mit Erde verschlossen und ein neuer Seitenstollen angelegt. Die Larven ernähren sich von dem Pflanzenvorrat und verpuppen sich auch in der Nahrungshöhle. Die Jungkäfer überwintern darin und graben sich im kommenden Frühjahr nach außen. Das Männchen bewacht den Eingang des Baues und säubert auch den Platz vor dem Eingang. Ein Mandibelfortsatz erweist sich für diese Tätigkeit als besonders nützlich. Die Larvennahrung macht vor dem Verbrauch vermutlich einen Gärungsprozess durch. Eine ähnliche Brutfürsorge finden wir bei südamerikanischen und nordamerikanischen Riesenkäfern (Scarabaeidae-Dynastinae). Ein Angehöriger der Blatthornkäferunterfamilie Coprinae (*Choeridium granigerum*) zeigt eine ganz spezielle Anpassung in seiner Brutfürsorge. Er sucht zur Anlage seiner Brutstollen verlassene Nestabschnitte von Blattschneiderameisen (*Atta*) auf. Verrottetes Pflanzenmaterial, das meist auch stark verpilzt ist, wird als Nährsubstrat für die Larven verwendet. Von der Abraumkammer der Ameisen ausgehend, gräbt der Käfer Stollen in die Erde, an deren Ende ein Ei gelegt wird und die später mit dem Nährmaterial voll gefüllt werden.

Eingraben von Algen

In nahezu unendlicher Vielfalt ist das Eintragen von Larvennahrung in Erdstollen oder -gruben variiert worden. Als Beispiel dafür können uns die Kurzflügler (Staphylinidae) der Gattung *Bledius* dienen (Abb. 263a). Die Käfer leben in der Uferzone des Meeres und von Binnengewässern. Sie graben Gangsysteme in den Boden, in denen

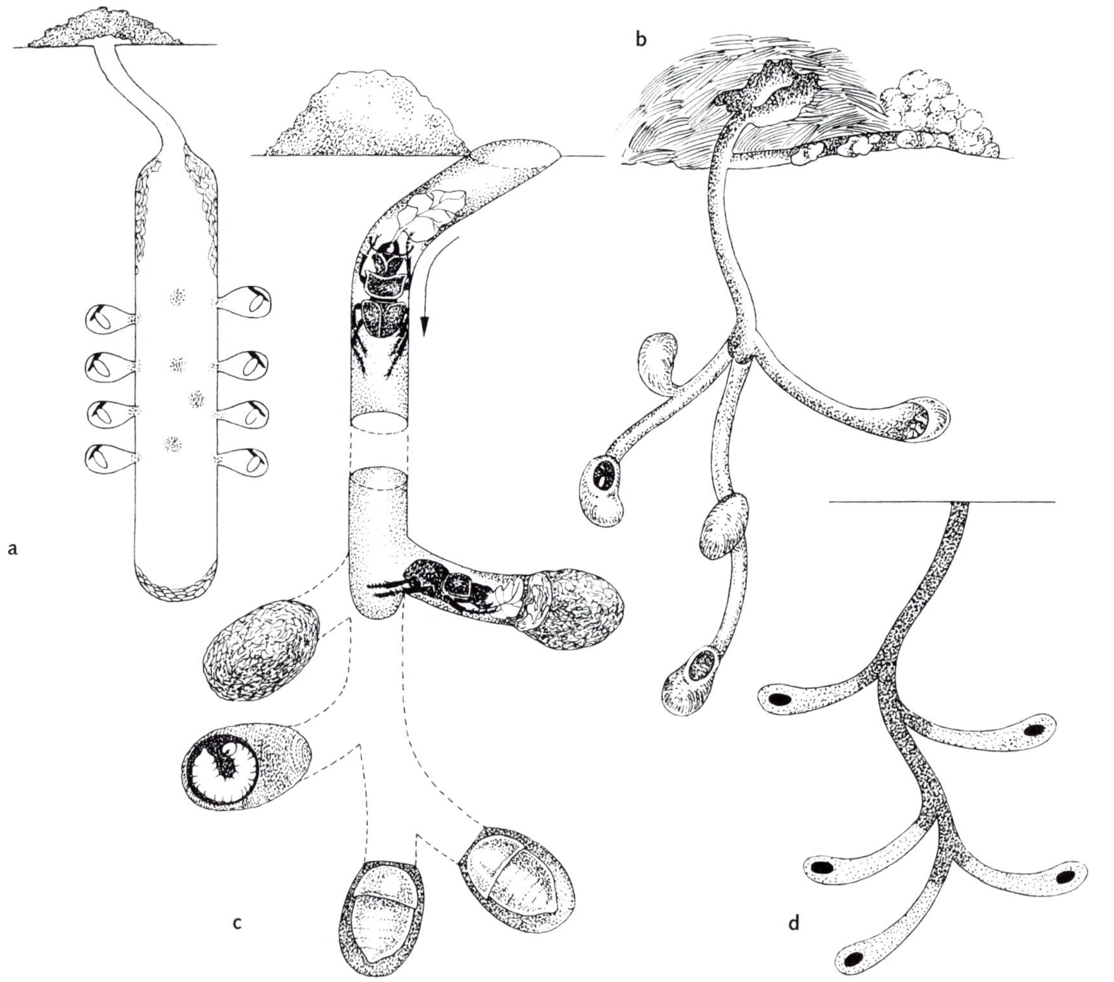

263
Brutbaue
a) Brutbau von *Bledius spectabilis* im Sande des Meeresstrandes (Kurzflügler, Staphylinidae); b) Brutbau von *Onthophagus nuchicornis* (Blatthornkäfer, Scarabaeidae); c) Brutbau von *Lethrus apterus* (Mistkäfer, Geotrupidae); d) Schematische Darstellung eines Brutbaues von *Geotrupes stercorarius* (Mistkäfer, Geotrupidae).

sie Algen deponieren. Das Gangsystem ist artspezifisch angelegt. Die Larven leben zunächst mit der Mutter im Muttergang, später in eigenen Gängen. Der Röhrengrund dient als Lagerplatz für die Exkremente. Der Algenvorrat wird meist in einer oberen Erweiterung untergebracht, im Mittelstück liegen radiär die Eikammern, wobei die Eier auf einem speziellen Sockel angebracht werden. Die *Bledius*-Gänge können bis 40 cm tief sein.

Brutstollen der Dungkäfer

Eine große Zahl von Blatthornkäfern vergräbt Dung in der Erde, wobei die verschiedensten Gangsysteme angelegt werden. Zweifellos konserviert das Vergraben den Dung eine gewisse Zeit. Die allbekannten Mistkäfer der Gattungen *Geotrupes, Anoplotrupes* und *Trypocopris* beispielsweise graben Stollen (Abb. 263d), wobei Männchen und Weibchen gewöhnlich zusammen arbeiten. Die beiden legen einen mehrere Dezimeter tiefen Hauptstollen an, aus dem die freigegrabene Erde nach oben gebracht wird. Von dem Hauptstollen abgehend, werden Nebenstollen gegraben und etwa 10 cm lang mit Dung gefüllt. Der Dung wird im Wesentlichen vom Weibchen heran transportiert und auch von diesem eingestampft. Ist die Dungwurst fertig, legt das Weibchen ein Ei an das Ende des Vorrats. Die Larve ernährt sich von dem Dungvorrat und überwintert im Boden. Im Sommer des nächsten Jahres verpuppt sie sich, und der Jungkäfer kommt durch den Hauptgang nach außen. Bei den meisten Arten werden höchstens acht Nebenstollen angelegt. Ähnlich wie bei den *Geotrupes*-Arten verläuft die Brutfürsorge beim einheimischen Dreihornmistkäfer (*Typhaeus typhoeus*). Dessen Brutstollen erreichen unter den einheimischen Arten mit 1,50 m die größte Tiefe. Auch die Angehörigen der weit verbreiteten Gattung *Onthophagus* (Familie Scarabaeidae) legen umfangreiche Gangsysteme an (Abb. 263b). Die verhältnismäßig kleinen Käfer (6 bis 9 mm lang) graben neben einem Dungfladen einen 5 bis 11 cm tiefen Gang in den Boden. An dessen Ende wird eine Bruthöhle ausgebaut, die mit Dung gefüllt und einem Ei belegt wird. Anschließend wird sie geschlossen und die nächste Bruthöhle angelegt, sodass ein recht unregelmäßig wirkendes Brutsystem entsteht.

Pillenwälzer

Eine Weiterentwicklung der bisher geschilderten Brutfürsorgemaßnahmen ist bei jenen Arten zu beobachten, die für je ein Ei eine einzelne Brutbirne herstellen. Eine große Zahl verschiedener Coprinae verfährt so, zum Beispiel Angehörige der Gattungen *Euristernus, Phanaeus, Canton* und andere. Hierher gehört auch die Gruppe der Pillenwälzer, zum Beispiel die Gattung *Scarabaeus*. Diese Tiere stellen zwei verschiedene Pillenarten her, Futterpillen für die eigene Ernährung und Brutpillen für die Ernährung der Larven (Abb. 264, 265). Die Pillenmasse wird entweder aus einer größeren Dungmenge herausgeschnitten oder aus mehreren kleinen Dungmengen zusammengesetzt (geknetet) (Abb. 265 a). Die Pillen werden nach rückwärts weggewälzt. Die Vorderbeine befinden sich auf dem Erdboden und bewegen sich im Rückwärtsgang. Die Hinterbeine befinden sich auf der Pille und bewegen sich im Vorwärtsgang (Abb. 265 b). Futterpillen können von beiden Geschlechtern hergestellt werden. Sie werden eingegraben und verzehrt. Die Brutpillen werden vom befruchteten Weibchen allein geknetet und weggerollt. Das Weibchen vergräbt sie auch in einer geräumigen Höhle. Dort wird aus der kugelförmigen Pille eine aufrechtstehende, oben verjüngte Brutbirne geformt. Im oberen Teil dieser Birne wird die Eikammer angelegt und mit einem Ei belegt (Abb. 265 c). Die Brutbirne ist bei *Scarabaeus sacer*, dem Heiligen Pillendreher, etwa 4 x 5 cm groß und 40 g schwer. Das Weibchen legt insgesamt etwa sechs Brutpillen an.

Die Fruchtbarkeit ist bei diesen Brutfürsorge treibenden Käfern verhältnismäßig gering, da die Larven eine hohe Entwicklungswahrscheinlichkeit haben. Die Larve verpuppt sich in der Brutbirne (Abb. 265 d).

Es gibt die verschiedensten Verhaltensreaktionen gegenüber Artgenossen. Sind beide ohne Pille, erfolgt keine Reaktion. Besitzt einer der beiden eine Futterpille, so geht der Pillenbesitzer in Abwehrstellung, der Ankömmling in „Duckstellung“. Ist der Ankömmling gleichen Geschlechts, wird er fortgeschleudert, bzw. es kommt zum Kampf um die Futterpille (Abb. 265 f). Ist der Ankömmling anderen Geschlechts, wird er geduldet. Ein pillenrollendes Weibchen lässt von einem ankommenden Männchen die Pille weiter rollen. Jenes gräbt sie

264
Pillendreher mit Dungkugel. (Foto FÖRSTER, Archiv Staatl. Museum Tierkunde Dresden)

ein, und anschließend wird die Pille gemeinsam gefressen, wobei vermutlich auch die Begattung erfolgt. Die Pillendreher sind vor allem auch durch den Bau der Hinterbeine an das Transportieren und Bearbeiten der Dungpille angepasst (Abb. 102, 103, 265e).

Eine ähnliche Verhaltensweise zeigen auch viele andere Gattungen von Pillendrehern. Bei dem in Mitteleuropa vorkommenden *Sisyphus schaefferi* transportieren oft Männchen und Weibchen die Brutpillen gemeinsam, wobei ein Tier mit den Vorderbeinen auf der Pille steht und diese nach rückwärts zieht, der Partner schiebt mit den Hinterbeinen auf der Pille und den Vorderbeinen am Boden von gegenüber. Bei dem südamerikanischen Pillenwälzer *Phanaeus milon* besteht die Brutbirne aus Aas. Andere Arten sind imstande, sowohl aus Dung wie auch aus Aas Brutbirnen herzustellen, zum Beispiel bestimmte südamerikanische *Canton*-Arten. Die *Canton*-Arten haben außerdem die Eigenart, mehrere Brutbirnen in einer einzigen unterirdischen Kammer nestartig zu vereinigen (Abb. 266a). Ein weiterer etwas abweichender Brutfürsorgetyp sei noch erwähnt, der sich bei der südamerikanischen Dynastine *Scatophilus dasypleurus* findet. Diese Art stellt unterirdisch eine große Dungwurst her, in die mehrere Eier in Abständen von etwa 2 cm abgelegt werden. Interessant ist vielleicht noch die nordamerikanische Dungkäferart *Deltochilum gibbosum*, die eine Brutbirne aus Federn oder Haaren mit einer Hülle aus faulenden Blättern und Erde herstellt (Abb. 266b). Diese Brutbirne wird in einer flachen Grube untergebracht und nur schwach mit Erde bedeckt. Die Art *Deltochilum dentipes* umgibt ihre Brutbirne aus Dung mit einem Mantel aus Lehm und vergräbt sie ebenfalls nur oberflächlich.

Brutpflege des Mondhornkäfers

Von der Brutfürsorge zur Brutpflege ist ein anderer Dungkäfer, der Mondhornkäfer (*Copris lunaris*), geschritten (Abb. 266c). Er legt im

Spätfrühling in einer Erdhöhle einen Dungvorrat für die Selbstverpflegung an. In eine weibliche Vorratshöhle dringt ein Männchen ein, und es kommt zum Ausbau der Bruthöhle. Dabei wird Arbeitsteilung geübt, indem das Männchen die Erde heraustransportiert und Dungportionen herbeischleppt. Das Weibchen vereinigt diese Dungteile, und schließlich formen beide ein großes „Dungbrot" mit einem Gewicht von 50 bis 180 g. Nach ungefähr acht Tagen bildet das Weibchen daraus mehrere (höchstens fünf) Brutbirnen, die jede mit einem Ei versehen werden. Das Weibchen pflegt die Brutbirnen ständig und verhindert damit eine Verpilzung. Während der gesamten Entwicklungszeit der Larven bis zum Schlüpfen der Jungkäfer, ein Zeitraum, der vier Monate umfasst, treibt das Weibchen diese Brutpflege und hungert dabei. Es fertigt nur eine einzige Bruthöhle an. Mitunter bleibt das Männchen beim Weibchen. In anderen Fällen wird es vertrieben.

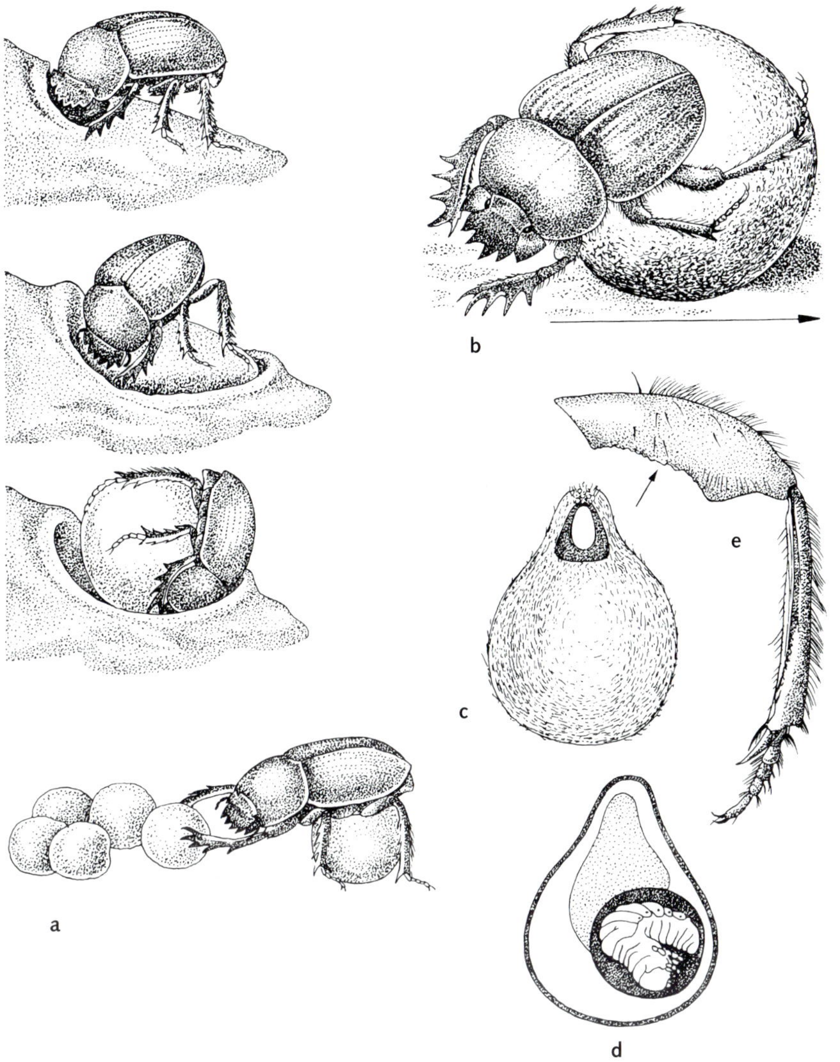

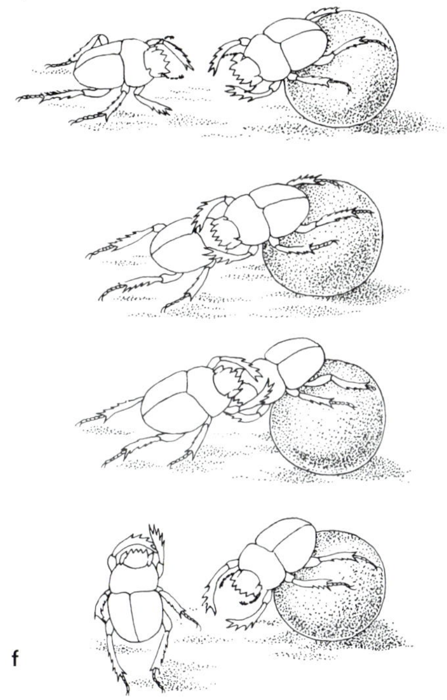

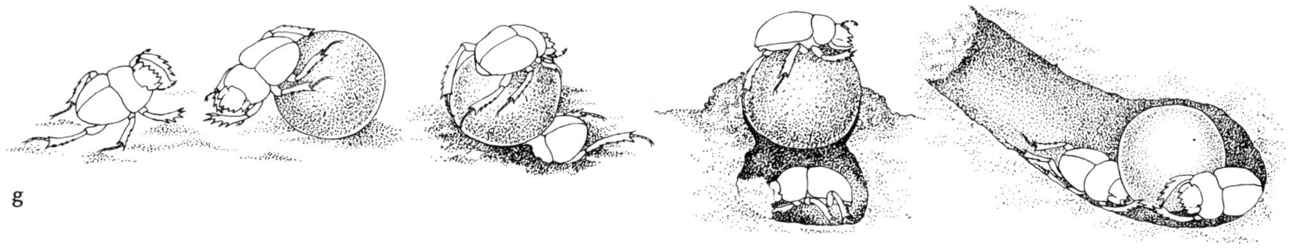

265
Aus der Biologie des Pillendrehers *Scarabaeus semipunctatus* (Blatthornkäfer, Scarabaeidae):
a) Zwei verschiedene Arten der Herstellung einer Nahrungspille: Formen einer Dungkugel aus Material eines großen Kothaufens sowie aus kleinem kugeligem Kot des Schafes; b) Transport einer Pille (Pfeil zeigt in Fortbewegungsrichtung); c) Brutbirne, oben liegt in einem Ausschnitt das Ei; d) Larve innerhalb der Brutbirne; e) Hinterbein; zu beachten ist die dem Pillentransport angepasste Form des Schenkels; f) Ein Pillendreher verteidigt die Brutpille; g) Eingraben einer Dungpille durch ein Pärchen. Auf der Kugel sitzt das Weibchen, darunter gräbt das Männchen.

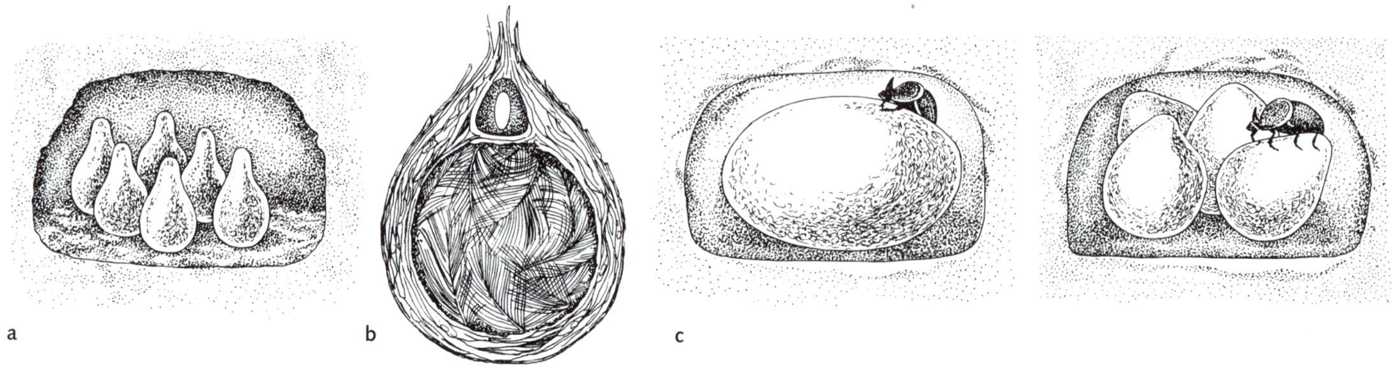

266
Brutbirnen von Blatthornkäfern (Scarabaeidae): a) Brutanlage von *Canton muticus* in der Erde; b) Brutbirne von *Deltochilum gibbosum*, oben Ei; c) Brutbirnen von *Copris hispanus*, links noch ungeformtes Dungbrot.

Die Totengräberkrypta

Eine besonders hoch entwickelte Form der Brutpflege finden wir bei den oft rot-schwarz gezeichneten Totengräbern (*Nicrophorus*, Silphidae) (Abb. 31). Mithilfe des Geruchssinnes wird von diesen Käfern z. B. ein kleineres totes Wirbeltier gefunden. Ist ein einzelnes Männchen zuerst da, „sterzelt" es mit hoch erhobenem Hinterleib stundenlang auf dem Aas. Dabei wird ein Lockstoff abgegeben, der Weibchen anlockt. Treffen mehrere Käfer auf einem kleinen Aas ein, so kämpfen die Weibchen und Männchen untereinander, bis nur ein einziges Paar übrig bleibt. Die beiden Käfer vergraben das Aas durch Unterwühlen, wodurch es nach und nach einsinkt und später durch Hineinpressen in einen schräg in die Erde führenden Gang. Das Aas wird bei diesem Vorgang mehr und mehr zusammengefaltet, zu einer Kugel gerundet und liegt nach vielstündiger Grabarbeit schließlich bis zu 10 cm tief in einer Erdhöhle, die als Krypta bezeichnet wird (Abb. 267). Die größte in Mitteleuropa vorkommende Art (*Nicrophorus germanicus*) kann kleinere Tiere (Vögel, Mäuse) sogar bis 60 cm eingraben. Nach Abschluss dieser Arbeiten wird das Männchen vom Weibchen vertrieben. Das Weibchen legt alsbald bis zu 24 Eier in die Wand eines von der Aaskugel ausgehenden Erdganges (Muttergang). Bis zum Schlüpfen der Eier vergehen fünf Tage, während der das Weibchen die Aaskugel pflegt und schließlich auf deren Gipfel eine trichterförmige Öffnung frisst, die mehrfach geöffnet und geschlossen wird. Das Weibchen gibt Verdauungsenzyme in den Trichter ab. Unmittelbar vor dem Schlüpfen der Larven wird der Trichter geöffnet. Die Larven werden geruchlich oder durch Lautäußerungen des Weibchens angelockt und sammeln sich in diesem Trichter.

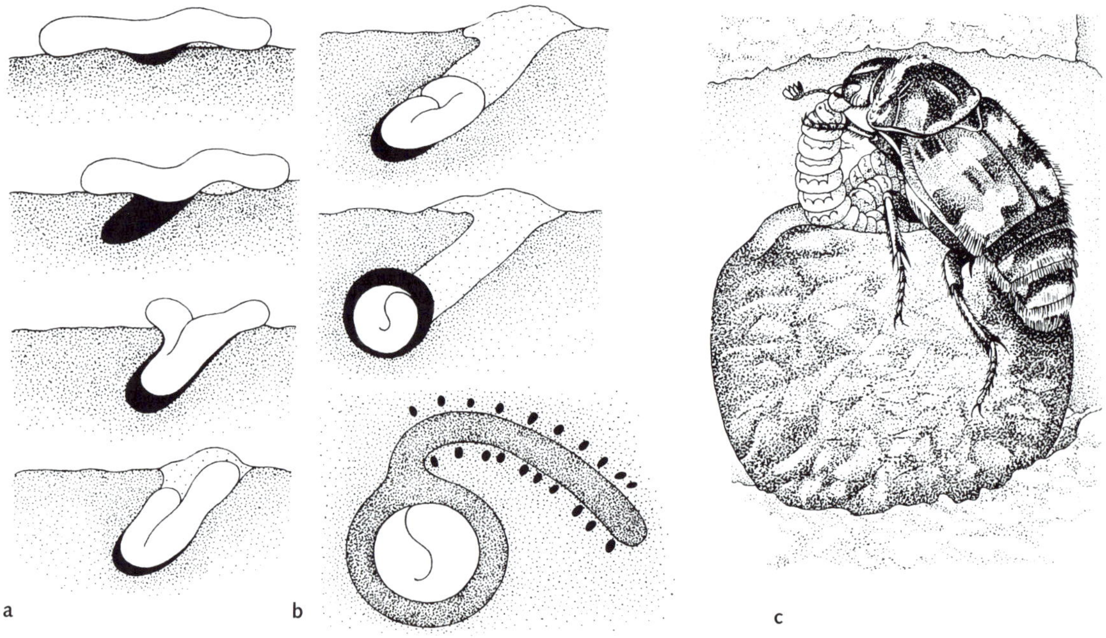

267
Totengräber (Aaskäfer, Silphidae): a) Vorgang des Eingrabens eines Aases bei *Nicrophorus vespillo*; b) Schematische Darstellung (Horizontalschnitt) durch Krypta, Muttergang und Eikammern von *Nicrophorus vespillo*. Das abgekugelte Aas ist weiß dargestellt; c) Weibchen eines Totengräbers (*Nicrophorus* sp.) beim Füttern seiner Larven.

Die Lautäußerungen scheinen bei den Totengräbern generell eine große Rolle zu spielen, da beide Geschlechter zirpen können (Abb. 226a) und einander auch antworten. Vor allem den Junglarven scheinen diese Laute zur Orientierung zu dienen. Die im Trichter befindlichen kleinen Larven fressen nun aber nicht vom Aas. Vielmehr kommt das Weibchen zu ihnen und füttert sie mit erbrochenem Darminhalt. Die Larven suchen aktiv das Vorderende des Weibchens und recken den Kopf zu deren Mandibeln empor. Hintereinander können 5 bis 6 Larven „abgefüttert" werden, dann muss das Weibchen selbst wieder Nahrung aufnehmen. Nach etwa fünf bis sechs Stunden sind die Junglarven in der Lage, eigenständig vom Aas zu fressen, das durch die von der Mutter abgegebenen Enzyme bereits vorbereitet war (auch die Mutter selbst kann dadurch schneller den Futtervorrat für die Larven ergänzen). Unmittelbar nach den beiden noch folgenden Häutungen jedoch müssen sie wieder von der Mutter gefüttert werden. Bereits nach sieben Tagen ist die Larvenentwicklung beendet, und die Larven verpuppen sich in der Erde in der Umgebung der Krypta.

In den sieben Tagen wachsen die Larven gewaltig. Die Körperlänge des 1. Stadiums beträgt 4,5–9,6 mm; des 2. Stadiums 7,9–15,5 mm; des 3. Stadiums 16,1–32,6 mm (die größte in Mitteleuropa vorkommende Art, *Nicrophorus germanicus* ist bei dieser Aufstellung nicht berücksichtigt). Die Kopfkapselbreite als exakteres Maß beträgt 0,85–1,10 mm; 1,20–1,65 mm bzw. 1,60–2,40 mm. Die Gewichtszunahme beträgt dabei das etwa 100fache des Anfangsgewichts, bereits nach den ersten sieben Stunden war eine Gewichtsverdoppelung eingetreten. Nach etwas 14 Tagen Puppenzeit schlüpfen die Jungkäfer.

Käfer im künstlerischen Schaffen

Motive für Malerei und Grafik alter und neuer Meister

Es gibt eine ungeheure Fülle von bildlichen Käferdarstellungen. Verschiedene Käferarten sind einziger Inhalt oder aber Elemente von Kunstwerken. Neben der künstlerischen Käferdarstellung finden wir die Käferabbildung für wissenschaftliche Zwecke. Zwischen beiden gibt es viele Übergänge.

Der grosse Nürnberger Maler, Zeichner, Grafiker und Kunstschriftsteller ALBRECHT DÜRER (1471–1528) stellte oft Insekten dar, darunter auch Käfer. So finden wir auf dem 1503 entstandenen Symbolbild „Maria mit den vielen Tieren" einen Hirschkäfer, auch sei an DÜRERS weltberühmte Einzeldarstellung des Hirschkäfers erinnert. Letzteres Bild hat einige sachliche Fehler (die Gliederung der Lippentaster stimmt nicht, die Dornen an den Mittelbeinen sind falsch gerichtet, das letzte Fußglied ist nicht verdickt, der organische Zusammenhang zwischen Kopf, Bruststück und Hinterleib fehlt), die am künstlerischen Wert des Bildes nichts ändern.

Der Hirschkäfer hat einen offenbar großen Reiz zur künstlerischen Darstellung ausgeübt. In einer Miniaturmalerei im Posch-Missale (1526), einem Messbuch, greift ein Hirschkäfer als Symbol des Bösen zwei Putten an (die geflügelten Darstellungen des Liebesgottes EROS), die vor ihm die Flucht ergreifen. Auf dem Gemälde „Johannes auf Patmos" (1518) des deutschen Malers, Zeichners und Holzschneiders HANS BURGKMAIR DEM ÄLTEREN (1473–1531) ist eine *Polyphylla*-Art zu Füßen des JOHANNES zu sehen.

Der flämische Maler JAN BRUEGEL DER ÄLTERE (1568–1625) hat seine vielen Blumensträuße oft mit Insekten geschmückt. So finden wir auf seinem „Großen Blumenstrauß" Maikäfer dargestellt.

Bemerkenswert ist vielleicht auch die als „wissenschaftlich" gedachte Buchillustration dieser Zeit, die meist nicht wissenschaftlich wertbar ist, wohl aber zeitgeschichtlich und künstlerisch. So finden wir in der 1605 erschienenen „Moralischen Zoologie" von JOACHIM CAMERARIUS eine Rose gezeichnet, von der sie besuchende Mistkäfer tot herabfallen.

Doch auch in späterer Zeit blieben die Käfer beliebte Motive der Malerei und Grafik. Der Schweizer Zeichner und Maler MARTIN DISTELI (1802–1844) ist unter anderem wegen seiner Karikaturen, die oft Tierdarstellungen verwenden, sehr bekannt. Wenn auch seine besondere Vorliebe den Heuschrecken galt, finden wir von ihm doch auch Käfer dargestellt. In einem Aquarell zu des Schweizer Dichters ABRAHAM EMANUEL FRÖHLICH (1796–1865) „Die Heuschreckenpredigt" sehen wir einen aufmerksam lauschenden Hirschkäfer sitzen, der aus dem Mund einer Heuschrecke die folgenden Worte vernimmt:

> »Und ihr, die mit uns längst im treuen Bunde,
> du Fledermaus, Hornkäfer und Nachtfalter,
> die unser Glück ihr preist mit Herz und Munde,
> bleibt unsers Reiches tätige Statthalter,...«

Keines der genannten Tiere, außer der Fledermaus, die vielleicht gelegentlich eine Heuschrecke erbeutet, hat sonst etwas mit diesen Insekten zu tun, aber das müssen sie in diesem Gedicht wohl auch nicht.

Der französische Zeichner und Karikaturist JEAN IGNACE ISIDORE GÉRARD (1803–1847) veröffentlichte unter dem Namen GRANDVILLE zahlreiche sozialkritische Darstellungen. Besonders berühmt ist sein Buch „Scènes de la vie privée et publique des animaux (Bilder aus dem Familienleben der Tiere)" (1840–1842), zu dem der bekannte französische Schriftsteller HONORÉ DE BALZAC (1799–1850), der französische Dichter der Romantik ALFRED DE MUSSET (1810–1857) und die französische Schriftstellerin GEORGE

SAND (1804–1876) Texte schrieben. Darin finden wir die schöne Darstellung einer Eheschließung, an der ein Hirschkäfer als Standesbeamter, ein Maikäfer als Schreiber und ein Mistkäfer als Trauzeuge teilnehmen. Unterschrieben ist das Bild mit den Worten: »Der Ehemann gibt seiner Frau Schutz, die Frau ihrem Mann Gehorsam.«

Bei WILHELM BUSCH wimmelt es von Käferdarstellungen. Der 5. Streich von „Max und Moritz" sei in Erinnerung gebracht, auch „Hänschen Däumling". Die Bildergeschichtensammlung „Schnurrdiburr oder die Bienen" enthält auch Darstellungen von Bockkäfern, Nashornkäfern, Hirschkäfern und Maikäfern.

Nun vielleicht einen Sprung zu einer modernen Künstlerin, die viele Insekten, auch Käfer, in ihren Radierungen als Ausdrucksmittel verwendet hat: die Göttinger Malerin LIESELOTTE SCHOBER (* 1915). Hervorzuheben ist der „Ausbruch aus dem Gießharz" (1976) und „Variation zu Schneewittchen" (1976). Daneben gibt es noch eine ganze Reihe von Bildern dieser Künstlerin, die ebenfalls Käfer enthalten, z. B. die „Variation zu Genovefa" (1976). Auch andere neuere Künstler haben Käfer dargestellt, so WOLFGANG HUTTER (* 1928), ein bedeutender Vertreter des „fantastischen Realismus" aus Wien, in seiner Radierung „Käfer".

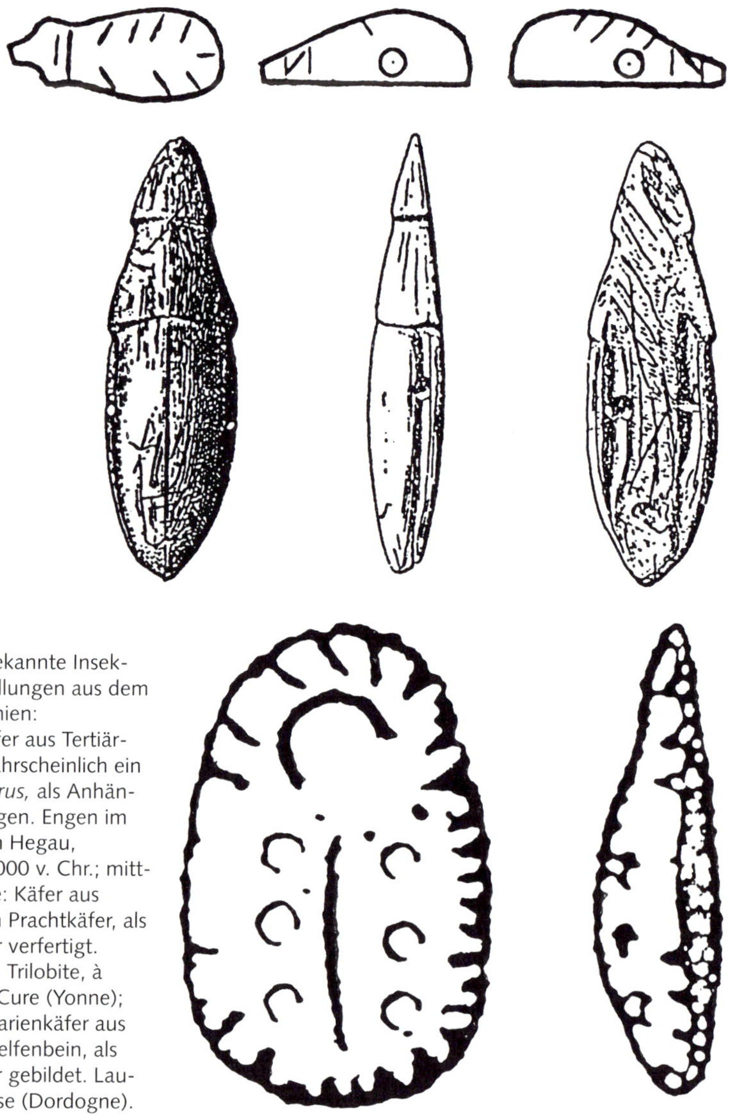

268
Älteste bekannte Insektendarstellungen aus dem Magdalénien:
oben: Käfer aus Tertiärkohle, wahrscheinlich ein *Nicrophorus,* als Anhänger getragen. Engen im badischen Hegau, 15000–9000 v. Chr.; mittlere Reihe: Käfer aus Lignit, ein Prachtkäfer, als Anhänger verfertigt. Grotte du Trilobite, à Arcy-sur-Cure (Yonne); unten: Marienkäfer aus Mammutelfenbein, als Anhänger gebildet. Laugerie-Basse (Dordogne).

Plastiken

Die älteste überhaupt bekannte Insektenplastik stellt einen Käfer dar, vermutlich einen Totengräber (*Nicrophorus*). Diese Plastik wurde vor 15.000 bis 9.000 Jahren in der jungsteinzeitlichen mittel- und westeuropäischen Kulturepoche des Magdalénien aus Kohle angefertigt und zusammen mit anderen Kohleplastiken gefunden. Einer Beschreibung dieser ältesten Käferplastik ist Folgendes zu entnehmen: »Die Figur ist vollkommen abgerundet, hat Hochglanz und ist schräg durchbohrt; sie wird, nach der Abschleifung der völlig ebenen Grundfläche zu urteilen, jedenfalls als Anhänger, und zwar für sich allein, getragen worden sein.«

Man kennt noch weitere Käferplastiken aus dem Magdalénien (Abb. 268). Das eine ist die Darstellung eines Prachtkäfers von etwa 5 cm Länge. Diese Plastik wurde aus Lignit hergestellt. Auch sie ist durchbohrt und wurde sicher als Schmuckstück getragen. Man fand eine Marienkäferplastik aus Mammutelfenbein, die ebenfalls durchbohrt und als Schmuck getragen wurde. Dieser Marienkäfer hat eine Länge von 1,5 cm und wurde möglicherweise als Glückssymbol getragen. Auch in späteren Hochkulturen spielen Käferplastiken eine bedeutende Rolle (s. S. 1 f). Auf Kreta wurden handgroße Nachbildungen von Nashornkäfern ausgegraben, die aus der Zeit von 1700 bis 1600 v. Chr. stammen und in einem minoischen Heiligtum gefunden wurden. Man nimmt an, dass diese dem mykenischen Kulturkreis zuzuordnenden Funde einer Gottheit geweiht waren mit der Bitte, die Pflanzen zu schützen.

Auch in den späteren Jahrhunderten lassen sich mannigfaltige Beispiele für Käferplastiken finden. Vielleicht sollte man zum Abschluss einen modernen Bildhauer erwähnen: HANS JÄHNE (* 1926). Er hat eine recht imposante Edelstahlplastik des Hirschkäfers angefertigt, die über 70 cm groß ist. Auch Laufkäfer und Bockkäfer wurden von ihm künstlerisch dargestellt. Von den künstlerischen Plastiken ist es nur ein kleiner Schritt zum wissenschaftlichen Modell, und es sei zumindest vermerkt, dass es in vielen Museen der Welt außerordentlich gut gelungene Modelle von Käfern gibt.

Tänze ahmen Käfer nach

Man kennt einen Maskentanz der Kaua des Oberen Aiary (Nordwestbrasilien), den „Tanz der Mistkäfer". Dieser Tanz wird von KOCH-GRÜNBERG (1921) folgendermaßen geschildert: »Zwei Maskentänzer schritten nebeneinander Hand in Hand unter Gesang vor- und rückwärts. Sie hielten unter den äußeren Armen ihre Tanzstäbe eingeklemmt und wälzten damit einen Stock, der die Kotkugel vorstellte, hin und her.« Diesem Tanz liegt die Idee einer reinigenden Zauberwirkung zugrunde. Er soll Dämonen vertreiben und Fruchtbarkeit hervorrufen. Dargestellt wird die Verhaltensweise der Pillendreher.

KOCH-GRÜNBERG, der mehrere Jahre bei den Indianern Nordwestbrasiliens zubrachte und den „Tanz der Mistkäfer" erlebte, gibt dazu folgende Deutung: »Dadurch, dass der Tänzer in Bewegungen und Handlungen das Wesen, das er darzustellen sucht, möglichst getreu nachahmt, identifiziert er sich mit ihm. Die geheimnisvolle Kraft, die der Maske innewohnt, geht auf den Tänzer über, macht ihn selbst zu einem mächtigen Dämon und befähigt ihn, die Dämonen zu vertreiben oder günstig zu stimmen. Besonders die Dämonen des Wachstums, die Tiergeister, die dabei eine Rolle spielen, und die Tiergeister der Jagd und des Fischfangs sollen durch mimische Handlungen in den Machtbereich des Menschen gebannt werden.«

Käfer in der Porzellanmalerei

Die Porzellanmalerei und -plastik hat vor allem in der Zeit des Rokoko vielfach Käfer als Motive verwendet. So ist z.B. auf einem Teller der Wiener Staatsmanufaktur (1744–1750) ein Maikäfer dargestellt, ein Schokoladenbecher mit Einsatztasse ist mit Marienkäfern bemalt. Ein Tafelaufsatz der Meißner Porzellanmanufaktur trägt einen plastischen Hirschkäfer.

Kunstgewerbe

Die berühmten Batikstoffe aus dem alten Java zeigen Käfer neben anderen Insekten als Motive. Davon ausgehend sind bis in die Gegenwart Käfer immer wieder zur Bemusterung verschiedener Stoffe verwendet worden.

Die Flügeldecken von Käfern sind verhältnismäßig oft für die Herstellung künstlerischer Produkte benutzt worden (Abb. 274, 275). Zur Betonung von gemalten Blumenmustern oder Ornamenten auf Stoffen wurden in Indien glänzende Flügeldecken von Prachtkäfern (Buprestidae) oder Schnellkäfern (Elateridae) angebracht.

JOHANN LEONHARD FRISCH weist auf eine andere Verwendung hin: »Ein guter Freund, welcher diese Schönheit der Käfer (gemeint ist der Rosenkäfer *Cetonia aurata* – der Verf.) sah, bekam Lust, eine Quantität zu sammeln und sich die Schublade eines kleinen Kastens oder Behälters mit deren Flügeln zu belegen, welches so schön wie lackiert aussieht, man kann den Staub bequem davon abwischen, und wer das Zeichnen versteht, Figuren davon zu machen. Besonders weil man die Farben in der Heraldik von dergleichen Insekten zusammen bringen kann, stehen alle Wappen schön, wenn sie damit ausgelegt sind.« (s. S. 221)

Die Glasmalerei, die besonders im 18. und 19. Jahrhundert blühte, brachte zahlreiche ge-

269
Lebende Käferbrosche mit Käfig; Mexiko, 1995. (Foto KUTZSCHER)

naue Insektenmalereien hervor. Neben Blumen, Früchten und Schmetterlingen schmücken Marienkäfer häufig Gläser aus der deutschen Stilepoche des Biedermeier (1818–1848).

Die gelegentlich in der Art von Hirschkäfern angefertigten Stiefelknechte haben z. T. recht alte Vorbilder. Bekannt ist beispielsweise ein Stiefelknecht in Gestalt eines Hirschkäfers aus Böhmen, 1. Hälfte des 19. Jh.

Völlig unübersehbar dürfte die Verwendung von Marienkäfer-Motiven im Kunstgewerbe (im weitesten Sinne) sein. Sie reicht von Modellen für Schmuck (Ohrringe, Fingerringe, Anhänger) über Spielzeug (z. B. auf Rädern zum Ziehen oder mechanisch betrieben), Talismane, Amulette, Armbänder, Anstecker, Papiermuster, Briefpapier, Kinderbekleidung, Karnevalskostüme und Klebefiguren bis zur Schokoladenverpackung. Nahezu unendlich ist die Vielfalt einschlägiger Glückwunschkarten, bei denen die korrekte Wiedergabe der Punktanordnung nur selten zu finden ist. Es wird eigenartigerweise auch kaum auf die besondere Zahl 7 geachtet, die Punktzahl wird erhöht oder vermindert.

Käfer auf Briefmarken

Zoologische Motive – auch Käfer – gehören in aller Welt zu den besonders beliebten Bildvorlagen von Postwertzeichen und erreichen mitunter eine hervorragende Qualität der Abbildung (Abb. 270). Gelegentlich sind die Drucke aber stilisiert und ungenau, sodass sich die Motive nur ± ungenau bestimmen lassen. Aus Bhutan liegen sogar dreidimensional wirkende mit Kunststoff beschichtete Marken vor. In fast 50 Jahren wurden etwa 350 verschiedene Käferarten aus 35 Familien abgebildet. Die meisten abgebildeten Arten sind Bockkäfer (Cerambycidae): fast 100 Arten bzw. Blatthornkäfer im weiteren Sinne (Scarabaeoidea): über 50. Es gibt sogar Sondermarken anlässlich internationaler Kongresse mit Käfermotiven. Der Kartoffelkäfer (*Leptinotarsa decemlineata*) begleitete den VI. Internationalen Pflanzenschutzkongress in Wien 1967 und der Laufkäfer *Carabus schoenherri* den XIII. Internationalen Entomologenkongress in Moskau 1968. Ähnliche Ehrungen erfuhren verschiedene Käfer bei Jubiläen entomologischer Fachgesellschaften, z. B. der Pillendreher (*Scarabaeus sacer*) 1983 beim 75-jährigen Bestehen der Entomological Society of Egypt sowie der Hirschkäfer (*Lucanus cervus*) und der Siebenpunkt (*Coccinella septempunctata*) innerhalb eines Satzes zum hundertjährigem Bestehen der Royal Entomological Society of London im Jahre 1985.

Chiasognathus grantii, ein bizarrer Schröter (Lucanidae) (Abb. 99), ziert die allererste Briefmarke mit einem Käfermotiv, die 1948 in Chile anlässlich des 100. Jahrestages der „Naturgeschichte von Chile“ von CLAUDIO GAY herausgegeben wurde (Wiederholung des Motivs 1987). Unser einheimischer Hirschkäfer (*Lucanus cervus*) wurde 11-mal abgebildet (Ungarn, Tschechoslowakei zweimal, Polen, Albanien, DDR, Jugoslawien, Bulgarien zweimal, Großbritannien und 1993 von der BR Deutschland), zusätzlich zweimal als Nachdruck der Darstellung von ALBRECHT DÜRER (Paraguay, Barbuda; letztere anlässlich des 500. Geburtstages des Künstlers). Außerdem wurden andere Schröter-Arten von Niederländisch Neu-Guinea, Japan zweimal, Mali, Fernando Poo, Kongo zweimal, Burundi, Gabun, Syrien, Äquatorial-Guinea, Norfolk Island und Mongolei verwendet (Angaben nach LUCHT 1987, 1991, 1994).

Aufmerksamkeit verdient auch die Verwendung von Marienkäfern als Motiv von Postwertzeichen, weil sie sehr oft abgebildet wurden. Dies trifft vor allem auf *Coccinella septempunctata* zu: Schweiz (1952), Jugoslawien (1966), Sharjah (1972), Großbritannien (1985), Kambodscha (1988), Nordkorea (1990), Südkorea (1991), China (1992). Von den anderen in Mitteleuropa vorkommenden Arten (*Hippoda-*

270 Postwertzeichen mit Käfermotiven. (Foto KUTZSCHER)

271
Polnische 2-Złoty-Münze mit einem Hirschkäfer (*Lucanus cervus*). (Foto Kutzscher)

mia alpina – Frankreich 1983, *Anatis ocellata* – Mongolei 1991), wurde nur *Adalia bipunctata* öfter verwendet: DDR (1968), Argentinien (1990). Die Türkei gab 1980 eine Marke mit *Rodolia cardinalis* heraus (s. S. 159).

Käfer auf Münzen

Auf wenigen griechischen und römischen Münzen sind Käfer abgebildet. Das einzige Motiv ist der *Scarabaeus* mit einer Pille. Auch später sind Käfer nur selten auf Münzen dargestellt worden. Ein Beispiel ist die polnische 2-Złoty-Münze (Abb. 271) mit einem männlichen Hirschkäfer (*Lucanus cervus*).

Mehrere Käferforscher finden sich auf Gedenkmünzen und Medaillen, so der Begründer des Deutschen Entomologischen Instituts Gustav Kraatz (1831–1909) auf der als Auszeichnung dieses Instituts für weltbekannte Entomologen verwendeten Kraatz-Medaille. Der berühmte Entomologe Johann Christian Fabricius (1745–1808) und der Forstentomologe Karl Leopold Escherich (1871–1951) – beide durchaus den Käfern besonders verbunden – zieren Ehrenmedaillen der Deutschen Gesellschaft für allgemeine und angewandte Entomologie.

Es sei auch darauf hingewiesen, dass wenigstens zwei der in diesem Buch erwähnten Personen mit ihren Portraits und verschiedenen Accessoires auf Geldscheinen abgedruckt sind: Maria Sibylla Merian auf der 500-DM-Note und Carl von Linné auf der schwedischen 100-Kronen-Note.

Motive für Gemmen

Bereits im Jahre 700 v. Chr. findet man Darstellungen des *Scarabaeus* auf griechischen Gemmen. Mehrere Jahrhunderte waren diese Käfer das Hauptmotiv der griechischen Steinschneidekunst. Im 4. Jahrhundert traten sie als Motiv wieder zurück. Die Gemmen wurden von den Griechen sowohl auf dem Finger als auch als Anhänger um den Hals getragen. Neben dem Pillendreher ist auch die Larve des Gelbrandkäfers (*Dytiscus*) auf Gemmen zu finden.

Bei der Verarbeitung von Edelsteinen wurden auch sonst mitunter Insekten dargestellt, auch Käfer. Ein 1770 geschaffenes Meisterwerk des Augsburger Edelsteinschneiders Heinrich Gottlieb Lang enthält 12 so genannte Monatssteine, denen man magische Kraft zuschrieb. Einige dieser Steine sind zu Käfern geformt.

Käfer als Elemente der Goldschmiedekunst

Im Mittelalter begann man die Kunst des Naturabgusses weiter zu entwickeln, die bereits den alten Kulturen bekannt war. Es wurden Tiere und Pflanzen vor allem mit Silber übergossen und damit dauerhaft nachgebildet. Diese Naturabgüsse verwendete man als Schmuckelemente bei größeren Produkten der Goldschmiedekunst. Besonders bekannt ist ein silbernes Schreibzeug aus der Werkstatt des in Wien geborenen und später in Nürnberg wirkenden bedeutendsten Goldschmiedes des Manierismus in Deutschland Wenzel Jamnitzer (1508–1585), das auf dem Deckel Abgüsse von Hirsch- und Nashornkäfern trägt. Aber auch die freie Gestaltung von Käfern findet in Goldschmiedearbeiten Verwendung. Berühmt ist eine Prunkschüssel des Wiener Goldschmiedes Konrad Hedeneck († 1616), auf der unter anderem Käfer dargestellt sind.

Auch gegenwärtig gibt es beachtenswerten Schmuck, z. B. *Scarabaeus*-Ohrringe aus 18-ka-

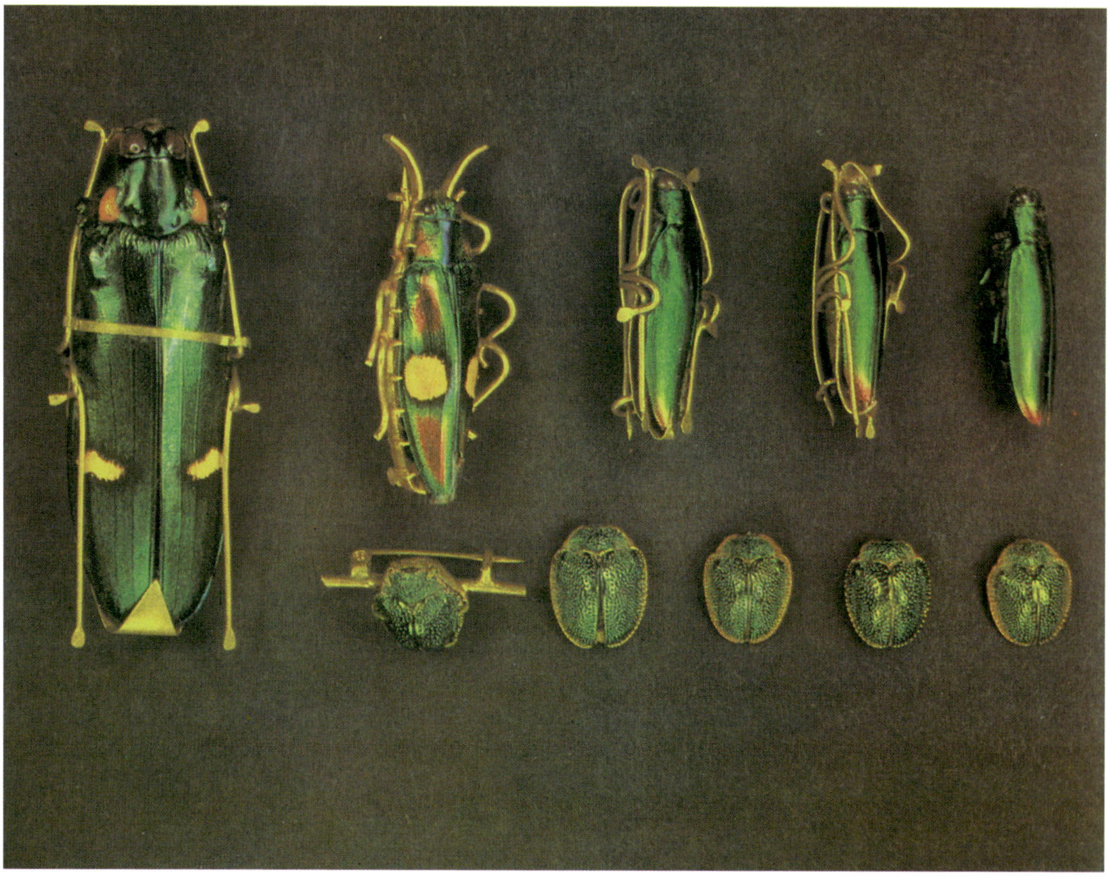

272
Käferbroschen:
Obere Reihe: Prachtkäfer (Buprestidae) aus Bogor (Java). Bei der 1. Brosche (von links) handelt es sich um *Megaloxantha bicolor.* Das 2. Stück ist ein deutsches Fabrikat (*Chrysochroa ocellata*), rechts daneben: *Chrysochroa fulminans*; untere Reihe: Blattkäfer (*Polychalca variolosa*). (Foto Förster)

rätigem Gold. Der berühmte Schweizer Schmuckdesigner Gilbert Albert befasst sich mit der Verwendung von Käfern in Schmuckstücken.

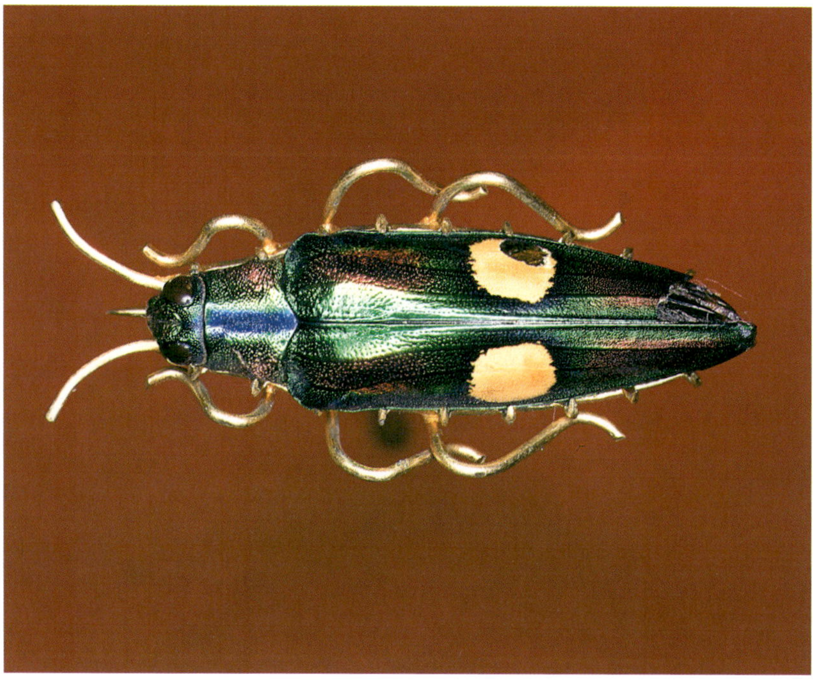

273
Prachtkäfer (Buprestidae) *(Chrysochroa ocellata)* als Anstecknadel. (Foto Kutzscher)

Käferschmuck

Der brasilianische Blattkäfer *Polychalca variolosa* leuchtet in funkelndem Smaragdgrün (Abb. 272). Er ist gelegentlich wie ein Edelstein gefasst und als Kollier getragen worden. Farbschönheit und Härte des Chitins förderten auch die Verwendung des Schildkäfers *Aspidimorpha miliaris* (Abb. 58).

Auch die alte japanische Kultur verwendet Käfer für solche Zwecke. So gibt es den berühmten Prachtkäferschrein Tamamushi-nozushi aus dem Jahre 600, in dem wahrscheinlich Reliquien aufbewahrt wurden. Er gehörte der Kaiserin Suiko (593–628). Mit den Prachtkäferflügeln wurden buddhistische Motive dargestellt. Käferbroschen aus Java sowie Deckchen und Stoffteile aus Indien mit eingearbeiteten Prachtkäfern (Buprestidae) mögen die genannten Beispiele ergänzen (Abb. 272–275).

Die Nagavölker im Nordosten Indiens benutzten die Flügeldecken von Prachtkäfern (Buprestidae), z.B. *Sternocera aequisignata* und *Chrysochroa*-Arten zusammen mit anderem Schmuck zur Dekoration von Gewändern

275
Deckchen und Stoffteile aus Indien (etwa 1890). Verarbeitet wurde *Chrysochroa fulminans.* (Foto Förster)

274
Deckchen aus Indien (etwa 1890). Verarbeitet wurde *Chrysochroa fulminans,* Detail. (Foto Kutzscher)

276
Wappen von Johan Wilhelm Schröter, 1699, mit Hirschkäfern.

(lange Reihen und Fransen), die als Statussymbol den sozialen Rang ausdrückten. Flügeldecken von *Sternocera aequisignata* wurden in Thailand als Schmuck für Bambushüte und Bambuskörbe verwendet. Auch „singende" Schals wurden mit diesen Elytren befranst, sodass sie beim Tragen aneinander stoßen und Töne erzeugen.

Bemerkenswert scheint, dass es indianischen Kopfschmuck gibt, der als wesentliche Schmuckelemente Käfer und Käferteile enthält. Die Flügel des Riesenprachtkäfers (*Euchroma gigantea*) werden von den südamerikanischen Indianern als Halsketten und Brustschmuck verarbeitet. Es gibt Schmuckgehänge aus Flügeldecken von *Chrysophora chrysochlora* (Blatthornkäfer, Scarabaeidae) aus Ecuador. Auch Kopfschmuck mit ganzen Exemplaren von *Lomaptera* sp. (Blatthornkäfer, Scarabaeidae) aus Papua Neuguinea ist bekannt. Erwähnt sei noch ein Zeremonientuch mit Flügeldecken von *Sternocera sternicornis* (Prachtkäfer, Buprestidae) aus Nordthailand.

Elemente der Heraldik

In der Heraldik (Wappenkunde) spielen Wappentiere – Löwe, Bär, Hirsch, Adler und andere – eine große Rolle. Dass auch Insekten, sogar Käfer vorkommen, ist meist weniger bekannt. Bei den Käfern ist es vor allem der Hirschkäfer, den wir in verschiedenen Wappen finden (Abb. 276). Der deutsche Name des Hirschkäfers ist in vielen Gegenden Schröter. Aus diesem Grunde haben Familien des Namens Schröter gelegentlich den Hirschkäfer in ihrem Wappen. Dafür einige Beispiele: Im Jahre 1699 wurde einem gewissen Johan Wilhelm Schröter und einem Ernst Wilhelm Schröter ein Wappen verliehen, in dem sowohl im Schild wie auch oberseits der Helmkrone Hirschkäfer dargestellt sind. Auf dem Wappen des Christoph Schroetter aus dem Jahre 1777 sind mehrere Hirschkäfer verwendet. Oder das Wappen des Johann Georg von Schroeder, der im Wappen außer drei goldenen Ähren im Schild noch einen braunen Hirschkäfer hat. Ein weiteres Hirschkäferwappen besitzt die Familie Schröttl, und es lassen sich noch mehr Hirschkäferwappen finden. Außer den oft verwendeten Hirschkäfern gibt es nur wenige andere Käfermotive, z. B. Schwarzkäfer im Wappen einer Linie der Familie von Rehlingen und außerdem im Wappen der Familie von Reutern. Unter Umständen sind die Käfer des letzteren Wappens auch als Kornkäfer zu verstehen.

Neuhäuser-Happe (1997) beschreibt einen Doppeladler – Symbol der österreichischen Kaiser zwischen 1806–1918, der aus etwa 3.000 Käfern zusammengesetzt ist (Abb. 277, 278). Sein Schöpfer ist der Major Leopold Gröbl (1888–1950).

Käfer im Brauchtum und Kult

Die engen und im kulturellen Bereich wohl ausschließlich liebevollen und positiven Beziehungen des Menschen zu Marienkäfern beziehen sich in Mitteleuropa fast ausschließlich auf den Siebenpunkt (*Coccinella septempunctata*).

277
Österreichischer Doppeladler aus Käfern.
(Foto NEUHÄUSER-HAPPE)

278
Österreichischer Doppeladler aus Käfern, Detail.
(Foto NEUHÄUSER-HAPPE)

Es gibt mehrere Gründe, warum der Siebenpunkt als wohl bekanntester und beliebtester Käfer anzusehen ist:

- häufige Art (sicher auch schon vor 20.000 Jahren), mit einer langen Erscheinungszeit und in unmittelbarer Umgebung des Menschen lebend, sogar im Haus zu finden (dort allerdings vor allem *Adalia bipunctata*),
- durch das Farbmuster rot-schwarz auffällig,
- ihre Beweglichkeit und Flugfreudigkeit auf der warmen Menschenhand, wodurch sie scheinbar auf gesprochene Worte (Verse) reagieren,
- wird (und wurde) besonders von Kindern beachtet,
- Assoziation der sieben Punkte mit der besonderen Bedeutung der Zahl 7: heilig, magisch, mystisch, Glück bringend,
- Assoziation der roten Flügeldeckenfarbe mit Gefährlichem wie Feuer und Blut (Anmerkung: rot gilt aber auch als Farbe der Liebe und des sexuellen Reizes, siehe auch die Beziehung zur Liebesgöttin Freyja),

Noch im 17. Jahrhundert holte man den ersten Maikäfer (*Melolontha*) feierlich aus dem Walde. Man betrachtete ihn als „heiligen" Frühlingsboten wie Schwalbe und Storch. Ein Rest dieses Brauches ist gelegentlich noch erhalten geblieben, wenn Lokalzeitungen das Auftreten des ersten Maikäfers melden. Viel weiter verbreitet und noch tiefer verwurzelt dürfte der Marienkäferkult sein. Marienkäfer sollen geheiligte Tiere der altnordischen Liebes- und Fruchtbarkeitsgöttin Freyja gewesen sein. Im Sanskrit heißt der Marienkäfer Indragopa (Indras = Hirt). Später wurde er in die Verehrung der Mutter Maria einbezogen. (Neun Tage lang soll diese jedem zürnen, der einen solchen Käfer getötet hat). Die Ursachen für die enge Verbindung der „Marien"käfer mit der Jungfrau Maria bleiben weitgehend unbekannt. Man nimmt an, dass die frühere Beziehung zu Freyja auf Maria übertragen wurde – wodurch das Problem nur verschoben, nicht aber gelöst wird (möglicherweise gibt es einen Zusammenhang zu den sieben Freuden bzw. Schmerzen der Mutter Maria).

Fliegt ein Marienkäfer gegen einen jungen Mann, bedeutet dies in der Provence Heirat. Will das Mädchen wissen, wann dieses Ereignis kommt, muss es den Käfer auf die Spitze des Zeigefingers setzen und Jahreszahlen zählen. Die Zahl, bei der der Käfer auffliegt, ist das Hochzeitsjahr. Für das Feststellen des Datums der Hochzeit spielen in manchen Gegenden verschiedene Verse eine Rolle. Aus dem Abflug ist auch die Himmelsrichtung zu erkennen, aus der der Bräutigam kommt.

Marienkäfer sind Glücksbringer und Kinderfreund, sie gelten sogar in Parallele zum Storch als Kinderbringer. Sie sollen verlorenes Vieh finden und vor Gefahren warnen können. Landet ein Marienkäfer auf einer Person, so kann sie sich etwas wünschen.

Das Vernichten von Marienkäfern wird bestraft. In Großbritannien glaubt man mancherorts, dass der Preis für das Töten eines Exemplars der Verlust eines Haares sei.

»Desgleichen wird der Hopfenpreis nach der Zahl der Punkte auf den Flügeln der Sonnenkäfer voraus vermuthungsweise bestimmt. Sind es 14, 16, 18 und 20punktige Spezies dieser Käfergattung, welche mit dem geernteten Hopfen zum Blatten heimgebracht werden und zahlreich an den Fenstern usw. kriechen, so reduzieren sich in der Erwartung ebenfalls die ganzen auf halbe Carolins. 1860 war – einmal trifft es ja doch zu – selbst Coccinella 20- und 22-punctata für viele Hopfengegenden kein falscher Prophet.« (Jäckel 1861). Es wird sich im Wesentlichen wohl um *Psyllobora vigintiduopunctata* gehandelt haben, eine mehltaupilzfressende Art, die oft an Hopfen zu finden ist und deren Häufigkeit sicher vom Pilzbefall der Pflanze abhängt. In England deutete man aus der Punktzahl den Preis des Weizens, jeder Punkt bedeutete einen Schilling pro Scheffel.

Früher wurde geglaubt, dass Hirschkäfer als „heilige Tiere" des germanischen Gottes Donar (Thor) Blitze anlocken können, weshalb sie nicht in Häuser gebracht werden durften. Diese Annahme erscheint vielleicht aus der Lebensweise in exponiert stehenden alten Eichen (Blitzeichen) erklärbar. Zahlreiche Namen deuten auf diese Eigenschaft: Donarkäfer, Donnerkäfer, Donnerguggi, Donnergueg, Donnerguge, Donnerpuppe, Hausbrenner, Feuerwurm, Feueranzünder, Börner (Bedeutung wie Feuerschröter), Köhler, Feuerschröter. Der Name Feuerschröter wird von dem deutschen Naturforscher und Philosophen Lorenz Oken (1779–1851) folgendermaßen erklärt: »Weil sie heftig in Gluthen oder brennenden Schwamm beißen, wenn man sie ihnen vorhält; was ihnen jedoch schlecht bekommt; denn sie sterben daran ohne Zweifel, weil sie sich die Unterkiefer und die Lippen verbrennen.« Es wurde auch angenommen, der Hirschkäfer nehme auf seine Zangen Feuer aus Meilern oder glühende Kohlen und trage sie auf die Dächer (Strohdächer) von Häusern und Scheunen. Hirschkäfer waren früher am schwachen Licht von schwelenden Kohlenmeilern eine bekannte abendliche Erscheinung. Der volkstümliche Dichter der Romantik Joseph Victor von Scheffel (1826–1886) beschreibt in seinem Roman „Ekkehard", wie ein Knecht zu seinem Ende kommt, weil man annimmt, dass er mithilfe des Hirschkäfers ein Unwetter auf die Getreidefelder gezogen hat.

Der Hirschkäfer führte auch den Namen Teufelspferd. Der Eberswalder Forstentomologe Julius Theodor Christian Ratzeburg (1801–1871) nennt 1839 weitere deutschsprachige Namen: Hirschschröter, Hornschröter, fliegender Hirsch, Pferdeklemmer, Waldkäfer, Eichochs (für *Dorcus parallelipipedus* führt er unter anderem den Namen Kannenkäfer an). Das Wort „Schröter" geht auf „schroten" zurück, das in dem Sinn von abschneiden, zerkleinern, zernagen zu verstehen ist, eine Tätigkeit, die vor allen Dingen von den Larven ständig ausgeführt wird und die dem Käfer sicher wegen seiner großen Oberkiefer zugetraut wurde.

Doch nicht nur Negatives wird über den Hirschkäfer berichtet. Die Mandibeln wurden als Mittel gegen Zauberei verkauft. Ein Hirschkäferkopf in der Tasche soll Reichtum und Glück bringen. Am Hut oder in den Zöpfen getragen schützt er vor dem bösen Blick. Gelegentlich wurden die Köpfe sogar als Amulette getragen. Selbst als Orakel wurden sie verwendet. Wurde eine verlaufene Kuh gesucht, schüttelten die Hirten in der geschlossenen Hand die Käfermandibeln und befragten sie dabei. Nach dem Öffnen der Hand zeigt die rechte Mandibel die Richtung an.

Neben dem Scarabaeus-Kult der alten Ägypter finden sich noch weitere Käferkulte, von denen im Folgenden einige Beispiele genannt werden.

Man nimmt an, dass bereits die aus der Steinzeit stammenden 10.000–20.000 Jahre alten Käferplastiken (s. S. 214) als Zeichen religiöser Verehrung gedeutet werden könnten. Ein Grund für diese Vermutung liegt in den Mythen verschiedener alter Kulturen, z. B. Südamerikas, wo Käfer sogar mit der Schöpfung der Welt in Verbindung gebracht werden.

Bereits vor Beginn des Scarabaeus-Kultes im Mittleren Reich existierte im Alten Reich in Ägypten ein ausgeprägter Käferkult. Darauf deuten die Funde zahlreicher Käferreste, meist Prachtkäfer (Buprestidae), auch Nachbildungen, als Grabbeigaben, die meist in besonderen Gefäßen enthalten sind. Im altägyptischen Theben wurden einbalsamierte Prachtkäfer gefunden.

Neuere Forschungen lassen vermuten, dass der Scarabaeus einen ideologischen Vorgänger hatte. Es handelt sich um eine zur Unterfamilie Pimeliinae der Schwarzkäfer (Tenebrionidae) gehörige Art, den Strahlenden Sonnenkäfer (*Prionotheca coronata*). Sorgfältig präparierte Reste dieses rundlichen dornenumkränzten Käfers wurden in Ägypten in prädynastischen Gräbern (4000–3300 v. Chr.) und in einem frühdynastischem Grab (ca. 2900 v. Chr.) gefunden. Es kann angenommen werden, dass dieser heilige und als Grabbeigabe verwendete Käfer später durch den in Gestalt und Lebensweise ähnlichen Scarabaeus ersetzt wurde (Levinson & Levinson 1996).

Bei manchen Völkern existiert eine als Totemismus bezeichnete Vorstellung eines mystischen Verwandtschaftsverhältnises bzw. Schicksalsgemeinschaft zwischen Menschen und Tieren oder anderen Naturobjekten. Das Totemtier gilt als Ahne oder Doppelgänger und wird durch Tabuvorschriften geschützt. Insektentotems sind verhältnismäßig selten und eindeutig nur von Ureinwohnern Zentralaustraliens bekannt. Darunter gibt es auch zwei Käfertotems. Diese sind eine Blatthornkäferlarve (uchalka) und eine Bockkäferlarve (Idnimita). Bei zu einem Fruchtbarkeitszauber gehörenden Zeremonien (intichiuma) muss das Totemtier gegessen werden. Erfolgt dies nicht, besteht die Gefahr, dass dieses Insekt nicht mehr in genügender Menge auftritt. Mit Sicherheit steht dieser Totemkult mit der Wichtigkeit dieser Käferlarven für die Ernährung der australischen Ureinwohner in Zusammenhang.

In früheren Zeiten trugen Priester des südafrikanischen Volksstammes der Betschuana (Tswana) Amulette, die aus großen Rüsselkäfern hergestellt waren. Die Amulette wurden an einer Schnur an der Stirn und am Hals getragen. Über die Bedeutung dieser Amulette ist nichts Sicheres bekannt.

Mistkäfer (*Geotrupes*) galten im Mittelalter als „Teufelsross". In Schweden und Kärnten glaubte man, dass der „Schratelkäfer" (Hexenkäfer) sich zu einem daumenlangen Männchen, dem Hausgeist (Spiritus familiaris), entwickelt, das alle Hausarbeit verrichtet, wenn die Bauersfrau den Käfer drei Wochen unter der Achsel ausbrütet. Wird der Spiritus familiaris durch Ausräucherung des Hauses vertrieben, so soll er anschließend die beste Kuh erdrückt haben. Als „Teufelskäfer" hat der Mistkäfer auch viel mit Schätzen zu tun. Legt man ihn in eine Geldtruhe, nimmt das Geld kein Ende (Kärnten). Sieht man irgendwo Geld brennen, findet man nachher Mistkäfer, aus denen wieder Geld wird (Westfalen). Fliegt der erste Mistkäfer des Jahres, wird es ein fröhliches Jahr, läuft er aber auf dem Boden, kommt Trauer. Fliegende Mistkäfer am Morgen sollen schlechtes, am Abend hingegen schönes Wetter vorhersagen. Zertritt man einen Mistkäfer, kommt ein Gewitter. Auf dem Rücken liegende Exemplare soll man umdrehen, damit der Blitz den Hof und der Hagel das Feld verschone (Finnland, Kärnten).

279
Denkmal für den Baumwollkapselkäfer in Enterprise, Alabama, USA.

Denkmäler für Käfer

Mitunter wurden die Leistungen der Käfer für den Menschen so sehr geschätzt, dass man ihnen sogar Denkmäler setzte. Einer der berühmtesten Schädlinge der Baumwolle ist ein Rüsselkäfer, der Baumwollkapselkäfer (*Anthonomus grandis*). Dieser hatte im USA-Staat Alabama, als er 1915 aus Mexiko einwanderte, mehrfach die Ernte verdorben (60 % Ertragsausfall) und die Farmer dadurch veranlasst, andere Pflanzen (Erdnüsse, Mais, Kartoffeln, Zuckerrohr) zu kultivieren, die unerwartet einen viel höheren Profit brachten, und man setzte dem Baumwollkapselkäfer in der Stadt Enterprise ein Denkmal (Abb. 279).

Käfer als Element der Werbung

Die weltberühmte Rockgruppe „The Beatles" nannte sich 1960 zunächst „The Silver Beetles" (Die Silberkäfer).

Der auf anderem Gebiet ebenso bekannte „VW-Käfer" erinnert zwar ebenso wenig an einen wirklichen Käfer, assoziiert aber mit seiner gerundeten und gedrungenen Gestalt und der Bodennähe wenigstens etwas die Vorstellung eines Käfers. Sein Symbolgehalt ist groß, und es finden von Zeit zu Zeit „Käfertreffen" statt, natürlich keine Tagungen von Coleopterologen. Seinen Volksnamen erhielt er, dem Vernehmen nach in Amerika, wo seine Form besonders ungewöhnlich wirken musste: »It looks like a beetle«.

System der Coleoptera (Käfer)

1. Unterordnung Archostemata
- Familie Ommatidae
- Familie Cupedidae
- Familie Crowsoniellidae
- Familie Micromalthidae
- Familie Sikhotealinidae

2. Unterordnung Adephaga
- Familie Gyrinidae, Taumelkäfer
- Familie Haliplidae, Wassertreter
- Familie Trachypachidae
- Familie Noteridae, Tauchkäfer
- Familie Amphizoidae
- Familie Hygrobiidae, Schlammschwimmer
- Familie Dytiscidae, Schwimmkäfer
- Familie Carabidae, Laufkäfer
  - Unterfamilie Paussinae, Fühlerkäfer
  - Unterfamilie Cicindelinae, Sandlaufkäfer
- Familie Rhysodidae, Furchenwalzenkäfer

3. Unterordnung Myxophaga
- Familie Lepiceridae
- Familie Torridincolidae
- Familie Microsporidae, Uferkugelkäfer
- Familie Hydroscaphidae

4. Unterordnung Polyphaga
- Series Staphyliniformia
  - Überfamilie Hydrophiloidea (einschließlich Histeroidea)
    - Familie Hydrophilidae, Wasserkäfer (einschließlich Helophoridae, Georissidae-Uferschlammkäfer, Hydrochidae-Schmalwasserkäfer, Spercheidae-Buckelwasserkäfer)
    - Familie Sphaeritidae
    - Familie Synteliidae
    - Familie Histeridae, Stutzkäfer
  - Überfamilie Staphylinoidea
    - Familie Hydraenidae, Langtasterwasserkäfer
    - Familie Ptiliidae, Haarflügler, Federflügler
    - Familie Limulodidae
    - Familie Agyrtidae
    - Familie Leiodidae (Anisotomidae, Catopidae), Schwammkugelkäfer (einschließlich Cholevidae-Nestkäfer, Colonidae-Kolonistenkäfer)
    - Familie Platypsyllidae (Leptinidae), Pelzflohkäfer
    - Familie Scydmaenidae, Ameisenkäfer
    - Familie Silphidae, Aaskäfer
    - Familie Staphylinidae, Kurzflügler, Raubkäfer (einschließlich Dasyceridae, Micropeplidae, Pselaphidae-Palpenkäfer, Scaphidiidae-Kahnkäfer)
- Series Scarabaeiformia (Lamellicornia)
  - Überfamilie Scarabaeoidea
    - Familie Lucanidae, Schröter
    - Familie Passalidae, Zuckerkäfer
    - Familie Trogidae, Erdkäfer
    - Familie Glaresidae
    - Familie Pleocomidae
    - Familie Diphyllostomatidae
    - Familie Geotrupidae, Mistkäfer
    - Familie Belohinidae
    - Familie Ochodaeidae
    - Familie Ceratocanthidae
    - Familie Hybosoridae
    - Familie Glaphyridae
    - Familie Scarabaeidae, Blatthornkäfer
- Series Elateriformia
  - Überfamilie Scirtoidea

Familie Decliniidae
Familie Scirtidae (Helodidae), Sumpfkäfer
Familie Eucinetidae
Familie Clambidae, Punktkäfer (einschließlich Calyptomeridae)
Überfamilie Dascilloidea
Familie Dascillidae, Wiesenkäfer (einschließlich Karumiidae)
Familie Rhipiceridae
Überfamilie Buprestoidea
Familie Buprestidae, Prachtkäfer
Überfamilie Byrrhoidea (einschließlich Dryopoidea)
Familie Byrrhidae, Pillenkäfer (einschließlich Syncalyptidae)
Familie Dryopidae, Klauenkäfer
Familie Lutrochidae
Familie Elmidae, Hakenkäfer
Familie Limnichidae, Uferpillenkäfer
Familie Heteroceridae, Sägekäfer
Familie Psephenidae, Bachkäfer (einschließlich Eubriidae)
Familie Cneoglossidae
Familie Ptilodactylidae
Familie Chelonariidae
Familie Eulichadidae
Familie Callirhipidae
Überfamilie Elateroidea
Familie Artematopodidae
Familie Rhinorhipidae
Familie Brachypsectridae
Familie Cerophytidae
Familie Eucnemidae (einschließlich Phylloceridae)
Familie Throscidae, Hüpfkäfer
Familie Elateridae, Schnellkäfer (einschließlich Cebrionidae, Lissomidae)
Familie Plastoceridae
Überfamilie Cantharoidea
Familie Drilidae, Schneckenhauskäfer
Familie Omalisidae
Familie Lycidae, Rotdeckenkäfer
Familie Telegeusidae
Familie Phengodidae
Familie Lampyridae, Leuchtkäfer
Familie Omethidae
Familie Cantharidae, Weichkäfer
Series Bostrichiformia
Überfamilie Derodontoidea
Familie Derodontidae
Überfamilie Bostrichoidea (einschließlich Dermestoidea)
Familie Nosodendridae, Saftkäfer
Familie Dermestidae, Speckkäfer (einschließlich Thorictidae, Thylodriidae)
Familie Jacobsoniidae
Familie Endecatomidae
Familie Bostrichidae, Bohrkäfer (einschließlich Lyctidae-Splintholzkäfer, Psoidae)
Familie Anobiidae, Pochkäfer
Familie Ptinidae, Diebkäfer
Series Cucujiformia
Überfamilie Lymexyloidea
Familie Lymexylidae, Werftkäfer (einschließlich Atractoceridae)
Überfamilie Cleroidea
Familie Phloiophilidae
Familie Trogossitidae (einschließlich Lophocateridae, Ostomidae, Peltidae-Flachkäfer, Temnochilidae)
Familie Chaetosomatidae
Familie Cleridae, Buntkäfer (einschließlich Korynetidae)
Familie Acanthocnemidae
Familie Phycosecidae
Familie Prionoceridae
Familie Melyridae, Wollhaarkäfer (einschließlich Malachiidae, Malachitkäfer)
Überfamilie Cucujoidea (Clavicornia)
Familie Protocucujidae
Familie Sphindidae, Staubpilzkäfer (einschließlich Aspidiphoridae)
Familie Brachypteridae
Familie Nitidulidae, Glanzkäfer (einschließlich Cybocephalidae-Schildlausglanzkäfer)
Familie Smicripidae
Familie Monotomidae (einschließlich Rhizophagidae-Rindenkäfer)
Familie Boganiidae
Familie Helotidae

Familie Phloeostichidae
Familie Silvanidae
Familie Passandridae
Familie Cucujidae, Plattkäfer
Familie Laemophloeidae
Familie Propalticidae
Familie Phalacridae, Glattkäfer
Familie Hobartiidae
Familie Cavognathidae
Familie Cryptophagidae, Schimmelkäfer
Familie Lamingtoniidae
Familie Languriidae (einschließlich Cryptophilidae)
Familie Erotylidae, Pilzkäfer
Familie Byturidae, Blütenkäfer
Familie Biphyllidae
Familie Bothrideridae (einschließlich Anommatidae)
Familie Cerylonidae
Familie Alexiidae (Sphaerosomatidae), Kugelmoderkäfer
Familie Discolomatidae
Familie Endomychidae, Stäublingskäfer (einschließlich Merophysiidae)
Familie Coccinellidae, Marienkäfer
Familie Corylophidae (Orthoperidae), Faulholzkäfer
Familie Latridiidae, Moderkäfer

Überfamilie Tenebrionoidea (Heteromera)
Familie Mycetophagidae, Baumschwammkäfer
Familie Archeocrypticidae
Familie Pterogeniidae
Familie Cisidae, Schwammkäfer
Familie Tetratomidae
Familie Melandryidae (Serropalpidae), Düsterkäfer
Familie Mordellidae, Stachelkäfer
Familie Ripiphoridae, Fächerkäfer
Familie Colydiidae, Rindenkäfer
Familie Monommatidae
Familie Zopheridae
Familie Ulodidae
Familie Perimylopidae
Familie Chalcodryidae
Familie Trachelostenidae
Familie Tenebrionidae, Schwarzkäfer (einschließlich Alleculidae – Pflanzenkäfer, Lagriidae – Wollkäfer)
Familie Prostomidae
Familie Synchroidae
Familie Oedemeridae, Scheinbockkäfer
Familie Stenotrachelidae
Familie Meloidae, Ölkäfer
Familie Mycteridae, Haarscheinrüssler
Familie Boridae
Familie Trictenotomidae
Familie Pythidae, Drachenkäfer
Familie Pyrochroidae, Feuerkäfer (einschließlich Cononotidae)
Familie Pedilidae
Familie Salpingidae, Scheinrüssler
Familie Anthicidae, Blumenkäfer
Familie Aderidae, Mulmkäfer
Familie Scraptiidae, Seidenkäfer (einschließlich Anaspididae)

Überfamilie Chrysomeloidea (Phytophaga)
Familie Vesperidae
Familie Anoplodermatidae
Familie Oxypeltidae
Familie Disteniidae
Familie Cerambycidae, Bockkäfer
Familie Megalopodidae
Familie Orsodacnidae
Familie Bruchidae, Samenkäfer
Familie Chrysomelidae, Blattkäfer

Überfamilie Curculionoidea (Rhynchophora)
Familie Nemonychidae (Rhinomaceridae, Cimberidae)
Familie Anthribidae, Breitrüssler (einschließlich Urodontidae)
Familie Belidae
Familie Eccoptarthridae
Familie Oxycorynidae (einschließlich Allocorynidae, Aglycyderidae)
Familie Rhynchitidae

Familie Attelabidae (einschließlich Apoderidae)
Familie Ithyceridae
Familie Brentidae, Langkäfer
Familie Eurhynchidae
Familie Apionidae, Spitzmausrüssler
Familie Caridae
Familie Nanophyidae
Familie Brachyceridae
Familie Dryophoridae
Familie Erirhinidae
Familie Raymondionymidae
Familie Cryptolaryngidae
Familie Curculionidae, Rüsselkäfer (einschließlich Scolytidae-Borkenkäfer)
Familie Platypodidae, Eichenkernholzkäfer

Literaturverzeichnis

ARNETT, R. H. (2000): American Insects. A Handbook of the Insects of America North of Mexico. Second Edition. – Boca Raton, London, New York, Washington.

BODENHEIMER, F. S. (1928): Materialien zur Geschichte der Entomologie bis LINNÉ. Bd. 1 u. 2. – Berlin.

BODENHEIMER, F. S. (1951): Insects as Human Food. – The Hague.

BURMEISTER, F. (1939): Biologie, Ökologie und Verbreitung der europäischen Käfer. – Krefeld.

CROWSON, R. A. (1955): The natural classification of the families of Coleoptera. – Nathaniel Lloyd & Co., London.

CROWSON, R. A. (1981): The Biology of the Coleoptera. – London, Academic Press.

DETTNER, K. (1999): Käfer – eine der erfolgreichsten Tiergruppen der Erde. – In: Ausstellungsführer „Vom Scarabäus zum new beetle", Bad Salzdetfurth.

DETTNER, K. & PETERS, W. (1999): Lehrbuch der Entomologie. – Gustav Fischer Stuttgart, Jena, Lübeck, Ulm. 921 S.

DUMPERT, K. (1994): Das Sozialleben der Ameisen. 2. Auflage. – Parey Verlag Berlin, Hamburg.

EIDMANN, H. & F. KÜHLHORN (1970): Lehrbuch der Entomologie. 2. Auflage. – Verlag Paul Parey Hamburg, Berlin.

EVANS, G. (1975): The Life of beetles. – London.

EVANS, A. V. & BELLAMY, C. L. (1996): An inordinate fondness for beetles. – New York.

FABRE, J. H. (1879f): Souvenirs entomologiques. – Paris.

FREUDE, H., HARDE, K. W. & G. A. LOHSE (1964–1989): Die Käfer Mitteleuropas. Bände 1-11. – Krefeld; Goecke & Evers.

HENNIG, W. (1969): Die Stammesgeschichte der Insekten. – Kramer Frankfurt/M.

HARDE, K. W. (1975): Käfer – die erfolgreichste Tiergruppe der Welt. – Stuttgarter Beitr. Naturk. (Ser. C), H. 3: 1 – 31.

HIEKE, F. (1994): Ordnung Coleoptera – Käfer. In: Urania Tierreich, Band Insekten. – Leipzig, Jena, Berlin.

HORION, A. (1941): Faunistik der deutschen Käfer. Band 1: Adephaga – Caraboidea. – Hans Goecke Verlag, Krefeld, Düsseldorf.

HORION, A. (1949): Käferkunde für Naturfreunde. – Frankfurt/M.

HORION, A. (1949–1974): Faunistik der mitteleuropäischen Käfer. Band 2–12. – Frankfurt am Main, Tutzing bei München, Überlingen.

IMMS, A. D., O. W. RICHARDS & R. G. DAVIES (1964): A General Textbook of Entomology. 9. Auflage. – London, New York.

JACOBS, W. & M. RENNER (1989): Biologie und Ökologie der Insekten. 2. Auflage. – Fischer Verlag, Jena.

KAESTNER, A. (1972): Lehrbuch der Speziellen Zoologie. Band I: Wirbellose, 3. Teil, Insecta: A. Allgemeiner Teil. – Fischer Verlag Jena.

KEILBACH, R. (1966): Die tierischen Schädlinge Mitteleuropas mit kurzen Hinweisen auf ihre Bekämpfung. – Fischer Verlag Jena.

KÉLER, S. v. (1963): Entomologisches Wörterbuch. 3. Auflage. – Akademie Verlag Berlin.

KLAUSNITZER, B. (1987): Insekten, Biologie und Kulturgeschichte. – Edition Leipzig und Albert Müller Verlag, Rüschlikon – Zürich, Stuttgart, Wien. 240 Seiten.

KLAUSNITZER, B. (1991–2001): Die Larven der Käfer Mitteleuropas. 1.–6. Band. – Goecke & Evers, Krefeld; Gustav Fischer Verlag Jena, Stuttgart, Lübeck, Ulm; Spektrum Akademischer Verlag Heidelberg, Berlin.

KLAUSNITZER, B. (1995): Die Hirschkäfer (Lucanidae). 2. Auflage – Die Neue Brehm-Bücherei Nr. 551, Magdeburg.

KLAUSNITZER, B. (1996): Käfer im und am Wasser. 2. Auflage. – Die Neue Brehm-Bücherei, Nr. 567, Westarp Wissenschaften Magdeburg.

KLAUSNITZER, B. (2000): Coleoptera – Käfer. – In: E. STRESEMANN; H.-J. HANNEMANN, B. KLAUSNITZER, K. SENGLAUB (Hrsg.), Exkursionsfauna von Deutschland, Band 2, 9. neubearbeitete Auflage. – Spektrum Akademischer Verlag Heidelberg, Berlin.

KLAUSNITZER, B. & KLAUSNITZER, H. (1997): Marienkäfer (Coccinellidae). 4. überarbeitete Auflage. – Die Neue Brehm-Bücherei Bd. 451, Westarp Wissenschaften Magdeburg.

LAWRENCE, J. F. & A. F. NEWTON Jr. (1995): Families and subfamilies of Coleoptera (with selected genera, notes, references and data on family-group names). – In: PAKALUK, J. & S. A. SLIPINSKI (eds.): Biology, Phylogeny, and Classification of Coleoptera: Papers Celebrating the 80th Birthday of ROY A. CROWSON, Warszawa.

LAWRENCE, J. F. & E. B. BRITTON (1991): Coleoptera. In: The Insects of Australia. 2. Auflage. – Melbourne University Press Carlton.
LENGERKEN, H. VON (1928): Lebenserscheinungen der Käfer. – Leipzig.
LENGERKEN, H. VON (1954): Die Brutfürsorge und Brutpflegeinstinkte der Käfer. – Geest & Portig Leipzig.
LEVINSON, H. & LEVINSON, A. (2001): Insekten als Symbole göttlicher Verehrung und Schädlinge des Menschen. – Spixiana, Supplement 27.
LINSENMAIER, W. (1972): Knaurs Großes Insektenbuch. – München.
LOHSE, G. A. & W. LUCHT (1989-1994): Die Käfer Mitteleuropas. Supplementbände 1 – 3. – Krefeld; Goecke & Evers.
LUCHT, W. & KLAUSNITZER, B. (Hrsg.) (1998): Die Käfer Mitteleuropas. 4. Supplementband. – Goecke & Evers, Krefeld im Gustav Fischer Verlag Jena, Stuttgart, Lübeck, Ulm.
MARTINI, E. (1952): Lehrbuch der medizinischen Entomologie. – Fischer Verlag Jena.
MATTHES, D. (1972): Vom Liebesleben der Insekten. – Stuttgart.
REITTER, E. (1908–1916): Fauna Germanica. Die Käfer des Deutschen Reiches. Band 1–5. – Stuttgart.
SCHIMITSCHEK, E. (1968): Insekten als Nahrung, in Brauchtum, Kult und Kultur. – Handbuch der Zoologie. 4. Band, Arthropoda – 2. Hälfte: Insecta, 1. Teil: Allgemeines, 10. Beitrag. – Berlin.
SCHIMITSCHEK, E. (1977): Insekten in der bildenden Kunst. – Wien.
SEDLAG, U. (1978): Wunderbare Welt der Insekten. – Leipzig, Jena, Berlin.
STEHR, F. W. (1991): Immature Insects. Volume 2. – Kendall, Iowa.
WEBER, H. & H. WEIDNER (1974): Grundriß der Insektenkunde. 5. Auflage. – Fischer Verlag, Stuttgart.
WEBER, H. (1933): Lehrbuch der Entomologie. – Gustav Fischer Verlag Jena.
WESENBERG-LUND, C. (1943): Biologie der Süßwasserinsekten. Springer Verlag, Kopenhagen, Berlin, Wien.

Bildnachweis

Quellennachweis der Strichzeichnungen (übernommen aus der 1. Auflage; näheres zu den Quellen in der unten zitierten Literatur)

nach BODENHEIMER (1928): Abb. 1, 2, 4, 5, 7
nach DUMPERT (1978): Abb. 203
nach ERBER (1971): Abb. 119
nach FREUDE-HARDE-LOHSE (1965): Abb. 76, 92, 206
nach HARDE (1970): Abb. 166
nach HENNIG (1969): Abb. 127
nach HORION (1949): Abb. 132, 193, 196, 221
nach JACOBS & RENNER (1974): Abb. 18, 76, 81, 92, 104, 110, 164, 200, 225, 227, 258, 266
nach KAESTNER (1973): Abb. 76, 84, 95, 114c, 161, 189
nach KLAUSNITZER (1974): Abb. 165
nach KLAUSNITZER (1978): Abb. 104, 198, 204, 206, 247
nach KLAUSNITZER (1979): Abb. 67
nach v. LENGERKEN (1928): Abb. 85, 226
nach v. LENGERKEN (1954): Abb. 224, 238, 250, 254, 256, 257, 258, 259, 260, 262, 263, 265, 266, 267
nach LINSENMAIER (1972): Abb. 84, 119, 203, 238, 247, 257, 265, 267
nach SCHIMITSCHEK (1977): Abb. 268, 276
nach SEDLAG (1978): Abb. 122
nach STRESEMANN (1978): Abb. 8, 81, 204
nach ZWÖLFER (1978): Abb. 188

Register